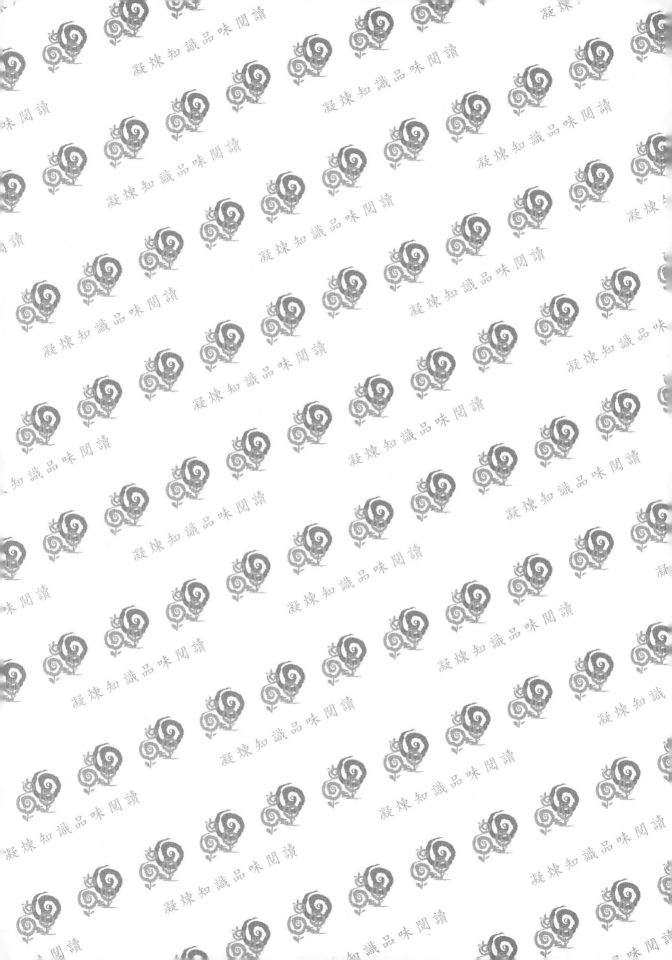

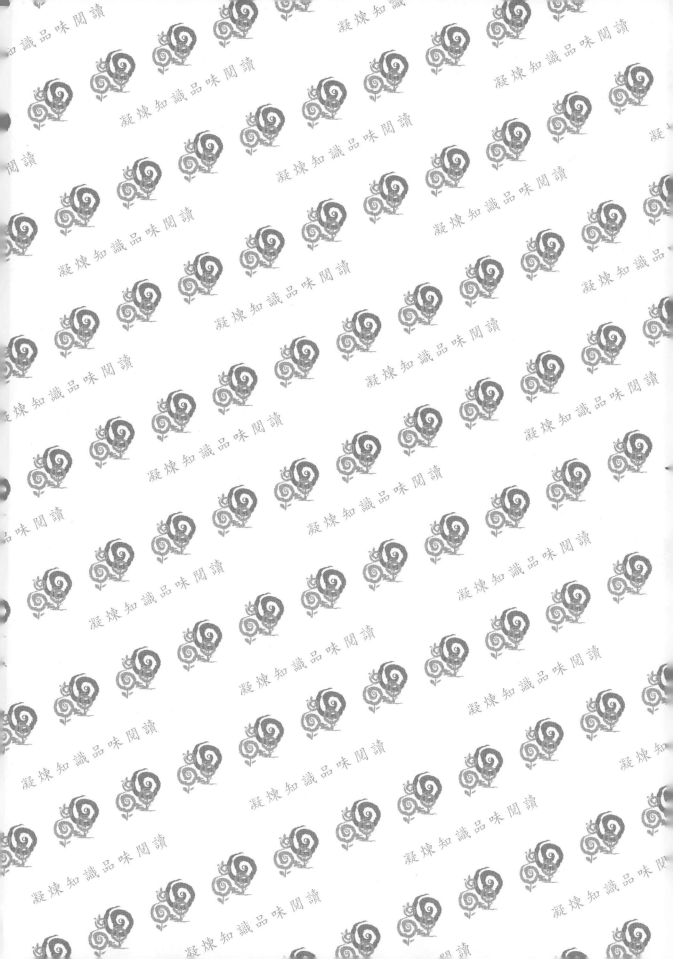

資訊管理
知識和智慧數位化

陳瑞陽 ———— 著

五南圖書出版公司 印行

序 言

　　在目前高度產業競爭的衝擊下，企業的創新經營模式和作業效率的整合，變成非常關鍵的發展，其中資訊管理系統的運用是關鍵角色。企業運用資訊管理系統為工具，進而發展成營運平台，更甚演化出驅動企業管理的策略、方法、戰術等經營模式。資訊管理的可貴絕不在於為了軟體化而軟體化，但也不在於依賴企業需求的發展，而是在於同步整合企業需求的軌跡突破。資訊科技融合於企業經營管理是其價值活動的真諦。觀看今朝趨勢，生物資訊、醫療資訊、會計資訊等管理資訊結合管理方法論，已成為重要顯學。

　　身為現代上班族及邁入社會的學子們，資訊管理應用已成為職場上必備的葵花寶典，而非關於本身所學的專才，尤其在身為高階主管後，往往以原非資訊專才背景來做為企業重大資訊管理系統規劃的領導者。資訊科技與企業經營猶如血濃於水般，鬆散如商品標價的資訊處理錯誤，會造成公司營業額大失血，緊密如企業整體攻城掠地的作戰策略，須依賴資訊管理系統神來一筆的實踐。資訊管理觀念和應用是你我立足於職場的基本常識。

　　在知識時代已奠定甚久，以及這波創新人工智慧產業化來臨，使得資訊管理也朝向具備知識管理和智慧管理的改變，也就是資訊管理內容須有知識和智慧數位化元素，而不是只有傳統資料和資訊數位化元素，智慧數位化是指將智慧融入於資訊管理運作內，在此智慧是指模擬人類智慧作業，包括感應、感測、感知、認知等行為。

　　本書寫作觀點、理論基礎是以經營管理構面切入，就學術期刊、產業趨勢、業界實務的內容來源，融合企業經營需求的策略、資訊發展策略和企業再造的論點基礎，並提出問題解決創新方案（Problem-Solving Innovation Solution, PSIS）案例來驗證本書觀點。本書重點不在於純軟體技術的內容介紹，而是在於企業如何應用資訊管理系統來達到作業需求的功能和加速作業效率的效益。

　　想要完成這樣的一本書，是因為筆者浸淫在這個領域二十幾年，過程中從不太懂磨練，再到產業界各種想像不到的現實問題和挫折考驗，然後成為獨當一面的專業經理人和顧問，經歷到各種企業案例主導，其中也因學術界理論的嚴謹思考衝擊之下，深感管理資訊化的這條路，是不容易和需不斷自我學習，但從另一角度思考它，也是帶來成長的突破。雖然如此，但在筆者有限能力下仍是無法在

這個浩瀚領域中得知全貌以及恐有失誤，因此，誠惶誠恐的期盼各界先進者和讀者，能為本書不足和錯誤之處，不吝指正。在撰寫本書期間中，案例經驗的累積和學術論文的探討，以及家人的支持，再加上出版編輯們的敦促幫忙，才得以完成這本書，雖然盡力投入，仍顯倉促和失誤在所難免，期望在下一個版本能更完整無誤和充實。

陳瑞陽　提筆

這是一本融合學術理論、業界實務、個案分析、整合趨勢、認證題庫、考試參考、訓練教材、學生專題等完整資訊管理內容的書籍。

資訊管理的最佳學習方法，就是透過系統化架構的知識說明。故本書以資訊管理主題性來發展企業知識資訊化管理，在目前面對人工智慧物聯網創新科技的衝擊下，將知識資訊化管理蛻變成智慧數位化的資訊化管理，是未來企業經營結合資訊化的王道，故因應之下，本書主題特別分成基礎環境篇、系統發展方法篇、知識數位化資訊系統篇、資訊管理應用篇、智慧數位化整合趨勢篇等。

一、章節架構分佈及其特色

本書內容分為 5 個主題，計 16 章；每章之前有一簡明扼要的「前言」和「閱讀地圖」和學習目標和問題 Issue，以引導讀者閱讀和思考方向。

基礎環境篇（第 1 章到第 3 章）和系統發展方法篇（第 4 章到第 6 章）：主要介紹管理資訊系統概論、管理資訊系統環境、管理資訊系統的發展、管理資訊系統的規劃、資訊管理的軟硬體環境、Web 和 IoT 平台的資訊管理等，雖然管理資訊化目的是在於符合企業需求，但因是以資訊面呈現需求功能，故資訊管理仍須以這些基礎性軟體技術為其發展的內容。接下來，根據這些軟體技術，發展出企業需求的應用，其應用主要在管理功能層面。

知識數位化資訊系統篇（第 7 章到第 12 章）：主要是滿足企業交易性、分析性等數位化管理作業，包含資訊管理的企業應用、知識數位化流程、企業資源規劃（ERP）系統、供應鏈管理、知識管理系統、電子商務和電子化企業等。企業需求除了管理理論層面外，接下來就是管理應用實務的探討，管理理論和管理應用實務的結合是需要相輔相成的，前者重點在於從概念性、管理性中得出解決方案的理論架構，故如何利用管理理論架構結合實務，成為資訊管理之應用，對於企業需求是非常重要的。

資訊管理應用篇（第 13 章、第 14 章）：主要是介紹資訊倫理、資訊安全和MIS 部門的建構等議題。

智慧數位化整合趨勢篇（第 15 章、第 16 章）：主要是說明整合型的資訊管理。這篇是以上述各篇為基礎的進階性議題，並以目前新興的軟體整合為內容，例如：協同商務、智慧化生態資訊系統、物聯網、雲端運算等。

二、本書之差異化特色

1. 本書章節撰寫結構和內文是符合大專院校教學方針計畫的精神，但又有別於市面上其他書籍的競爭優勢差異性和創新性。
2. 題庫每章約 20 題，做為認證和研究所考試題庫參考。
3. 有個案探討和企業個案診斷，以訓練學用合一的實務導向。
4. 以貼近學員易懂的情景故事為案例。
5. 提供問題解決創新方案（Problem-Solving Innovation Solution, PSIS）的個案探討。
6. 具有學習曲線效果的撰寫結構大綱，來引導學員真正達到知識吸收的能力。
7. 附有題庫、教學筆記、個案研討等教學方式，以增進老師和學員的互動性和教學過程的順利。
8. 筆者本著有深厚的產業界資訊化經歷和系統嚴謹性學術素養，以務實、精確、簡單、細節方式來引導讀者能產生清楚的思路，而不是用似是而非的空泛名詞來堆疊描述。

三、本書的編排重點特色

1. 本書學習目標
2. 案例情景故事→引發問題 Issue 思考點（問題解決方案導向）
3. 問題 Issue →引發本文探討主題章節
4. 本文主題章節
   (1) 前言（本章的引言說明）
   (2) 閱讀地圖（以地圖方式來引導學員系統性閱讀）
   (3) 內文
5. 案例研讀——問題解決創新方案→以上述案例為基礎
   (1) 問題診斷

(2) 案例解決方案

(3) 管理意涵

(4) 個案問題探討

6. MIS 實務專欄（讓學員了解業界實務現況）

7. 企業個案診斷演練（做為額外教材和學生專題參考來源）

8. 內文關鍵字書摘

9. 習題（認證題庫）

(1) 問題討論（3 題）

(2) 選擇題（15-20 題）

四、預期為讀者和老師所帶來之助益

筆者針對科技和一般產業管理為個案背景，由介紹各種企業資訊管理和基礎開始，逐步地引領讀者進入企業資訊系統應用的 ERP、EC、SCM、AIoT、KM 等資訊管理的殿堂。在書中也提出資訊管理的發展，以使傳統企業的資訊管理重生、企業再改造，並運用廠商的豐富實例，說明資訊管理如何應用於各產業的管理，來創造競爭優勢。其內容不僅包含產業之企業資訊管理系統，也涵蓋新興議題的資訊管理與應用，例如：智慧化生態資訊系統、物聯網等，非常適合做為各大專院校資訊管理課程和個案相關教學讀本及實務界進修之用。

五、本書特色及目的

綜合上述，本書的個案和管理系統內容可做為資訊管理、個案和管理個案課程教材，並也可做為不同主題課程的輔助教材，以及可做為學生專題、認證題庫的來源和參考。

1. 教學分組導向

以教學為導向，因此在編排設計上以每學期 18 週，安排有 16 章，而每章平均約 30 頁，以符合教師每週約 3 小時的授課所需。

2. 理論和實務結合導向

筆者融合其過去業界與學界的實務經驗和理論架構，對整合教材的實務和理

論。它包含導入標準表格，導入方法論，個案規劃和實務探討。

3. 整合和新興議題導向

企業講究整體最佳化、整合各資訊系統，以及最新的資訊管理應用，故本書有談到知識數位化流程、智慧化生態資訊系統及物聯網的整合。

4. 個案探討導向

本書以製造業、服務業、金融業等各行業特性為案例，來引導這些企業在資訊應用過程中，循序漸進從概念、規劃、系統、實務、到整合，以便能快速有效達成企業的需求目標，可供學生分組討論。

5. 企業 MIS 資訊管理實務解決導向

針對企業會遇到 MIS 的一般性實務問題，在 MIS 資訊管理實務專欄內，提出問題的現況描述和如何解決的過程，可做為學生日後進入企業的模擬及企業解決的參考之用。

陳瑞陽

目 錄

序言
導讀

Chapter
❶ 管理資訊系統概論 1

1-1　管理資訊系統歷程 4
1-2　管理資訊系統的概念 12
1-3　管理資訊系統結構 16
1-4　管理資訊系統效益 21
1-5　知識智慧數位化的資訊管理 22

Chapter
❷ 管理資訊系統環境 35

2-1　資訊環境 38
2-2　企業組織活動環境 42
2-3　企業應用資訊環境 46
2-4　資訊策略和企業策略整合 52

Chapter
❸ 管理資訊系統的發展 77

3-1　管理資訊系統在企業的發展 80
3-2　管理資訊系統對企業經營的影響 90
3-3　管理資訊系統在企業的功能 99
3-4　資訊系統在商務應用上所扮演的角色 103
3-5　資訊科技的商業價值 105

Chapter
❹ 管理資訊系統的規劃 115

4-1　資訊科技的策略規劃 117

4-2　系統分析與設計 131

4-3　管理資訊系統開發模式 137

4-4　軟體專案管理 143

Chapter

5　**資訊管理的軟硬體環境** 155

5-1　軟體工程 158

5-2　程式設計 166

5-3　資料庫規劃 174

5-4　通訊網路 179

Chapter

6　**Web 和 IoT 平台的管理資訊系統** 193

6-1　Web 和 IoT 平台的概論 196

6-2　Web 和 IoT 平台的資訊系統 199

6-3　行動商務的資訊系統 206

6-4　普及化商務的資訊系統 207

Chapter

7　**資訊系統的企業應用** 227

7-1　企業流程再造 230

7-2　組織結構 239

7-3　資訊化企業 243

Chapter

8　**知識數位化流程** 261

8-1　知識衡量與回饋 264

8-2　知識生命週期 270

8-3　知識化流程 272

8-4　知識數位化 283

Chapter

9　**企業資源規劃系統** 295

9-1　企業資源規劃系統簡介 298

9-2　企業資源規劃系統模組功能　302

9-3　ERP 系統循環作業流程　310

9-4　ERP 系統和企業流程再造　313

9-5　ERP 系統產品　318

Chapter
⑩　供應鏈管理　331

10-1　供應鏈簡介和 SCOR　334

10-2　供應鏈的多國性作業　336

10-3　電子化的採購　338

10-4　供應鏈的需求模式　341

10-5　供應鏈的企業營運模式　346

Chapter
⑪　知識管理系統　361

11-1　知識管理簡介　365

11-2　知識管理發展　370

11-3　知識管理流程　375

11-4　知識管理價值　380

11-5　知識管理系統　383

Chapter
⑫　電子商務和電子化企業　401

12-1　電子商務概論和範疇　404

12-2　電子商務的經營　406

12-3　企業資訊系統的整合架構　413

12-4　知識型的網路行銷系統導入　418

Chapter
⑬　資訊安全與資訊倫理　433

13-1　資訊安全簡介　435

13-2　資訊應用的安全　443

13-3　網路病毒　447

13-4　資訊安全技術　　448

13-5　資訊倫理　　453

Chapter ⓮ MIS 部門的建構　　465

14-1　管理資訊系統部門的定義和範圍　　467

14-2　管理資訊系統部門和其他部門的關聯　　473

14-3　管理資訊系統部門制度　　475

14-4　管理資訊系統部門對內部稽核的實務影響　　481

14-5　MIS 系統導入實務　　483

Chapter ⓯ 智慧數位化營運　　497

15-1　智慧資本概論　　499

15-2　智慧資本和知識的整合　　503

15-3　智慧數位化　　507

Chapter ⓰ 智慧資訊系統的整合趨勢　　533

16-1　整合型的管理資訊系統概論　　536

16-2　協同商務　　540

16-3　雲端運算大數據　　545

16-4　智慧化生態資訊系統　　549

Chapter 1

管理資訊系統概論

學習目標

1. 了解管理資訊系統的歷程。
2. 探討資料和資訊的形成和差異。
3. 管理資訊系統的定義。
4. 管理資訊系統的架構和範疇。
5. 了解管理資訊系統的結構內容。
6. 探討管理資訊系統對企業的效益。
7. 如何將知識和智慧數位化融入於傳統資訊管理發展？

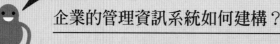

案例情景故事

企業的管理資訊系統如何建構？

一家剛成立的觸控面板製造銷售公司，初期規模是中小企業規模，約 80 人左右，直接作業員占 50%，間接人員幹部約 40%，其餘的是資方代表和高級主管。從這樣的上述人員結構，也使得初期經營方向的決策，是在於製造和管理見長，而管理功能環繞在研發、會計財務、人資的功能，由於該公司的 CEO 王總經理背景是研發管理見長，而此觸控面板是屬於較先進的科技技術，也更顯示出研發能力在此公司的重要性。

由於觸控面板的研發和製造需要高自動化的設備，因此資本密集的運作，帶動了該公司初期的運作在於設計、試產及量產準備。在上述對該公司的背景形成，CEO 王就開始思考公司部門的組織形成，他把部門分成主要核心和支援性功能導向，其中支援型功能導向包含管理資訊系統部門，這時就有一個問題困擾著 CEO 王，那就是 CEO 王不是 IT 背景，也沒有管理資訊系統經驗，因此如何建構管理資訊系統和其他部門，對他而言，不知如何下手，這時他就交給管理部門主管張經理 David，然而張經理對管理資訊系統也一竅不通，甚至不認為管理資訊系統部門及管理資訊系統具重要性，於是在這樣的情況發展下，張經理對此管理資訊系統部門建構如下：

「管理資訊系統部門是課級單位，主管是課長層級，其人選對外招募，另設二位工程師，也由於對外招募，主要工作是網路管理和資訊系統維護。至於管理資訊系統，主要規劃在於進銷存和 MES 這二種資訊系統。另外，管理資訊系統軟體環境以微軟產品為主，而資訊系統來源則規劃以廠商開發的套裝軟體產品為主，至於管理資訊系統硬體環境則沒有特別規劃電腦機房，只以隔間方式而已。」

上述的建構內容經 CEO 王定案後就開始執行，包含資訊課長的招募，然而當此資訊課長進入公司了解狀況後，發現此規劃報告是有問題時，因意見不合，並呈報張經理，也因此和張經理起爭執，由於此資訊課長是 IT 專才背景。最後，此資訊課長掛冠求去，並且經過半年後，企業作業流程效率不彰，管理資訊系統沒有績效可言，這使得 CEO 王對於管理資訊系統在企業經營上有了深刻的感受。

問題 Issue 思考

（讀者請依據此情境個案，思考出 MIS 問題重點，來引發本章的內容研讀方向）

1. 管理資訊系統如何建構？→可從其結構來思考。

2. 管理資訊系統對於企業經營效益？→可從組織、營運流程方面來思考。

3. MIS 系統在企業其他系統的關聯？→可從作業程序和管理分析二方面來思考。

前言

　　要探討管理資訊系統歷程之前，必須先對資訊形成過程和特性做說明，進而從此歷程延伸探討出管理資訊系統的定義、架構和範疇，根據此概念發展出管理資訊系統結構，主要包含資訊管理的發展、企業應用系統（AP, Application System）、管理資訊系統部門組織及作業程序三大部分。目前另有新一波人工智慧衝擊下的關鍵發展，故在傳統資訊管理發展改革中，其將知識和智慧數位化融入資訊管理內是必然的趨勢。

閱讀地圖 （以地圖方式來引導學員系統性閱讀）

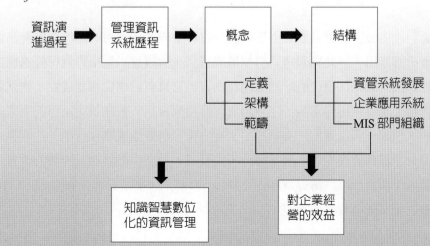

1-1　管理資訊系統歷程

資訊化應用於企業經營管理主要在於資訊和流程等構面，故其管理資訊系統歷程須從這二構面探討。

1. 在資訊構面上，若以嚴謹和廣泛角度看，可分成資料、資訊、知識、智慧等四個階段性形成發展，茲分別說明如下。

(1) 資料

資料是指企業在營運過程中所產生的第一次和原始的數據或內容，例如：入庫資料，它通常是以單據和交易所觸發的，故一旦觸發產生後就不容無理由變更，也就是不可沒有依據就篡改或偽造，這牽涉到資料的真實性、來源性、證明性，這對於在法律和會計上是具有企業經營成效和稽核的呈現價值。從上述說明可知，資料是企業營運的直接結果，也是一種無形資產，故如何保存和運用這些資料，在企業經營運作是非常重要的。

茲以整理 ERP 企業營運資料為例，說明如下。

在 ERP 資訊系統內，其企業每日運作所產生的資料，對企業本身而言是非常重要的，故就軟體資訊而言，是以資料庫的形式儲存和使用，這些資料會運用到資料庫關聯的效用，以達到快速、正確、整合的效益。而以企業主體重點來看，其有關產品相關資料是最重要的，產品項目一般是指任何購入或自製的原材料、半成品、完成品、在製品及間接物料。而產品有關的基本資料，包括材料主檔和材料表，所謂材料主檔包括每個料件項目的屬性，材料表則記錄構成某項目的下一階材料和使用多少用量。

(2) 資訊

當資料產生後，若企業置之不理或只以資料階段方式運用的話，那就無法發揮管理分析的作用，故此刻須將資料轉換成資訊。所謂資訊是指將資料經過統計彙整等運算後，成為加值後的一種數據和內容，它具有目標性和意義性，也就是在經營管理上認為有用的資訊，才會將資料轉換成資訊，並在設定某目的下來運作此資訊，例如：將進貨單、入庫單、銷貨單等資料轉換成庫存資訊，此資訊是在管理降低呆滯存貨目的下，來了解分析此資訊，並從中發展存貨作業的改善，例如：超過 1 個月都沒移轉存貨就提出警示，並控管不再採購此存貨物品。

茲整理企業營運資訊如下表 1-1：

表 1-1 常用「基礎主檔」及「交易主檔」列表

	基礎主檔	交易主檔
研發設計	BOM	ECN
	物料／產品主檔	圖檔
銷售訂單	客戶	訂單
	部門組織	出貨
物料管理	倉庫儲位	領料
	員工	入庫
		庫存
採購管理	供應商	採購
		報價
		外包
生產管理	途程	工單
	工時	排程
成本管理	成本中心	成本
	分攤設定	

　　交易主檔是指在 ERP 系統開始運作後，就有可能產生記錄性資料，且其資料內容會經常變動，以及資料量會一直隨著時間而增加，它是屬於企業交易型的資料，例如：訂單交易主檔、工單交易主檔等。如圖 1-1 說明以交易主檔在企業作業的特性和影響，及在資訊系統中交易性資料管理等二個議題。

　　(3) 知識

　　有了資訊後，對於企業經營管理有其在管理分析上的績效，但在競爭白熱化下是不夠的，必須有知識來提升企業生產力，所謂知識是指在資訊累積下，分析出其相對應目標資訊所需解決方案，不是只有了解分析，而是要解決問題。故知識是為了在資訊分析發現問題後，針對此問題去思考如何運用技能創造出解決問題的知識，故依此思維，它也延伸出如同專利、方案、祕方等都是一種知識。

　　知識本身具有一種無形特性，也因為無形特性，故可成就很大的創造能力。茲將它的特性分類整理如下：知識「不具實體性」，因此它需要具有流動性有機體，才能呈現和溝通，故人就成為知識最根本與首要的載具；知識的「累積性」，知識可循前人及自己的成就而加以創造；知識的「無限利用性」

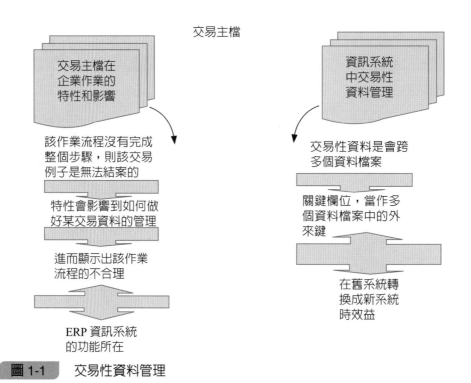

圖 1-1　交易性資料管理

（Indefinitely Expansible），使得知識的原創者或擁有者只要生產一次，便可以無限次地加以利用；知識的「組織性」，在組織中，知識不僅存在文件與儲存系統中，也蘊涵在日常例行工作、過程、執行與規範當中，和個人與組織的知識基礎（Knowledge Base）；知識的「內隱性」，Polanyi（1967）首先提出知識的內隱性（Tacit），將知識分為內隱與外顯知識兩類，內隱性知識是屬於個人的，與特別情境有關，且難以形式化與溝通；外顯知識則是指可形式化、可制度化、言語傳達的知識；知識的「移動性」，Badaeacco（1991）將知識依可移動性，分為移動性知識及嵌入組織的知識。移動性知識又可以分為三大類：存在設計之中的知識、存在機器的知識以及存在腦海中的知識。嵌入組織的知識是指將知識透過內隱性的技巧，建立團隊或組織的常規，或以較廣的專業性知識聯合網路來發展組織的知識，如表 1-2。

表 1-2　　知識特性表

知識	特性
不具實體性	流動性有機體
累積性	可循前人，加以創造
無限利用性	生產一次，無限利用
組織性	個人與組織的知識
內隱性	內隱性與外顯性知識兩類
移動性	移動性知識及嵌入組織的知識

(4) 智慧

　　商業智慧是一種以提供決策分析性的營運資料為目的而建置的資訊系統，它利用資訊科技，將現今分散於企業內、外部各種資料加以彙整和轉換成知識，並依據某些特定的主題需求，進行決策分析與運算；在使用者介面上，則透過報表、圖表、多維度分析（Multidimensional）等方式，提供使用者解決商業問題所需資訊的方案。

　　資訊科技化企業就是指經營流程皆以智慧系統做為其營運平台，將整個流程活動轉換為自主性的智慧系統功能，以期提升企業經營績效和競爭力。更甚者是企業可利用資訊科技化來創造新商業模式。（資料來源參照：陳瑞陽，人工智慧決策的顧客關係管理：含機器人流程自動化、AIoT 企業應用系統、區塊鏈，五南。）

　　茲整理如表 1-3：

表 1-3　　資料、資訊、知識、智慧的差異表

	資料	資訊	知識	智慧
本體	事實	意義的事實	價值的內容	決策分析與運算
方法	觀察	運用	創造	智慧
產生	輸入收集	分類、統計	模式、方法論	智慧系統
結果	數據	訊息	經驗、價值、能力	創造新商業模式
記錄	大量	焦點	萃取	運算

2. 在流程構面

根據企業營運過程和目的，其流程形成過程可分成基本型、交易型、整合型、跨業型等。

(1) 基本型流程

一旦企業開始營運，首先須就各部門獨自內部作業進行流程運作，例如：業務銷售部針對客戶進行建檔審核管理等作業流程，如此流程也產生創造出基礎性資料，也是交易型流程的先前作業。

(2) 交易型流程

有了基本型流程後，根據此流程和所其產生資料，在企業營運中交易作業，而產生出交易型流程，它的重點在於交易，所謂交易是指進出借貸移動收退等相對輸入端和輸出端互為交互的作業，例如：物品收貨，就牽涉到物品入庫輸入者和物品出貨輸出者，這也造成一正一負的數據產生。此流程一般是在跨兩部門或其一是利害關係人的相關組織單元互相運作。

(3) 整合型流程

當企業有更多的交易型流程後，這些流程互為串聯整合後，就成為整合型流程，它是跨 3 個部門或其一有利害關係人以上的組織單元運作，例如：在物品發入庫交易型流程完成後，接下來就會有物品銷售交易型流程，而這二個流程是有其串聯整合的關係，也就是互為影響作業，它通常也進展成為循環式作業。

(4) 跨業型流程

有了整合型流程運作後，仍是屬於企業內部作業流程，但就產業運作來看，則需有企業對外和企業間的作業流程，例如：企業對外流程有電子化採購作業，或企業間流程有物品來源搜尋比價作業，故它是跨企業的一種跨業型流程。

茲整理如圖 1-2：

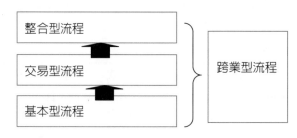

圖 1-2　　流程形成過程

一、企業資料

(一) 企業基礎型的資料

在企業營運的流程中必須先把資料建立完成，且資料內容不會經常變動，它是屬於企業基礎型的資料，例如：客戶基礎主檔、料件基礎主檔（Item Master）等。而這樣的基礎型資料，會因為企業營運流程管理是否有須跨越不同部門的因素，必須決定是否做資料產生的管理機制，在須跨越不同部門時，就必須做資料產生的管理機制，若無，則不需要，例如：料件基礎主檔是會跨越研發部門、製造部門、成本部門、業務部門等，故當產生一個新料件時，就必須有新料件產生的管理機制程序辦法，以便管理新料件主檔欄位建立合理的設定，例如：新料件主檔的來源碼欄位，主要是為了區分料件的用途欄位，因此它會依該管理機制的程序辦法，來合理設定是屬於採購料件。而這樣的程序辦法會影響企業營運作業成效，故管理資訊系統的資料和資訊不只是輸入及儲存資料而已，還必須同時考慮管理機制，如此才可使管理資訊系統真正落實在企業營運管理中。

(二) 企業交易型的資料

在管理資訊系統中，除了上述企業基礎型的資料外，另外一種是企業營運流程運作後就有可能產生記錄性資料，且其資料內容會經常變動，以及資料量會一直隨著時間而增加，它是屬於企業交易型的資料，例如：訂單交易主檔、工單交易主檔等。而這樣的交易型資料，也會因為企業營運流程管理是否有須跨越不同部門的因素，必須決定是否做資料協調審核的管理機制，在須跨越不同部門時，就必須做資料產生的管理機制，若無，則不需要，例如：訂單交易主檔是會跨越製造部門、會計部門、業務部門等，故當產生一個新訂單時，就必須有新訂單協調審核的管理機制程序計畫，以便管理該新訂單主檔欄位建立合理的設定，例如：新訂單主檔的訂單可交貨日期欄位，主要是為了答覆客戶交貨日期和生產製造日期安排依據。

因此，它會依該管理機制的程序計畫來合理設定何時是交貨日期。而這樣的程序計畫也會影響企業營運作業成效，故如同基礎主檔一樣，交易主檔不只是輸入及儲存資料而已，還必須同時考慮管理機制，如此才可使管理資訊系統真正落實在企業營運管理中。但它和基礎主檔管理機制不一樣的地方，是前者注重在程序辦法的擬定和執行，而後者則注重程序計畫的審核計算和協調。

二、企業營運作業流程

企業是根據所訂定的作業流程，來執行每日營運行為，然後產生了很多的交易性資料，這個資料就是在企業營運下，對於某作業流程某步驟下的結果，例如：業務員每天在做業務銷售行為，這時就會有一些客戶下訂單購買產品，而這種行為就產生了訂單的交易性資料，但它這時只發生在所謂的「銷售出貨作業流程」開立訂單步驟，若該訂單一直處理下去，這時就會到出貨的步驟，如此依照「銷售出貨作業流程」的全部步驟，最後就會完成整個作業流程，當然這也就是企業營運行為。從這個例子可看出交易主檔是隨著企業作業流程而產生，若該作業流程沒有完成整個步驟，則該交易例子是無法結案的，這就是一種特性，該特性會影響到如何做好某交易資料的管理，進而顯示出該作業流程的不合理，這個影響正是管理資訊系統的功能所在，例如：從前述例子再做說明，若當初開立的該訂單，一直無法出貨來參考到這個訂單的結果，則業務員對於該業務銷售行為，並沒有達到銷售目的，這就顯示出該作業流程的不合理，故若沒有這個特性，就無法以系統機制面來勾稽到此作業流程的不合理。

誠如交易主檔在企業作業特性和影響下的說明，吾人可了解到交易性資料是會跨越多個資料檔案，它包含基本主檔和交易主檔，例如：訂單交易資料是跨越訂單、出貨、客戶等多個資料檔案。而這些資料是在資訊系統中的資料庫，這時為了能在跨越多個資料檔案中做關聯，以便透過此關聯來勾稽到整個作業流程，必須有一個關鍵欄位，當作多個資料檔案中的外來鍵（Foreign Key），例如：訂單檔和出貨檔之間有訂單欄位和出貨單欄位做彼此之間的參考關聯，如此才有辦法追蹤到關聯性。是故，在資訊系統中的交易性資料管理，就必須設計關鍵欄位來做管理，但這個關鍵欄位並不是只有一個，它可能有多個。這個管理，在所謂的舊新系統轉換，最容易看得出它的效益因為在舊系統轉換成新系統時，其交易性資料必須切成一個完整的作業流程，不可有些作業在舊系統做，有些作業在新系統做，例如：在舊系統有一張訂單，但在轉換成新系統時，它並未出貨，故無法結案，若該張訂單仍留在舊系統，這時若該訂單要出貨，就參考不到該訂單了。

三、管理資訊系統歷程

從上述說明，吾人可知管理資訊系統因為牽涉到大量資料和資訊的運算及作

業流程，所以管理資訊系統的運作必須仰賴電腦軟硬體，故管理資訊系統歷程是和其計算機演進過程有關係的，從以往歷史年代開始，人們開始使用來處理有關管理資訊系統的運作，其大略可分為四個階段：第一是交易處理系統階段（TPS, Transaction Process System），重點是利用計算機電腦快速計算之效益，來做大量資料處理。第二是管理資訊系統（Management of Information System），重點是在資料經過整理後，可做為管理和統整分析上的運用，亦即是管理資訊，而非資料處理。第三是決策支援系統（Decision Support System），重點是在資料經過處理和管理後，對於資料結果期望能在做決策判斷時有所輔助，亦即是決策資訊，第四是人工智慧系統，主要是用以模擬人類決策者的智慧型邏輯，亦即是智慧運算，其不同階層資訊系統發展如表 1-2。

表 1-4 管理資訊系統歷程

資訊系統種類	資訊系統特性	檔案形式
交易處理系統	針對日常大量交易處理之自動化和即時化	非常結構化
管理資訊系統	提供給不同層級的管理者，有關組織營運狀況不同的功能性報表	結構化
決策支援系統	主要是用以支援決策者的整合性報表	半結構化或非結構化
人工智慧系統	主要是用以模擬人類決策者的智慧型邏輯	非結構化

資料來源：陳瑞陽，人工智慧決策的顧客關係管理，2020

四、系統管理理論

決策支援系統和管理資訊系統有其一定關聯，若和管理資訊系統（MIS）比較，以管理資訊系統觀點來看，管理資訊系統是將重點擺放在提升資訊活用的活動，特別強調資訊系統內應用功能的整合與規劃。而決策支援系統則不然，它是強調對企業組織結構和各層次管理人員的決策行為進行深入研究，所以資訊活用的活動並不是重點，反而是在資訊基礎上，如何依高級主管的不同維度來分析資料，以做為決策之用，才是決策支援系統欲設計的核心。因此決策支援系統須和管理結合，其結合成效視管理方法的績效，以往管理方法是較傾向於視組織為封閉性系統，各部門各自為政，追求各部門效率極大化，並且只從組織內部的結構、任務、權責關係分析管理問題，忽略外在環境因素的影響，如此不適合現代

組織特性的需要。今日之管理行為是隨機應變的「權變系統」，它以系統理論做整體觀察與通盤規劃，以權變適應外在環境的改變。近代系統管理理論強調管理應建立在開放系統的結構上，依各部門對於總目標的達成所做的貢獻，來評定其績效，如圖1-3。

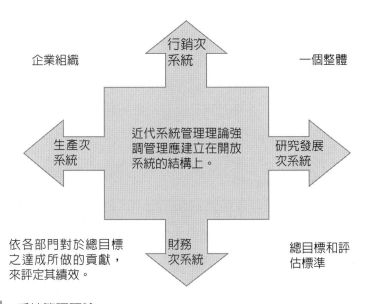

企業組織

行銷次系統

一個整體

生產次系統

近代系統管理理論強調管理應建立在開放系統的結構上。

研究發展次系統

依各部門對於總目標之達成所做的貢獻，來評定其績效。

財務次系統

總目標和評估標準

圖 1-3　系統管理理論

📚 1-2　管理資訊系統的概念

一、管理資訊系統定義

　　從上述管理資訊系統的歷程，來探討管理資訊系統的定義和範圍。Sherman Blumenthal 所提出的資訊定義為：「資訊是經過記錄、分類、組織、關聯與解釋的資料，且就某一論點而言，具有意義。」從這個對資訊的定義，吾人可了解管理資訊系統就是在管理此類資訊的資訊系統，所以管理資訊系統的定義如下：「企業利用資訊科技（Information Technology）在營運活動中的作業程序和管理分析層次上，做有效率和整合性的資料和資訊之管理，會影響組織整個運作，包含作業制度、人員角色、組織結構等運作，進而滿足營運所需作業流程和管理績效的目的，以便達到降低成本和增進價值，最後提升企業利潤營收的目標。」

二、管理資訊系統架構

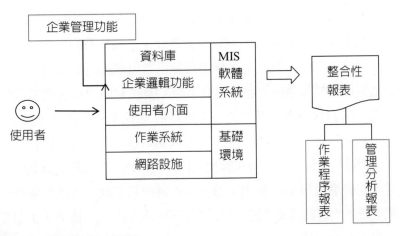

圖 1-4 管理資訊系統架構

　　從管理資訊系統定義和系統化的定義可規劃出 MIS 系統架構，在圖 1-4 中，可看到 MIS 軟體系統，它是指用軟體程式所開發的企業應用系統，是提供給使用者在執行營運作業流程的一種資訊化系統，它包含使用者介面、企業邏輯功能、資料庫這三種模組。使用者介面是一種人機互動，在營運作業過程中，人機互動（HCI, Human-Machine Interaction）方式扮演非常重要的角色。若系統要有效使用人機互動與使用者溝通，就必須讓使用者容易理解。也就是以人類心智慧理解的歷程特性為基礎，而不能只憑直覺。人機互動之所以困難重重，主要原因在於面對電腦機器時因為陌生感而顯得不知所措。人才是主動的參與者，人機介面的趨勢，終將從電腦為中心轉變為以人為中心，電腦將對人的各種動作做出反應，了解人類的各種尺寸結構及限制，並將其應用在這種有形產品的設計原則上是容易了解的，使用者能在學習後，很快地熟悉其他系統的操作。

　　在企業邏輯功能上，主要是指企業管理功能，它包含人事、研發、財務、會計、行銷等作業功能，此作業功能會產生運算邏輯的效用，而企業的員工使用者就是利用此效用來達到上述作業功能的需求。在資料庫方面，是指企業在執行營運作業時，不僅要考量資訊來源即時、正確、廣泛的問題，而且最重要的是，還須考量營運作業時所需的需求服務必須能被完成的問題。資料來源有企業內部作業和企業外部傳送，企業外部是指客戶、供應商等，當然企業內部資料易於控

制，而就資料分析成效上看，其資料成為資料庫結構容易分析，這是一種結構化資料。

　　談完了 MIS 軟體系統的三種組成模組後，接下來，探討 MIS 軟體系統的基礎環境，此基礎環境是提供 MIS 軟體系統運作上必須具備的平台。它包含作業系統、網路設施。在作業系統上是指電腦執行所需依賴的基礎性軟體，它是介於協調溝通電腦硬體和應用軟體的中介平台，因此 MIS 軟體系統須依賴它才能執行，而且不同 MIS 軟體系統可能需考量運用在不同作業系統的適用性。在網路設施上，是做為各個使用者在執行 MIS 軟體系統分散於各電腦介面的一種網路，透過此網路可傳輸資料、發布軟體元件以及做為不同使用者溝通的管道。

　　當有了基礎環境和 MIS 軟體系統後，企業使用者就可透過電腦介面來使用 MIS 軟體系統內的邏輯運算功能，以達到管理功能的績效，因此，企業管理功能必須能呈現反映在邏輯運算效用上，而透過此效用，就可彰顯出 MIS 軟體系統績效，此績效可以整合性報表來回饋給使用者，若以企業營運層次構面來看，整合性報表可分成作業程序和管理分析二層次報表。在作業程序的報表上，是指經過 TPS（交易處理系統）運算所產生的資料，以整理、彙總、統計運算方法來呈現員工執行作業程序的現況，例如：生產日報表、員工出勤統計表等。而在管理分析的報表上，則是依據上述交易資料加入 KPI（關鍵績效指標）的量化目標，來呈現出在管理上的績效指標現況，例如：依據員工出勤統計表加入不及格出勤指標（假設定義遲到 3 次以上），然後計算出有多少員工是不及格出勤狀況，進而分析了解其原因所在，最終思考出解決預防之道。

三、MIS 範疇

　　依據資訊系統和 MIS 系統定義、架構的發展，可引導發展出 MIS 範疇，所謂 MIS 範疇是指 MIS 整個探討的範圍，而此課本章節就依此 MIS 範疇撰寫之。

　　依圖 1-5，MIS 範疇可從「MIS 結構」探討，MIS 結構包含資管系統發展、企業應用系統、MIS 部門組織和制度等三項，所謂資管系統發展是指如何去開發一套應用系統的方法論，而透過此方法論就可開發出企業應用系統，所謂企業應用系統，係指企業產、銷、人、發、財等管理功能以軟體系統呈現其營運作業的自動化執行，而此管理功能受到企業環境影響，所謂企業環境是指同業競爭局面、行銷市場情況、國家經濟政策、全球國貿商情、產業發展趨勢等環境。

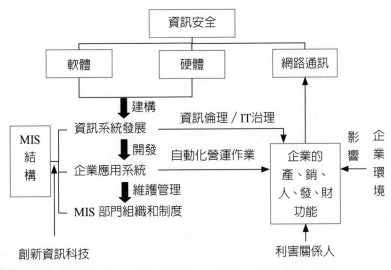

圖 1-5 MIS 範疇

　　企業管理功能不僅受到企業環境影響，也受到利害關係人影響，所謂利害關係人是指客戶、供應商、銀行等，例如：供應商供應物料來源不足，就影響企業生產進度，而這些影響會使得企業應用系統必須能因應這些影響所造成的問題，這也正是 MIS 軟體系統的價值所在，雖然 MIS 軟體系統有其強大的功能效益，然而在其運作過程中，也必須考量到企業倫理，以及 IT 治理對企業和社會的影響。畢竟企業經營對社會、國家乃至全世界是有其責任的，也就是企業社會責任（CSR），因此企業除了力求創新進步外，其永續發展更是重要。也正因為永續發展，才會帶來更多的創新科技，而這些資訊科技會再回饋影響到 MIS 結構的發展，例如：資管系統發展的技術和方法會有創新的改變，而這樣創新的發展改變，會來自於軟體、硬體、網路通訊的科技改變，進而建構出另一創新的企業應用系統。當然，資訊科技所帶來的 MIS 軟體系統在企業運作中是不會分辨人類好壞，因此，如何利用資訊安全和防範企業不當行為，就變得在 MIS 系統範疇討論中就是非常重要的，另外，在目前數位化新一波來臨下，其如何將知識轉移為數位化運作，可說是目前新一波人工智慧衝擊下的關鍵發展，故在傳統資訊管理發展改革中，其將知識和智慧數位化融入資訊管理內是必然趨勢。依據上述MIS 範疇，進而展開本書各章節內容，茲整本書的內容大綱如圖 1-6：

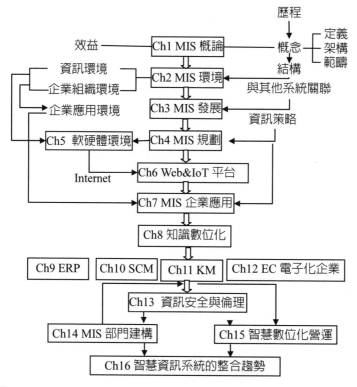

圖 1-6　資訊管理：知識和智慧數位化章節內容大綱

1-3　管理資訊系統結構

　　管理資訊系統結構主要分成三大部分，分別是資訊管理的發展內容、企業應用系統（AP, Application System）、管理資訊系統部門組織及作業程序三大部分。

　　第一部分資訊管理的發展包含系統發展生命週期（SDLC, System Development Life Cycle）、軟硬體環境、程式語言、資料庫、網路資訊安全等項目。第二部分企業應用系統包含企業資源規劃、供應鏈管理（SCM, Supply Chain Management）、客戶關係管理（CRM, Customer Relationship Management）、知識管理（KM, Knowledge Management）、電子商務（EC, Electronic Commerce）、製造執行系統（MES, Manufacture Execution System）、產品資料管理（PDM, Product Data Management）、協同產品商務（CPC, Collaborative Product Commerce）等項目。第三部分 MIS 組織及作業程序包含部門組織、人員

角色、管理作業制度等項目。三大部分結構如圖 1-7：

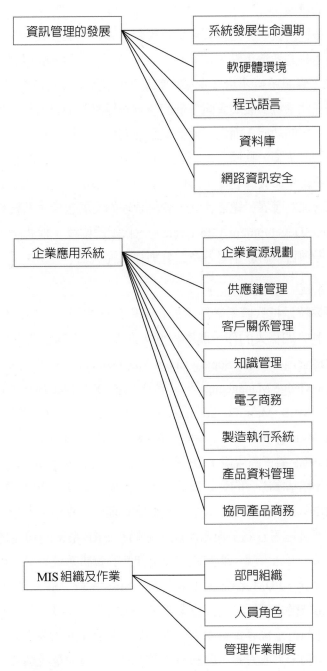

圖 1-7　管理資訊系統

茲將上述三大部分說明如下。

1. 資訊管理的發展

　　所謂資管系統的發展，是指資訊系統規劃建置的作業發展，主要在探討資訊系統在企業應用時的考量重點，首先必須考量到軟硬體環境的規劃和部署，透過軟硬體的環境，資訊系統才可在企業作業活動中運作。再者有了軟硬體的環境後，就可繼續在此環境下發展資訊系統的規劃和建置，主要是利用程式語言的編碼，產生資訊系統的功能，而為了使程式語言的編碼有結構化和效率化，因此須依賴軟體工程的方法論，軟體工程主要在於架構整個程式設計的整合，上述的發展過程，就是系統生命發展週期，因此，管理資訊系統透過系統生命發展週期來控管整個資訊管理的發展。總而言之，資訊管理的發展包含了系統發展生命週期（SDLC, System Development Life Cycle）、軟硬體環境、程式語言、資料庫、網路資訊安全等項目，將於本書各章節分別詳細說明之。

2. 企業應用系統

　　企業應用系統是指軟體系統應用於企業經營作業內，主要以功能為導向，並且考量產業利害關係人的作業關聯程度，進而發展不同企業應用系統，它包括 ERP、供應鏈管理（SCM, Supply Chain Management）、客戶關係管理、知識管理（KM, Knowledge Management）、電子商務（EC, Electronic Commerce）、製造執行系統（MES, Manufacture Execution System）、產品資料管理（PDM, Product Data Management）、協同產品商務（CPC, Collaborative Product Commerce）其中企業資源規劃 ERP 系統，將於後續章節介紹，而 ERP 系統可說是企業最優先和基本導入的資訊系統，故在此先以 ERP 系統做簡介說明。

　　在這個 ERP 系統架構如圖 1-8 中，有採購管理、工程變更作業、客戶管理、現場管理、生產排程等五個子模組功能，它們在 ERP 系統的功能是比較簡化和關注在企業內部，因此，就一個較完整及延伸性的資訊系統來看，可分別歸納為 E-procurement 系統、PDM 系統、CRM 系統、MES 系統、SCM 系統等。

　　在網際網路技術未盛行時，其企業資訊系統的應用，最主要仍是集中在企業資源規劃、製造執行系統等企業內部功能，雖然之前在供應鏈應用管理已有一些基礎和使用，但仍未大放異彩，直到整個網際網路技術大量成熟後，整個企業資訊系統和其他外部企業的整合相關資訊系統應用，也隨之導入許多企業內，而這樣的影響，在傳統的企業資源規劃整合上，最主要會有二個衝擊：第一：企業資

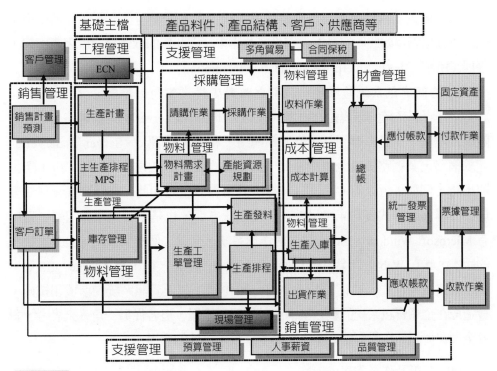

圖 1-8 ERP 系統架構圖

源規劃不再是一個孤島式的系統，它必須考慮到和其他系統的關聯性，尤其是和客戶端、供應廠商端、通路廠商端等外部的作業溝通；第二：整個資訊系統的環境和技術也相對變得複雜和困難。以下將分別說明這二個影響。

(1) 企業資源規劃其他系統的關聯性

在早期西元 2000 年前，企業是以內部作業為主，它含有業務行銷、工程研發、生產製造、財會人資、成本會計、三角貿易等企業資源最佳化的規劃及運作，而這其中在工程研發和生產製造模組功能上，由於在不同產業，其作業差異性和複雜性會有很大的不同，以及企業資源規劃本身系統最主要是以整體資訊流的連接性來思考，故比較偏向獨立作業的研發功能，和偏向現場機台的製造功能，也就顯得只有局部的功能應用，因此，分別又發展出所謂的產品資料管理（PDM）和製造執行系統（MES）等二個資訊系統。但雖然獨立發展三個系統，可是彼此之間有其相關作業資料的連接。而這三個系統可能來自不同軟體開發廠商，或是軟體作業系統、資料庫不同，導致要整合這三個系統的軟體自動化，就相對變得困難重重及成本昂貴。因為這裡面牽涉到資料格式、資料項目定義、作

業流程等極大差異性，若再加上跨作業系統因素，則整個整合運作就是一項挑戰，並且也因為如此不容易，但卻仍有此需求，因此新的軟體廠商就因應而起，發展了所謂的 EAI（Enterprise Application Integration）。

(2) 整個資訊系統的環境和技術也相對變得複雜和困難

以往資訊系統的環境是在區域式網路，和 Client-Server 的連線網路，但在網際網路環境下，是影響到整個廣域式網路，和個人對個人、Server 對 Server 的連線網路，其網路技術愈來愈複雜，而在程式設計的工具和方法論，也不斷推陳出新，例如：近來有 C++ 和 C# 等，其資料庫也是如此，在關聯式資料庫變成物件導向關聯式資料庫。另外在作業系統方面，也是變得複雜和困難，目前有 Microsoft Window、Linux 這二個作業系統，而這二個作業系統，又分出很多的版本，其在 Web 上作業系統方面，也有很多的產品技術，有 Apache、IIS 等，而在網路技術程式，則有 JAVA、ASP、PHP 等。以上資訊系統的環境和技術，會造成在企業資訊系統的整合架構愈加複雜和困難，但若從另一角度來思考，對於企業在資訊系統的解決方案上，又多了很多另外的選擇。

3. MIS 組織及作業程序

透過上述資訊管理的發展，在企業的作業功能上，就可設計建構出不同的企業應用系統，但上述這兩個部分必須依賴企業 MIS 部門的運作和管理，才可產生應有的成效。因此，企業必須成立一個 MIS 部門的組織，組織中包含了人員角色、工作職掌、職等層級等內容，而有了這些組織的成立，就可制定出各項管理企業應用系統的作業制度辦法，促進企業運用管理資訊系統的目的成效，接下來，為了有效做好資訊管理的發展和管理企業應用系統的運作，這時 MIS 部門就須擬定如何管理 MIS 本身的制度，例如：資料庫管理辦法或電腦機房人員進出管理辦法等管理制度，所以 MIS 部門組織在企業的作業功能中，主要扮演支援性的作業功能，所以 MIS 人員角色就必須同時具備資訊系統的技術和企業作業管理兩項專長，例如：同時具備資料庫管理技術和會計作業程序。總而言之，MIS 組織及作業程序包含了部門組織、人員角色、管理作業制度等項目，將於本書各章節詳述說明之。

1-4　管理資訊系統效益

　　根據上述的 ERP 架構及其功能，可了解其 ERP 系統的效益，其效益可分成有形效益和無形效益，而談到效益，其實和企業對於導入資源規劃系統的期望最直接相關的，也就是最主要在於公司未來願景為何，或是帶來何種管理或經營方面的效益，亦即企業資源規劃系統可否協助公司達成這些願景和經營管理效益，故 ERP 系統的效益是透過導入企業資源規劃系統後，驗證在企業管理或經營方面的期望。有些效益容易用客觀數據來加以衡量，這就是有形效益，例如成本、營業額等；有些效益項目則較需主觀意志加以判斷，這就是有形效益，例如企業流程、計畫功能等。

一、無形效益

　　要產生無形效益，是要看其 ERP 系統的應用功能是否有發揮效用，以及資訊系統本身軟體效益。在資訊系統本身軟體效益上，能使系統即時資訊整合多國幣別、多語言及多國家支援功能，大幅縮短企業流程所需時間，提升營運效率，並能與其他資訊系統整合。透過連線分散式系統，隨時掌握企業最新狀況，提高決策速度和品質，以及彈性組態，快速反應組織或流程變動之需求，降低系統維護成本。這個本身軟體效益和 ERP 其六項軟體效能程度是有其直接相關的。在 ERP 系統的應用功能效益上，是和企業流程再造執行力落實有很大的影響，故其效益有降低作業成本、提升競爭能力、改善客戶服務品質、縮短產品上市時間、改善企業流程效率、降低生產成本確實掌握交期、提高全球運籌管理能力、提高對顧客需求變化的反應能力、加快企業回應速度等。

二、有形效益

　　相較於無形效益只能用內容說明來表達其效益，其有形效益就可用量化的數據來評估呈現，這對於講究注重財務數字的企業主而言，是很具有說服力的，但問題也出在這裡，萬一數據錯誤，就會產生負面作用，並且評估數據的資料來源收集是非常不容易的，若處理不當，則可能流於只是數據遊戲。在有形效益的一般呈現，是用指標數據來得之，例如：庫存金額、存貨周轉率、交貨準確率、銷貨成本、產能利用率、營業額、良率等。其庫存金額是代表公司內部積存的原料、半成品、成品等所占的總金額，庫存金額愈少，代表公司的存貨愈沒有積

壓，這和存貨周轉率是有關的，亦即存貨周轉的天數愈少愈好。而交貨準確率是表示對客戶訂單交期承諾是很好的，其銷貨成本是代表公司因為銷售貨物所產生的成本，銷貨成本愈低愈好。而營業額是代表公司的營業收入，營業額愈高愈好。其產能利用率是代表公司內產能的使用程度，產能利用率愈高愈好。其良率是代表公司的生產品質能力，良率愈高愈好。

　　從上述的有形效益和無形效益說明，可綜合得出一個結論，就是有效提升企業形象與經營體質來使公司營業額成長，讓員工、企業主、股東達到雙贏的局面。

📚 1-5　知識智慧數位化的資訊管理

　　在企業強調效率化自動化下，資訊管理已是綿綿不斷隨著企業營運轉變而有不同的漸進式發展，但在知識時代已奠定甚久，以及這波創新人工智慧產業化來臨，使得資訊管理也朝向具備知識管理和智慧管理的改變，也就是資訊管理內容須有知識和智慧數位化元素，而不是只有傳統資料和資訊數位化元素，這也正是上述提到資料形成過程中的演化，故以下針對知識和智慧數位化分別說明。

　　在知識數位化融入資訊管理內容下，其實在知識管理成為顯學之時，已於資訊管理功能有所發展，以下說明知識管理內涵。

一、知識數位化

　　在時間巨輪的不斷滾動下，其不同時間階段的突破技術，造成了人類不同的活動現象，也形成了不同的社會結構和企業經營運作業模式，進而對財富創造與分配的方式也有所不同。

　　有關知識的定義，有很多學者分別提出各自定義，茲整理說明如下。

　　Nonaka 和 H.Takeuchi（1995）認為知識是一種辨證的信念，可增加個體產生有效行動的能力。Davenport（1998）從組織的觀點認為知識是一種流動性質的綜合體，它包括結構化的經驗、價值及經過文字化的資訊，同時也包括專家獨特的見解。Zack（1999）認為透過經驗、溝通和推論，被相信且重視的有意義、有系統累積的資訊就是知識。知識來自於資訊，就如同資訊是從數據而來的一樣。但是知識比資訊和數據更無形、更複雜、更抽象，也因此更難以去定義以及管理。例如：以學校成績為例，成績數據輸入是資料、統計不及格成績人數比率是資

訊，而提出如何降低不及格成績人數比率的經驗方法就是知識。例如：以企業產品研發為例，產品研發測試數據收集是資料、比較分析測試數據的差異效果是資訊，而提出測試數據如何運用的正確價值，儲存於稱為「工程知識手冊」的資料庫中就是知識，它可對日後工作有莫大的協助。

從上述知識定義，可知資料、資訊、知識的差異性。資料是從情境（Context）中的事實觀察而得的；資訊則是在某個有意義情境之下的資料，通常以訊息（Message）的形式表現出來；而知識是在有用資訊運作之下的經驗、價值、能力。

從各學者知識管理定義來看，可了解到就是要將企業的資源透過資料→資訊→知識的轉移演進，得到最佳的知識化資源，並以管理運作模式來達到知識管理的流程運作，進而再發現、定位、擷取以擴大知識範圍，來增強企業競爭力的策略及過程。故知識管理模式，指的就是針對知識三個階層的運作，長時間加以組織、更新、整理、分析，並與他人分享的過程。這樣的推動運作就是所謂的知識管理演進，而知識管理演進的最終目標就是要得到智慧。智慧對企業而言，是一種無形資產，它是企業的核心根本。其知識管理演進的示意圖，請參考圖 1-9。

從知識管理演進示意圖，延伸出三大知識管理主軸，分別是：一、知識管理

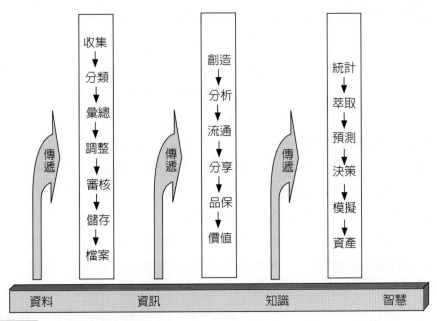

圖 1-9 知識管理演進圖

的管理運作，它包含組織面、策略面、制度面、衡量面。二、知識管理的流程程序，它包含知識管理生命週期、價值鏈、知識管理學習。三、知識管理的資訊系統，它包含作業規劃、系統分析設計、實施導入。

在知識經濟時代中，企業要在這個競爭激烈的環境中生存，就必須不斷地學習與創造新知識，將知識傳播分享至整個公司，乃至於整個產業，且能迅速將知識融入技術和產品之中。

從知識管理的影響構面來看，知識傳播分享成為知識管理是否成功的重要活動之一，但傳播分享卻和企業機密要件須保密這個機制，可能會產生違背的衝突，因為競爭對手可能在短時間內抄襲大部分的企業機密要件。這種影響也是會衝擊到知識管理的運作，當然解決技術可用資訊技術來設定權限控管，然而若使用者介面設計不當，反而抑制了傳播分享的機制，這也是推動知識管理的困難處之一。但知識的優勢仍是一種永久性的優勢，當這樣的情況發生時，具備豐富知識與已進行知識管理成功的公司，這時已經自我提升到未來更高的境界，提供更好的品質、創意或效率，從創新角度來說，就是領先型的企業。

如同上述所言的知識優勢是可以長久維繫的，因為它能源源不斷的創新與強化競爭力優勢。然而要保持這種優勢，其中資訊科技可能對知識管理具有極大的影響力，但切記不代表好的資訊科技就一定能提供有用的資訊。因為知識管理的重點不是在資訊系統，亦即不在於系統的典範更替，更不是舊瓶裝新酒。它是運用資訊科技來輔助達到企業融入知識管理的模式，如何融入呢？這就牽涉到知識三層演變，首先，在企業的功能資源，以資訊系統方式，將功能資源的資料轉移成資訊，接著，功能資源擴大整合成企業資源後（仍是用資訊系統方式），這時，必須把企業資源的資訊萃取成知識，然後用知識加值流通平台，使得知識再創新成為協同知識，運用在產業資源，從中轉換成有價值的智慧，進而成為公司的資產。例如：公司有採購功能的物料資源，經過 ERP 資訊系統運作後，收集整理且分類成相關「呆料物料」的有用資訊，接著，將該呆料物料資源移轉成另一有用的資訊（指呆料物料可再使用的資訊分析），和企業其他資源（例如：產品機種），整合萃取成行動知識（例如：用舊機種消化這些呆料，或工程變更使得這些呆料擴大其適用機種），並將此行動知識和產業資源共享，使得知識再創新成為協同知識（指其他相關企業可共同使用這些呆料的需求），最後，從中學習建立其呆料消化庫存的機制，這就是一種具有處理降低庫存成本的智慧，當然這種智慧能建立成一種機制制度，就是公司寶貴的無形資產，如圖 1-10。

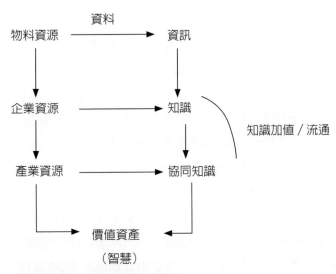

圖 1-10 企業資源融入知識管理的模式

　　資訊技術是日新月異、變化迅速的。使用者在資訊使用上似乎趕不上資訊改變的腳步，但在知識管理下須擷取資料、資訊及知識的資訊科技需求，使得使用者不得不更進一步吸收及分析資訊的能力。因此，科技本身也已創造了知識管理的必要性。

　　目前知識管理系統是以群組軟體、工作流程、訊息交換、電子郵件和資料庫技術為主要系統。它同時強調個人化、人性化的介面，以便建立員工個人化的使用環境與工作平台。

　　知識管理系統的建構，與一般資訊系統的最大的不同點，在於系統本身主要是應用於知識與資訊上的處理，而非資料或交易的處理，知識本身與資料或資訊的最大不同點，在於知識經常是蘊含在日常工作、過程、執行與規範，或員工的經驗與洞察力當中，因此，系統建構時必須考量到許多與策略、組織文化及人員有關的層面，而非單純只是科技上的建置與應用。

二、智慧數位化

　　智慧數位化是指將智慧融入於資訊管理運作內，在此智慧是指模擬人類智慧作業，包括感應、感測、感知、認知等行為作業，而這些行為必須在資訊化運作過程中顯示其效用，而要達成此成效，須將智慧轉換成數位化格式和型態，如此才能進一步運用軟體系統來達成軟體無限可能的功能。這對於資訊管理是一大突

破改變，故可見企業資訊化也已走向智慧管理的里程碑。

以往智慧管理的先前雛形就是商業智慧 BI，茲說明如下。

目前是在物聯網、人工智慧、區塊鏈、智慧合約、金融科技、雲端運算、邊緣運算、數位分身、擴增實境、5G 等創新科技整合發展下，造就資訊管理的智慧數位化，而這也正是本書增修內容的特色之處。故在數個章節中會增修其智慧數位化的內容。在知識時代，就如同管理大師彼得・杜拉克所提出的「知識」將取代土地、勞動、資本、機器設備等，因此「知識」成為最重要的關鍵要素，它是奠定財富的基石。知識也是一種財富資本，只不過和一般企業所熟知的土地、工廠、機器、現金等有形資產，在根本上是完全不同的。其中最主要的差異，是它具有技術知識，技術知識為公司的技術資源，經過組織管理能力的轉化，會成為創造企業競爭優勢的核心技術能力。故知識本身是有智慧的特性，它會產生所謂的「智慧資本」。在目前知識管理時代，就是要將無形知識的內隱性，轉換成如同有形機器使用般的容易理解和溝通，故知識轉換成智慧資本，是企業重視知識的開始，也是企業獲利和掌握趨勢的關鍵。

智慧資本是指每個人與組織能為公司帶來競爭優勢的一切知識與能力的總和。這種智慧資本可以無形方式的呈現，也可以有形方式的呈現，例如：企業內人力資源的知識總和是無形方式的呈現，專利權是有形方式的呈現。這種智慧資本也可存在企業的不同功能方面，例如：它是存在於研發專家身上的專業與經驗直覺，它也是能夠想出方法提升作業效率的直接人員身上的技術，它是企業內部的資訊系統功能，它也是公司與供應商之間的合作夥伴人脈關係等。

發展這樣的嵌入式知識系統，它除了原有嵌入式系統的軟體、韌體和硬體外，必須再加上知識管理方法、資訊軟體和專業領域等三項。這樣的架構技術是很複雜的，它是具有跨領域的整合性、透通性（Transparent）、移植（Porting）性能力，故這需要各項標準化機制。

所有知識經濟生產力的原始出發點，都附屬於「人和組織」的身上，只不過隨著時代的轉變，人和組織所扮演的角色，在科技技術的不斷突破，已經從早期的勞動或勞力，升級為資訊、技術與腦力的結合，以往機器設備會為企業帶來生產利潤，但背後基礎支撐是機器設備的設計和操作知識，因此透過「知識」使得機器設備的生產力更不斷提升，不再只是機器設備的使用生產力，而且也成為維持企業持續成長的核心關鍵。

　　從上述說明，可了解到知識爲何是一種智慧資本，茲將上述過程整理如圖
1-11。

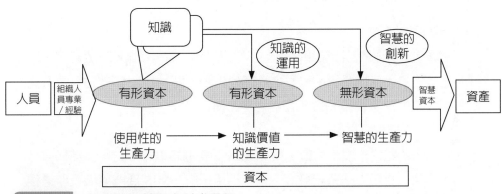

圖 1-11 知識的智慧資本形成過程

案例研讀

問題解決創新方案→以上述案例爲基礎

一、問題診斷

　　依據 PSIS（Problem-Solving Innovation Solution）方法論中的問題形成
診斷手法（過程省略），可得出以下問題項目：

1. 規劃 MIS 結構的主要領導主管沒有企業資訊化概念：

　　管理部張經理並不了解 MIS 的應用概念，進而在規劃 MIS 部門組織、作
業程序方面，無法務實呈現資訊管理的專業效益。

2. 高層主管不重視企業資訊化的應用：

　　由於不了解 MIS 系統對企業經營的影響，進而就不知如何運用 MIS 系統
來輔助支援企業經營，當然也就無法呈現 MIS 系統的效益。

3. MIS 系統各子系統沒有整合：

　　在案例中有進銷存和 MES（Manufacture Execute System，製造執行系統）
這兩個 MIS 子系統，但由於是來自二個不同軟體廠商的產品和皆是事先
已開發好的套裝軟體，因此，這二個子系統的整合對於企業整體營運綜效
是非常重要的。

二、創新解決方案

根據上述問題診斷，接下來探討其如何解決的創新方案。它包含方法論論述和依此方法論（指內文）規劃出的實務解決方案二大部分。

(一) 方法論論述

根據問題形成的診斷結果，以上述本文內文，提出本案例之實務創新解決方案。包含：管理資訊系統對企業經營影響、從 MIS 系統效益來提升高階主管對 MIS 之重視和 MIS 應用概念等二種：

1. 管理資訊系統對企業經營影響

MIS 系統對企業經營影響，可從 MIS 系統的結構來探討，此結構可分成三大項目：資訊管理系統發展、企業應用系統、MIS 部門組織及作業程序。首先，先以軟體資訊的系統發展，來探討如何開發一套企業應用系統（AP），再者，以此 AP 系統內的應用軟體功能來輔助支援企業作業流程，最後，為了使 AP 系統和其發展過程能順利完成，則須依賴 MIS 部門組織人員依 MIS 作業程序來做運用控管，進而產生對企業經營的效益影響。

2. 從 MIS 系統效益來提升高階主管對 MIS 之重視和 MIS 應用概念

從上述說明了解 MIS 系統對企業經營效益影響後，高階主管就會認為 MIS 系統的重要性，進而願意投資和重視 MIS 系統的軟硬體、人力、環境等資源。但為了更能務實的落實高階主管對 MIS 系統之重視程度，其高階主管應學習 MIS 系統的應用概念，並不是純軟體技術，最主要是能知道如何運用 MIS 系統來輔助增強企業作業流程效率的經營績效。

(二) 實務解決方案

從上述應用說明後，針對本案例問題形成診斷後的問題項目，提出如何解決方法。茲說明如下。

解決 1. 企業經營如何應用 MIS 系統

高階主管的能力和關心重點都是在於企業作業流程的經營，透過企業經營效率，可提升公司競爭和利潤。因此，要讓高階主管有企業資訊化應用概念，就必須從企業作業流程如何應用 MIS 系統來提升經營績效方面著手，如此高階主管就可真正領會到企業資訊化應用概念。

解決 2. 增設 CIO（資訊長）高階主管為企業資訊化領導者

如何運用真正 IT 專業人才來建構 MIS 系統環境，並了解企業資訊化是

整個公司高階的營運規劃，而非只是個小單位，因此須將 IT 規劃領導主管提升為 CIO 資訊長階層，如此才可規劃協調跨部門的運作和整體企業作業流程。

解決 3. 以整體企業經營綜效來規劃整合性資訊系統

　　企業營運流程是很多功能導向的構面，包含產、銷、人、發、財等作業，因此在規劃 MIS 系統時，會因導入時間、階段性作業需求、投資費用等考量因素下，可能會有不同階段時間內導入不同 MIS 子系統，甚至可能會有來自不同廠商開發的軟體產品，以及相隨的不同作業系統、資料庫。這些軟體產品在整體企業經營綜效考量下，其整合性 MIS 系統就變得非常重要，若再加上決策策略層次的資訊系統（例如：商業智慧系統），則 MIS 各子系統和作業系統、資料庫，以及決策性資訊系統的整合，便成為企業建構資訊化的首要目標。

三、管理意涵

　　在目前企業資訊化日趨深入影響企業經營績效的情勢下，企業所要面對的就是如何建構 MIS 系統環境，更甚者是企業可利用資訊化來創造新的商業模式，由此可見資訊化的重要程度不可同日而語。然而，要達到上述成效，則高階主管必須了解 MIS 系統的應用概念，包含 MIS 定義、架構、結構，進而了解 MIS 系統所帶來的效益，如此才會重視 IT 專業人才，最後，才能順利的建構 MIS 系統環境。

四、個案問題探討

　　你認為該公司的管理資訊系統建構受到哪些因素影響？

 MIS 實務專欄 （讓學員了解業界實務現況）

　　資訊化對企業的影響，往往受限於資訊新技術的接受度和普遍性，因企業需要有員工技能和資訊人才的配套條件，才能落實企業資訊化成效。然而，在實務上，卻因高階主管對資訊化認知共識不夠深刻，導致對於企業資訊化僅止於輔助支援的配角，而不是直接影響營運績效和創造營收的主角。

課堂主題演練（案例問題探討）

企業個案診斷 —— 書籍業務的資訊化挑戰

　　YY 公司主要是經營當地的中等教育書籍代理和銷售。康三（虛擬名字）為 YY 公司新聘在「歸化」當地的業務經理，因為是當地的業務拓展，因此須對當地的學習人口、教育環境熟悉，才有辦法在當時展開行銷活動，因為康三之前在教育書籍經營已有十餘年豐富經驗，故由他擔任開疆闢土的業務推廣是最適合不過了。但以目前的形勢看來，有二個急待解決的重要事項。第一是康經理雖然業務能力熟稔，但對「歸化」當地教育條件和環境並不了解。第二是 YY 公司本身是中小企業，尤其對「歸化」的業務據點，並沒有太多資源可讓康經理運用，故對於業務拓展是不利條件。假設你是康經理，如何解決以下問題？

(1) 在不利發展條件下，是否更能發揮領導能力，還是應要求 YY 公司給予更多資源條件，才能真正發揮？

(2) 在上述的時間點，你認為康經理是否是管理者？最需要管理技能是什麼？

個案診斷探討

　　在上述企業個案的描述（書籍業務的資訊化挑戰），就資訊管理角度來看，在一個不利的環境下，首先要做的就是有用資訊的收集，因為資訊的掌握，才可能明確地做出決策和行動，故目前康經理需要的就是情報資訊系統和決策支援系統。

　　經過康經理指示資訊人員去了解情報資訊系統的功能和產品後，才知道目前上市軟體產品並沒有適合康經理的需求。故康經理決定以客製化程式開發方式來進行，但因時間急迫，於是採取同步的軟體工程方法，期望在最短期間內能完成。

　　然而要在短期完成情報資訊系統，則須投入更多的人力和資金資源，但公司期望借重康經理的長才，一方面期望能快速穩定發展業績市場，另一方面也期望不要投入公司太多的資源，所以給了康經理很高的報酬和業績獎金。經過上述的思考說明後，康經理決定放棄情報資訊系統，而採用本身親自參與客製化開發，他利用公司本身現有一位資訊人員，以漸進式的 UML 開發方法，和這位資訊人員一起溝通資訊系統的功能，這是最節省資源投入

的方法，經過短期的努力開發後，終於有了簡單版本的情報資訊系統，並且也可以馬上派上用場了。

個案診斷分析

　　一個對於企業需求有真正用處的資訊系統，並不是一定要昂貴或複雜的資訊系統才能達到，就算真正使用這些系統，也未必能達到，因其關鍵之處在於資訊系統的功能是否切入真正的需求，這有賴於軟體工程的系統分析方法。本個案利用漸進式的系統分析方法，而且使用者（同時是規格需求者，即康經理）深入資訊系統開發，也就是同時整合需求和軟體的轉換，這有助於資訊系統的功能可切入真正的需求，並且可減少資源的投入。

關鍵詞

1. 資料（Data）：資料數據是一種詳細、客觀、明確的交易記錄。

2. 資訊（Information）：資訊是經由數據的整理、分類、計算、統計等方法，使資料數據轉換成有意義後，進而形成資訊。

3. 管理資訊系統（MIS）：企業利用資訊科技（Information Technology）在營運活動中的作業程序和管理分析層次上，做有效率和整合性的資料與資訊之管理，會影響組織整個運作，包含作業制度、人員角色、組織結構等運作，進而滿足營運所需作業流程和管理績效的目的，以便達到降低成本和增進價值，最後提升企業利潤營收的目標。

4. 資管系統發展：是指如何去開發一套應用系統的方法論，而透過此方法論就可開發出企業應用系統。

5. 企業應用系統：是指企業產、銷、人、發、財等管理功能以軟體系統呈現其營運作業的自動化執行。

6. 企業流程再造：是在於徹底（Radical）根本（Fundamental）、變革（Change）、關鍵流程（Critical Process）。

7. 企業營運層次：包含作業程序、管理分析、決策分析三個層次。這三個層次有上下階層關聯。

8. 通訊關聯：是指二個管理資訊系統的子系統分別在各自作業系統上做資料、程式傳輸，這其中包含格式、結構的不同，因此就必須在作業系統上做溝通、聯繫、傳送訊息等通訊功能。

9. API：介面連接是指 API（Application Program Interface），而 API 是建構在本身的管理資訊系統子系統內。

10. 智慧數位化：指將智慧融入資訊管理運作內，在此智慧是指模擬人類智慧作業，包括感應、感測、感知、認知等行為作業。

習 題

一、問題討論

1. 企業決策支援系統和管理資訊系統有何關聯？

2. 何謂管理資訊系統定義？

3. 何謂管理資訊系統結構？

二、選擇題

(   ) 1. 管理資訊系統的歷程包含哪些階段？ (1) 電子數據處理階段　(2) 管理資訊系統階段　(3) 決策支援系統階段　(4) 以上皆是

(   ) 2. 以下何者不是管理資訊系統結構？　(1) 總經理室部門組織　(2) 資訊管理的發展內容　(3) 企業應用系統（AP, Application System）、管理資訊系統部門組織及作業程序

(   ) 3. 管理資訊系統和其他系統關聯的角度而言，企業若要整合及導入這些不同的系統，則在整合導入過程中，須考量哪三大因素？　(1)MIS 部門在企業的功效　(2) 軟體產品廠商的搭配　(3) 資訊化顧問的輔導　(4) 以上皆是

(   ) 4. 管理資訊系統在企業營運層次的定位：　(1) 決策層次　(2) 管理和作業程序層次　(3) 現場操作層次　(4) 以上皆是

(   ) 5. 其他系統是指管理資訊系統本身環境相關的支援性系統，主要包含：　(1) 會計系統　(2) 採購系統　(3) 介面連接系統　(4) 以上皆是

(   ) 6. 下列何者是資訊的特性重點？　(1) 未經整理　(2) 有用的　(3) 原始的　(4) 以上皆非

(   ) 7. 下列何者不是資料的特性重點？　(1) 未經整理　(2) 有用的　(3) 原始的　(4) 以上皆非

(   ) 8. 管理資訊系統是在企業管理層次的哪一層？　(1) 決策　(2) 策略　(3) 管理　(4) 以上皆是

(   ) 9. 企業營運流程主要是在控管什麼？　(1) 資料　(2) 資訊　(3) 兩者皆是　(4) 以上皆非

(   )10. 企業資訊化三階段過程包含：　(1) 電子數據　(2) 交易處理　(3) 管理分析　(4) 以上皆是

(   )11. MIS軟體系統包含那些模組？　(1)使用者介面　(2)企業邏輯功能　(3)

資料庫　(4) 以上皆是

(　)12. 人機互動之所以困難重重，主要原因在於：　(1) 面對電腦機器陌生感
(2) 以人爲中心　(3) 使用者能在學習後很快地熟悉其他系統的操作
(4) 以上皆是

(　)13. 整合性報表在 MIS 上可分成那些報表？　(1) 模擬分析　(2) 作業程序
(3) 決策分析　(4) 以上皆是

(　)14. 企業管理功能會受到那些影響？　(1) 企業環境　(2) 利害關係人
(3) 前兩者　(4) 以上皆是

(　)15. 利害關係人是指：　(1) 客戶　(2) 供應商　(3) 銀行　(4) 以上皆是

(　)16. 協同產品商務是指：　(1) CPC　(2) ERP　(3)CRM　(4) 以上皆是

(　)17. 利用資訊管理的發展運作，設計建構出可應用在企業不同作業功能的
資訊系統，是指：　(1) 企業應用系統　(2) MIS 組織　(3) MIS 作業程
序　(4) 以上皆是

(　)18. 流程層面的效益？　(1) 步驟合理化　(2) 改善再造　(3) 流程自動化
(4) 以上皆是

(　)19. 管理資訊系統和資料庫系統關聯爲何？它主要包含：　(1) 轉換　(2)檢
核（Check）　(3) 存取　(4) 以上皆是

Chapter 2

管理資訊系統環境

🎯 學習目標

1. 探討資訊環境的種類和範圍。
2. 說明軟體資訊環境的整合平台。
3. 組織活動架構。
4. 組織型態種類。
5. 資訊系統和組織運作的關係。
6. 探討企業如何利用資訊環境做資訊系統的應用。
7. 說明資訊策略的種類和範圍。
8. 探討資訊策略如何和企業策略結合。

應用「策略三構面」於企業發展需求在資訊系統導入的行為探討

該公司於 1998 年成立之初，逐步引進電腦製造資源規劃系統（MRP II）作業，此時在營運規模上剛好適用，但並未考慮因未來成長而需要價值顯現。直到 2000 年，才開始推行 ERP 的方案，以因應未來可能的競爭。該公司是一家以製造業兩岸三地型態營運的中小型企業。

　　該公司為某集團投資的一員，成立於 1998 年，主要是生產 CD-ROM、CD-RW、DVD-ROM 等各式光碟機，並不斷研發推出 16 倍速的 DVD-ROM 光碟機，以符合使用者對於追求超高畫質影像與音效的渴望。目前生產據點以大陸廠為主，而台灣是管理中心、研發、行銷總部，故是一種典型的兩岸三地企業營運模式。所以企業運籌分別有下列三個重點：多據點 Global 營運模式，包含生產據點、行銷據點、售後服務、客戶、供應商等；產能及訂單整體最佳化，確認最佳製程方案與各生產基地之產能調配，降低產品運送至顧客所需之成本和時間；創新產品替代，快速地創新產品設計，以降低成本，並刺激市場成長。該公司係屬光碟機組裝製造，定位在產業中游，其上、中、下游之關聯，主要是在於上游是零組件，中游是機構設計製造，下游是組裝產品。

　　產業上、中、下游之關聯性：光碟機的上游主要關鍵零組件為光學讀取頭、主軸馬達、晶片組等，下游為電腦組裝市場，可分為個人電腦售後市場及一般消費者 DIY 市場，該公司係屬光碟機組裝製造。

　　產品之發展趨勢：光碟儲存裝置之技術不斷創新，光碟機已由前幾年的 CD-ROM 倍速競賽，進入 CD-RW 與 DVD 的新技術導入期。整合 DVD-ROM 與 CD-RW 功能的驅動程式，因具備複合功能價值，將成為未來市場重點產品。

　　市場競爭情形：光碟儲存裝置產業創新速度快，產業結構變化頻繁，產業呈現不穩狀態，廠商汰換率高。全球產量集中於台灣、日本、韓國。產品的生命週期：CD-ROM、CD-RW、DVD-ROM 產品的生命週期約為 3-6 個月，產品生命週期世代交替速度較一般產業為短。

問題 Issue 思考

（讀者請依據此情境個案，思考出 MIS 問題重點，來引發本章的內容研讀方向）

1. 資訊執行方法應依循資訊策略展開？可從資訊策略和企業策略探討之。

2. 建構 MIS 組織活動如何影響現場人員的 IT 執行？可從企業組織活動和資訊系統關係探討之。

3. 在五力分析中的顧客價值是如何產生？可從企業應用資訊環境探討之。

前言

　　資訊環境主要包含軟體、硬體二大類環境，軟體環境又包含作業系統、應用軟體二種，其作業系統是應用軟體的平台。在資訊化的環境之下，從這些軟硬體環境來建構企業組織活動的基礎，進而了解資訊系統和組織運作的關係，以便展開企業如何應用這些資訊環境。再者，企業可規劃出資訊策略，資訊策略分成資訊管理功能性的策略和資訊作業性的策略二種。資訊策略必須和企業策略結合，企業策略分成整體策略、功能性策略、作業性策略。

閱讀地圖 （以地圖方式來引導學員系統性閱讀）

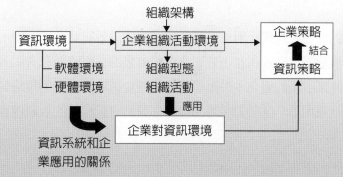

2-1 資訊環境

　　資訊環境主要包含軟體、硬體二大類環境，如圖 2-1，軟體環境又包含作業系統、應用軟體二種，其作業系統是應用軟體的平台，不同作業系統平台會有不同的軟體程式對應，也就是程式開發的應用軟體會有不同的作業平台版本，例如：Visual Basic 程式是在 Windows 作業平台，C 語言程式是在 UNIX 作業平台等。這樣的限制會造成應用軟體的程式維護困難，因爲當該應用軟體要移植另一作業系統時，必須將原有軟體程式做重大修改，因此軟體程式應是跨作業平台，例如：Java。

　　硬體環境包含伺服器電腦設備及網路環境，網路環境又分成區域網路和網際網路，區域網路是指企業內部的網路，故區域網路的安全防護就變得非常重要；網際網路則是指企業對外連線的管道。

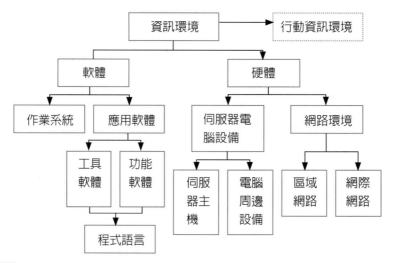

圖 2-1　資訊環境範圍圖

　　資訊環境的穩定和規模，對於企業資訊應用的成效有其關鍵影響。資訊環境是企業因應環境變遷之關鍵所在，它包含企業收集的一組資料和資訊，並藉以因應和預測企業外部環境的變化。外部環境的變遷會影響到企業的策略與行動，包含總體環境、行業環境、競爭對手等，進而影響到資訊環境的規劃內容。

一、資訊環境和網際網路環境的關係

　　由於網際網路的突破和興起，使得企業需求受到資訊軟體的影響更甚於以往，因此在做資訊環境規劃時，就必須考慮到網際網路環境。網際網路環境主要包含伺服器主機和網頁軟體平台。前者注重的是績效和安全，績效指上網流量的速度、安全指病毒和駭客攻擊。後者注重的是使用者資料和網頁內容，使用者資料是指使用上網所存取的資料，網頁內容是指該軟體所呈現的功能畫面欄位。在這樣的網際網路環境就須依賴資訊環境，也就是如何透過資訊環境來達到資訊系統的績效和安全，及使用者應用，也是資訊環境和網際網路環境的關鍵重點。

　　不同於企業內部區域網路環境，因在內部建置，故企業容易控管，但在網際網路環境，因是透過外部軟體平台（例如：電子市集軟體平台以主機代管方式）來運作，故不易控管，因此，企業在網際網路環境上的管理是比較複雜的。

二、資訊環境和企業特性的關係

　　企業特性是指企業行業別、規模別、產品別的特性差異，例如：藥品製造業行業別、中小企業規模別、健康藥品產品等，不同的企業特性，有不同的資訊環境考量，這是一種適用性考量，雖說資訊環境的投資很重要，但也不能過於投資，必須考量企業特性的適用性。在行業別的企業特性，是考慮到行業流程的差異，例如：製造業和服務業流程上，前者是有形產品，後者是無形產品，並且同樣是製造業，因為產品不同，其特性也不同，這就是產品別特性，例如：健康食品、藥品產品和 IC 設計產品就會有不同的產品別特性，因為產品不同，其製造流程就不同，故其作業功能和流程就會不一樣。至於規模別特性，則是指企業本身的規模，包含營業額、人數、核心能耐、文化、素質等本身特性，這些都會影響資訊環境規劃的適用性。

三、資訊環境的人員角色工作

　　在資訊系統專案確定要進行後，為了讓專案順利進行，因而先成立了專案開發小組，它的人員角色包含顧問、需求分析者、系統設計者、程式設計者、專案經理，除了這些基本角色外，無論系統或內容製作應用的是多麼先進的科技技術，其中最重要的部分是「需求」，因此有需求設計者。另外在資訊系統專案進行時，會有軟體元素技術性作業，例如：影片、動畫、音效，故相對也須有這些

角色。茲分別說明這些角色如下。以顧問角色工作來說，有做諮詢、協調及規劃等。以專案經理企劃角色工作來說，有企劃案製作、可行性分析；流程架構、媒體整合、設計流程控制等。所謂可行性分析，包含成本效益可行性分析（成本／效益）、功能可行性分析（Web 3D 的介面）、技術可行性分析（程式技術）等。以網頁程式設計者角色工作來說，有網站規劃與建立、網頁基本介紹、內外部超連結、網頁編排與設計、動態網頁設計、JavaScript 的基本語法、Web 元件插入應用、表單之設計與製作等。以需求設計者角色工作來說，需求分析可以將系統內容與系統目標以視覺化的方式呈現，它包含需求結構、流程說明、角色對話、應用功能或功能註解等。以動畫設計者角色工作來說，有動畫概論及 DHTML 文件格式、Flash 動畫軟體應用、動畫檔案格式轉換技巧、2D 及 3D 特效與過場動畫運用效果、影像剪接及合成技巧等。以影片、音效製作者角色工作來說，有電腦繪圖要素、點陣圖影處理基本概念及功能、向量圖影處理基本概念及功能、視訊編輯與擷取、影像剪接及特效、音效編輯及錄製、影音的結合、動畫及影像配音與配樂製作等。

四、資訊系統和企業經營的整合

資訊環境的範圍是涵蓋在技術、應用層面上，對資訊系統的技術層面上，有電腦硬體、電腦軟體、電腦通訊與網路；對資訊系統的應用層面上，有資料庫系統、資料倉儲、資料探勘，以及如何將資訊系統應用在企業經營管理方案，其包括企業資源規劃、供應鏈管理、顧客關係管理等解決方案。

資訊環境是一個系統的觀點，所謂系統是指一組相互依存關聯的模組，共同運作建置來完成特定目標，它包含輸入、輸出、過程邏輯、控制及回饋模組，如圖 2-2：

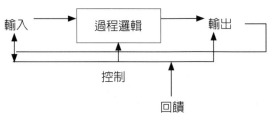

圖 2-2　系統的示意圖

　　從模組內容可知系統必須有組織的互動，如此才有相互關係、連接性，和共同目標，在企業的組織內是不斷變化適應，以保持與其企業內外環境的均衡，如此才能成為靈敏快速的組織，是故企業組織和資訊環境影響是以整個系統來評估的，也就是說，單一部門功能的最佳化，常常使整體組織不能達到最佳狀態，須以系統觀點來看資訊環境對企業需求的影響，因此跨部門功能的流程可以視為一個「價值鏈」的系統觀點，部門功能的流程是用來生產一種產品或服務的一系列步驟，在如此資訊環境的系統觀點下，就企業功能流程而言，可分成主要流程和支援流程，主要流程是產生組織外部客戶回應的產品或服務，而支援流程為有效支援主要流程的業務，透過主要流程和支援流程的運作，如此可使管理者有更高優先性策略選擇，來解決不同層面的問題。

　　在資訊環境的系統觀點下，就應用企業功能流程的價值角度，可了解到何謂資訊系統。所謂資訊系統（Information System），本身也是一種系統，但偏向於軟體技術，在技術上的內容，包含互相關聯的介面、擷取、處理、儲存以及發布資訊應用之模組，進而支援組織內的決策與控制。

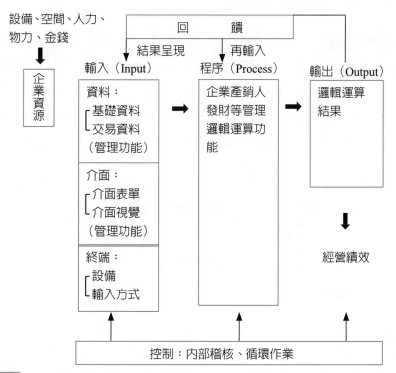

圖 2-3 資訊系統和企業經營的整合

從圖 2-3 中可知，它是由資訊系統的輸入、輸出、程序、控制、回饋等系統元件活動所組成的。在輸入元件，主要分成資料、介面、終端。資料源自於企業的資源（人力、物力等），從這些資源可透過企業作業活動過程，藉著介面表單或視覺化的設計，讓這些資料以終端設備輸入方式進入程序作業。而此設備可以是任何使用端，其輸入方式也可隨著設備多樣化而有所不同，例如：以智慧型手機自動掃描 QR-Code 資料。有了資料輸出後，會將這些資料放置在企業管理的邏輯運算功能中，進而以應用軟體執行運算，以呈現企業產、銷、人、發、財之功能。這些功能會以邏輯運算結果做為企業經營的輸出，而這些輸出可做為經營績效的產出。這些產出經過回饋管道，將產出結果呈現於輸入介面，或將做為邏輯運算程序的再輸入來源。

經過輸入、輸出、程序、回饋的活動過程，為了能加以管理協調，因此須以「控制」元件來達成整體系統的效果，其控制的作用，主要在於輸入資料驗證、程序中的邏輯檢核、輸出的績效評估這三項。

2-2　企業組織活動環境

一、企業組織架構

組織是由資源、目標、活動三項要因所組成的，若以公司設立相關準則來看，則有限、無限、股份有限公司等都是一種組織，而企業是經組織來達成營運的目的和績效，因此，組織的組成架構發展是否順利，則就影響企業作業流程的效率化。其組織架構可分成組織定義、型態種類、組織流程等三大部分，如圖 2-4。

圖 2-4　企業組織架構

茲分別說明如下：

1. 組織定義：包含資源、目標、活動。

一個企業欲成立一個組織，就必須要有資源，而企業透過資源運作是需要有

目標導向的，透過目標達成可提升企業利潤目的。在此所謂利潤不一定是財務構面，也可能是非營利的目標。接下來，有了目標後，則成立一個「組織」，需要有組織活動形成，所謂「活動」是指企業營運項目，在企業營運上，主要指企業管理功能下的流程，但請注意不是指專門的管理活動，而是欲控管這些管理功能的組織活動，因此，它必須偏向行政流程的控管。

2. 組織型態種類：所謂「型態」是指以何種方式結構來呈現組織運作的層次。它可分成垂直、扁平、專案、矩陣、虛擬等五種。

(1) 垂直型態

是以企業金字塔階級等級來規劃，也就是從 CEO、總經理、協理、經理、課長到組長，由上而下依職權等級來劃分，此型態可達分層授權和權責分明的效用，但也容易造成層層關卡無效率的指揮運作。

(2) 扁平型態

沒有像垂直型態那樣具有由上而下的複雜性，其由上而下的層級大大削減為只有二、三層等級，如此可直接下達至企業某階層、層級，以提升組織運作的效率。

(3) 專案型態

企業有時會出現某臨時目標績效欲完成的工作，但執行結束後，就會解散相關的資源和活動。如此方式，則可以用專案形式來成立組織型態。

(4) 矩陣型態

除了上述專案方式外，由於某些專案會來自垂直型態中的各功能部門長期或定期輔助支援，這種方式就可用矩陣型態，也就是結合專案和垂直功能型態的交叉運作。

(5) 虛擬組織型態

在目前產業競爭白熱化的趨勢下，企業和企業之間的協同互動運作是非常普遍的，所以跨企業的不同角色和活動共同為一個相同目標來執行活動運作，如此就成為一個虛擬組織，因為它沒有真正的一個實體組織。

3. 組織流程

它是指執行組織活動所需的流程，它包含作業、角色、部門。所謂「作業」是指組織活動所展開的過程，也就是說，企業透過組織活動來執行企業管理功能的營運流程，其重點在於如何控管企業的產、銷、人、發、財專業管理的行政流程，其詳細內容會在「組織活動範圍」章節內說明之。

　　所謂「角色」是指來自組織人力資源於組織活動運作下扮演某些工作機能的人員，不同角色相對地權責功能就會有不同的職業和技能。

　　所謂「部門」，就是將組織在功能上、專案上、目標上等不同類別項目來分門別類，組成有共同利益目標的單位。而企業組織就可利用這些部門來有效率化和權責化來執行組織活動，以達到組織目標。

二、組織與資訊系統關係

　　上述說明了組織的架構和活動後，那麼組織和資訊科技有什麼關係呢？

　　這可從「企業組織形成」、「企業績效」、「資訊科技影響力」三種內容來說明，如圖 2-5：

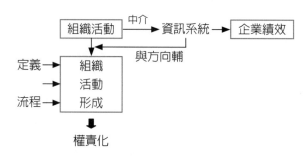

圖 2-5　資訊系統與組織的關係

1. 企業組織形成

　　從上個章節對組織架構、活動的說明，可知不論採取何種組織型態或活動方式，都會考慮到組織本身運作的效率化和權責化。因此，要落實這些運作，就必須依資訊系統的自動化技術，也就是說，以資訊系統來輔助支援組織運作的效率化和權責化。

2. 企業績效

　　組織的成立是為了達成企業目的績效，因此，組織運作如何能完成並呈現企業績效，就是非常重要的一件事。也因此，組織運作可透過資訊系統的中介輔助支援，來進一步達到企業績效。

3. 資訊科技影響力

　　如同上個章節，可知組織的形成是由其一定理論邏輯所發展的程序，但在理

論邏輯上的思考規劃是很天馬行空的,當然,最後須經過嚴謹的學術程序來做出結論,但在企業實務上,執行可行性就會因現實面而受到阻礙。例如:上述的虛擬組織如何落實於企業的運作,就變成組織活動的困難。所以,可利用資訊系統本身影響力,來輔助組織運作的可行性和落實性。

三、企業組織活動對資訊環境的挑戰

資訊環境的情況,會影響資訊應用系統在企業實施建置的成效。因此,如何因應資訊環境的挑戰,對於企業導入資訊系統是非常重要的,資訊環境的挑戰,主要是針對資訊系統、企業使用者、資訊人員、企業經營、高階主管這 5 種。茲分別說明如下。

就資訊系統而言,首當其衝的挑戰就是資訊環境中的軟體環境改變,主要有程式技術和軟體架構。例如:三層式網際網路的軟體架構,它是一種 Web 網頁的技術,和以往的主從架構截然不同,或者 C++ 程式語言技術和 C 程式語言技術是不一樣的,這樣的改變,對於資訊系統本身而言,就必須重新開發,因為在新的環境趨勢下,其人力支援、技術論壇、軟體產品等,都會朝此趨勢發展,而使得舊有環境資源將消失,或者不易取得,也使得資訊系統無法維護和不易增強更新,當然所呈現的應用功能也是過時的做法。

就企業使用者而言,首當其衝的就是作業習慣的改變,主要有操作程序和介面欄位的新面貌。例如:作業系統從 Window 98 到 Window 10 的改變,使得介面內容和操作都截然不同,需要一段時間適應。若是功能的改變,則會影響操作過程和作業模式,例如:請假作業原本是以 Word 表單來運作,但自從公司導入 Workflow 簽核流程平台後,請假表單就直接在此平台運作,如此就會造成請假作業模式的改變,這對企業使用者的工作效率會造成短期負面影響,但長期而言,可更提升工作效率和效益。

就資訊人員而言,首當其衝的就是資訊環境中的技術改變太快,其技術包含軟體技術和硬體技術,尤其是軟體技術的開發程序和資訊環境的管理方法。一旦因資訊環境的改變,使得原有資訊系統須改寫,則除了必須確保新的資訊系統具有原來的功能外,還必須考慮到在新的技術下,其資訊系統的安全保護。故資訊人員如何有效地利用新技術建置各種功能,包含規劃、分析、執行與控制,以及存取資料方法、輸入到輸出設計的能力等,就成為資訊人員須不斷的學習動力。

就企業經營而言,資訊環境的完備和品質會影響到企業應用資訊系統做為營

運平台的成效，企業主往往將資訊環境投資當作費用成本來看，認爲只是設備折舊，無法帶來企業經營的效益，但實則不然，資訊環境的影響是很大的，試想一旦資料傳輸網路環境失效時，如何取得資訊做進一步決策判斷，就無法達到了。故資訊環境的建置規劃、預算評估及管理辦法等內容，是應設計在企業經營的活動內。

就高階主管而言，資訊環境上的應用軟體是主管們最常用的地方，尤其是決策型應用軟體，它可幫助高階主管做事。故資訊環境的應用功能是否能滿足主管需求及融入主管作業習慣，就成爲資訊環境對高階主管使用的挑戰。高階主管往往在策略、決策、監督、控管、規劃等工作上著力，對於細節和太過作業技術層面的事情，都會交由屬下員工來執行，因此在資訊環境的事情上就會遺漏，如此將造成高階主管利用資訊系統來經營的方式無法達成，若能將資訊環境當作策略規劃項目之一，則資訊環境的發揮成效就更大了。

📚 2-3　企業應用資訊環境

企業應用資訊環境主要分成軟體環境和硬體環境，茲分別說明如下。

一、軟體資訊環境範圍

軟體資訊環境重點在於建構成一個整合平台，它將以分散式元件運作，並整合這些介面／元件做爲平台的組合，而一般整合平台種類，分成應用程式整合、商業流程整合及社群平台整合三種。應用程式整合注重在程式元件的底層建構，它是針對程式設計人員，好處在於不須考慮太多程式之間的處理，可專心於程式元件如何組合開發企業需求元件。商業流程整合注重在企業作業的底層建構，它是針對系統分析人員，好處在於不須處理程式元件的組合開發，可專心於企業需求元件如何開發應用功能。社群平台整合注重在企業協同的底層建構，它是針對使用者人員，好處在於不須處理應用功能的分析開發，可專心於企業需求如何使用的功能。

上述在介面／元件做爲平台的組合，就資訊技術而言，可分成兩層式和三層式的結構。在 Client／Server 和目前 Internet 時代，分別以兩層式遠端資料存取模型，係指企業處理放在用戶端／資料伺服器的模型，包含企業處理在資料庫的預存程序，及三層式應用軟體伺服器模式，即企業處理獨立於用戶端與資料庫之

外等技術，來處理資訊整合作業，而整合平台試著以獨立的各伺服器或用戶端企業層，並以元件為處理單元，俟服務需求形成時，組合各元件成為服務功能，並在伺服器端或用戶端執行（視功能及速度而言），目前，Microsoft 的 DCOM 架構及 OMG（Object Management Group）的 CORBA 架構，即是二大分散式處理元件標準的主流，整合平台將以 Java 技術在 CORBA 架構上發展元件、介面及以服務為其設計架構，並且最大重點為它們是分別獨立的。元件分成資訊元件（放所需的資料庫）、程式元件（處理和溝通程式碼）、邏輯元件（企業所需功能最小單元）、服務元件（組合多個邏輯元件成為企業某一應用功能）。介面分成使用者介面（依企業需求隨時更改）、各元件整合介面（每一元件都是黑盒子，只知功能及連接參數，故將會有一種介面去整合這些參數，而組合成另一元件）、轉換介面（不同資料庫格式互轉）。例如：資訊經過分類、比對而成為知識，或是海外據點依數位式、格式化的畫面欄位輸入資料等服務功能，這些功能都將以介面、元件方式來設計並執行，不會以傳統程序來開發，而是以服務為其設計架構，例如，以上所提的功能，即是服務設計架構，以此架構，運用介面及元件的思考設計，組合該服務所需的功能機制，即就是整合平台的資訊環境。

以上已探討過元件及介面的重點，接下來在各伺服器或用戶端如何執行分散式處理，也是整合平台的重點之一，一般而言，若應用程式執行是在同個處理單元空間的話，稱為 In-Process，但在分散式處理時，必須在不同的處理單元空間執行，稱為 Out-of-Process，例如：EXE 檔是 Out-of-Process 元件，DLL 是 In-Process 元件，故若從 In-Process 到 Out-of-Process，就必須將 DLL 包裝成 EXE，這將是開發重點。最後，要將這些元件和介面做整合及執行，則需要企業運算平台架構，在 Java 技術而言，稱為 Enterprise Java 解決方案，它包含了 JMS（訊息傳遞服務）、JTS（交易處理服務）、JNDI（目錄存取服務）、RMI（遠端元件服務）、JDBC（資料庫存取服務）等。

在整合平台的應用上，可就「企業資訊本身標準化」、「資訊處理及發布」、「資訊分析及應用」三者來說明。

(1) 將企業資訊本身標準化來達到系統溝通的模式，而非傳統的人和人或人機溝通模式，其中①企業作業項目的名稱以 XML 定義標準項目名稱。②企業各項作業功能，依經營管理績效分析出標準模組化企業動因類別。例如：工程變更作業功能分析出「申請變更」、「變更審核」、「核准變更」企業動因類別，並將這些類別用 DTD（XSTL）建置成樣板框架。③企業功能內容依法令、政策、

經驗法則以設計開發標準化欄位。

(2) 資訊處理是經由系統分類、比對、運算、統計一連串動作處理，並且是在網際網路平台執行，它運用了「Web Service」技術，其中這些資訊處理將依動作單元分割成處理元件，這些元件將依任何 Client 端需求，而傳送至不同 Server 端執行，或和其他元件重組執行，資訊分發是將處理過的資訊依據記載歷程和類別屬性，產生多對多 Mapping 機制，其中包含註冊、存取、Mapping、版本、儲存庫等創新重點設計。

(3) 資訊分析應用，將以知識元件來詮釋，它會運用問題分析模型，該模型將以創新模式設計，其中有多維度要因特性分析圖 / 交叉分析 / 矩陣分析等整合運用做法，最後，會依演算法剖析出改善結果或判斷依據。

若從內容角度來看，軟體資訊環境則可分為「軟體」本身（含電腦軟體、終端設備嵌入式軟體），及「網路服務」兩大塊；軟體之下再分為「內容製作代工」、「一般應用軟體」、「企業應用軟體」、「系統及工具軟體」、「客製化軟體」；網路服務之下則再分為「ASP」、「ICP」、「ISP」。該分類主要依據三個特性——目標特性、產品特性及應用特性做為主軸，來架構軟體資訊環境，並再以網路為考量，來為資訊服務業做出區隔。其中「網路」的定義涵蓋 Internet、Intranet、Extranet。其中 ASP 是指 Application Service Provider、ICP 是指 Internet Content Provider、ISP 是指 Internet Service Provider。

若從軟體資訊環境的元素內涵角度來看，其內涵是在處理各種不同型態資料元素的輸入、製作、修改及數位化，茲將其內涵的元素簡介整理如下。

1. 文字和旁白（Text & Narration）

在網路中，其文件早期呈現都是由 HTML（Hyper Text Markup Language）所產生，後來因為動態的需要，故 DHTML 動態超文件標示語言（Dynamic Hypertext Markup Language）就應運而生。

XML（Extensible Markup Language）網頁技術由 W3C 所發展出來，在 1996 年 11 月首先有 XML 的雛形，於 1998 年 2 月發表 XML1.0 規格書，為 SGML（Standard Generalized Markup Language）的子集，與 Html 網頁技術的不同，在於允許使用者定義自己網頁中的新標籤、可以設計巢狀式結構描述複雜的物件關係，以及規劃描述的項目來解釋自己所定義的語法。XML 是一種可以用來描述文件結構的標記語言。

2. 圖案和插畫（Graphics & Illustration）

數位影像也稱為圖片、靜態影像，有靜態的照片（Still Photographs）、圖表和圖形（Charts & Graphs）一般影像檔的檔案格式，例如：.jpg、.jpeg、.gif、.png 等。向量圖像是以稱為「向量」的數學物件定義之直線及曲線所構成，依照圖像的幾何特性，如兩端點的坐標、線條的粗細等，來描述圖形。向量圖像與解析度較無關係，它可任意縮放大小與解析度，而不會遺失其細節或影像清晰程度。可用在文字，或必須表現清楚的線條商標等。

3. 視訊和動畫（Video & Animation）

利用視覺暫留，將快速播放的圖片看成連續的動畫，動態影像有二維、三維動畫。其應用軟體工具有 Autodesk 公司所做的平面（2D）Animator Pro 及立體（3D）動畫 3D-Studio。常見的視訊檔案格式有 .DAT、.MPG、.MOV、.AVI、.RM、.MP4 等，視訊編輯軟體有 Premiere、Media Studio 等。

4. 音樂和音效（Music & Sound Effects）

MIDI 聲音（Musical Instrument Digital Interface Audio）是數位聲音的格式，純為電腦音樂而設計的，常見 MIDI 聲音檔案格式有 .MID 及 .MOD。波形聲音（Waveform Audio）利用數位錄音的方式，轉換成電腦可處理與儲存的數值，常見波形聲音檔格式有 .WAV、.MP3、.RA、.IFF、.VOC 等。

5. 資料庫

主要是指關聯式資料庫，最常用於企業應用系統，一般是存取交易性資料，並以關聯式方法來連接資料之間的互動，進而產生資料確認和查詢的機制。

二、硬體資訊環境

硬體環境包含伺服器電腦設備及網路環境。網路環境又分成區域網路和網際網路，透過網路環境的運作，可達成資源共享、資訊傳遞、負載平衡、自動運算的成效。

(1) 資源共享：在可分享的資源上，透過通訊網路的連接，共用其資源服務，進而降低成本和資源維護作業有效率。

一般通訊網路的連接基本布線形式，可分成以下 3 種，如圖 2-6：

(1) 星狀（Star）

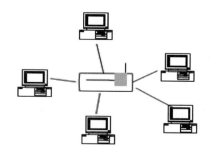

(2) 匯流（Bus）

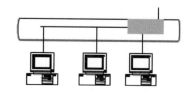

(3) 環狀（Ring）

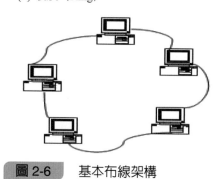

圖 2-6　基本布線架構

(2) 資訊傳遞：不同資訊格式的交換和移轉，在通訊網路的過程中是非常重要的。

(3) 負載平衡：可自動將各運作主機之間的傳輸流量做最佳分配，以同時避免傳輸流量集中在少數幾台伺服器上，爲多媒體傳播建立可靠穩定、高效率的通訊平台。

(4) 自動運算：可結合在多台電腦的 CPU 運算效能，透過這種綜合運算效能，可以自動分配目前網路內可用的電腦資源，來做最佳的多媒體運算處理。

區域網路是指企業內部的網路，一般都是在同一棟建築物內使用區域網路，以便連接所有的電腦與網路設備。它可分成無線區域網路與有線區域網路，兩者之間最大不同，在於傳輸資料的媒介不同，前者是利用無線電波（Radio Frequency, RF）、紅外線（Infrared）與雷射光（Laser）來做爲資料傳輸的載波（Carrier）。無線區域網路可以在通訊範圍內的裝置，建立任兩台立即的連線，並可做爲有限網路的延伸，和無線隨意（Ad Hoc）網路的建立。

若將區域網路再延伸至更大的範圍，則就成爲都會網路（Metropolitan-area

Network）和廣域網路（Wide Area Network）。都會網路用現有都市建設基礎網路來提供數據服務，隨著客戶、服務、傳輸技術的區別而有所不同。廣域網路（Wide Area Network）指區域網路所不能達成的區域，就是廣域網路所能運用的範疇，它傳送的媒介主要是電話線（銅線與光纖），這些線是利用埋在馬路下的線路。

硬體網路的資訊環境對於在企業應用資訊系統上是很重要的，目前最常用的就是 VPN（Virtual Private Network），所屬企業 VPN 是指企業的虛擬專線網路，它是一種讓公共網路，例如：Internet，變成像是內部專線網路的方法，同時提供您一如內部網路的功能，例如：有安全性功能，它是為傳統專線網路提供一項經濟的替代方案。因為在 Intranet 和遠端存取網路上部署應用資訊系統，若是用WAN 傳統專線方案，則 WAN 網路、相關設備及管理成本往往形成公司沉重的負荷，因此 VPN 提供建構 Intranet 的基礎設施，為跨地區企業和組織的總部與分支之間提供連線的訊息交換，它可以交換多種類的應用，例如：數據、語音、視訊、ERP 資料等傳輸。亦即同時也會在各點實施應用 VoIP 將語音與資料的需求整合至 IP-VPN，並在各廠之間進行多方視訊會議。

其連線如圖 2-7 所示：

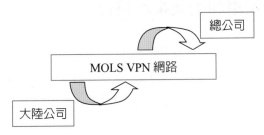

圖 2-7 VPN 示意圖

它的效益是非常多的，例如：往返兩岸三地耗費成本的紙張作業程序，就可透過 VPN 連線方式，將資料庫及其他關鍵性商業流程放在總公司的 Intranet 和Internet 伺服器，並且在連線過程之中的傳輸，都是經過加密處理的資料，以便讓這些資源和作業流程立即提供給全球相關人員存取，充分發揮協同效益。不過，必須注意連線之間的安全防護。

目前最新硬體網路是 5G，5G 是指第五代行動通訊技術（5th Generation Mobile Networks），它是目前已發展的最新一代行動通訊技術，它的前身是 4G

（LTE-A、WiMAX-A），4G 目前仍是占大多數。而 4G 和 5G 的最大差異在於效能其效能是高速率、低延遲、省能源、廣連接等一種大規模覆蓋率裝置。但也由於如此，其建置相關基地設施也須有龐大資金作業成本（因 5G 難穿透固體和容易被干擾，故所傳輸訊號距離不長，因此需依賴建置更多基地台來擴大其距離延伸性），也正因為如此，微型基地台（Small Cell）的建置方式就成為 5G 運作很重要的策略，也就是 5G 基地台可能裝在隨處設施上，例如：路燈或公共場所，以便提高基地台密度，進而達到覆蓋率。這也代表由於它牽涉到企業營運競爭力，故企業經營朝向 5G 商業模式是勢在必行。由於上述效能使得 5G 商業模式造成消費生活、企業流程的重大改變。這是 4G 做不到的，例如：4K 影片串流、AR/VR 直播、自駕車等人工智慧物聯網創新科技的應用。然而，誠如上述所言，4G 網路目前普遍所在，其中之一在於運作作業成熟穩定性，也就是覆蓋普及完善、基地台數量夠多、相關配套到位以及資費合理、CP 值高等因素存在，才會使得此網路技術蓬勃發展。不過，科技日新月異的成長下，其適應未來發展也是很重要的考量因素，例如：在市區密集區域的超高行動寬頻流量需求，這是 4G 無法運作的模式。

2-4　資訊策略和企業策略整合

　　資訊環境的情況會影響資訊應用系統在企業實施建置的成效。因此，如何因應資訊策略的發展，對於企業導入資訊系統是非常重要的。策略是屬於高層面的活動，因此它有三層次的展開，分別是策略規劃、戰術方法、實踐執行等，如圖 2-8。

圖 2-8　策略三層次

　　就公司整體而言，企業本身會有企業整體策略、功能策略、作業策略三種，

企業整體策略包含使命、目標、方針，而功能策略包含財務策略、銷售策略、生產策略、研發策略、人力資源策略、資訊策略等功能性策略，至於作業策略是由功能策略再展開作業程序的策略，整體架構如圖 2-9。

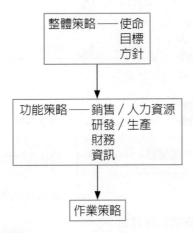

圖 2-9 企業策略架構圖

從企業策略架構圖，可知資訊策略是屬於功能性策略，並且是由整體策略展開而來，且會再展開資訊作業面策略，因此，資訊整體策略包含資訊管理策略和資訊作業策略，如圖 2-10。

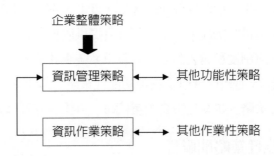

圖 2-10 資訊整體策略

從資訊整體策略圖來看，可知資訊整體策略和企業整體策略必須互相結合，也就是它們之間會互相影響。所以它們結合時須考量五個因素，包含企業整體策略展開性、和其他功能性策略關聯性、和其他作業策略關聯性、經營管理和 MIS 關聯性、循環作業和資訊系統關聯性，茲分別說明如下。

一、企業整體策略展開性

一般運用企業整體策略，包含使命、目標、方針三項目，因此它們的內容擬定就會影響資訊管理功能的策略，如圖 2-11。

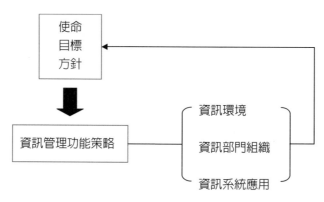

圖 2-11　企業策略和資訊策略整合

茲舉例說明之，有一家大型速食連鎖公司，它的使命是提供一個溫馨分享的空間，讓消費者能有具社區聯網特色、開放性空間的連鎖分店，它的方針是以差異化和創新、綠色商機的策略規劃來達到擬定的目標。

以上的企業整體策略，會影響資訊管理功能策略，它包含資訊環境、資訊部門組織、資料系統應用三種功能性策略考量，就上述例子，其資訊環境可規劃成具無線上網、筆記型電腦插座和搭配上網業者提供服務內容的環境，其資訊部門組織是以維護、客服制度和角色為主，其資訊系統應該是可發展線上點餐系統、線上 Call 服務系統、進銷存管理系統等功能性策略。接下來，這些策略必須能回應滿足企業整體策略，也就是符合企業使命、目標、方針等策略。

二、和其他功能性策略關聯性

資訊功能策略主要是在發揮 IT 技術應用於企業作業需求上，因此資訊功能就會和其他功能策略有關聯，例如：財務策略和資訊策略之間因有財務預算策略需求，而使得資訊策略須有預算資訊系統的關聯，以及須編列資訊系統的預算。從上述說明，可知它們之間的關聯是在於管理功能性和支援功能性，例如：編列預算策略就是管理功能性的策略，規劃預算應用系統就是支援功能性的策略。

三、和其他作業策略關聯性

　　從功能性策略會展開作業性策略，例如：財務策略擬定預算規劃，進而展開預算稽核作業策略，而這個作業性策略須和資訊作業策略結合，例如：預算稽核作業策略採取總預算量控管和單筆預算獨立性，所謂總預算控管策略，是指所有單筆預算加總不可超過部門本身總預算。所謂單筆預算獨立性，是指任何單筆預算和別的單筆預算目的是無關的，這個策略可預防有人因單筆總金額太大，怕引起審核單位注意，所以故意拆成多筆預算，以避過審核焦點。上述的作業性策略，必須有資訊作業策略的搭配，才能發揮作業效率和可行性。因此，資訊作業策略就提出能自動勾稽的方式，如此才可展開資訊化的戰術，就是有檢核總預算和單筆項目關聯程度分析的 IT 方法，進而達到作業流程的執行力。

四、經營管理和 MIS 關聯性

　　依筆者淺見，他們之間的關係，有其階段性的演變關係，如圖 2-13，可簡單分成下列三個階段關係。

(一) 企業經營運用資訊技術為其工具輔助
　　企業經營內容須耗用人力較多的就是資料處理，而且常是一成不變的作業邏輯，這樣的特性，正是軟體技術擅長之處。例如：SAS 統計軟體、Em-plant 模擬軟體等。其實，在目前其管理資訊系統盛行時，仍有很多公司用 EXCEL 試算表軟體來做資料處理分析，為何會有這種現象呢？其實是和公司員工作業習慣、軟體能力和認知有很大關係。因此，雖然這個階段關係是最早應用的，但並不表示目前就不存在。

(二) 企業經營運用資訊技術為其作業流程架構平台
　　就作業運作角度來看，企業經營內容其實就是複雜但有規則的作業流程，故若把這些作業流程以軟體化呈現，則對於日常作業運作的員工而言，就可在此平台有效率的溝通工作。例如：管理資訊系統、SCM 系統等。以企業經營管理理論來看，便會談到過程的觀念，例如：如何做訂單處理，就是一種過程，而在這個過程中，它需要一種資源投入，並且在經過轉換之後，產出結果。而在這一連串的過程中，包括許多的任務、活動組合及人員協調後，才能有產出的結果，依這樣的理論來看，就軟體系統角度來對應，其實就是一種「系統」。故這就是企

業經營可運用資訊「系統」，來做為企業日常溝通作業架構平台之原因。

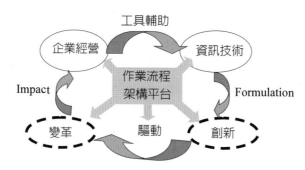

圖 2-12　經營管理和 MIS 關係 Model

(三) 創新資訊技術驅動企業變革

　　從大方向層次來看企業經營構面，可簡單分成作業流程面、管理方法論面、理論系統面等三個構面。例如：公司日常會計管理會以會計作業流程來運作，但運作背後有所謂的會計管理方法論（例如：會計學、成本會計等），而這些方法論不斷地被各地該專業學者教授做其理論系統的研究及改變。這樣的經營構面，在面對創新資訊技術應用，會被其創新資訊技術驅動，而造成企業經營的變革。例如：因為軟體技術的創新，使企業智慧（Business Intelligence）軟體平台可被實現，如此軟體平台即驅動了企業經營內容方向。

　　這個階段重點，說明了一般在談企業需求時，往往會以企業需求在先，來主導軟體系統的開發，其實，這樣的思路不能說是錯誤的，只不過它是較適合在企業作業層面，一般企業運作層面，可分成作業層面、管理層面、決策層面等三個層面。當然，若以軟體技術來主導需求，這種為了軟體技術而軟體技術，一定是不可行的，是故，這個階段所談的是以創新資訊技術的驅動，來造成企業經營的變革。

　　這怎麼說呢？首先，來看所謂的企業經營的變革，亦即是第三章會跟讀者介紹的企業流程再造，企業環境是會變化，這樣的變化導致企業管理模式創新，進而使企業流程重新定義。但這樣的企業流程重新改造是否成功，就牽涉到實際可行性，包含便利、效率、成本的考量，這時就須依賴軟體技術，然而既然是流程重新改造，表示是舊模式無法適用的，故軟體技術也就必須創新，例如：一家全球性的零售廠商，它如何快速正確知道全球所有據點，客戶購買的商品種類銷售

狀況，以便可有效的同時降低存貨，但又同時滿足客戶的需求。這時，就須能立即掌握所有據點的商品進銷存狀況，才能及時做回應，在網際網路技術未產生時，只能以 Client-Server 軟體技術做事後的商品進銷存資料整合，但在創新的網際網路技術產生時，就可立即掌握所有據點的商品進銷存狀況資料整合。這個就是所謂的以創新資訊技術的驅動，來造成企業經營的變革，一般較適用於管理層面、決策層面這二個層面上，如下表 2-1。

表 2-1　企業經營管理與 MIS 關係表

互動關係種類	應用	重點
企業經營運用資訊技術為其工具輔助	須耗用人力較多的就是資料處理	是最早應用的，但並不表示目前就不存在
企業經營運用資訊技術為其作業流程架構平台	這些作業流程以軟體化呈現	在此平台有效率的溝通工作
創新資訊技術驅動企業變革	經營構面在面對創新資訊技術應用時，會被其創新資訊技術驅動，而造成企業經營的變革	一般較適用在管理層面、決策層面等這二個層面上

五、循環作業和資訊系統關聯性

　　資訊系統的循環作業流程是和內部控制制度、企業流程再造有關的，在此會先說明內部控制制度下的循環作業流程，至於企業流程再造部分，將於第三章再做說明。企業的運作，對於相關對象角色而言，會有股東、員工廠商、投資者、董事、經營團隊、社會大眾等角色，其企業成敗會影響到上述各個角色利害關係，所以企業經營必須兼顧上述的各個角色利益和觀點，故在企業運作的循環作業流程中，就必須有一套作業機制來解決這些角色的利益衝突，和避免產生偏向某個角色的不當利益，這時就須訂有相關法規，以規範企業來加強內部控制的執行與稽核，而這就是內部控制制度。

　　不過，若以資訊系統的精神來看內部控制制度，就不是純粹的稽核而已，它必須透過企業落實內控的執行以強化企業體質，進而提升企業利潤和競爭力，一般企業為了通過上市、上櫃程序，花了不少時間和金錢來編製書面內部控制制度，但對營運實質上卻沒有太多的影響，就如同 ISO 9000 系列的品質認證制度一樣，往往都是表面紙上談兵的制度，這是很可惜的。所以，就有一些管理資訊

系統廠商宣稱它的管理資訊系統產品是符合內部控制制度，和 ISO 9000 系列的品質認證制度，並且真正落實到營運體質的強化，故管理資訊系統的循環作業流程必須以內部控制制度，來達成經營管理和管理資訊系統整合。

六、八大循環作業流程

本章節的重點，不是在於介紹內部控制制度，而是在於以內部控制制度為基礎，來探討分析可強化營運體質的管理資訊系統循環作業的流程，如圖 2-14、圖 2-15、圖 2-16、圖 2-17。所謂的循環作業的流程，它包含有八大循環作業，不過有的是分成九大循環作業，當然這八大循環作業是透過內部控制制度之法令所展開的，該法令依據是由證期會所發布之「公開發行公司建立內部控制制度實施要點」，其目的在於使公開發行的公司建立內部控制制度並確實執行，以健全公司經營，發展國民經濟，並保障投資。

營運 ◯ 銷售及收款循環、採購及付款循環、 生產循環、 研發循環、 薪工循環

資金 ◯ 融資循環、 固定資產循環 、投資循環

循環單元群組

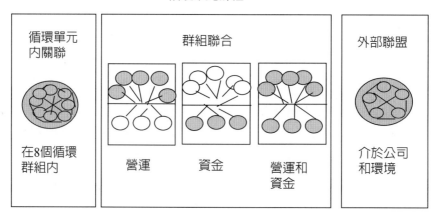

圖 2-13　系統化的循環作業整合圖

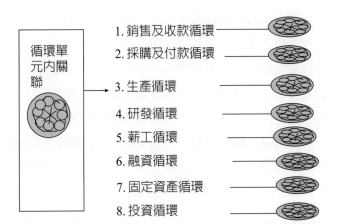

圖 2-14 循環單元內關聯圖

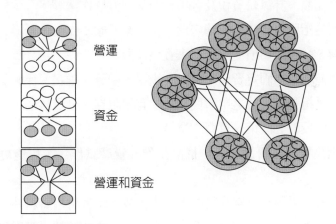

圖 2-15 循環單元群組聯盟

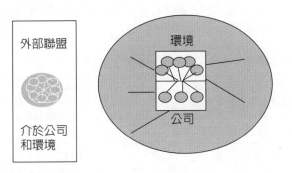

圖 2-16 循環單元外部聯盟

　　這八大循環作業分別有銷售及收款循環、採購及付款循環、生產循環、研發循環、薪工循環、融資循環、固定資產循環、投資循環。

　　銷售及收款循環是指從客戶訂單開始，至客戶授信管理、運送貨品過程、客訴處理、開立銷貨發票、銷貨折讓作業及應收帳款、執行與記錄現金收入等。

　　生產循環是指負荷計畫、外包加工、排程、製造品質管制、倉儲管理、擬定生產計畫、開立用料清單、儲存材料、投入生產、生產管制、保養維修等。

　　採購及付款循環是指從企業內部請購、採購預算作業、進貨或採購原料、物料、資產、處理採購單、交貨異常作業、檢驗品質、處理退貨、進口作業到核准付款等。

　　薪工循環是指從員工招募、甄選僱用、請（休）假、加班、辭退、訓練、退休、計算薪津總額、計算薪資稅及各項代扣款到考核作業等。

　　融資循環是指股東權益及股務處理、現金票據收支作業、營業外收支作業、印鑑管理作業、發行公司債、財務報表查核作業等。

　　固定資產循環是指固定資產之取得、投保、處分、維護、保管記錄等。

　　投資循環是指長期投資之申請與評估、有價證券、投資核准、衍生性商品及其他長（短）期投資之決策、買賣作業等。

　　研發循環是指產品研發設計、樣品試作、量產試作、工程變更、文件管制等。

　　循環作業就是呈現在日常交易的流程中，故這時就可用資料系統，依據事先設計的內控措施重點，放入程式功能中，自動進行檢核管控，不需增加作業人員的額外工作負擔，和防範作業人員可能的疏忽。

　　接下來要再說明八大循環作業對於資訊系統的三個影響重點，如表 2-2。

表 2-2　　八大循環作業對資訊系統影響因子列表

八大循環作業對於 資訊系統的三個影響重點	影響因子	範圍
每一個循環作業都是跨各部門的功能	協調、相關	一個循環作業
八大循環作業彼此有關聯互動	檢核	八大循環作業
每一個循環作業的檢核邏輯結果會影響下一個檢核邏輯步驟	強制性檢核	檢核邏輯結果

1.每一個循環作業都是跨各部門的功能

以生產循環作業為例，吾人可了解在這個作業流程中，由生管和業務人員協調後，告知客戶是否延遲交貨或更改交期，而這個流程就同時和業務部門、生管部門有關。

2.八大循環作業彼此有關聯互動

從上述的二個簡單例子，可看出生產循環作業和銷售、收款循環作業是有關的，例如：在銷售及收款循環作業的程式功能中有庫存數量檢核，當查詢庫存可用量無法滿足訂單需求時，則不夠的訂單數量需再投入生產，這時，對於生產循環作業的程式功能中就有生產排程檢核，以因應不夠的訂單數量，這就是不同循環作業的關聯。

3.每一個循環作業的檢核邏輯結果會影響下一個檢核邏輯步驟

例如：部門採購作業的金額開立，會去確認是否已累積超過當期的總預算，若超過則無法開立該採購作業，這個檢核邏輯結果會影響到下一個檢核邏輯步驟，就是簽核權限步驟，亦即若通過總預算的金額內，則可開出該採購單，接下來就是該採購單需要往上級單位簽核，這時，一般不同職級的主管，會有有不同的金額簽核上限，但若無法開立該採購作業，則就不會執行到採購簽核上限的檢核邏輯步驟。

以上這三個影響重點，對於資訊系統的設計是非常重要的，若沒有考慮到這樣的設計，則對於內部控制的落實性，和透過內部控制制度來強化營運體質的成效，就會無法達成。本章的重點是在強調企業經營管理和管理資訊系統是一體兩面的，亦即，在導入管理資訊系統時，一定要和企業經營管理做結合，而這也是本書的精神所在，即不是為了資訊系統，而來導入管理資訊系統，就如同電腦化，一切都是以企業需求為主。

案例研讀

問題解決創新方案→以上述案例為基礎

應用「策略三構面」於企業發展需求在資訊系統導入的行為探討。

一、問題描述

之前資訊化計畫都功虧一簣，究其原因，在於內部組織人員的抗拒，事前未有詳細周全的計畫，高階主管並未真正參與及未能找出一位稱職的專案領導人。在過去當該公司要導入或是發展資訊系統時，公司首先的考量便是決定本身的作業流程，而後再選擇軟體或是系統能夠支援自己獨特的企業程序。有時為了能夠求取企業與資訊系統更緊密的結合，於是修改舊系統（MRP Ⅱ）軟體的原始碼變成一條捷徑。但新的 ERP 系統導入已是公司既定政策。因企業發展影響資訊系統的導入，所產生的企業需求和資訊系統功能的不一致性問題，即是本個案的重點。

二、問題診斷

企業需求和資訊系統功能的一致性。

企業發展影響資訊系統的導入行為。

以科技管理觀點來看資訊系統的運作問題。

三、解決方案規劃

本個案以科技管理領域中「策略三構面」的形成架構，來解決因企業發展影響資訊系統的導入，所產生的企業需求和資訊系統功能的不一致性問題，主要分成三部分：營運範疇、核心資源、事業網路，如圖 1。

其策略形成的展開可分成二個方向，首先是以在企業經營策略的定位與方向，來分析企業達成策略目標最需具備何種核心能力，並藉由相關核心能力所處的發展階段，來發展其在事業網路下的營運範疇；此觀點是以企業角度「由內向外」來評估。其次是根據企業所屬產業的特性來分析，分析該產業所需具備的競爭要素，即為維持競爭優勢企業該培養相關競爭能力，並進一步評估其營運範疇的建構；此觀點是以產業角度「由外向內」來評估。

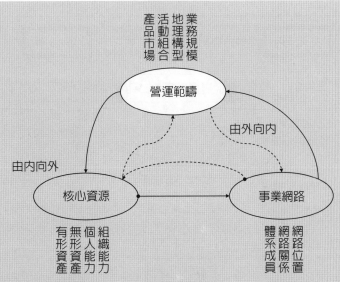

圖 1　策略三構面架構

參考文獻：策略九說，吳思華，1996

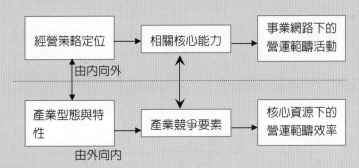

圖 2　策略形成的展開

資料來源：陳瑞陽，人工智慧決策的顧客關係管理，2020

四、管理方法論的應用

　　本個案就「策略三構面」的形成架構為其解決方案，來做為管理應用的程序，主要是指資訊系統如何應用於企業發展需求的程序，如圖 3。

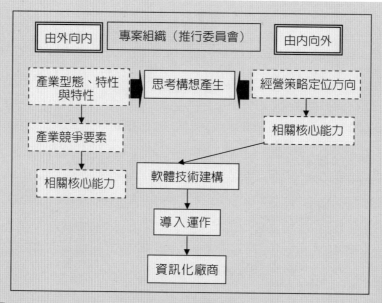

由外向內　專案組織（推行委員會）　由內向外

產業型態、特性與特性　思考構想產生　經營策略定位方向

產業競爭要素　相關核心能力

相關核心能力　軟體技術建構

導入運作

資訊化廠商

圖3　資訊系統應用於企業需求的程序

在這個程序中，有四大步驟：思考構想產生、軟體技術建構、導入運作、資訊化廠商。其思考構想產生來自於經營策略定位與方向，和產業型態與特性的內容。其展開內容如表 1：

表1　企業發展需求的程序步驟

思考構想產生 • 方案選擇 • 方案選擇的思考重點 • 系統方法 • 溝通作業 • ERP 認知	軟體技術建構 • 介面建構 • 成員互動 • 專案管理
導入運作 • 教育訓練 • 情境測試 • 標準文件化	資訊化廠商 • 同業經驗 • 客製化 • 客戶和供應商整合

在資訊系統應用於企業需求的程序中，就如同一般專案進行前，為了讓專案順利進行，因而先成立了專案開發小組，其專案組織如圖 4。

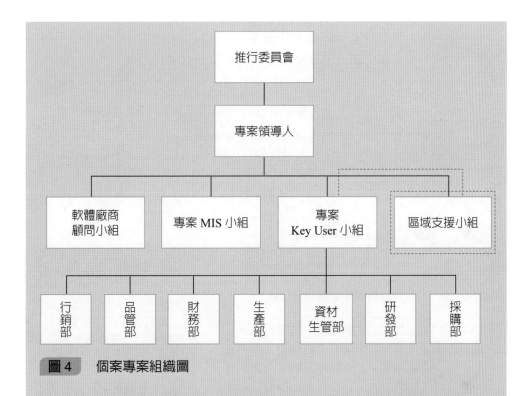

圖4 個案專案組織圖

　　推行委員會由公司的高層主管組成，公司以總經理、管理中心協理、及資訊經理為此委員會成員。專案領導人由推行委員會遴選對整個公司所有作業流程運作有全面性了解和導入 ERP 有經驗的人員擔任，該公司以資訊經理擔任。資訊技術支援小組由公司內部了解此軟體的資訊人員擔任。該公司由於內部並無了解此套應用軟體的人員，故參加軟體廠商的教育訓練。專案小組為專案推動的使用者關鍵成員，該公司依專案模組功能的需求，在各部門中挑選一員來參與專案的推行，而該人選是以各部門業務執行的資深人員為考量。顧問小組由系統軟體廠商安排專案經理及導入顧問。

　　茲將該程序的展開內容說明如下。

1. 思考構想產生

1.1 方案選擇

　　　依照個案背景公司政策說明，可了解選擇的任務是新的 ERP 系統導入。在決定該項選擇前，相關人員爭辯討論很激烈且選擇方案不一致。總括起來有 3 個方案，第 1 個方案是沿用舊系統（MRP Ⅱ），第 2 個方案是在原有舊系統（MRP Ⅱ）客製化加上兩岸三地企業作業功

能，第 3 個方案是新的 ERP 系統導入。「其實要做這項決定是很不容易的，因為牽涉到成本預算、人力投入、企業流程等重大因素，但不做決定也不行，因為公司營運規模一直成長，原先舊系統已經不敷使用。」行銷部處長說出了重點，從這段話可了解到 ERP 系統需求能幫助企業營運成長，才是最關鍵。故在事業網路的展開下，來探討企業營運成長的需求，以便了解 ERP 系統導入的功能需求，茲將這些功能需求整理如表 2。

表 2　事業網路 vs. ERP 系統需求

	事業網路	ERP 系統需求
網路位置	中游是機構設計製造	在以關鍵半成品定位下，ERP 系統須有整合消費性產品設計的功能
網路關係	光碟機的上游主要關鍵零組件為光學讀取頭、主軸馬達、晶片組等，下游為電腦組裝市場	ERP 系統須能和上下游廠商系統做連接
體系成員	客戶：個人電腦售後市場及一般消費者 DIY 市場	ERP 系統須能收集客戶的回應和客訴資料

從事業網路的展開，可知道公司的產業型態與特性，進而了解到公司的核心資源，這是由外向內的發展程序，故根據表 1 的內容，茲將這些核心資源所對應的功能需求整理如表 3。

表 3　核心資源 vs. ERP 系統需求

	核心資源	ERP 系統需求
組織能力	兩岸三地企業營運模式	跨據點的資料庫連接
個人能力	複合功能	整合管理資訊功能
無形資產	新技術	新產品開發流程功能
有形資產	技術人力	人力資源功能模組

1.2 方案選擇的思考重點

該專案公司背景是兩岸三地營運模式，其作業牽涉到台灣是研發、行銷、管理中心，大陸是生產據點及其之間的同步資訊，在以往

舊系統（MRP II）常發生一些資訊落差問題，而新的 ERP 系統導入就是要來解決這些問題。軟體廠商受訪顧問提到：「處理這種問題模式，實際上是有經驗典範，並不是依照每一企業作業習慣特性而有不同的處理模式，因為企業營運有專業 Know-How 和 Domain 經驗，並且根據過往案例，若在 ERP 系統中，修改軟體有可能變成最壞的解決方案。ERP 系統強調其流程是產業裡的最佳典範，故導入 ERP 的優點之一，便是能夠重新思考企業現存作業程序的合理性。」也就是說，產業裡的最佳典範須能應用於營運範疇內，故思考方案選擇的考量重點，可利用營運範疇的四個內涵來規劃。在業務規模中，其產品生命週期快，應和上、下游客戶及供應商整合，尤其是關鍵性零組件（光碟讀取頭）。在地理構型中，是屬兩岸三地模式，應整合各地營運資料庫，以便快速整合資訊。在活動組合中，應將訂單和生產做最佳化規劃，以便因應下游多樣的客戶需求。在產品市場中，有日本／韓國大廠的競爭，對於市場必是削利降價，故在市場的重點，應是朝向服務維修和整合視訊產品，因此，服務客戶的功能是其考量重點。

表 4　營運範疇 vs. 最佳典範

	營運範疇	產業裡的最佳典範
業務規模	產業創新速度快	上、下游客戶及供應商整合
地理構型	台灣是研發、行銷、管理中心，大陸是生產據點	整合各地營運資料庫
活動組合	產能及訂單／快速地創新產品設計	整體最佳化
產品市場	全球產量集中於台灣、日本、韓國光碟機組裝製造	服務客戶的功能

1.3 系統方法

該專案經過推行委員會討論，決議採用快速式導入程序模式，其運作步驟將參考 Oracle ERP 系統資料。其運作是以同步方式來加快導入期間，故「軟體快速發展」是執行系統方法的重點行為，它是屬於核心資源中的個人能力。

1.4 溝通作業

在 ERP 導入過程中牽涉到太多不同角色，而這些角色也都有不同認知程度和需求目的，因此專案領導人和軟體廠商專案經理如何協調整合導入作業，可說是一項協同作業的進行。扮演專案領導人的資訊部經理說：「系統是融合企業作業功能和軟體程式兩者能力，因此，在專案成員中，一定要有人同時懂企業作業流程也懂軟體技術能力，如此才有辦法做整合溝通。」故「技術多能力的協同」是其重點行為，它是屬於核心資源中的個人能力。

1.5 ERP 認知

在討論新的 ERP 如何和舊系統銜接，是很令導入顧問頭痛的問題，因為舊系統的流程、資料如何篩選和轉換成新系統的流程和資料，就是一個浩大工程，而這裡面牽涉到與所選的系統功能品質有關，專案領導人說：「一般大多數企業 ERP 項目需求分析只是一些簡單的問題歸類，沒有全面、深入分析造成這些問題的根本原因，以及解決這些問題的方法和措施。也就是說，企業現行管理中哪些問題是 ERP 能解決的，哪些問題是 ERP 不能解決的，需要同步運用其他相關管理思想和方法才能搞清楚並加以解決。」其實電腦化 ERP 並不是萬能，而且不同系統有不同複雜度，故隨著系統複雜度愈來愈高，企業導入系統的時間也隨之拉長，這樣的正確認知對於任務達成效果是很重要的，故「全面、深入分析」是其重點行為，它是屬於核心資源中的組織能力。

2. 軟體技術建構

2.1 介面建構

在解決方案規劃時，整合 ERP 各模組的軟體廠商資深顧問，先就作業合理化做現況分析，了解兩岸三地企業作業所衍生問題如下：台灣無法掌控大陸廠生產狀況（如：庫存、供料、生產進度）；台灣接單＋大陸接單生產插單調派困難；台灣採購大陸交貨／驗收進度狀況不明；來料加工／進料生產無法正確控制；國外購料與大陸購料混合管理不易；兩廠間用料資料不易同步或即時管理等。再看這些作業流程問題用系統標準模組功能可否解決？若不能解決，可否有別的方式？該資深顧問說：「其實好的 ERP 系統設計是不以表面呈現作業流

程來構思，而是以系統參數設定和塑模（Modeling）方式規劃，所謂作業流程都是一種資料庫的值，及以模式來呈現作業變化。」故「系統參數設定和塑模（Modeling）方式」是其重點行為，它是屬於核心資源中的組織能力。

2.2 成員互動

在討論導入規劃策略時，推行委員會首先就提出疑惑：「由於企業經營就如產品般具有生命週期的特性，每當一項新科技或是新觀念被創作出來時，總不免會思考：我們的企業是否需要這項新知識？若需要的話，該如何做才能夠產生最大效益？企業往往對於新的技術或觀念因為主客觀因素而認知有限，因此往往對於這些新知識抱持的態度為多一事不如少一事，或是既期待又怕受傷害！而 ERP 導入就是如此的例子。」在這樣的疑惑下，最好就是讓使用者親身參與、自己解惑，方式是企業宜明確建立適合之「資訊引進管道」。企業若能夠依照不同資訊類別，由對公司文化、經營環境較熟悉之高階主管分別協調較具經驗與興趣的同仁進行了解，再透過各種會議或是活動等方式，進行觀念的宣導與流傳，這樣不僅能夠適度地降低引進新知識所造成工作負擔，還可能透過觀念分享，增加彼此觀念的交集。故「系統參數設定和塑模（Modeling）方式」是其重點行為，它是屬於核心資源中的個人能力。

2.3 專案管理

該公司就如同一般其他企業一樣，其電腦化都是由個人電腦開始的。各個部門只要在發掘出例行作業中，有屬於可利用電腦代為處理的，在做過簡單的成本效益分析後，通常就會立刻購置價位低廉的個人電腦，利用現成的套裝軟體或者請人設計一些簡單的程式，馬上就可以派上用場。但是當公司內各個部門陸陸續續引進個人電腦開始作業後，經過一段時間，就會逐漸感到愈來愈多的問題衍生。以上歷程對於專案領導人可說是非常深刻，因為他在這家公司就是看到這樣的歷程。公司執行顧問說：「面對這樣個別獨立分散的系統，解決方式就是重新建立一個整合性的資訊系統以克服日益嚴重的困境。」以整合性資料庫來做為使用工具執行，對於資料的來源，是可做到一貫性。在專案開發管理中，專案導入步驟之一 —— 現行作業分析（AS-

IS），和另一步驟作業流程規劃（TO-BE），則是在ERP導入時常用的方法，目的是要了解確認需求，進而設計ERP流程。由於企業本身流程複雜多變，故「ERP流程易分解及組合」就是在專案導入步驟時必須考慮的行為，它是屬於營運範疇中的活動組合。

3. 導入運作

3.1 教育訓練

在ERP導入時，最重要的過程之一便是教育訓練，其內容之一就是ERP標準功能教育訓練，例如：專案領導人就安排了有關「來料加工」作業功能，在教材上說到：「國內大部分廠商所採取的模式為來料加工，來料加工模式其實就是委外加工，大陸工廠只是依據合同的要求進行加工，並收取加工費用。來料加工所需要的材料由客戶提供，故進口而來的材料免繳一些稅額。」其實這段話，不只教了N次，也使用了N次，當然也改了N次。所以，我們可以了解到教育訓練不只是教育訓練，它是隱含搭配實際使用，並透過使用經驗創造回饋，來修正教育訓練內容。故「經驗創造回饋」是其重點行為，它是屬於營運範疇中的地理構型。

3.2 情境測試

當作業流程分析及系統設定都完成後，接下來就是作業流程試作，這樣的動作如同在實驗正式作業流程的可行性，這是不容易運作的，因為不可能每個作業都試做，這會有上千個試做，故導入顧問提出「設定目標點」的解決行為，即就整個作業功能分析出數十個對於企業營運有效益的目標重點，並依此試做。故「設定目標點」就是在專案導入步驟時必須考慮的行為，它是屬於營運範疇中的活動組合。

3.3 標準文件化

在ERP導入採取快速導入程序的原因之一，是希望以「顧問設計」來設計企業最佳管理實務樣板，所謂的「顧問設計」，即是借重顧問實務經驗來引導使用者如何應用此ERP系統，而非使用者以各自習慣作業來牽動ERP系統。故「顧問設計」就是在專案導入步驟時必須考慮的行為，它是屬於營運範疇中的活動組合。

4. 資訊化廠商

4.1 同業經驗

執行顧問說：「資訊化策略規劃是在快速導入程序中最難及最重要的步驟，而且它也是驅動的方向。」因此，這部分常借重外面的資訊管理顧問公司，經過和公司相關成員討論分析後，得出一份規劃書，而這份規劃書和產業特性、企業本身、ERP 系統本身功能及其軟體技術等內容有所不同，則規劃策略重點就會不同，並且一旦擬定確認完成後，後續導入程序都將以此做為細部規劃方向，在該專案中，這份規劃書花了很多時間及費用占了總成本約 15%，可說是很昂貴的。故「資訊化策略規劃」就是在專案導入步驟時必須考慮的行為，它是屬於營運範疇中的產品市場。

4.2 客製化

在經過數十次功能確認會議後，該專案經理發現 ERP 系統標準功能以外，有很多的客製化功能尚待開發，並將之整理後呈報專案領導人，該專案領導人一看發現超乎原本簽約的客製化範圍，這將嚴重影響總成本費用和上線進度，這可是導入的重大風險，因此，該專案領導人召集各模組功能導入顧問開會討論，經過數次會議，終於將客製化功能範圍降到跟原先評估差異不大，從這個事情可知，該專案領導人分析出客製化大小和導入顧問功力有相對關係，因為功力好的顧問，他會利用 ERP 系統參數設定來設計原本一開始就要客製化的功能，使大部分作業都能在 ERP 系統標準架構內，不論是真正要客製化功能或參數設定，都是一定要在 ERP 系統標準架構內，因為 ERP 新產品升級時，才可跟著升級。故「系統標準架構」就是在專案導入步驟時必須考慮的行為，它是屬於營運範疇中的產品市場。

4.3 客戶和供應商整合

在光碟機製造產業生態內，企業內和企業外有很大的連動性，故 ERP 導入的各模組功能，在對企業外作業或是產業體系資訊化平台是必須跟隨及連接的。故「產業體系資訊化平台」就是在專案導入步驟時必須考慮的行為，它是屬於營運範疇中的業務規模。

五、問題討論

由外向內在資訊系統應用於企業需求的程序中，是哪一個步驟項目？

六、個案分析說明

以營運範疇中的產品市場構面為個案分析基礎，其分析管理方法，採用產品——市場矩陣分析法，而從此產品市場的分析，可知從策略三構面的形成展開，來了解其企業需求，以使得資訊系統的運作導入行為，可和企業發展需求一致性，進而經過產品市場分析後的企業需求，將可做為資訊系統的導入功能規劃依據。

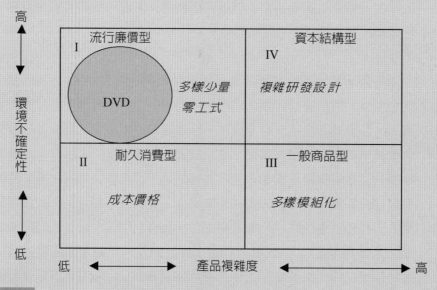

圖5　產品——市場矩陣分析

上圖所在位置，係經由評估小組的幹部針對 DVD 產品線的特性評估之結果。依所在位置分析如下。

1. DVD 產品，在追求超高畫質影像與音效的流行下，其消費性電子市場需求高，尤以筆記型電腦及影音光碟機產品皆有超高畫質多媒體之需求，隨著筆記型電腦及影音光碟機產品市場的成長，可預見未來 DVD 市場將持續穩健成長。

2. 從產品的複雜性與市場的不確定性來看，產品市場—矩陣在 I，強調快速回應能力，屬於交期、彈性與服務方面的競爭，而品質是必備的。

3. DVD 產品為該公司的主力產品，尚未跨入成熟期成為標準化配件，屬於利基市場競爭方式，採「差異化」策略，供應客製化 OEM／ODM 客戶為主，但需留意未來相關 DVD 零組件標準化的可能性，會直接影響競爭利基位置。

4. 企業在供應鏈的位置屬中游，對於下游客戶的主導與議價能力較低，持續創新研發，扮演下游主力廠商的技術支援與產品創新為重點。

5. 在 DVD 的產品—市場分析下，其所應用流程如下，可做為企業發展需求在資訊系統導入行為的依據：

(1) 建立行銷服務據點，認證行銷；(2) 建立自有品牌；(3) 發展 Total Solutions 客戶服務方案；(4) 增進上游供應商關係；(5) 提升對關鍵零組件技術的掌握；(6) 快速回應，並且未來重點客戶以消費性電子系統大廠為主。

MIS 實務專欄 （讓學員了解業界實務現況）

在企業設立 MIS 單位時，其職責之一就是建立通訊網路環境設施，但其設施往往都會受到通訊網路當時新技術影響，而須做汰換作業，例如：5G 通訊技術的創新發展，然而在實務上，很難及時做得到，因為不管是新技術人才、資金都很難立即到位，況且，運作作業成熟穩定性更是企業經營的重點所在，不過，話雖如此，這卻也影響到企業跟進時代的競爭力。

 關鍵詞

1. 資訊環境：主要是包含軟體、硬體二大類環境。

2. 企業特性：是指企業行業別、規模別、產品別的特性差異。

3. 系統：是指一組相互依存關聯的模組，共同運作建置來完成特定目標，它包含輸入、輸出、過程邏輯、控制及回饋模組。

4. 整合平台種類：分成應用程式整合、商業流程整合及社群平台整合這三種。

5. 一般行政程序作業：包含三大項，一是人事行政作業：包括請假作業、行政公告等。二是簽核作業：包括請採購簽核、業務訂單簽核等。三是資訊查詢和分享：包括檔案傳輸、E-mail 訊息、文件分類等。

6. ASP 是指 Application Service Provider、ICP 是指 Internet Content Provider、ISP 是指 Internet Service Provider。

7. XML（Extensible Markup Language）：是一種可以用來描述文件結構的標記語言。

8. 虛擬私有網路（VPN, Virtual Private Network）：在一條大的頻寬線路上，建構出在網際網路上的企業網路。

9. 5G：指第五代行動通訊技術（5th Generation Mobile Networks），它是目前已發展最新一代行動通訊技術，5G 效能是具有高速率、低延遲、省能源、廣連接等特性的一種大規模覆蓋率裝置。

習 題

一、問題討論

1. 何謂資訊環境？

2. 何謂資訊策略？

3. 說明資訊策略如何和企業策略結合？

二、選擇題

( ) 1. 下列何者是作業系統？ (1)IIS (2)Unix (3)Linux (4) 以上皆是

( ) 2. 下列何者是系統的模組？ (1) 輸入 (2) 輸出 (3) 控制 (4) 以上皆是

( ) 3. 下列何者不是企業策略的三層次之內容？ (1) 策略 (2) 戰術 (3) 方法 (4) 以上皆非

( ) 4. 資訊策略和企業策略的結合，包含哪些關聯性？ (1) 和其他功能性策略的關聯 (2) 經營管理和 MIS 系統的關聯 (3) 和循環作業的關聯 (4) 以上皆是

( ) 5. 下列何者不是經營管理和 MIS 系統的關係？ (1) 工具 (2) 營運平台 (3) 數學運算 (4) 以上皆非

( ) 6. 軟體環境包含： (1) 作業系統 (2) 應用軟體 (3) 兩者皆是 (4) 以上皆非

( ) 7. 網際網路環境主要包含哪些？ (1) 伺服器主機 (2) 網頁軟體平台 (3) 兩者皆是 (4) 以上皆非

( ) 8. 一般資訊整合平台包含哪些？ (1) 應用程式整合 (2) 商業流程整合 (3) 社群平台整合 (4) 以上皆是

( ) 9. 資訊策略和企業策略的關係是什麼？ (1) 沒有關係 (2) 結合對應關係 (3) 上下關係 (4) 以上皆非

( )10. 企業策略包含哪些？ (1) 整體策略 (2) 功能策略 (3) 作業策略 (4) 以上皆是

( )11. 下列何者是組織流程，它包含？ (1) 作業 (2) 角色 (3) 部門 (4) 以上皆是

( )12. 下列何者是其由上而下層級大大削減為只有二、三層等級？ (1) 扁平型態 (2) 專案型態 (3) 矩陣型態 (4) 以上皆是

（　）13. 下列何者不是組織定義？　(1) 資源　(2) 目標　(3) 部門　(4) 活動

（　）14. 下列何者是行動資訊環境之效益？　(1) 無所不在　(2) 即時　(3) 個人化　(4) 以上皆是

（　）15. 就資訊人員而言，下列何者是資訊環境的挑戰？　(1) 作業習慣的改變　(2) 費用成本高　(3) 技術改變太快　(4) 以上皆是

（　）16. 下列何者是組織型態種類？它包含：　(1) 垂直　(2) 扁平　(3) 專案　(4) 以上皆是

（　）17. 下列何者是企業行政程序的資訊化？　(1)Workflow、Collaboration　(2)Workflow、ERP　(3)SCM、BPM　(4) 以上皆是

（　）18. 協同 BPM 是適用於何作業流程整合？　(1) 資源　(2) 跨組織　(3) 部門　(4) 以上皆是

（　）19. 下列何者是組織和資訊科技關係？　(1) 企業組織形成　(2) 企業績效　(3) 資訊科技影響力　(4) 以上皆是

（　）20. 就資訊人員而言，下列何者不是資訊環境的挑戰？　(1) 作業習慣的改變　(2) 費用成本高　(3) 技術改變太慢　(4) 以上皆是

Chapter 3

管理資訊系統的發展

學習目標

1. 探討管理資訊系統的系統設計。

2. 探討管理資訊系統的介面設計。

3. 探討管理資訊系統的組織、功能、制度三個層面對企業經營的影響。

4. 從 IT 技術來探討管理資訊系統的系統功能。

5. 從企業應用來探討管理資訊系統的應用功能。

6. 資訊系統在企業商務應用的角色。

7. 創新產業競爭之下新的扮演角色。

8. 探討資訊科技的商業價值。

案例情景故事

作業效率和資料一致的應用

Ｚ公司是生產運動鞋的供應廠商，其產品的生產製造都是客製化的多樣大量訂單形式，因此往往會被其龐大數量和多種組合變化的複雜現況所混淆，以鞋子為例，因為為了使業務出貨作業方便，往往將訂單的組合編號定義在產品物料編號，也就是因為客戶訂單不同，而會有顏色和尺碼的不同，故若有 100 個顏色和尺碼組合的訂單筆數，就會定義 100 個產品物料編號，如此造成原本是基本主檔性質的產品物料編號，變成如同業務出貨般的交易主檔性質，這樣不但使產品物料編號的資料無限增加，而且也使得產品物料編號主檔失去產品的主體性，因為它混淆了訂單行為，也就是說，受到業務出貨作業因素而影響到產品物料編號的定義，故當產品物料編號若和另外其他作業（例如：採購行為）有關聯時，就會產生運作上的干擾。例如：同樣以上述例子來說，該產品物料編號會有顏色和尺碼的訂單行為因子在編碼內，但在採購作業時，其經 MRP 所展開的 BOM 採購零組件，是不需考慮到顏色和尺碼的訂單行為因子，它只需以產品主體性的 BOM 展開需要哪些零組件，並不需牽涉到客戶訂單需要的顏色和尺碼，因為那是進行到訂單時才須考慮的，畢竟訂單和採購作業是不一樣的。

問題 Issue 思考

（讀者請依據此情境個案，思考出 MIS 問題重點，來引發本章的內容研讀方向）

1. MIS 系統發展會影響企業的作業流程？可從 MIS 在企業如何發展過程探討之。

2. MIS 系統若在企業日常營運中當機時，會引發什麼危機？可從 MIS 在企業的功能探討之。

3. MIS 部門對於企業經營績效是否很重要？可從 MIS 在商務應用所扮演的角色和商業價值來探討之。

前言

　　管理資訊系統的發展可從系統設計和介面設計這二個觀點來探討，從系統和介面的設計可以建構企業資訊系統，於是企業利用此資訊系統延伸出對於企業經營的影響，此影響可反映在管理資訊系統的組織面、功能面、制度面等。從企業經營層次的觀點來看，可知管理資訊系統的範圍主要在於作業流程和管理分析二個層次上，因管理資訊系統的功能，可從此範圍內展開，並且透過 IT 技術的撰寫，而成為企業應用資訊系統。透過 MIS 在企業的功能所發展出的 IT 系統效用，能強化明白得知 MIS 在商業應用的角色，它有以下五種角色，而在這五種角色催化下，企業更能掌握資訊科技的商業價值，它包含產業鏈附加價值和客戶鏈價值。

 閱讀地圖 （以地圖方式來引導學員系統性閱讀）

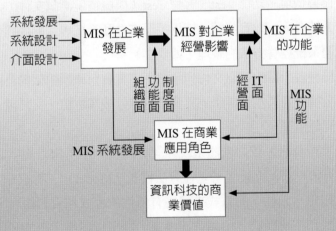

3-1 管理資訊系統在企業的發展

管理資訊系統的發展，可從系統設計和介面設計這二個觀點來探討，茲分別說明如下。

一、系統發展的設計

在管理資訊系統的設計規劃中，若以架構模式來看，可分成兩大方向：一是管理資訊系統作業需求，二是管理資訊系統建構，而在本章最主要是探討管理資訊系統建構。所謂管理資訊系統建構，是指軟體系統控管方法和建構模式。在軟體系統控管方法部分，包含需求分析、系統設計、程式開發、驗收、系統運作等五大階段步驟，在需求分析部分，包含專案控管（文件／工作項目是專案進度、內容和協調）、功能架構（功能模組架構）、系統需求分析（流程關聯圖），在系統設計部分，包含資料庫架構（資料庫模組架構及關聯圖）、細部規格分析（細部規格描述，含畫面設計），在程式開發部分，包含程式分析（Table 定義書和程式架構圖）、程式 Coding & Test（程式編碼文件和程式測試文件），在驗收部分，包含模擬情境、功能 Test、客戶 Test（模擬情境測試文件），在系統運作部分，包含系統導入、教育訓練（使用手冊文件和系統導入的問題回饋）。

以下是軟體系統控管方法的整理，如表 3-1。

在軟體系統發展所需的重要文件列示如下，有資料庫模組架構及關聯圖，它包含那些程式名稱用到那些資料庫，其資料庫有分成基本檔、交易檔、索引檔、檢視檔、歷史記錄檔等。

在說明完管理資訊系統之軟體系統控管方法後，接下來是說明建構模式，前者比較重視方法程序，而後者著重在方法模式（Model）。所謂方法模式，是以結構化、模組化、元件化的方式來建構有彈性的程式和資料組合，這個模式可分成資料模式和系統模式。所謂系統模式，是指以建構系統的邏輯和功能來表達資訊系統上的模式，在這裡的系統，是指有 Input、Output、作業程序、回饋、控制等組合的系統。以下是在資料和程式設計於自動化程度方面的系統架構模式，如圖 3-1。它主要分成 Data Transformation／Data Transportation（注重在資料共同格式和統一項目的移轉，及在不同平台之間傳輸）、Process Control／Transaction Operation／Work Flow（注重在流程步驟的過程和交易作業互動，及工作簽核流程）、Traditional Management Function（注重在管理導向功能）、

表 3-1　軟體系統控管方法列表

任務項目	需求分析		系統設計		程式開發		驗收	系統運用
文件／工作項目	專案控管	功能架構	系統需求分析	資料庫架構	細部規格分析	程式分析	程式 Coding & Test	模擬情境 功能Test 客戶Test	系統導入教育訓練
文件／工作項目	1. 專案進度及內容和協調	2. 功能模組架構	3. 流程關聯圖	4. 資料庫模組架構及關聯圖	5. 細部規格描述（含畫面設計）	6. Table定義書　7. 程式架構圖	8. 程式編碼文件　9. 程式測試文件	10. 模擬情境測試文件	11. 使用手冊文件　12. 系統導入的問題回饋
檔案名稱	*1.Project	*2.需求功能架構圖	*3.EPC	*4.E-R規格書	5. 軟體規格書	*6.Table定義書　7. 程式架構圖	8. 程式編碼文件　9. 程式測試文件	*10.套用EPC	11.使用手冊文件　12.套用EPC
角色	督導協助者及部門主管／各管理資訊主管系統主辦	督導協助者／Key User主管	Key User／各管理資訊系統主辦	各管理資訊系統主辦	設計設計師	程式設計師	程式設計師	督導協助者／Key User及主管／各管理資訊系統主辦及主管	督導協助者／Key User及主管／各管理資訊系統主辦／User

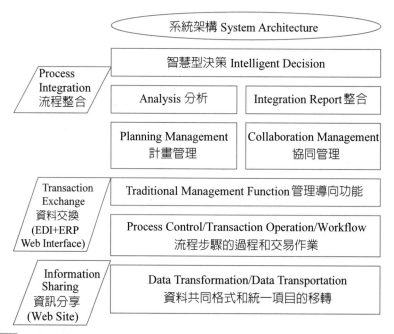

圖 3-1 管理資訊系統自動化程度

Planning Management（注重在計畫管理）、Collaboration Management（注重在協同管理）、Analysis（注重在分析層次）、Integration Report（注重在整合性報表）、Intelligent Decision（注重在智慧型決策）等。從這些自動化程度功能項目來看，它可歸納成 Information Sharing、Transaction Exchange、Process Integration 等三個階層。Process Integration 階層是最困難和複雜的技術。

二、管理資訊系統的系統設計

就一個資訊系統的設計好壞來看，其系統設計作業是否設計得當，則扮演非常重要的關鍵，所謂系統設計是指在程式和資料建構方面，首先，依據需求功能展開主程式結構，它是所有程式串聯和互動的主要中心依據，並依此中心依據展開為程式關聯圖，和附帶產生背景測試資料能自動擷取，以及交易過程 Log 記載，接下來是對於比較複雜重要邏輯的程式內容，必須先轉成程式虛擬碼，因為可事先透過嚴謹虛擬碼的邏輯來確認作業需求的合理性，和往後程式開發的依據，至於一般程式是會用程式註解和程式樣板來做程式開發的方法，其中程式樣板是針對常用的程式功能，撰寫成一個標準化的程式邏輯，如此可達成快速撰寫

和協調一致的效益。

　　對於常用的應用功能,可以撰寫成一個共同的軟體元件,如此,其他新的作業需求,若有用到此應用功能,就可呼叫該軟體元件,進而省去多撰寫的時間和重新撰寫程式的 Bug 風險,一般這種共同的軟體元件會被儲存成 DLL 類別庫形式。

　　在程式和資料的互動方法上,須以 SQL 指令撰寫存取資料的邏輯,一般會產生預存程序來儲存 SQL 指令,如此存取資料的邏輯和資料庫可獨立分開,各不影響,亦即資料庫有變動,不需改變到存取資料的邏輯。

　　最後,在系統設計上須考慮到使用者方面,主要有當使用者在操作應用功能時,若有程式 Bug 出現,應如何產生例外處理,以及使用者介面的友善性和易用性。

　　以下是系統設計在程式和資料建構的模式,如圖 3-2:

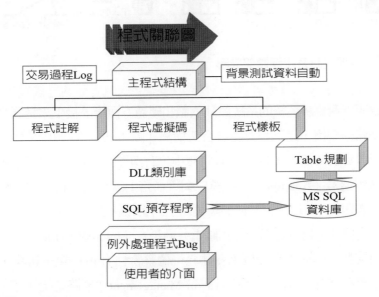

圖 3-2　管理資訊系統的系統設計分析圖

　　上述管理資訊系統的系統設計說明,最主要是指軟體方面,另外,在硬體方面,也必須考慮到硬體網路架構,因為硬體網路架構方式也會影響到軟體系統設計,以下是實體網路設備架構圖,從圖 3-3 中可知,在最底層有個人電腦、伺服器及 Printer Server,這些設備有很多台,然後透過網路結構,連接這些設備,

以便能互通存取資料和應用程式，最後透過 Switch Hub IP 分享器，串聯這些設備，並且對外連上網際網路。

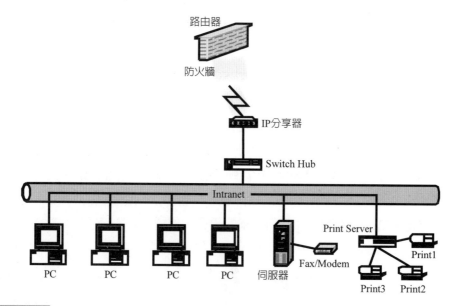

路由器

防火牆

IP分享器

Switch Hub

Intranet

Print Server

Fax/Modem

Print1

PC　　PC　　PC　　PC　　伺服器

Print3　Print2

圖 3-3　　管理資訊系統硬體架構圖

　　簡單說明管理資訊系統的系統設計軟體和硬體方面後，接下來是簡介資料整合在網際網路的架構，以下是資料整合架構圖（圖 3-4），從圖中可知，在某一個客戶的管理資訊系統／SCM 系統資料庫中，有擷取到 Buffer（暫時緩衝）資料庫，並透過轉換器（Adapter），轉換成網際網路上欲存取資料，此資料會再轉換成 XML 標準格式，以便和其他網際網路上的企業快速交換，當然，除了企業對企業直接交換外，也可透過網際網路上共同平台（Internet Platform），和其他企業做資料交換，例如：有一個協會建立一個整合性 Hub 的電子市集，而欲在網際網路上資料整合的方法，包括 System Management（網路系統管理，例如：網路協定、傳輸確認等）、Data Transformation（資料轉換）、Data Transportation（資料傳送）等三個機制。

　　在管理資訊系統的軟體技術上，隨著軟體技術的演進，目前朝向以元件或物件為基礎軟體的發展方式。這和最近物件導向技術盛行有很大的關係，依筆者多年的經驗觀察，得知物件導向技術盛行的原因有三個：

　　1.是在網際網路上的程式語言盛行，而此程式語言正好很多是物件導向基

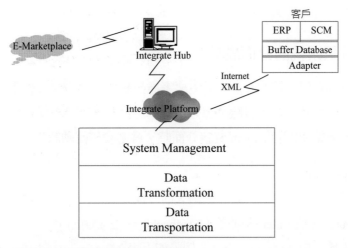

圖 3-4　　管理資訊系統資料整合架構圖

礎的程式，例如：Java，它是網際網路上的軟體，有別於傳統的主從架構維護，它的更新版本只需處理應用程式 Server 端，維護成本較低。

2. 是在需求系統分析上，從傳統程序性結構化分析，爲了因應複雜的企業需求模式，而轉爲能克服需求主體易於描述使用者行爲的物件導向分析，它可使模組化功能加強，使得系統流程模組與開發工具的互相影響較低，進而使系統易於有擴充和延展性的能力。

3. 是在現今的資料複雜和格式多元化，及多媒體情況下，傳統的關聯式資料庫方法論，已不敷使用了，須用物件導向資料庫，但又不可能全部放棄關聯式資料庫，畢竟有些資料需求還是須用關聯式資料庫會比較好，故產生了這兩者的綜合體，即是物件導向──關聯式資料庫。所以隨著物件導向技術盛行，其以元件或物件組合方式來開發資訊系統，就變得很重要了，因爲它的好處很多，可使得系統開發工具的轉換成本相對降低。例如：眾所周知每開發或修改一次程式，就增加一次程式風險，因此須靠不斷的測試，來增加程式的品質，所以，若能運用已多次測試成功的元件來做爲程式開發，不僅可依賴它的程式品質，更能加速程式開發的進度，當然，這是需要花費代價的，不過，若從整體思考來看，是值得如此運用的，但還須考慮到一點很重要的事情，那就是程式設計師或系統分析師必須從傳統程序式思考邏輯，轉爲系統元件建構式思考邏輯，否則，仍無法運用以元件或物件爲基礎的軟體發展方式。其現今有些管理資訊系統廠商，已號稱

具有元件組合的管理資訊系統。

三、管理資訊系統的介面設計

　　在設計管理資訊系統的介面，最主要考慮到是資料驗證、人性化友善和系統介面層次部分，尤其是在資料驗證部分，切不可將不正確資料儲存在後端的資料庫，應該在一開始使用者 Key in 資料介面時，就必須確認驗證。

(一) 資料驗證介面

　　資料驗證介面設計可分成資料未輸入前（Data Entry）（圖 3-5）、資料輸入後（Data Input）、按 Enter 後回應（Feedback），茲說明如下。

　　1. 資料未輸入前（Data Entry）：例子如下表 3-2。

表 3-2　Data Entry 表

驗證項目	說明
Entry	使用者輸入，來源可鎖定某個 Table / Match Code
Defaults	預設值，它可依使用者 ID 來判斷，而分別給予不同預設值
Units	單位及換算單位
Replacement	記憶以前曾經輸入的內容
Captioning	標題
Format	數字 / 日期 / 文字等格式
自動代入	當使用者輸入某個值，則另一個欄位就會依此自動代入相關的值，最常用於產品料號和品名
Justify	輸入值的自動齊行
Help	產生對欄位輸入的說明
Key in / Computing	前者是指使用者輸入或自動代入，後者是指計算產生的

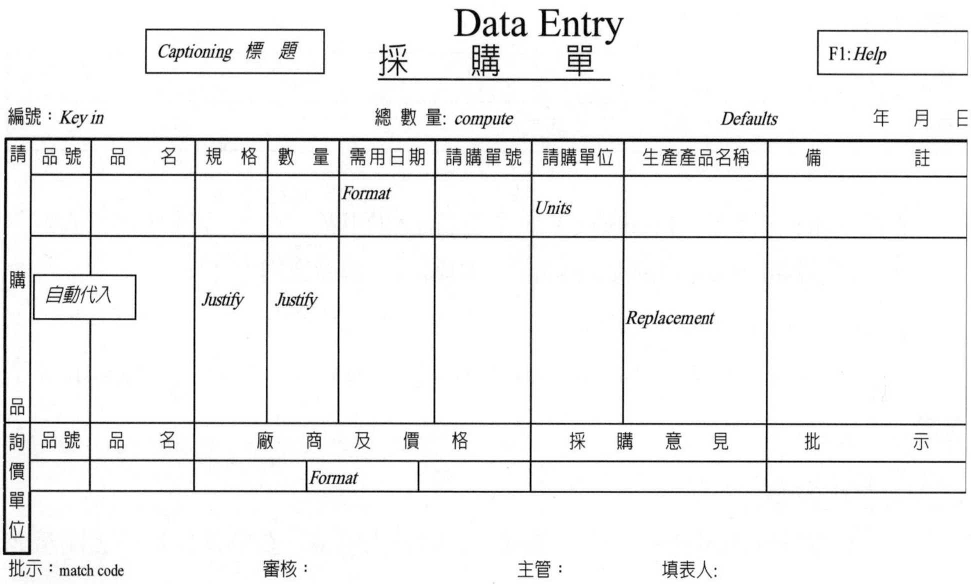

Captioning 標 題	**Data Entry** 採 購 單	F1: *Help*

編號：*Key in*　　　　　　　總 數 量：*compute*　　　　　　　*Defaults*　　　年　月　日

請	品 號	品 名	規 格	數 量	需用日期	請購單號	請購單位	生產產品名稱	備　　註
購					*Format*		*Units*		
品	自動代入		*Justify*	*Justify*				*Replacement*	

詢	品 號	品 名	廠　商　及　價　格	採　購　意　見	批　　示
價			*Format*		
單位					

批示：match code　　　　審核：　　　　　　主管：　　　填表人：

圖 3-5　資料未輸入前例子

2. 資料輸入後（Data Input）：例子如下表 3-3、表 3-4。

表 3-3　Data Input 表

範圍	資料範圍是在使用者定義或系統定義範圍內
型態	資料 Input 內容 是否符合欄位型態
大小	資料 Input 內容 是否符合欄位大小
自動更新欄位	自動更新欄位是否有更新正確
驗證	驗證資料 Key in 是否符合使用者邏輯
查詢	查詢的資料使用性

表 3-4　資料輸入後的例子

範圍	數量：1-8
型態	需用日期：DATETIME
大小	品號：10
自動更新欄位	總數量：公式

續表 3-4

驗證	身分證：
查詢	單一／交叉查詢

3. 按 Enter 後回應（Feedback），主要有三種回饋：

(1) 狀態資訊（Status Information）：例如：「新增資料中！」

(2) 提示（Prompting）：例如：「結束時，請記得登出」。

(3) 錯誤和警告的訊息（Error and Warning Messages）：「不可 Key in 文字型態」。

(二) 人性化友善

人性化友善介面設計，主要是考慮介面圖示的引導，茲整理常用介面圖示如下：

(1) 功能使用速查表：提供在介面中所有功能使用的簡介。

(2) 導向按鈕：可引導到上一個記錄。

(3) 功能按鈕：可開啟某個功能。

(4) 資料按鈕：可開啟相關資料的清冊。

(5) 編輯按鈕：可新增一個新記錄。

(6) 檢驗欄位：檢驗資料正確，例如：必須輸入的欄位。

(7) 參數設定欄位：針對某個功能做參數設定，例如：不同產品型態的設定。

(8) 前置碼：利用前置碼來對字母和數字做進行編號，例如：訂單前置碼用來對訂單進行編號。

(9) 代碼：常用的代名詞設定，例如：預設銀行代碼。

(10) 原因碼：常用原因的代名詞設定，例如：用以記錄對此供應商暫停付款的原因。

(三) 系統介面層次

系統介面層次是指在管理資訊系統相關的整個軟硬體環境中，須以不同介面層次來做連結。

若從介面的架構來看，它可分成系統對外連結、辦公室流程、應用開發工具、資料庫、作業系統、網路伺服器、連接底層等，如圖 3-6。在這些整個軟硬體環境中，各系統須用介面做連結，圖中的箭頭就是表示介面連結。

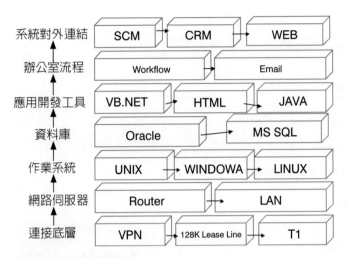

系統對外連結　SCM → CRM → WEB

辦公室流程　Workflow → Email

應用開發工具　VB.NET → HTML → JAVA

資料庫　Oracle → MS SQL

作業系統　UNIX → WINDOWA → LINUX

網路伺服器　Router → LAN

連接底層　VPN → 128K Lease Line → T1

圖 3-6　系統介面的架構層次

　　若從介面的互動來看，其介面的系統模式層次可分成分享作業流程、直接應用整合、資料交換、Web 網路存取、人工化流程等五種，茲說明如下。

1. **分享作業流程**

   (1) **解決方案**

   自主性組織的整合。

   複合的多公司流程。

   時常改變流程和搭檔夥伴。

   不標準型態資訊的交換。

   (2) **特色**

   跨組織整合。

   複合的結構流程。

   廣大（廣泛）的多樣性。

   分散化和即時執行。

2. **直接應用整合**

   (1) **解決方案**

   在一個組織中，控制的中心點。

   高性能（高執行）流程和夥伴主要的關係。

(2) 特色

不同系統之間的功能平台整合。

中央伺服器。

績效驅動。

3. 資料交換

(1) 解決方案

標準單據（文件）的交換。

僅交換資料。

(2) 特色

簡單的互動。

交易文件的標準化。

手動例外的處理。

EDI／XML。

4. Web 網路存取

(1) 解決方案

少量消費者。

簡單交易關係。

小型企業夥伴的存取。

(2) 特色

特殊消費者導向的功能流程。

手動／半手動。

中央伺服器。

5. 人工化流程

3-2　管理資訊系統對企業經營的影響

　　管理資訊系統對於企業應用的影響，主要在組織、功能、制度等三層面，這裡所謂組織，是指管理資訊系統部門的組織運作和企業組織受到 IT 技術運作的二個影響。前者是指管理資訊系統部門組織中的作業如何運作，一般會採取公司本身設立完整的管理資訊系統部門組織或是大部分 IT 技術委外。後者是指企業

在經營運作過程中，如何利用 IT 技術來支援企業功能，以便成為調適性企業組織。接下來，所謂動能是指企業作業活動的呈現功能，例如：會計借貸作業會產生傳票記錄功能，因此管理資訊系統須具有傳票登錄系統功能，以便滿足會計借貸作業。所以管理資訊系統在功能層面上的影響，包含如何利用系統功能來支援作業程序的工作，以及達到作業的價值成效。最後，就制度層面上，是指企業為了企業營運作業能有系統化、標準化的運作結構，因此會擬定管理制度來控管整個作業程序，這就是制度化經營，所以管理資訊系統在制度層面上的影響，包含如何利用管理資訊系統建構管理制度，以及制度化經營。茲將上述三者影響分別說明如下。

一、管理資訊系統在組織層面上的影響

(一) 管理資訊系統部門組織運作

　　管理資訊系統部門在企業功能上是屬於支援性定位，因此往往管理資訊系統部門所具專才技能，並非是公司的核心能力，所以就專業分工角度上來看，應把管理資訊系統部門運作委外，公司只留 1～2 位人員當作窗口聯絡行政事宜，這樣的組織運作好處是公司可將資源全心放在核心業務上，並且也可運用到 IT 最新技術，以提升競爭力，但壞處是受到委外廠商的牽制。所以公司必須就自設部門和委外這二種組織運作做比較分析，以便取得最佳化，以下說明這二種分析。

　　應從需求專屬性、產業特性、企業本身系統狀況這三方面來分析。

1. 需求專屬性

　　當專屬性高時，就應自行分析規劃，把專屬性需求寫成邏輯性的軟體元件，讓管理資訊系統去呼叫，這樣的好處是只要修改該元件即可，而不會動到管理資訊系統主結構。相對的，專屬性低時，就直接套用管理資訊系統本身功能。例如：一般產品計價方式專屬性較高。

2. 產業特性

　　當產業本身作業特性是標準化時，應運用管理資訊系統本身的最佳典範作業，若是較特殊的特性，則應採取自製方式，設計一個符合的作業流程，然後用外掛程式技術和管理資訊系統連接。例如：鋼材產品的餘料控管作業，是較具特殊性的。

3. 企業本身系統狀況

所謂企業本身系統狀況是指在導入管理資訊系統之前，企業就有一些舊有系統（Legacy System），而這些舊有系統，是否會在管理資訊系統導入之後，就不用或者仍續用，就會影響和新的管理資訊系統之連接問題。若是不用舊系統或原本就沒有，則可採取外包方式。就前者而言，一般最常用的就是人力薪資計算模組、生產排程模組、成本分析模組。

若外包管理資訊系統是選擇國外管理資訊系統軟體，因為它是國際性，故可能會沒有國內特有的功能，例如：統一發票、保稅系統功能等，這時就需自製，但隨著管理資訊系統普遍化後，其這些國外管理資訊系統也分別用當地客製化或其他方式，增加這些國內特有作業，故可能就不需自製了。

除了上述會影響到管理資訊系統主功能之外，另外就是企業必須每日控管作業的使用工具——報表。

報表可大致分成企業固定常用的報表，例如：每日生產日報表、每日成本結算表、損益表等，而這些報表因為常用，故應該套用在管理資訊系統本身。

另一個可分成臨時性報表，也就是因為一時專案或需求而產生臨時性的報表，可能用沒多久就不再用了。這時應採取客製，這裡客製方法有三種：(1) 請 MIS 部門撰寫程式；(2) 請外包廠商開發程式；(3) 利用管理資訊系統現有 Query 自動報表產生器，由略懂資訊軟體的使用者自行產生。若以時效和成本來看，當然第 3 種方式是最佳的。

若內容有差異和專屬性，但經過分析後，會發覺這些內容背後真正的需求原理，是可套用在管理資訊系統同一個功能架構內。所以當發現是這種狀況時，其原本是用自製方式，則可改為外包套用方式。

(二) 組織中的 IT 運作

企業組織的運作可透過 IT 技術來達到調適型組織，所謂調適型組織，是指企業受到商業環境的影響，使得企業面對到壓力和問題挑戰，但透過 IT 技術支援功能，使得企業能快速回應和即時提出解決方案，這就是管理資訊系統對於組織中的 IT 運作影響，如圖 3-7。

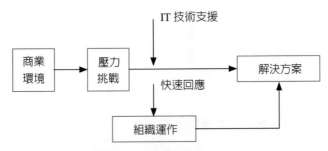

圖 3-7　管理資訊系統對組織 IT 支援影響圖

　　所謂商業環境,包含產業變遷生態、競爭者、客戶、供應商等環境,這些環境的變化,會影響到企業營運所面臨的壓力和問題挑戰,而當這些問題發生時,企業就必須思考如何解決,這時就會影響到企業本身作業流程,透過作業流程的運作來解決上述問題,但要使這些作業流程有效率和效果,這時就須依賴 IT 技術的支援,因此 IT 技術的運作使得組織運作受到影響,且達到組織績效。

二、管理資訊系統在功能層面上的影響

(一) 管理資訊系統功能如何支援作業程序

　　企業的作業程序往往牽涉到大量資料、多人使用、複雜工作內容等特性,這些特性使得作業程序在運作過程中,面臨到即時性、效率性、可行性三個問題。就即時性而言,企業的作業程序應如同數位神經系統一樣,當企業任何末端出現問題時,應能即時地關聯出相關的情況,並快速做出回應和解決方案。就效率性而言,企業的作業程序牽涉到資源分配最佳化和作業執行的生產力,所以透過管理資訊系統可使生產力提升、成本降低、人工作業減少,甚至可防止弊端產生。就可行性而言,企業提出解決方案,但這個方案是否能落實於作業程序上,若以人工作業來執行,就可能無法運作,因此必須依賴管理資訊系統功能的實踐,才能使作業程序有可行性,整個影響如圖 3-8。

(二) 管理資訊系統功能如何產生作業價值成效

　　一般企業在導入資訊系統時,就會同時考量作業再造和系統功能的結合,而企業流程再造的目的就是在於改善不合理活動,也就是產生有附加價值的活動,進而使作業有價值成效,而這個價值,就是企業核心能力所在,所以管理資訊系統功能除了使作業程序有即時、可行、效率性外,最重要的是有價值產生,才會讓企業有營收。

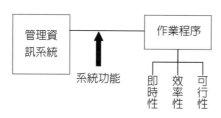

圖 3-8　管理資訊系統在功能層面上的影響 (1)

　　從上述說明可知價值活動產生的影響，包含流程合理化、核心能力、附加價值三種。就流程合理化而言，透過改善手法（例如：QC 七大手法）和系統創新方法（例如：TRIZ 方法），可使不必要和不合理的活動被刪除，以便重組、簡化整個流程步驟。就核心能力而言，企業在規劃設計作業程序時，必須將企業經營的專才知識嵌入工作活動中，才能顯示出專業，也就是讓顧客認同企業的核心能力，並透過核心能力使得作業中的工作內容能有專業表現，所以管理資訊系統必須嵌入專業的核心能力之知識。就附加價值而言，企業作業流程在執行時，都會運用到資源，而資源運用就牽涉到資源分配最佳化及最大利潤化，所以作業的工作內容就必須以附加價值指標來衡量作業成效，也就是以資源最大利潤化來提升作業流程的附加價值，如圖 3-9。

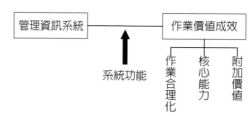

圖 3-9　管理資訊系統在功能層面上的影響 (2)

三、管理資訊系統在制度層面上的影響

(一) 管理資訊系統建構管理制度

　　在此，將以對於企業發展之具體影響評估的資訊整合面、資訊應用面、企業營運面等三方面做說明，如表 3-5。

表 3-5	管理資訊系統導入需求評估表		
企業發展之 具體影響評估	方式重點	運作影響方式	特性
資訊整合面	1. 資訊收集	企業經營 Know-How 嵌入以引導式欄位／畫面設計	視覺化、數位化、格式化
	2. 資訊彙整方式	標準化、關聯性、物件導向規則、結構化來開發和設計	資料格式標準化，企業報表格式標準化
	3. 資訊關聯方式	結構關聯化的彙整方式	整合企業本身報表、檔案、資料庫、作業流程及目標管理資訊需求
	4. 資訊應用方式	企業需求服務為導向	資訊應用
資訊應用面	1. ERP 系統產品考慮到這個企業本身需求服務機制	以 Web Services 技術	和目前分散式系統各自使用不同機制是無關的
	2. 企業整體需求服務的介面元件	透過此介面元件來得取企業做決策所需的資料	建立一套以有價值之資訊為基礎的同步需求服務平台
企業營運面	1. 企業應用作業影響	此平台所嵌入之經營管理模型，係以企業營收、企業目標動因、企業作業流程三個構面來分析	交叉落實在知識管理循環週期中（知識形成與創造、知識蓄積與儲存、知識加值與流通）
	2. 企業應用資訊科技影響	企業建構以知識管理為核心思維	資訊科技創新運用模式

1. 在資訊整合面

企業資訊因「使用者地域性語言、文化的差異」、「多據點營運、資訊產生及儲存分散」及「資訊需求動因效率化、效益化、多樣化」，而使得資訊收集方式、資訊彙整方式、資訊關聯方式、資訊應用方式，產生結構性的變化，而企業資訊應用在面對這樣的產業生態演化，該如何克服？

　　這和管理資訊系統產品是否考慮到這個結構性的變化是有關的，亦即在 ERP 系統產品須設計到資訊收集方式、資訊彙整方式、資訊關聯方式、資訊應用方式等四個方式，茲說明如下。

(1) 資訊收集方式

　　將以視覺化、數位化、格式化的畫面呈現，並將企業經營 Know-How 嵌入以引導式欄位／畫面設計，來引導企業進行快速資訊、現象的收集，該做法將改變企業以往資訊收集方式（以往是口頭式、單點、單向、溝通媒介混用、任意格式型態呈現、各自表述、現象及問題混淆不清，以致造成企業溝通成本高、溝通效率差、組織衝突）。

(2) 資訊彙整方式

　　將以標準化、關聯性、物件導向規則、結構化來開發和設計，其中包含資料格式標準化，企業報表格式標準化，將所有資訊來源做完整的彙整，該做法將改變企業以前資訊彙整方式（以前是非標準化、無一致性、無法串聯相關資訊、資訊彙整歸類無規則性等），故資訊彙整方式將依據目標管理之資訊需求而統一化。

(3) 資訊關聯方式

　　透過結構關聯化的彙整方式，整合企業本身報表、檔案、資料庫、作業流程及目標管理資訊之需求。

(4) 資訊應用方式

　　以企業需求服務為導向，來驅動相關收集資訊、邏輯運算等事件，以達到資訊應用的成果。

2. 資訊應用面

　　在異質資訊平台中，如何整合跨作業系統不同據點之資源所產生的企業整體需求服務，而該需求服務是企業本身專注的營運資源所需，並透過此需求服務來取得企業做決策所需的資料。換句話說，就是如何能讓即時資料的收集、整理、交換、傳輸都變得非常簡單，亦即和目前分散式系統各自使用不同機制是無關的，並且這些資訊是透過企業本身需求服務機制所成為的有價值資訊，這和 ERP 系統產品是否考慮到這個企業本身需求服務機制是有關的，亦即在 ERP 系統產品中，須設計到以 Web Services 技術在異質資訊平台中，整合跨作業系統不同據點之資源所產生的企業整體需求服務的介面元件，而該介面元件是企業本身

專注的營運資源所需，並透過此介面元件來得取企業做決策所需的資料，最後再將此資料以物件導向方式，呈現其資料本身主體和流動性的行為。

例如：企業在做有關新產品上市決策時，就必須同時考慮顧客導向和產品創新等資源之間的互動關聯，進而加速及正確地使新產品上市能符合顧客關係的需求。而欲達到這樣的目標，則必須建立一套以有價值之資訊為基礎的同步需求服務平台，以利塑造為一個決策形成的資訊基礎，該平台將這些有價值的資訊建置成資料倉儲，並以決策上所需的需求服務為維度。

3. 企業營運面

它分成對企業應用作業影響和企業應用資訊科技影響兩方面。

(1) 企業應用作業影響

以資訊整合與知識管理平台之建構，協助企業將傳統營業活動偏重於作業流程的觀念，改變為以知識管理生命週期循環及目標管理為主軸的創新管理思維，故對企業組織運作及績效評估將有結構上的改變。此平台所嵌入之經營管理模型，係以企業營收、企業目標動因、企業作業流程三個構面來分析，並交叉落實在知識管理循環週期中（知識形成與創造、知識蓄積與儲存、知識加值與流通）。

(2) 企業應用資訊科技影響

資訊科技不斷在演變，資訊科技應用在企業內也不斷創新，上述平台是將目前的資訊處理應用，轉變成組織平台知識應用，並運用網際網路平台技術，嵌入以企業經營管理 Know-How 及企業經營管理模型為構面，所推演之知識管理內涵，協助企業建構以知識管理為核心思維之資訊科技創新運用模式，替代以往以作業流程電腦化、資訊化之資訊科技運用方式。

(二) 制度化經營

主要是指軟硬體使用制度，在管理資訊系統導入後，整個公司的電腦和軟體使用會大量增加，而對於最終使用者而言，他們是不了解電腦和軟體使用的問題和解決方案，故一旦發生問題後，就會來找資訊部人員求救，就資訊部人員而言，在管理資訊系統導入後，他們的工作負荷愈來愈重，當又遇到最終使用者對於有關電腦和軟體使用問題求救時，就會顯得應付不來，導致處理工作無法馬上解決，這對於最終使用者而言將會造成不便，進而抱怨，當然，最後就影響到管理資訊系統導入後的使用狀況，也就不是很理想，而要解決這樣的問題，必須找

出發生該電腦和軟體使用的問題之原因所在，一般而言，有些是最終使用者自己不了解所造成的。

　　另外，再加上對每個部門找出電腦和軟體使用的 Key 使用者，這個 Key 使用者必須對電腦和軟體使用有興趣，最好有經驗，由他來面對最終使用者和資訊部人員，如此一來，對於最終使用者其解決回應時間就會比較快，而資訊部人員的工作負荷也不會那麼重。另外，再加上一些電腦和軟體使用的管理制度，例如：簡易的問題排除手冊，放在公司共同分享空間，每個最終使用者都可自行參考，進而自行解決，或是引進電腦和軟體使用問題診斷解決的軟體工具，供資訊部人員快速解決之用。以上有關電腦和軟體使用問題內容，整理如下圖 3-10。

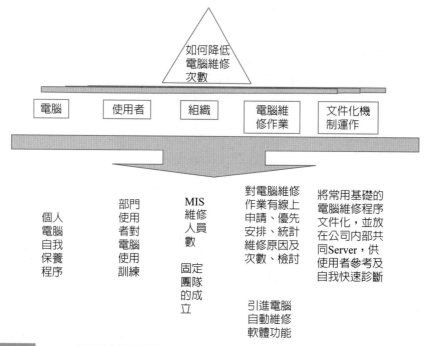

圖 3-10　MIS 電腦維修問題分類表

　　以下將說明電腦和軟體使用問題內容。包括：有電腦維修次數是否太多？在跨據點工廠的電腦維修如何有效運作？這些問題會發生在各部門使用者電腦地點，這時會有管理資訊系統維修團隊的人，來執行公司內部的電腦使用維修作業，其實它是一個無價值的活動，故應該降低它的次數，其解決方案有部門使用者對電腦使用訓練、個人電腦自我保養程序、電腦維修程序文件化、電腦維修作業運作、固定小組的成立、引進電腦維修自動軟體功能等，如此就可達成降低它

的次數，可將多餘時間花在其他更有價值的活動上。而對管理資訊系統人員而言，可去做更有技術的作業，如此可使管理資訊系統人員成長及增加工作興趣、降低流動率。至於對使用者來說，在使用電腦時會更有效率及快速解決問題，並且不會因此而影響到使用者作業。

另外，在軟硬體技術方面，其次是指資訊部人員後續維護工作的排程和負荷，及維護工作的程式修改負荷分析。就資訊部人員後續維護工作排程和負荷來看，它是和程式工作內容困難度、範圍、期望完成時程有關的，若程式工作內容很多，多到比現有資訊部人員還多時，以及若程式工作內容無法分割、分發給不同資訊部人員，以便進度同步發展時，就會產生管理資訊系統導入後產生使用狀況問題，而要解決這樣的問題，必須將程式元件化和模組化，這樣不但可分發給資訊部人員去同步發展，也可在程式工作負荷上達到平準化，以便滿足期望完成時程和工作容易公平的指派。

🎞 3-3　管理資訊系統在企業的功能

一、從企業經營探討管理資訊系統

從企業經營層次的觀點來看，可知管理資訊系統的範圍主要在於作業流程和管理分析二個層次上，因管理資訊系統的功能，可從此範圍內展開，並且透過IT 技術的撰寫，而成為企業應用資訊系統。

首先，在作業流程可分成主要流程和支援流程，主要流程是指企業主要營運功能，包含：研發作業、生產作業、銷售作業、採購作業等，支援作業是指支援主要營運作業的功能，包含：人事作業、管理資訊系統作業、總務行政作業等。以上是以一般製造業企業為例。再者，管理分析可分成管理制度、整合性報表、作業分析。管理制度是指管理辦法、流程制度，也就是作業流程在運作時，需要一套規範辦法來控管協調整個作業流程可能會發生的狀況，並且透過設計一套作業制度來讓大家有所遵循，以達公平性和效率性。功能分析是指經過作業流程運作後，就功能應用上，做作業績效的分析，例如：企業經過物料進出作業流程後，就存貨管理而言，應透過存貨分析來了解是否有呆料的績效分析。

從管理資訊系統功能（見圖 3-11），可發展出管理資訊系統的企業應用系統種類，主要包含 MIS（Management Information System，管理資訊系統）、CRM（Customer Relationship Management，客戶關係管理）、SCM（Supply Chain

Management，供應鏈管理）、PDM（Product Data Management，產品資料管理）、CPC（Collaboration Product Commerce，協同產品商務）、EC（Electronic Commerce，電子商務）等資訊系統，這些系統都比較屬於作業程序和管理分析層次，至於決策分析層次的資訊系統，則有 DSS（Decision Support System，決策支援系統）、BI（Business Intelligence，商業智慧）、ES（Expert System，專家系統）等，和管理資訊系統是不一樣的。不過有時會有灰色地帶，也就是管理資訊系統某些功能會有決策分析的系統功能。

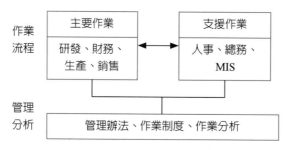

圖 3-11　企業經營角度的 MIS 系統功能

上述資訊系統，分別在下列各章節做說明。

二、從 IT 技術探討管理資訊系統

接下來，將從 IT 技術角度來說明管理資訊系統功能。它主要包含資料介面輸入和檢核、資料資訊關聯、程式功能控制和協調、輸出介面呈現、整合性報表等，茲分別說明之。

(1) 資料介面輸入和檢核

在企業的作業流程運作後，就會產生資料，而資料必須透過介面（畫面）來輸入於管理資訊系統內，才會達到作業功能的目的，但資料經過輸入後，必須是正確和完整，因此在資料輸入時，必須檢核資料正確性和完整性。其檢核功能可分成介面檢核、邏輯檢核、資料庫檢核。所謂介面檢核是指將檢核功能隱藏在介面欄位內，例如：採購數量欄位是數字型態，因此若輸入文字，則型態檢核功能就會馬上檢查。所謂邏輯檢核，是指在資料輸入後，必須經過作業邏輯運算，這時就會利用應用程式來做邏輯上檢核，例如：採購金額輸入後，會經採購總預算控管，因此會有檢查採購累積金額是否會超過總預算的邏輯檢核。所謂資料庫檢

核,是指資料輸入後會存取資料庫的相關資料做結構性檢核,例如:新增一筆學生基本資料輸入後,會到資料庫去做結構上唯一性資料的檢核,也就是相同的學生學號,不可存放二筆相同資料在資料庫的學生基本資料表內。

(2) 邏輯運算和檢核

資訊系統對於滿足企業作業需求,最主要在於能完成企業功能,也就是利用程式撰寫功能的邏輯,以便在執行時可利用資訊系統功能來完成作業需求功能,例如:作業需求有請購單轉採購單的需求,因此程式功能會撰寫請購單轉採購單,但這其中會有邏輯運算和檢核,也就是會檢核請購單中的審核欄位是否有主管檢查過,若無,則不可轉為採購單,在此例子中,請購單中的各項採購物品數量和金額,則會運算出總金額。

(3) 計算公式和統計

在企業作業需求中,會有計算公式的功能需求,例如:在經過產品進銷作業後,就會產生產品庫存,這時就需有庫存計算公式,以及統計累積的庫存數量。又例如:會計月結公式也是一例。從上述例子可知,計算公式必須有原始資料來源,但若計算公式太複雜,則在擷取和計算原始資料做程式計算時,可能會很耗時,造成使用者不耐,因此設計一些已經過原始資料計算公式後的中間性統計資料欄,就變得非常重要,例如:損益表可先計算每月統計的銷貨成本欄位。

(4) 資料資訊關聯

企業利用管理資訊系統的效益之一,就是可立即尋找查閱資料的關聯性,例如:在訂單子系統中輸入訂單編號,就可即時查出是否已生產結束或已出貨等資料的關聯性。要做到資料資訊關聯性,須依賴資訊系統中的支援性其他系統,也就是資料庫系統,透過資料庫的規劃建置,可產生關聯性資料表的結構,透過此關聯性結構,就可達到資料資訊的關聯,並且更重要的是,可立即查出具複雜關聯的結果。

(5) 程式功能控制和協調

資訊系統的系統功能成效,有賴於很多程式功能的執行來完成,因此,如何去控制這些程式之間的運作,對於系統功能執行最佳化是很重要的,所以管理資訊系統就必須依賴作業系統平台和主程式邏輯來控管協調,包含如何優先分配執行和記憶體資源運用等功能,在作業系統平台的控管,是交給 DS 系統本身的功能來執行,所以無法由資訊系統的設計人員來控管,但可透過撰寫主程式邏輯來分配所有程式的順序和程序,以便達到管理資訊系統的功能績效。

(6) 輸出介面呈現

如上述章節所提及管理系統的架構，可知有 Input、Process、Output、Control、Feedback 等功能，因此輸出（Output）介面呈現也是管理資訊系統的功能，輸出介面呈現有三個重點，分別是邏輯運算結果、呈現版面友善性、功能異常回應等。首先，所謂邏輯運算結果是指企業作業需求在經過輸入和處理（Process）功能後，會有邏輯結果，此結果必須讓使用者知道執行資訊系統功能的預期效果是否達成。例如：輸入一連串採購數量金額後，這時會有總金額及採購確認欄位的結果呈現。再者，所謂呈現版面友善性，是根據邏輯運算功能的結果呈現於畫面上，能讓使用者容易、清楚、明確的知道結果內容是什麼，也包含操作和介面人性化。最後，所謂系統功能異常回饋，是指資訊系統在運作時可能會遇到異常情況，例如：斷電或不穩定電壓造成系統不穩定，或程式本身錯誤造成執行畫面異常等現象，所以管理資訊系統須能將這些異常結果做呈現，並回饋至管理資訊系統，以便做下一步的合理步驟，否則使用者看到異常畫面時，就會不知所措。

(7) 整合性報表

資料資訊的處理、運用、統計彙總等軟體程式化功能，是管理資訊系統主要功能之一，這也是管理資訊系統為何運用在作業程序的原因，因此，同樣的管理資訊系統用在管理分析的功效，就是利用產生整合性報表來達成管理分析的目的。

所謂的整合報表，就是將管理資訊系統的原始資料經過不同企業需求的邏輯運算，而產生整合不同資料檔案關聯的結果，以便主管使用者可在一個報表內看到所需要的整合資訊。而這樣的整合報表，最常用於跨部門功能的作業查詢，例如：生產工單、銷售訂單和出貨單的整合報表，亦即，在同一個報表內，可查詢到目前哪些銷售訂單已出貨、其對應的出貨單據號碼為何，以及已發料生產的工單有哪些。這樣的對應關聯，使得主管使用者可一窺全貌，進而馬上下決策判斷。

綜合以上就IT技術對管理資訊系統功能的說明後，其整個示意圖如圖3-12。

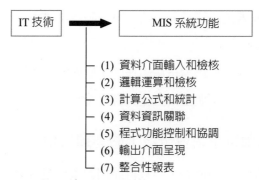

圖 3-12 IT 技術在 MIS 系統功能示意圖

3-4 資訊系統在商務應用上所扮演的角色

一、資訊系統在以往企業商務應用的三種角色

資訊系統在以往企業商務的應用，主要是扮演改善企業流程、輔助決策分析、強化競爭優勢等三種角色，透過這三種角色，可使資訊系統產生商業價值。茲分別說明如下。

1. 改善企業流程

利用資訊系統的自動化運算和流程，可加速企業流程的執行，而透過此加速效用，可以改善企業流程的速度和品質。

2. 輔助決策分析

決策的定義依照個人和企業的不同，可分成二種：個人而言，決策是在面臨兩種以上選擇方案時，依照個人經驗和主觀內心，及現有收集資訊下，做出較感覺性的決定；就企業而言，決策是在面臨經營問題時，必須找出解決方案，而如何找出方案的過程有其一定的程序和知識，它是較客觀的決定過程，當然也包含選擇二種方案的決定過程。

從上述說明可知個人決策和企業決策是有所不同的，其影響在於決策環境的不同。組織所面對的環境，是影響企業管理決策績效的重要因素（Hofer and Schendel, 1978; Pfeffer and Salancik, 1978; Porter, 1980）。

企業決策模式的運作是在決策環境影響下，運用決策模式提供的方法論，落實在決策程序過程中，在程序運作期間，會有相關決策角色參與進行，並利用決

策支援系統，進而發展出決策結果，接下來依照決策結果採取行動方案。

3. 強化競爭優勢

資訊系統透過上述二種扮演角色的功能，使得企業有良好營運的基礎，若再輔以更多的系統應用，則可使企業強化其競爭優勢。

二、資訊系統在創新產業競爭之下的二種角色

以上除了這三種角色功能外，若以目前創新產業競爭來說，還有以下二種新的扮演角色功能。

(一) 創新企業策略結合 IT 策略

在現有產業市場範圍內，就企業外部環境做情報分析，以找出在此產業市場中的契機和威脅所在，並從中分析出在產業內的 KSF（Key Success Factor）因素，進而得出相對應的企業 KDF（Key Demand Factor）因素，同時就企業內部的資源能耐做資產現況分析，以診斷出目前公司本身在此產業市場的優點和弱點，並從中分析出企業在此產業須能立足的核心資源，進而展開核心能力，再進一步發展出能掌握超越同業優勢的核心競爭力。

之後，根據這些企業內部資源能耐和企業 KDF 因素做差異分析，以了解公司目前缺少什麼 KDF 因素，接著，以此差異分析，在企業的願景使命、目標規劃下，擬定出整體公司策略、各管理功能策略、作業程序策略等企業策略，進而發展出具有差異化等競爭策略基礎，而在這些基礎運作下，以五力分析得出對客戶、供應商、替代品、潛在進入者、目前競爭者等五種力量價值所在，而此時在這些策略基礎上，就策略層次的展開，可連接到就經營需求構面下的 IT 策略規劃，進而同樣以上述五力分析價值結果來診斷 IT 策略的決定因素和 KPI（Key Performance Index），最後擬定出 IT 策略內容。

以上是就目前產業市場環境，來分析出企業策略如何展開至 IT 策略的整合過程。但在產業市場科技極致驅動下，具有動態性的創新活動，因此，在上述五力分析後，再就策略三構面來診斷分析企業策略現況，接著再回饋至源頭的內外部環境，重新再做一次後續過程的分析。而同時在創新活動構面下，其產業市場將有可能被移轉，乃至創造出全新的產業，所以，接下來就以科技創新策略三構面來形成發展出新的策略型態與資源，最後，在新的產業生態推移中，就會成為目前的產業市場。

(二) 建構商業模式（參考資料來源：陳瑞陽，人工智慧決策的顧客關係管理，2020）

創新商業模式主要在於商機辨識，商機辨識可分成商機發現和機會辨識，而要產生這二個項目之前，須先有需求挖掘，也就是整個順序為：需求挖掘→機會辨識→商機發現。在此僅說明機會辨識和商機發現，所謂機會辨識，是指「需求與資源的創新發展方式，機會辨識主要是受到資訊來源、創業家認知與判斷（Judgment）能力影響，機會辨識是從體認到一個未知的機會，搭配時空與資源，用創新的方法將其概念化的過程。」從科技策略三構面架構（科技策略三構面架構包含科技策略、創新管理、網路行銷三構面交叉運作可得出新的商業模式，而此商業模式必須能滿足消費者的最終需求，而此需求必須回歸至人類的最根本人性欲望），可知機會辨識是由科技策略和創新管理的交集結合。

3-5　資訊科技的商業價值

資訊系統的商業價值，乃是在於對產業鏈的過程秩序重整和知識產業 e 化。

一、產業鏈的過程秩序重整

資訊系統的商業價值，是在於對產業鏈的過程秩序重整，也就是在過程中挖掘具有附加價值的營運模式。例如：去中間化和再中間化。去中間化是指在產業鏈過程中，將原本具有中介功能的價值移除掉，但為何原本具有價值的中介者會被移除呢？因為它的價值已被資訊系統所取代了，例如：原本求職求才都是透過報紙中介者，但人力銀行網站的出現，使得報紙中介者頓失原本附加價值的功能。

再中間化是指在原有產業鏈中，加入具有創新附加價值的功能，而此新加入的中介者，乃是依賴資訊系統的運作得以發展。例如：旅遊機票電子市集就是一例（例如：ezfly.com），它可整合各大航空公司機票競標功能。

二、知識產業 e 化

知識產業 e 化包括策略創新、組織創新、流程創新等，如圖 3-13。

(一) 策略創新

企業經營形成一般分成經營策略、作業計畫、運作執行等三個階段。而經營

策略是建立部署的起源和作業計畫展開之依據，故經營策略好壞會影響到整個公司經營根本，並且也是最重要活動的指標。因此，知識管理要落實的第一步，就是在於知識能深植於經營策略，進而發揮策略創新。從知識產業 e 化運作，在客戶、廠商、競爭者、產業環境互動衝擊下，可知會使企業產生整合和轉型，因此，知識策略創新是會發生在這些環境影響中，它包含：客戶競爭者的重新定位、產業價值鏈的分割與重組、產品的重新包裝和通路、傳統企業的危機和轉機、新經營模式的創新，茲分別說明如下。

1. 客戶競爭者的重新定位

以往同業的公司都視爲競爭者，當然現在也是，只是不再是絕對的競爭者，也就是在某種策略活動下，會成爲企業夥伴，例如：在一個政府政策活動下，會召集同業公司一起舉辦某種產品的促銷活動會。而在客戶立場，他也可以一次比較各產品廠商的差異，進而選購出適合需要的產品，如此對產品促銷可達到加乘效果。從上述說明，告訴我們客戶競爭者的角色會因爲知識管理流程，而造成在企業的重新定位，這樣的定位會影響經營策略內容。

2. 產業價值鏈的分割與重組

在目前時代的產業關係，因爲產品上、下游製程或通路緊密，及網際網路資訊發達影響，使得企業在產業之間的關係是愈來愈有生命共同體的關聯，這也造成企業在產業的所在價值會影響到企業的生存，因此企業在產業價值鏈的分割與重組，往往使得產業版圖起了變化，故當資訊流竄於整個產業版圖網絡中，這時企業就必須運用知識管理，來發揮企業在產業版圖的價值，這樣的所在價值會影響經營策略內容。

3. 產品的重新包裝和通路

產品本身有其功能特色，但若加上知識管理的運作，使產品重新包裝，則可以另起一條其他行銷通路。例如：將醫院本身產品服務，加上相關書籍和咖啡等舒適、輕鬆休閒的空間，如此可使病人或家屬有一個無壓力環境，也可增加客戶滿意度。例如：在超商本身產品服務，加上可供舒適飲食休息的空間，如此可增加客戶購買意願。例如：在高速公路休息站本身產品服務，加上小孩遊樂場所，和舒適漂亮的飲食休閒環境，如此可增加客戶來此休息站的意願。這樣的產品的重新包裝和通路，即會影響經營策略內容。

4. 傳統企業的危機和轉機

在目前時代中，唯一不變的就是「變化」，因此企業在這詭譎多變的環境中，一定要隨著產業的環境趨勢發展，否則會被產業潮流淹沒。例如：傳統相機就受到數位相機的衝擊，傳統錄影帶就受到 VCD／DVD 的衝擊，故沒有傳統企業，只有傳統的經營和產品，也就是百年老店也可以因知識管理的運作，使之成為創新企業，這樣的產業變化會影響經營策略內容。

5. 新經營模式的創新

一個經營模式的存在，必有其相關環境條件和技術成熟的搭配，才能在市場上運作，例如：電子商務公司的經營，是因為網際網路軟體技術和寬頻通訊技術成熟；智慧型手機是因為 3G 和藍牙技術成熟等。因此新的經營模式產生，需要知識創新的醞釀，當有新的技術醞釀時，就可能有新的營運模式產生，這樣的創新模式，會有 2 個影響：第 1 個是創新模式的初期不成熟，在該營運模式沒有前例成功的實證下，則其經營風險就相對高，但其報酬也高，第 2 個是該創新模式若成功的話，就有可能使該產業的傳統公司，面臨到很大的威脅。故從以上說明，可知創新模式會影響經營策略內容。

有了策略創新後，就會展開計畫執行的運作，這時企業組織就必須全數動員，來達到策略上的運用。因此，不只是策略須創新，組織也須創新，才能完成策略上的創新，一般可包含：建構一個網絡組織平台、有彈性變動的變形蟲組織和組織性學習、虛擬團隊和跨企業的專案、超連結組織等，茲分別說明如下。

(二) 組織創新

1. 建構一個網絡組織平台

就如同上述說明的網絡一樣，也就是組織不再只是水平和垂直組織，它已是網絡組織，因為，在知識時代中，企業是和產業鏈整合脈絡的，因此組織運作須成為網路結構，如此才可和上、下游客戶廠商做交叉影響的互動，其實這和一些已建構產業平台的模式是異曲同工的，例如：鋼鐵業和汽車業的產業平台。

Peter Senge 在《第五項修煉》中，有提到針對組織學習所談的五項修煉中，其中「共同願景」、「自我超越」以及「心智模式」的反思，都可成為組織性學習，因為有組織性學習，才可以防止知識的僵固化。因為學習性組織是有機體，它會因應環境的變化，來調整學習的方向。也唯有持續不斷地學習，才不會造成

知識的僵固化。故因應環境的變化而改變組織型態、內容及成員，但卻無固定組織方式，然而所屬目標相同而結合，就是變形蟲組織。這樣的組織，必須借重IT的技術角色，因為IT能在縱向與橫向的資訊溝通、協調上，達到快速自動化的效率。

2. 虛擬團隊和跨企業的專案

組織的最大好處之一就是能透過結合組織方法，來鞏固運作制度上的行政和溝通與協調，以便能如期和在成本控制下完成目標，故形式上組織單位的名稱和官僚做法就不是重點了，因此，成立一個跨企業的專案和虛擬團隊，能夠快速因應環境的變化。

3. 超連結組織

超連結組織是在網絡組織結構下，由相互連結的上、下游「層」單元所組成的企業組織模式，它可協助企業創造及累積新知，繼而創造出有價值的產品及服務。

(三) 流程創新

在策略創新、組織創新之後，影響到的就是流程上的創新，因為組織運作必須有流程來實踐，而策略創新必須有流程來落實，例如：策略創新的新經營模

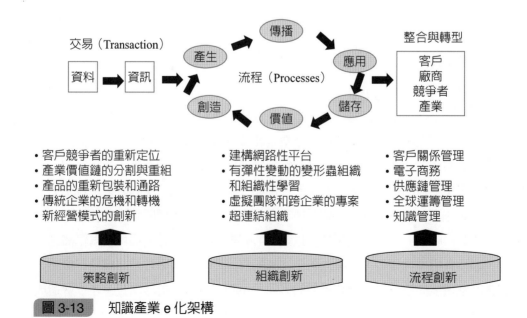

圖 3-13 知識產業 e 化架構

式，有賴流程的改變。例如：以電腦買賣通路模式，以往都是透過經銷商買賣，但 DELL 公司就改變以直接銷售，面對最終消費者買賣，這樣的流程改變就使得經營模式不一樣。目前流程創新的模式很多，例如：客戶關係管理電子商務、供應鏈管理、全球運籌管理、知識管理流程等，因其內容是專屬另外領域，故在此不細談。

案例研讀
問題解決創新方案→以上述案例為基礎

一、企業背景說明

　　ZZ 公司是生產連接器的供應廠商。

二、問題描述

　　最近，ZZ 公司的營運受到市場好景氣影響，使得訂單出貨量激增，往往生產趕不及出貨，造成客戶的不滿抱怨，就有那麼一次，業務部王經理因為客戶不斷催貨，而直接到生產線上趕貨，他對著生產廖經理大吼說：「為何生產如此慢？」廖經理也回應說：「訂單太多了，你要的這批貨已好了。」於是，廖經理、王經理派人直接將貨品從生產區移到出貨區，準備上車送貨。這時，倉庫葉組長說：「貨品須入庫記載，並印出貨單，如此，料帳才會一致。」王經理說：「事後再補資料，先把貨給客戶比較重要。」

三、問題診斷

　　1. 料帳一致性。
　　2. 效率和內稽的衝突。
　　3. 特定環境如何影響管理者。

四、管理方法論的應用

　　由於及時補貨給這位大客戶，使得公司獲得客戶滿意，認為公司作業有效率，如此現象，贏得陳總經理的高興和獎賞。但一個月後，會計賴經理發現客戶銷貨和倉庫成品出貨的帳無法產生一致對應，造成料帳不一，無法結帳，而更可怕的是，成品的帳似乎有憑空消失現象，使得公司的營業損失慘

重，於是，陳總經理決定開會討論作業流程。就如同上個月訂單激增，使得生產作業甚為忙碌，也因而造成生產安排紊亂，並且在一個月後，更多的潛在問題一一浮現。其中生產線上的在製品和原物料囤滿了整個生產現場。

這個現況造成了三大問題：第一，積壓的原物料成本。第二，占滿了生產現場空間。第三，後續的採購供應排程無法計畫。

接下來就是如何解決這些問題？只知其表，不知其裡，是這些問題的癥結。

這些問題和上述個案有其共同點，它包含內部稽核和作業效率。

五、問題討論

這樣的重大問題，使得身為公司總稽核的黃顧問，認為公司的作業流程有缺失，造成內部稽核的錯誤，他認為作業效率和內部控制稽核應兼顧。

問題一：就資訊管理而言，試說明分析該個案的資訊應用解決方案為何？

問題二：就資訊管理的環境組織而言，試說明資訊環境如何影響管理者（指業務王經理）？在資訊環境上利害關係人是誰？

問題三：請以資料庫管理系統觀點來分析該個案。

 課堂主題演練（案例問題探討）

企業個案診斷──資訊化發展的投資

來到 XX 公司的辦公環境，並詢問所謂資訊人員一些關於公司目前資訊化的現況後，資深顧問如同以往診斷其他企業一樣，認為 XX 公司的資訊化問題困難之一，就是公司高階主管不重視，其資訊環境的投資金額占總預算比例 1% 都不到，如此一來，公司的資訊化當然成效不彰，資訊環境是資訊化的基礎設施，也是規劃運作的第一步。

XX 公司主要是經銷乾糧食品的代理商，屬於中小企業規模，目前公司電腦硬體環境是 IBM 舊型 UNIX 主機，只有少數直接相關員工才有個人電腦可用，而軟體環境是 UNIX 作業系統，4GL 程式語言，主要應用功能是訂單處理和會計結算的作業，至於能上網的電腦只有固定 2 台，另外，其 E-MAIL 是向網路公司（ISP）租用，資料庫是用 DB2，但資料庫維護和管理是委外軟體廠商，其公司網站以主機代管方式，其內容提供是由公司本身規

劃的，但因公司員工忙於業務及非資訊專才，故導致公司網站內容疏於維護。

　　該 XX 公司將資訊環境的投資視為成本消耗，而不是資本資產，因此在公司推廣降低成本之際，資訊環境的規劃就捉襟見肘了。資訊軟硬體環境仍是老舊的，無法因應新軟體技術的效益及資訊人才不易留住和尋找。資訊軟硬體環境的管理仍是委外，這會造成管理不當和公司經營需求無法應用，以及反應時效慢。

　　公司員工對使用電腦受到限制，以及無法學習資訊專業知識，造成使用者資訊素質無法提升，公司高階主管沒有體認到資訊化是須和企業經營結合的，這都是對資訊化的認知不足和錯誤。

個案診斷探討

　　資訊環境的投資不應被視為成本消耗，而是一種資產上的投資。

MIS 實務專欄 （讓學員了解業界實務現況）

　　在數位化時代，3C 資訊設備是扮演起手式的端點載體，但由於此類設備技術日新月異，例如：電腦更換速度週期很快，大約 3 到 5 年，故企業就會採取汰換作業，而如此就會有閒置堪用的電腦，但問題來了，這些電腦誰來用？茲舉下述情境案例。

　　「此次所申請的是高階電腦，主要用於企業營運作業，並規劃放置於專業教室（這也是為提升特色發展和有利於銷售亮點），而這樣需求訴求，重點在於相對於運算效用高階等級之考量，故它無法用『閒置堪用』等級電腦，雖然電腦資源共享於相關單位使用，以使資源稼動率提升且減少浪費，乃是一種管理方法，但此方法前提是，當某運作作業所使用之電腦等級是可用此『閒置堪用』等級電腦時，才能適用之，否則不僅沒有減少閒置浪費，因為它根本難以使用進而再次閒置浪費，如此更是使某運作作業績效大打折扣。故站在管理方法思維上，運作作業績效才是王道，而資源共享節省成本是配套，畢竟作業績效才是目的。綜合上述，建議仍採購新高階電腦，而不是用閒置堪用電腦。」

關鍵詞

1. MIS 系統建構：是指軟體系統控管方法和建構模式。

2. 軟體系統控管方法：包含需求分析、系統設計、程式開發、驗收、系統運作等五大階段步驟。

3. MIS 系統的介面：最主要考慮到是資料驗證、人性化友善和系統介面層次部分。

4. 機會辨識：「需求與資源的創新發展方式，機會辨識主要是受到資訊來源、創業家認知與判斷（Judgment）能力影響，機會辨識乃是從體認到一個未知的機會，搭配時空與資源，用創新的方法將其概念化的過程。」

5. 「商機發現」：是指商業智慧（BI）領域的知識發現（Knowledge Discovery），其知識發現是指「在於能透過一連串的資訊處理流程，建構出一套邏輯化法則和模式，以支援判斷決策的分析基礎。」

6. 去中間化：是指在產業鏈過程中，將原本具有中介功能的價值移除掉。

7. 再中間化：是指在原有產業鏈中，加入具有創新附加價值的功能，而此新加入中介者是依賴資訊系統的運作得以發展。

8. 企業決策：是在面臨經營問題時，必須找出解決方案，而如何找出方案的過程是有其一定的程序和知識，它是較客觀的決定過程。

9. 系統設計：包含資料庫架構（資料庫模組架構及關聯圖）、細部規格分析（細部規格描述，含畫面設計），在程式開發中，包含程式分析（Table 定義書和程式架構圖）、程式 Coding & Test（程式編碼文件和程式測試文件）。

習 題

一、問題討論

1. 何謂程式介面的傳輸功能？

2. 何謂策略創新？

3. 就企業應用在管理資訊系統的功能來看，應包含哪些資訊系統？

二、選擇題

( ) 1. ERP 系統是內製的還是外包的決策，可從何處探討？ (1) 需求專屬性 (2) 產業特性 (3) 企業本身系統狀況 (4) 以上皆是

( ) 2. 所謂企業本身系統狀況是指： (1) 企業需求 (2) 使用者提出問題 (3) 在導入 ERP 之前，企業就有一些 Legacy System (4) 系統的資訊安全

( ) 3. 當產業本身作業特性是標準化時，應運用： (1)ERP 本身的最佳典範作業 (2) 客製化 (3) 外接程式 (4) 以上皆是

( ) 4. MIS 對企業經營的影響主要在哪些層面上？ (1) 功能層面 (2) 制度層面 (3) 組織層面 (4) 以上皆是

( ) 5. 企業應用的管理資訊系統功能，包含哪些資訊系統？ (1)DSS (2) 專家系統 (3)ERP (4) 以上皆是

( ) 6. 如何判斷資訊系統好壞的因素？ (1) 系統設計架構 (2) 軟體廠商規模 (3) 軟體產品價格 (4) 以上皆是

( ) 7. 資訊系統的開發方法模式： (1) 結構化 (2) 模組化 (3) 元件化 (4) 以上皆是

( ) 8. 軟體系統控管方法包含： (1) 需求分析 (2) 系統設計 (3) 程式開發 (4) 以上皆是

( ) 9. 將企業需求轉換為結構化的系統呈現表達是指什麼？ (1) 系統分析 (2) 系統設計 (3) 程式開發 (4) 以上皆是

( )10. 將系統分析的結果轉換成系統建置的呈現表達是指什麼？ (1) 系統分析 (2) 系統設計 (3) 程式開發 (4) 以上皆是

( )11. 在面臨兩種以上選擇方案時，依照個人經驗和主觀內心，及現有收集資訊下，做出較感覺性的決定。請問這是什麼決策？ (1) 企業決策 (2) 個人決策 (3) 公司決策 (4) 以上皆是

（　）12. 所謂「商機發現」是指：　(1) 商業智慧（BI）　(2) 知識發現　(3) Knowledge Discovery　(4) 以上皆是

（　）13.「主要是受到資訊來源、創業家認知與判斷（Judgment）能力影響」是指什麼？　(1) 機會辨識　(2) 客製化　(3) 商機發現　(4) 以上皆是

（　）14. 如何會產生顧客價值鏈？　(1) 顧客本身的資料　(2) 企業流程活動過程來分析顧客　(3) 企業流程活動過程來分析產品　(4) 以上皆是

（　）15.「在產業鏈過程中，將原本具有中介功能的價值移除掉」是指什麼？　(1) 去中間化　(2) 再中間化　(3) 改善　(4) 以上皆是

（　）16.「在原有產業鏈中，加入具有創新附加價值的功能，而此新加入中介者是依賴資訊系統的運作得以發展。」是指什麼？　(1) 去中間化　(2) 再中間化　(3) 改善　(4) 以上皆是

（　）17. 資訊系統在以往企業商務的應用主要是扮演什麼角色？　(1) 改善企業流程　(2) 輔助決策分析　(3) 強化競爭優勢　(4) 以上皆是

（　）18. 以目前創新產業競爭之下，還有什麼新的扮演角色？　(1) 改善企業流程　(2) 輔助決策分析　(3) 創新企業策略結合 IT 策略　(4) 以上皆是

（　）19. 整合報表特性為何？　(1) 整合不同資料檔案關聯的結果　(2) 在一個報表內看到所需要的　(3) 跨部門功能　(4) 以上皆是

（　）20. 差異分析是指什麼？　(1) 企業內部資源能耐和企業 KDF 因素　(2) 系統設計　(3) 系統分析　(4) 以上皆是

Chapter 4

管理資訊系統的規劃

學習目標

1. 說明資訊科技的策略規劃。
2. 探討管理資訊系統的系統化概念。
3. 說明系統分析對管理資訊系統的重要性。
4. 探討系統設計的建構過程。
5. 說明軟體系統的開發模式。
6. 探討管理資訊系統的開發方法。
7. 探討專案管理階段步驟。
8. 專案進度和變更評估。

案例情景故事

什麼是管理資訊系統的生命週期？

「管理資訊系統本身是一種軟體產品，但更是一種服務化的呈現」，在一場探討 Web 2.0 研討會中，何經理聽到一位知名軟體公司首席顧問演講者的話後，深感有趣和疑惑。

何經理本身已從事軟體產業 10 餘年，可說對軟體產品很熟悉，也經過軟體產品的研發經驗，看過很多舊產品淘汰或更新，以及新產品的開發，當然這就是軟體產品面對產業需求的競爭下，必須做軟體產品生命週期的考驗，也就是經歷萌芽、成長、成熟、衰退四個階段的生命週期。而在這樣的生命週期循環過程中，就面臨到維護保固、更新功能、安裝部署的軟體相關作業。當然，生命週期愈短，則上述作業就愈頻繁，這對於軟體公司經營是會造成營運風險和成本負擔的影響。

何經理回想有一次：「新產品因應市場需求，須限時上市，因此急就章的，產品開發差不多就讓它上市，但也因為來不及做完整的測試，而使得產品出現了很多 Bug，使得顧客抱怨不已，也進而造成公司的損失。」

問題 Issue 思考

（讀者請依據此情境個案，思考出 MIS 問題重點，來引發本章的內容研讀方向）

1. 軟體開發策略須將傳統軟體產品開發導向，轉換為軟體開發服務化策略→參看資訊科技的策略規劃。

2. 軟體開發生命週期是如何開展工作項目的程序→參看系統分析與設計和管理資訊系統開發模式。

3. 軟體開發是以元件化、模組化、介面化方式來做為軟體專案管理的基礎→參看軟體專案管理。

前言

　　管理資訊系統的規劃，主要包含資訊策略發展、資訊化需求分析的發展、資源規劃的發展等三個項目。另外，管理資訊系統建構，是指軟體系統控管方法和建構模式。管理資訊系統軟體開發主要以企業應用為主體，而在這樣的主體下，運用軟體資訊化的類型，不外乎是以下三種——導入程序、客製化軟體開發程序、平台作業方法論。有了管理資訊系統的規劃後，就需要以專案管理階段來做專案進度和變更評估。

閱讀地圖 （以地圖方式來引導學員系統性閱讀）

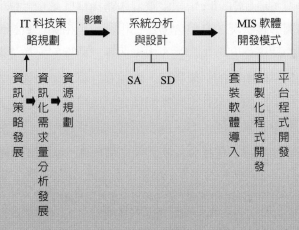

4-1 資訊科技的策略規劃

　　所謂管理資訊系統的規劃，是指如何在企業經營的中短期計畫需求下，規劃管理資訊系統的計畫展開擬定，並且透過此擬定計畫來展開後續的管理資訊系統建置程序。它主要包含資訊策略發展、資訊化需求分析發展、資源規劃發展等三個項目，茲分別說明如下。

一、資訊策略發展

　　資訊策略的內容發展來自於企業經營策略內容，也就是資訊化策略和企業策略需求是息息相關的。企業經營策略包含整體策略、功能策略，整體策略是依企業整體作業經營最佳化，也就是追求跨部門功能的最大利潤化，通常包含產業背景特性、企業產品市場和行銷據點、客戶分布等，茲以 QFD（品質機能展開）方法論來說明如何應用於資訊策略的展開，茲說明如下。

　　首先，建立第 0 層的品質機能展開，它包含資訊應用系統功能——需求邏輯層和企業需求——前端介面層，這二個項目會交叉得出之間的關係程度——資料存取層，而再由企業需求展開目前資訊系統的評價，及由資訊應用系統功能展開行業屬性值。另外，由於在資訊應用系統功能——需求邏輯層所列出的功能項目上，會影響到系統建構的時間、成本和資源運用，故必須分析這些功能項目彼此之間的相關影響力，這裡所謂的相關影響力和關係程度是不一樣的，前者是指項目因子之間的相關影響狀況，有包含強烈正相關、正相關、負相關三種，後者是指項目因子之間的關係程度，包含強、中、弱等三種程度。並從關係程度所得的數值，和目前資訊系統所得的評價數值，做相乘計算可得出重要性權數，以便依據此重要性權數結果數值，來評定判斷何種資訊應用系統功能是最重要的優先順序，它會反映到需求邏輯層的內容，進而影響到關係程度所得的數值優先順序，並對應到企業需求的項目，這是會反映到使用者前端介面層的內容，因此，從這

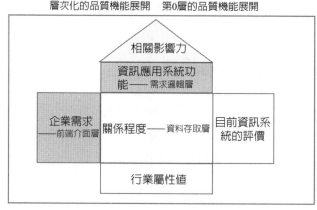

以品質機能展開方法使用於企業需求在資訊
應用系統功能的建構過程

圖 4-1　　企業資訊需求展開圖

品質機能展開交叉分析的建構來看，可知「關係程度」是運用該方法論最重要的結果，它會反映到資料存取層的結果。

建立第0層的品質機能展開後，須再展開下一個第1層的品質機能，如此再展開下一層次，直到無法再展開的項目層次後，就結束展開，在此，只說明第0層的品質機能展開。以下是一個例子。

在企業需求——前端介面層上，有六個項目因子：七大循環內部控制作業、和客戶互動作業、和供應商互動作業、企業內部作業管理功能、企業分析決策作業、企業資訊環境等，其資訊應用系統功能——需求邏輯層，則有六個項目因子：基礎管理資訊系統、基礎 MES、B2B Platform、基礎 DSS、企業軟體整體架構、基礎 CRM 等，並且各對應到行業屬性值（這裡只列舉一個象徵性屬性值）：公司、產品製程、產業聚落、行業特性、企業資訊化、客戶等屬性值。

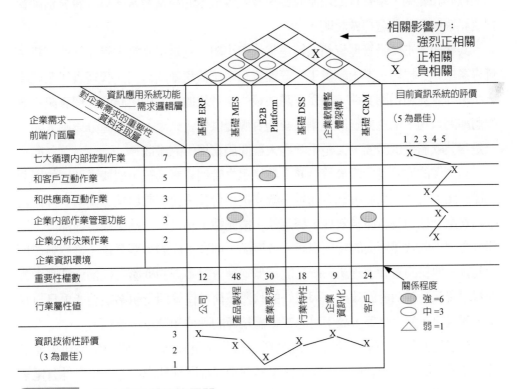

圖 4-2 第 0 層品質機能展開

二、資訊化需求分析的發展

資訊化需求分析來自於資訊策略的內容，從上述策略說明，可展開需求內容，主要包含企業應用功能分析、可行性分析、效益分析等 3 個項目，茲分別說明如下。

1. 企業應用功能分析

企業應用功能主要是要符合企業整體策略的發展，例如：產品市場和行銷、客戶分布等。通常企業經營策略的期限是半年到 3 年，因此，企業應用功能的範圍，也是須考慮到這些階段內的需求。

在企業應用功能分析評估和選擇的方法上，因為牽涉到方案的選擇，故將會以決策上的分析來評估和選擇，一般而言，方案選擇的決策，將會有參與者、選擇的標的和範圍、現實實際限制條件、及效益成本的平衡考量。以下將分別就管理資訊系統評估和選擇做說明。

其參與者主要是管理資訊系統選購決策小組，它是由高級主管和管理資訊系統專案主管，根據企業全體員工、管理資訊系統軟體顧問公司、管理資訊系統導入小組等意見和相關文件，做為選購決策的參考依據，其中所謂的管理資訊系統軟體顧問公司，依企業資源規劃系統的資源提供性質來說，主要區分為兩大類，一是套裝軟體提供廠商，二是系統導入顧問服務提供的廠商。

其選擇的標的是選購最符合該企業使用之管理資訊系統，根據這個標的展開細節範圍，包括在軟體系統方面是系統支援平台及系統配置環境，使用者介面及系統安全管理和資料庫績效性、穩定性、擴充性，和文件、檔案備份等部分，這部分會因不同軟體廠商的管理資訊系統產品，而有不同的影響考量，雖然對使用者而言，他要的是管理資訊系統功能，但管理資訊系統的軟體系統卻會深深影響到管理資訊系統功能的效用，因為好的軟體技術可使管理資訊系統功能更具自動化、智慧化、整合化等，故不可忽視軟體技術的評估和選擇重要性。

在應用及管理方面，則是分成公司層級的應用管理，例如：多公司帳務處理、多公司財務報表合併、多幣別、事業部別或部門別利潤中心等；另外有電子商務的應用管理，例如：支援 XML 功能等；還有管理資訊系統本身的全功能模組，包含六大模組應用功能，即：銷售訂單、生產製造管理、物料庫存管理、成本會計、一般財務總帳會計、行政支援（包含人事薪資、品質管理等）。其實際限制條件是考慮到企業要求之特有功能規格、產業特性、本身組織人員現狀，這

些在方案選擇時，會成為限制條件的決策模式。其效益成本的平衡考量是以管理資訊系統軟硬體費用、導入顧問費、維護費、員工投入之成本和期望效益之間的投資報酬，是否達成企業主的想法。

　　就如上述所言，因為牽涉到方案的選擇，會以決策上的分析，來評估和選擇，而決策上的分析方法論是非常多的，以下將根據文獻綜合考慮後，整理出一個通用的方法。

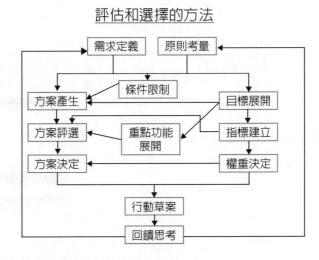

評估和選擇的方法

圖 4-3　導入管理資訊系統評估決策流程

　　以下是就整合性集中式管理與分散獨立性資料庫系統的評估和選擇之方法為例，說明如下。

　　首先，從財會帳目正確性及時效性需求來看，就整合性集中式管理資料庫系統而言，是從單一資料庫即可同時管理多個資料，並支援集中式報表功能。從營運流程管理面及整合面來看，它是提供單一的伺服器，來遠端管理整個企業的所有儲存工作。從基礎作業階層來看，這些輸入、修改、計算、查詢、檢視、編表的執行過程，由集中式管理資料庫系統來負責，他們只要處理資料即可。從中階管理階層來看，例如：「呆滯品統計表」等統計性報表，都由集中式管理資料庫系統來負責，只要重點管制即可。從高階管理階層來看，收集一些資訊來輔助判斷的工作，由集中式管理資料庫系統來負責，使用者只要執行規劃決策即可。若以分散獨立性資料庫系統來看，均無法達成上述成效。

表 4-1　資料庫系統的比較（一）

整合性集中式管理與分散獨立性資料庫系統的比較分析

評估效益項目	從財會帳目正確性及時效性需求來看	從營運流程管理面及整合面來看	從基礎作業階層來看	從中階管理階層來看	從高階管理階層來看
整合性集中式管理資料庫系統	• 從單一資料庫即可同時管理多個資料	• 提供單一的伺服器，來遠端管理整個企業的所有儲存工作	• 這些輸入、修改、計算、查詢、編表的執行程序，由集中式管理資料庫系統來負責，使用者只要處理資料即可	• 例如：「呆滯品統計表」等統計性報表都由集中式管理資料庫系統來負責，使用者只要在重點管制即可	• 收集一些資訊來輔助判斷的工作，由集中式管理資料庫系統來負責，使用者只要規劃決策即可
分散獨立性資料庫系統	無法達到以上效益	無法達到以上效益	無法達到以上效益	無法達到以上效益	無法達到以上效益

再者，就以下評估效益項目來看：

• 同樣的資料，可能在不同部門的不同電腦系統中，會有不同資料。

　　例如：產品檔案就有可能在工程部門的 BOM 系統中存取，在業務部門的訂單系統中也會存取，這會造成浪費儲存記憶體的空間和重複建立檔案的時間。

• 對於資料的來源無法做到一致性。

　　例如：生產部門的入庫也要產生出貨單，而業務部門則需要依據出貨單，來做銷售統計，而人事部門則需要以出貨單來彙整計算銷售業績獎金，這會造成出貨單重複在三個不同系統中輸入，除了浪費時間外，其資料的輸入也可能不一致。

• 各部門的電腦系統僅在解決各部門的內部作業。

　　例如：無法知道整合多個部門的資訊，這會造成只是將資料處理性質的工作以電腦取代而已。但並未從作業流程與組織運作上分類。

• 各部門的系統是各自發展而成。

　　例如：各有各的操作方式，和各用各的功能呈現，這會造成難以進一步整合不同的系統。

• 電腦資料量完整性和擴充性。

　　例如：當公司營業額增加時，資料量通常也跟著成長，這會造成可能限制在個人電腦上作業，或在儲存容量上不足和備份不完整。

表 4-2　資料庫系統的比較（二）

整合性集中式管理與分散獨立性資料庫系統的比較分析

評估效益項目	舉例說明	分散獨立性資料庫系統問題分析	整合性集中式管理資料庫系統
1.同樣的資料，可能在不同部門的不同電腦系統中，會有不同資料	• 產品檔案有可能在工程部門的 BOM 系統中存取，而在業務部門的訂單系統中也會存取	• 浪費儲存記憶體的空間和重複建立檔案的時間	可解決此問題
2.對於資料的來源無法做到一致性	• 生產部門完成入庫後也要產生出貨單 • 業務部門需要依據出貨單來做銷售統計 • 人事部門需要就出貨單來彙整計算銷售業績獎金	• 出貨單重複在三個不同系統中輸入，除了浪費時間外，其資料的輸入也可能不一致	可解決此問題

表 4-3　資料庫系統的比較（三）

評估效益項目	舉例說明	分散獨立性資料庫系統問題分析	整合性集中式管理資料庫系統
3.各部門的電腦系統僅在解決各部門的內部作業	• 無法知道整合多個部門的資訊	• 只是將資料處理性質的工作以電腦取代而已，但並未從作業流程與組織運作上分類	可解決此問題
4.各部門的系統是各自發展而成	• 各有各的操作方式，和各用各的功能呈現	• 難以進一步整合不同的系統	可解決此問題
5.電腦資料量完整性和擴充性	• 當公司營業額增加時，資料量通常也將跟著成長	• 可能限制在個人電腦上作業或在儲存容量上不足和備份不完整	可解決此問題

2. 可行性分析

可行性分析主要有五個項目必須探討，包括：管理資訊系統導入系統提案、專案品質、專案成本、專案時程計畫、專案外包等，茲說明如下。

(1) 管理資訊系統導入系統提案

包含：定義問題、澄清問題的原因、問題的環境分析、企劃案收集情報的技

巧與方法。其提案程序如下。

　　A. 開發溝通計畫：提出企劃提案的需求溝通。

　　B. 決定計畫標準和程序：擬定流程標準化和執行步驟。

　　C. 確認和評估風險：分析風險的種類和可能因應方法。

　　D. 建立初步預算：人力時期和相關軟硬體的成功。

　　E. 發展操作說明：執行步驟的說明。

　　F. 計畫方案里程碑：在整個方案中，設計某階段檢視的里程碑。

　　G. 監督計畫過程：制定專案進行過程中的檢核和追蹤。

　　H. 維護計畫工作：當某一個階段工作完成後的維護事項。

(2) 專案品質

　　專案品質必須有一個方法論來控管。1986 年 11 月美國卡內基美隆大學（Carnegie Mellon University, CMU）的軟體工程研究學院（Software Engineering Institute, SEI），進行了軟體流程改善的量化研究，而於 1987 年 9 月首度發表軟體流程成熟度架構的研究成果，後來經過不斷的研究與改善，終於在 1991 年正式發表目前頗為盛行的軟體能力成熟度模式 CMM（Capability Maturity Model）v1.0 版，在 1997 年 10 月整合原有及即將發展的各種能力成熟度模式，成為一種整體架構，即所謂的能力成熟度整合模式（Capability Maturity Model Integration, CMMI），它是用來控管多媒體軟體的專案開發過程品質。

　　能力成熟度整合模式分為階段式、連續式兩種表述方式，茲將兩種表述方法的結構分述如下。

　　(A) 階段式

　　在階段式表述方式的內容中，每一等級的成熟度等級（Maturity Level, ML）都包含數個流程領域（Process Area, PA），每個流程領域下，都包含有一般目標（Generic Goal, GG）與特定目標（Specific Goal, SG），而一般目標下包含數個一般實務（Generic Practices, GP），並分屬於共同特徵（Common Feature）的四個類別中，分別是執行承諾（Commitment to Perform, CO）、執行能力（Ability to Perform, AB）督導實行（Directing Implementation, DI）、驗證實行（Verifying Implementation, VI）。在特定目標下，也包括數個特定實務（Specific Practices, SP）。

資料來源：Capability Maturity Model Integration, Version 1.1, CMMI-SW/SE/IPPD/SS, Staged Representation CMU/SEI-2002-TR-011.

(B) 連續式

在連續式的內容中，每個流程領域都是獨立的，都有自己的能力等級（Capability Level, CL）。每個流程領域下，也都包含有一般目標（Generic Goal, GG）與特定目標（Specific Goal, SG），在一般目標下，包含數個一般實務（GenericPractices, GP）。在特定目標下，也包括數個特定實務（Specific Practices, SP），以此來判斷流程領域的能力等級。

資料來源：CMMI Product Team (2002), Capability Maturity Model Integration, Version 1.1, CMMI-SW/SE/IPPD/SS, Continuous Representation CMU/SEI-2002-TR-012.

(3) 專案成本

專案運作中的成本可分成二大類：單次成本（One-Time Costs）和循環成本（Recurring Costs）。

單次成本是指系統啓用相關成本：

- System Development 系統發展
- New Hardware and Software Purchases 新的硬體／軟體
- User Training 使用者訓練
- Site Preparation 場所準備
- Data／Image or System Conversion 資料圖片／系統轉換

循環成本是指系統運作維護成本：

- Application Software Maintenance 系統維護
- Incremental Data Storage Expense 逐步增加資料圖片儲存成本
- New Software and Hardware Releases 新的軟體／硬體
- Consumable Supplies 消耗品

(4) 專案時程計畫

將上述內容劃分爲管理的工作項目，用工作分解結構（Work Breakdown Structure）和甘特圖（Gantt Chart）來分析。其步驟如下：

步驟 1.將系統分析與設計的活動依工作分解圖展開。

步驟 2.找出活動的先後順序，並畫成 PERT（Program Evaluation and Review Technique）圖。

步驟 3.找出要徑（Critical Path）及各活動的寬延時間。要徑是寬延時間爲零的路徑。

步驟 4.將活動的起迄時間轉為甘特圖。

步驟 5.資源過度分配及不平衡的情形，可考量人員調配、資源限制等因素，再利用寬延時間的彈性進行資源的平準化（Leveling）。

接下來就是評估資源與建立資源方案（Estimate Resources and Create a Resource Plan），根據計畫評核術所計算出來的最早完成時間和最晚完成時間，可分析出評估資源。

(5) 專案外包

在做管理資訊系統導入的專案過程中，其中有客製化程式、輔導顧問二項工作是可外包的，尤其是客製化程式，只要在系統分析上做好需求的分析和轉換程式描述，並且以標準化文件記錄和撰寫，其外包程式人員只要依照文件規格編碼即可，如此外包程式的成效就會很大，但必須注意的是，一旦外包廠商撰寫完程式後，其相關程式文件一定要有，例如：程式註解、程式虛擬碼、測試資料和記錄等文件，這些文件對後續維護有很大的輔助。

在外包考量上，除了上述的文件化和系統分析規劃得當之外，接下來，須注意到五件事：合約的內容、交付的時程、修改的互動、二家外包廠商以上，結案條件。

A.合約的內容

必須清楚記載工作範圍、交付結果、交付時程階段性付款方式、問題處理、售後服務等。

B.交付的時程

因為該外包工作是整個專案的部分內容，故其開始的時間和完成交付的時間必須能配合整個專案的期限。而在時程控管上須注意兩件事，一是整個專案實際狀況可能提早或延後，故外包廠商須能配合。二是外包內容須能和其他相關內容搭配時程，例如：企業對保稅結算系統分析後，外包廠商才能撰寫結算報表，這樣的關係時程須能配合，因為外包廠商並非是該企業內部人員，廠商有自己其他工作安排，故雙方應事先計畫好，但也須有因實際變動的認知。

C.修改的互動

企業需求分析可能因當初規劃不當，在上一個流程分析錯誤的關聯、問題條件改變、系統分析和程式內容有差異等因素影響下，使得程式編碼可能須修改，甚至重寫，如此的狀況不但浪費時間，也影響專案進度，這是雙方不願見到的情況，但若真正遇到這個情況，也是需要解決，這對於外包廠商來說須有認知，故

如何因應這些情況，建立良好的修改互動模式，就變得很重要了。

D. 二家外包廠商以上

當企業的外包策略是選擇二家以上時，就須注意外包內容在不同廠商應分別各有獨立的內容，也就是說盡量不干擾。另外也須針對外包廠商的專才來分配，以便達到外包可行性。

E. 結案條件

如何驗收外包廠商的交付內容，是最重要的也是最難評估的。而且，若因上游的需求改變，導致程式編碼也須改變的話，則在驗收上就更顯得困難，故應和外包廠商談好驗收規則和結案條件。

例如：驗收規則有：

(A) 因企業需求本身改變，則驗收一次。

(B) 因程式有程式上、邏輯上錯誤，則不驗收。

(C)在整個外包內容，可採取階段性結案。

管理資訊系統導入的外包作業，也是做專案管理，稱為外包專案管理，它是整個專案的子專案，因此在管理時，必須注意下列因素：

- 銜接性：如何和主專案在時程及內容上銜接。
- 成效性：外包專案內容的品質是否達到需求成效。
- 成本性：必須控管在當初規範的預算內。
- 組織性：外包廠商指派人員是否夠資格，及配合度是否足夠。
- 維護性：外包內容的後續維護，包含免費保固一年、更新服務、品質承諾等。
- 時程性：必須配合整個專案的 PERT 時程，以及臨時狀況的因應。
- 資源性：在外包人力和軟硬體的資源分配上，須能善加利用，及盡量人力平準化。
- 互動性：在專案運作時，外包廠商在公司內部員工，甚至是和其他廠商之間的互動，例如：開會、討論、分析等溝通互動，必須能在效率和達成上有良好結果。
- 專業性：若是之前已配合過外包廠商，可能會知道其專業程度，若是新簽約的外包廠商，則須衡量和監督其專業程度和績效。

3. 效益分析

資訊化需求分析發展的效益分析，在企業營運中，所產生的流程和資料，就

是資訊化需求分析的依據，故其需求分析必須考量到營運管理的需求所在，例如：在行銷服務客戶的作業流程，必須考慮到售後服務的保固作業，因此在設計資訊系統的需求功能上，就必須了解且規劃好保固流程和管理功能，如此才能使軟體功能符合營運流程的需求，從上述可知，資訊化需求分析發展必須滿足符合營運流程的需求，故由此也可知資訊化需求分析發展的效益分析，必須也依營運流程的期望效益來做效益分析，而在這樣的營運流程下，企業結構內可分成組織面、制度面、稽核面、流程面、經營面等 5 維度，茲依此說明效益分析如下。

組織面：由於企業資訊化運作會影響到組織結構，故組織層級人員執掌功能部門等都會受到其改變之影響，這種影響是有利於組織再造，透過組織再造使得組織運作更有效率，並且組織使命目標任務更明確，且容易達成，如此也更進一步容易塑造良好且具競爭力的組織文化。

制度面：企業營運流程有賴於透過建立管理制度辦法，來控管這些流程標準化和績效化，因此，在企業資訊化需求分析下，會分析具有標準化和績效化的作業流程，進而對應審核比對相對的管理制度辦法，來讓這些制度更完備、更能符合產業競爭的需要效益。

稽核面：內部控制作業一直是企業經營的重要核心，因為它屬於公司治理，是會重大影響到企業名譽聲望和舞弊行為，故做好內部稽核就變得非常重要，而資訊系統是可協助和落實內部稽核的運作，因此在企業資訊化需求分析時，必須考慮到如何透過資訊系統運作來達到內部控制成效。

流程面：企業經營成果為何會有營收，主要是因每日企業都有在做流程運作，如此使得營收作業得以發展，但若流程運作無效率、不精實化，則有可能不會產生營收，甚至面臨虧損，故作業流程如何運用資訊系統來增強其流程運作效率化和精實化，即是企業資訊化在做需求分析時，必須針對此需求來規劃設計，如此可達成流程成效和目標。

經營面：企業如何經營，攸關企業本身是否能生存發展和永續經營的思維，也就是企業必須提出商業模式和營收模式，如此才可經營得好，因此在做企業資訊化需求分析前，必須先規劃出商業模式和營收模式，而此需求分析必須能符合此經營模式，如此資訊系統才能依每家本身企業經營來執行實踐。

從上述說明，可知整個資訊化需求分析的發展示意圖如圖 4-4：

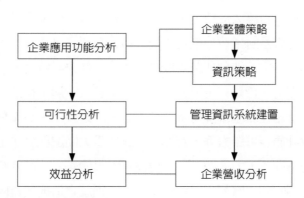

```
企業應用功能分析 ─────┬───── 企業整體策略
                    │           │
                    │        資訊策略
                    ↓           ↓
可行性分析 ─────────── 管理資訊系統建置
   ↓                       ↓
效益分析 ──────────── 企業營收分析
```

圖 4-4　資訊化需求分析架構

三、資源規劃

在運作管理資訊系統的發展過程，一定需要有資源的運作，一般資源有人力資源、時間資源、預算資源、工作資源等，而在這樣的資源籌碼下，可知資源具有限性和消耗性等二種特性，這種特性會影響到資源分配的最大利潤化，以及資源控管的效率化。

所以通常資源規劃主要是考量在專案導入和 PERT（計畫評核術）這二個規劃項目上，茲分別說明如下。

1. 專案導入

管理資訊系統的導入流程，往往是整個管理資訊系統專案成敗的關鍵，故企業本身的認知與內部溝通，會影響到導入流程是否順利，另外，輔導顧問的廠商品質也是影響因子，因此，在整個管理資訊系統專案中，其導入方法論就扮演著成敗的關鍵角色，而目前導入方法論有很多版本，其各有優劣，多數協助管理資訊系統導入工作的專業廠商都有一套完整的方法論（Methodology），若以目前較具知名度及市場占用率較高者，有以下三家廠商：

- SAP 公司的 ASAP 導入流程。
- 美商甲骨文公司（Oracle）所提出的 Application Implementation Method（AIM）。
- 國內鼎新公司所提出的 TIM 導入論。

有了對導入觀念的了解和決定所採用的導入方法論後，接下來就是要展開管理資訊系統導入時程和工作項目，這時整個成員就按表操課，在進度中完成應該完成的工作和交付的文件報告，而這樣程序是否順利，就會影響到系統是否導入

成功，所謂的系統是否導入成功，它和一般求解數學方程式是不一樣的，求解數學有標準答案，對就是對，成功就是成功，但在管理資訊系統導入後的結果，就不是如此的二分法，它牽涉到什麼叫做導入完成，什麼叫做對，很難定義，但在原則上和實務運作上，仍是一定要分出是否繼續導入，還是在某一時段就上線，其判斷邏輯主要就是在於基本交易資料是否有重大錯誤、主要流程功能可開出相關單據、某些會計庫存可結帳等，若沒有這三個重大問題就可決定上線，因為，已經花費很多的時間、人力、物力，只要沒有很大的差異，就應該先上線，後續再做修正，若是讓它超出當初的進度時限太多，則就會造成成員向心力和持續力不夠，如此一來對整個公司員工作業會有很大影響，由此也可看出，為什麼當初還沒有導入管理資訊系統時，大家的期望有可能變成導入後邊做邊罵，這時，就普遍產生了大家認為導入管理資訊系統大部分都不是成功的印象。

2. PERT

PERT（計畫評估和審查技術，Program Evaluation and Review Technique）是1950年代被發展出來的專案管理技術，以下是其展開方式。

將整個專案劃分成為管理的資源項目，如圖 4-5 分成七個資源項目，並依此訂定出其進度的時間，在圖中 ET 是指工作項目本身的完成時間，而在每個工作項目格子中有兩個數字，分別代表最早完成時間和最晚完成時間，所謂最早完成時間，是指某工作完成的最早時間，也就是說，不可能比這個時間還更早完成，而所謂最晚完成時間，是指某工作完成的最晚時間，也就是說，不可以比這個時間還要晚完成，否則會影響到整個專案的完成進度，利用這二種時間觀念，可做為專案的要徑控管，也就是說，最早完成時間和最晚完成時間的間隔時間，可做為專案進度的緩衝調整，只要在最晚完成時間內完成，就是專案的要徑，一般要徑就是指最長時間的路徑。

最早完成時間計算邏輯是前一個工作項目的最早完成時間加上目前工作項目的時間，例如：在「訂婚結婚傳統」工作項目的計算就是 11（= 5+6），但當某一個工作項目在工作流程中，來自於前一步驟會有兩個工作項目時，如「相關廣告及行銷活動」工作項目，則該工作項目的最早完成時間，是選擇前兩個工作項目中的最大、最早完成時間來相加的，其計算結果是 37（= 19+18）。最後，在整個過程全部計算完成後，會得到一個整個專案的完成時間，其計算結果是55。

最晚完成時間計算邏輯是以經過上述最早完成時間計算邏輯後的最後完成時

間結果（55），在最後一個工作項目以此時間，開始倒推來計算，也就是說，後一個工作項目的最晚完成時間減去本身的時間，就是目前工作項目的最晚完成時間，例如：在「相關廣告及行銷活動」工作項目，它的計算就是 37（= 55 – 18），但當某一個工作項目在工作流程中，來自於後一步驟的會有兩個工作項目時，如「訂婚結婚傳統」工作項目，則該工作項目的最晚完成時間，是選擇後兩個工作項目中的最大本身完成時間來相減的，其計算結果是 11（= 19 – 8）。

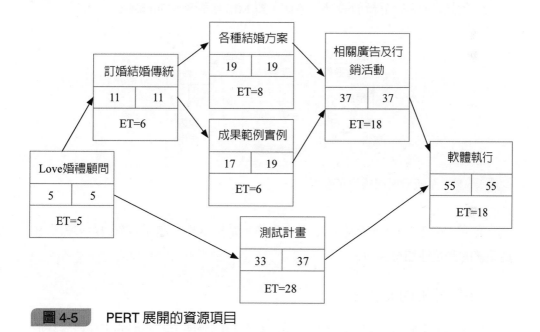

圖 4-5　PERT 展開的資源項目

4-2　系統分析與設計

一、系統分析設計的影響

系統分析與設計的運作，對於管理資訊系統有很大影響，因為一個好的 MIS 系統，必須依賴系統在開發過程中的分析和設計。所謂系統分析是指將企業需求轉換成系統可解讀的作業需求，並且須是有結構化和邏輯性的表達，因為往往企業需求是由使用者提出，而使用者則常會以自己作業習慣和作業功能知識來表達，並不是以系統角度來呈現，這對於資訊系統發展來說，會有因無法就系統規格要求來運作，而產生不能發展下去的問題點。

　　上述是針對系統分析的影響，接下來就系統設計的影響做探討。

　　所謂系統設計是指根據系統分析的結果內容，做為資訊系統的規劃設計，主要包含程式架構、資料庫關聯圖、作業平台的設計，因此它是很偏向程式技術導向的。系統設計是為了系統建置所準備的前置作業，它也影響到後續系統維護的效率。因此，系統設計對 MIS 的影響是在於若設計不當，會使得 MIS 功能應用品質不佳，及影響使用操作不方便、後續維護和更新的效率等影響。

　　綜合上述，系統分析與設計的運作，對 MIS 影響整理如圖 4-6。

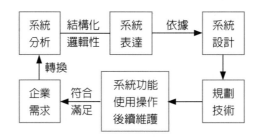

圖 4-6 　系統分析與設計的影響

　　從圖 4-6 可知，系統設計的規劃會影響到系統本身，進而影響到企業需求在此系統的滿足性和符合性。

二、系統分析的發展

　　根據上述系統分析的定義，可了解系統分析的發展，其發展的主要內容在於細部流程圖和改善前後的比較，茲分別說明如下。

1.細部流程圖

　　細部流程圖主要是從企業需求作業流程而來，一般主要是在描述企業細部流程，因此會以 EPC（Enterprise Process Chart）方式來運作，茲將 EPC 內容呈現如下，如表 4-4。

表 4-4 　EPC（Enterprise Process Chart）

流程名稱：	
需求目標：	
優先度 / 負荷度：	

續表 4-4

成本效益：	
相關資料表（TABLE）：	
上一個流程名稱：	
下一個流程名稱：	
模組名稱：	基本主檔模組
預期需求效益：	
附件	1. 使用者需求原始表單
備註：	
流程圖檔案：	0001.vsd

步驟	使用者	需求重點描述	系統設計重點	程式代號	作業執行頻率

項目	管理機制的思考	因應內容	參與人	提出日期 / 完成日期
1.				
2.				
3.				

項目	問題描述	解決內容	提出人	提出日期 / 完成日期
1.				
2.				
3.				

測試項目	測試問題	程式名稱 / 需求功能	測試者	錯誤頻率	修改完畢

導入功能項目	導入問題	使用者	導入改善	程式名稱 / 需求功能

2. 改善前後的比較

改善前的流程稱為 As-is 流程圖，改善後的圖稱為 To-be 流程圖，這兩者的差異在於流程改造的步驟比較，透過比較的步驟，可知改善後的效益及價值，其比較圖如圖 4-7。

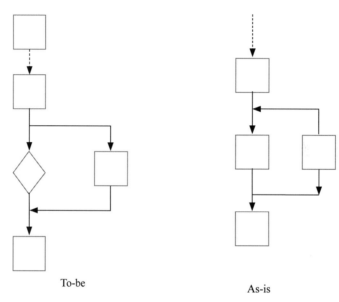

To-be

As-is

圖 4-7　改善比較流程圖

三、系統設計的發展

根據系統設計的定義，可了解系統設計的發展，其發展主要在於程式架構、資料關聯流程圖和 PDCA 控管上，茲分別整理如圖 4-8、圖 4-9、表 4-5。

(一) 程式架構

程式架構主要分成作業系統、資料庫、Middleware（中介軟體）、程式語言和開發平台、MQ（Message Queue）、使用者入口（IE Browser）等六項模組，這些模組是有其層次連接的關係，如圖 4-8，其中作業系統是程式架構的基礎平台，透過此平台建構企業資料庫，而此資料庫可用一種中介軟體來和不同程式語言所開發出的企業應用系統做轉換連接之用，如此在這樣的程式開發平台上就會產生一些 Message Queue 的作業流程，以便控管資料、程式、檔案的串流，進而呈現於使用者入口的網頁畫面。

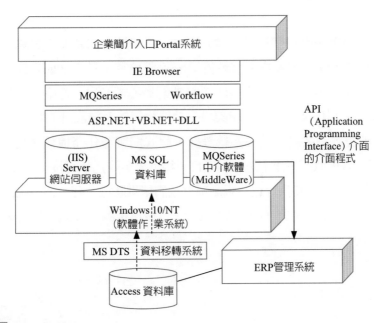

圖 4-8 程式架構

(二) 資料關聯流程

　　資料關聯流程主要在於描述從程式架構所發展的企業應用系統，它主要包含資料 Source／Sink（來源／去處出處），而這些資料會在很多流程步驟（Process）做擷取，進而發展出資料儲存（Data Store）的功效，如此在資料儲存內的資料，就會以資料流（Data Flow）形式，將資料串流連接於各個流程步驟內，如此整個運作就變成企業作業流程的功能規格。

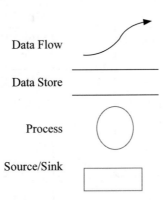

圖 4-9 資料關聯流程圖

(三)PDCA 控管

　　茲整理軟體開發的控管方法，如表 4-5，該圖是以 PDCA 手法呈現之。系統設計的發展需要以 PDCA 方法來做控管，所謂 PDCA 是指 Plan、Do、Check、Action 等四項，Plan（規劃）是指將系統設計發展規劃出一連串工作項目，如表 4-5，可知有循環作業整合、系統架構、功能模組等系統設計的發展項目，這些項目會分別對應到系統分析、系統設計、程式開發等任務種類項目。再者，D（Do 執行）是指執行運作上述規劃項目，接下來，經過執行後，可以 Check（檢核）方式來檢驗了解其執行這些規劃項目後的結果狀況，若有問題或品質不佳，則提出欲改善的項目清單（Check List），以做為後續 Action（改善後行動）的依據和方針。

表 4-5　PDCA 方法

循環	工作項目	任務項目	文件	角色	庫存式計畫	功能 主需求排程
	企業整體整合					
Plan	循環作業整合	需求分析		督導		
	專案控管	需求分析	Project	督導		
	各功能需求流程	需求分析	EPC	MIS 主辦		
				Key user 主管		
				Key user		
	系統架構	系統設計		MIS 主辦		
	功能模組	系統設計		MIS 主辦		
	主程式關聯結構	系統設計		MIS 主辦		
	資料庫架構	系統設計		MIS 主辦		
	副程式邏輯流程虛擬碼	系統設計		MIS 主辦		
	程式 CODING	程式開發		程式設計師		
Do						
Check						
Action						

4-3　管理資訊系統開發模式

　　管理資訊系統軟體開發主要以企業應用為主體，而在這樣的主體下，運用軟體資訊化的類型，不外乎以下三種——系統套裝軟體導入程序、客製化軟體開發程序、平台作業方法論。

一、系統套裝軟體導入程序

　　Davenport（1998）提出了以下兩種做法：(1) 重寫軟體的程式；(2) 在現存系統以及管理資訊系統之間建立溝通介面。但是以上兩種做法皆不是理想的解決辦法，會造成時間以及成本大增，並減弱了管理資訊系統整合的效益。而在 Bingi 等人（1999）的研究中也提到，系統的客製化不但會增加導入成本，對於未來系統的維護以及升級，也會造成一定的影響。而 Soh 等人（2000）則認為，當管理資訊系統軟體及企業流程產生不一致的衝突時，企業勢必要仔細衡量組織變革、軟體客製化兩個策略的優劣及比重。

　　Welti（1999）指出管理資訊系統的導入有三種程序模式：漸進式導入（Step-by-Step）、全面性導入（Big Bang）及複製式導入（Roll-Out），這三種導入策略的主要差別，在於同一時間所導入的範圍不同。以漸進式導入法而言，是先導入管理資訊系統套裝軟體的部分功能模組，經確認沒有問題後，再依序加入其他功能模組。這樣的方式主要在於降低風險，但所需的時間較長。若採全面性導入的方式，通常企業會直接採用管理資訊系統套裝軟體的流程或只做小幅度的修改，此種方式一般會造成大規模的組織變革，所冒的風險較大，但效果迅速。最後一種導入方式採區域性的方式，此種導入方式是先選擇一個地區進行導入，成功了再換下一個地區，如此可以使公司之下的子集團便於循序導入。這三種導入策略各有優缺點，所以企業決定採用何種導入策略，應視企業的規模、組織特性及產業特質等因素，採取適合的方式進行規劃。

　　茲將三種方式比較整理如表 4-6。

表 4-6　管理資訊系統套裝軟體導入三種程序模式比較表

比較項目	漸進式導入	全面性導入	複製式導入
導入功能範圍	某部分功能	全部功能	大部分功能
改變幅度大小	小	大	大
風險性大小	小	大	小
導入期間長短	長	中	短
系統 Package 使用經驗	沒有	有	有

　　而這三種導入程序模式在實際導入步驟有其不同內容，以下是針對學者的看法整理：

　　以策略性資訊系統規劃的方法，建議分五階段導入標準化套裝軟體（Wildemann, 1990）：

Step1. 分析現況。

Step2. 差異分析。

Step3. 評估引進的技術架構。

Step4. 決定引進的時機與執行速度等控制。

Step5. 組織的改變和發展。

　　以戰術／作業方法來導入標準化套裝軟體，建議分五階段來導入（Heinrich, 1994）：

Step1. 初步研究決定企業引入的目標、定義概念性分析、設計主要的概念及專案規劃。

Step2. 詳細研究分析系統的優缺點。

Step3. 粗略的專案規劃、系統的分析、設計、整合與選擇。

Step4. 詳細的專案規定，為作業流程的系統設計與系統整合。

Step5. 系統的安裝。

　　以下是針對業者的看法整理，見表 4-7。

| 表 4-7 | 管理資訊系統中的 ERP 軟體廠商導入步驟比較表為例 |

階段	SAP	Oracle	鼎新
系統 規劃階段	1.專案準備 2.企業藍圖	1.專案管理 2.營運需求定義 3.營運需求系統對映 4.系統架構	1.專案計畫表擬定 2.現行作業需求與問題了解 3.操作及應用教育訓練規劃 4.電腦化作業流程擬定
系統 調整階段	3.系統實作 4.最後準備	5.模組設定與建立 6.資料轉換	5.程式修改 6.上機模擬
系統 上線階段	5.實際上線與 　後續支援	7.制定系統文件 8.營運流程測試 9.成果測試 10. 使用者教育訓練 11. 正式上線整合	7.系統上線

　　每家企業的策略定位與核心產品不盡相同，因此在發展管理資訊系統與導入方式時，就有許多種不同的看法。Maskell（1986）認為，資訊系統的整合將帶給組織三種效益：

　　1. 透過各部門應用系統與資料的整合，中、高階主管可以獲得較廣泛且跨部門的即時資訊，以更有效地控制整個企業的運作。

　　2. 整個企業資料的整合，將使得各系統使用相同的資料庫，而且資料定義一致，也使得部門間的溝通協調更加順暢。

　　3. 可避免因重複輸入所產生的錯誤，而提高生產力。Benchmarking Partners Inc.（1999）的調查指出，這些障礙包括：變革管理、重新配置員工技能、訓練最終使用者、資源優先順序的排定、套裝軟體功能的實際發揮及持續對使用者支援等。Holland and Light（1999）指出，大約 90% 以上的管理資訊系統導入企業會面臨時程延誤或預算超支，原因可能來自對成本及時程的估算錯誤和專案管理不當。

二、客製化軟體開發程序

　　一般而言，客製化軟體開發程序專案是指為開發某一特定功能需求，且在約定期限內應交付完成從無到有的程式設計之專案，故運用何種軟體開發流程模式、採用何種軟體程式之技術架構及如何符合客製化功能需求應用，就是該程序在研發過程中的重點探討。

　　一般軟體開發活動是一系列的執行程序及其執行管理，它依循系統化、邏輯化的步驟進行，有利於標準、規範與政策之推行和建立，使開發過程將更有效率，更能確保品質，也更容易管理。而在不同的資源狀況背景、資訊系統種類及資訊系統特性情況下，適用於不同模式的軟體開發。

　　資料整理軟體開發程序模式種類，包括編碼與修正模式、階段模式、瀑布模式、漸增模式、雛型模式、螺旋模式、同步模式等七種模式。

　　首先，編碼與修正模式是最早（1956 年前）提出使用之模式，該模式並無方法論可言，主要包含兩個步驟：(1) 先寫部分程式；(2) 再修正程式中之問題。

　　第二種階段模式已具有方法論之雛形，該模式強調系統開發前要有規劃，第三種瀑布模式是一種系統開發之方法，該方法把系統開發的過程分成幾個階段，每個階段清楚定義要做那些工作。

　　第四種漸增模式是一種系統開發之方法，該方法把需求分成幾個部分，然後依漸增開發計畫，將每個「部分需求」之開發訂為一個開發週期。

　　第五種雛形模式是一種系統開發之方法，該方法先針對使用者需求較清楚的部分或資訊人員較能掌握之部分，依分析、設計與實施等步驟，快速進行雛形開發。

　　第六種螺旋模式是由三個步驟形成一週期：(1) 找出系統的目標、可行之實施方案與限制；(2) 依目標與限制評估方案；(3) 由剩下之相關風險決定下一步驟該如何進行。

　　第七種同步模式源自於製造業的同步工程，其目的在於縮短系統開發時間，以加速版本之更新。

　　從以上說明可知，軟體開發程序發展模式是依其被提出之時間順序而發展的，依序是階段模式、瀑布模式、漸增模式、雛形模式、螺旋模式與同步模式。由於被提出之先後順序不同，後來提出的模式，大多針對前面模式之問題提出修正。茲將這些模式之比較及資訊系統特性、適用之系統開發模式關係整理如表4-8。

表 4-8		系統開發模式之比較表	
模式	年代	基本假設／適用情況	主要特徵
瀑布模式	1970	1.使用者需求可完整且清楚的描述 2.解決問題之知識，例如模式或方法可得到 3.軟／硬體之技術與支援沒問題	1.開發階段有清楚的定義，每階段均需考量完整的系統範圍，且各階段僅循環一次 2.強調先有完整的設計與規劃，再進行編碼 3.重視設計與規劃之文件 4.一階段的完成需經驗證通過，才能進入下一階段
漸增模式	1971	同上	1.開發階段有清楚的定義，把整個問題範圍分解成若干子問題，各子問題之開發可依序以瀑布模式進行，亦可平行進行再整合 2.同上第 2 項 3.開發週期反覆的進行
雛形模式	1977	1.使用者需求無法完整且清楚的描述 2.解決問題之模式或方法無法立即得到 3.軟／硬體之技術與支援不確定	1.系統開發階段無清楚之分野，且開發週期反覆進行 2.不強調先有完整的設計與規劃再進行編碼 3.強調快速的完成雛形且盡早使用，以做為雙方需求溝通與學習的工具
螺旋模式	1986	上述各情況均可	1.上述各情況之綜合 2.強調各開發週期之規劃與風險評估
同步模式	1993	1.需求可明確與完整的描述 2.有足夠的人力參與 3.團隊間有良好的溝通、資訊交換與專案管理	1.將開發工作分割並同時進行 2.整合及系統測試不可分割，且各功能組都要執行

資料來源：本研究整理

三、平台作業方法論

　　Hammer（1993）對企業流程再造的定義為：由根本重新思考並徹底翻新企業程序，使企業在成本、品質、服務和速度上獲得進一步的改善，同時他認為透過資訊科技可以快速且有效地重新設計企業流程。Davenport 和 Short（1990）並認為，資訊科技與企業流程再造，兩者之間具有關聯性，並提出一個遞迴關係的模型如圖 4-11 所示。

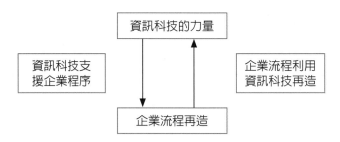

圖 4-10　資訊科技與企業流程再造之關係

資料來源：Davenport & Short (1990)

　　Curtisetal（1992）舉出四種在流程中最常被使用的構面，包括功能面：表達被執行的流程單元（Process Element）和與此單元相關的資料（Data）。組織面：表示執行流程單元的單位組織和人員，以及使用的工具、媒介和地點。資訊面：由流程產生或操作的資訊實體（Information Entity）。行為面：表示流程何時及如何執行，如：順序、反覆和選擇等。

　　一個好的平台塑模工具（如表 4-9）除了應表達 Curtisetal 所提出的四個構面訊息外，Vernadat（1996）在其所著的 *Enterprise Modeling and Integration* 中認為，塑模工具已不再只是一個提供繪圖功能的軟體，它必須是一個整合性的企業工程工作平台（Enterprise Engineering Workbenches），其涵蓋的功能應包括：系統分析／系統設計／系統建置／企業模型規範（Enactment）、動態分析（Animation）或模擬（Simulation）／流程改變的維護與整合功能。

表 4-9　三項塑模工具功能特性之比較（資料來源：本研究整理）

比較項目	ARIS Tools	IDEF Tools	OOA／OOD
功能面	◎	◎	◎
組織面	◎	✕	○
資訊面	◎	○	◎
行為面	◎	◎	◎
流程分析、模擬	◎	◎	◎
整合能力	◎	◎	○

註：✕代表無此功能　△代表功能程度弱　○代表功能程度中　◎代表功能程度強

4-4 軟體專案管理

軟體專案管理（以建造一個網站為例）其實和一般專案管理原理差不多，可分下列五個階段步驟來完成，並配合專案進度控管、詳實評估專案預算、加強與客戶之間的溝通協調，同時還要做好計畫變更的控管。下列分別說明，並以 e 世代婚禮顧問的網站專案管理為例。

一、專案管理階段步驟

1. 初始階段

先確認專案需求為何？可行性如何？最終欲達到目標為何？所需花費的時間、人力、物力及經費？在初始階段的製作，包含：文字（Text）、聲音（Audio）、影像（Image）、圖形（Graph）、視訊（Video）、動畫（Animation）等，因此若這些沒有先製作完成，則對於網站的專案進度就會有影響，然而若把媒體的製作也安排在專案進度裡，則對於專案進度控管會失真，因為有些專案本身就已有各種媒體的資料庫，不須再製作。

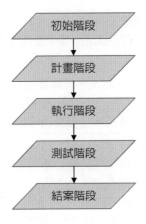

圖 4-11 網站專案管理

專案須於最符合經濟效益和符合原本企劃的精神之間找尋平衡點，估算出基本預算和製作時程，以各種提案與客戶溝通協調出較適合的方案，並先使客戶了解其可能的變數與風險。專案開發的三個主要目標為時程、成本與品質，亦即專案應在預定時間與預算的金額內，達到產品規格的要求，以滿足顧客的需求。專案管理流程領域包含規劃、監督和控制專案等專案管理活動，如表 4-10。

表 4-10　專案初始階段

專案的初始階段	
專案需求為何	1.需能提供個人化服務及個人資料註冊（自然人以身分證字號、公司法人以統一編號為使用者帳號） 2.需能提供新人社群服務（新人結婚喜悅分享） 3.電子喜帖功能 4.能提供新人查詢及申辦的表單與功能 5.各種訂婚、結婚方案查詢及成果展示 6.有會員資料庫功能、電子郵件功能網路名片功能
可行性如何	• 環境分析及公司策略定位： 1.公司產品的策略定位 2.產業發展概要及市場發展和結構 3.內外環境分析 • 營運計畫可行性分析： 1.市場可行性分析（行銷計畫） 2.人力資源計畫 • 財務可行性分析： 1.成本效益分析 2.資金籌措及還款計畫 3.投資效益分析 • 風險分析及因應措施： 1.技術性、財務性、政治因素、環境因素的風險 2.變動性風險，例如：專案範圍、資源、專案需求
最終欲達目標為何	除了幫顧客包辦訂婚、結婚所有細節（包括傳統或創意方式）等婚禮顧問業務外，尚能包括上、下游業務的廣告代銷或抽佣（例如：求婚市場、個人個性化寫真集、蜜月旅行及坐月子廣告、育嬰保母托兒所廣告等）
所需花費的時間、人力、物力及經費	時間：短程規劃及目標達成時間 1 年 　　　　長程規劃及目標達成時間 2 年 人力：短程規劃及目標達成人力 3 人 　　　　長程規劃及目標達成人力 10 人 物力：1.辦公場地；2.電腦軟體及硬體設備；3.辦公室文具及相關書籍或工具書 經費：1.辦公場地費用；2.電腦軟體及硬體設備費用；3.辦公室文具及相關書籍或工具書費用；4.員工薪資；5.周轉準備金

2. 計畫階段

開始研究分析各項製作上的細節問題，提出專案架構圖，如圖 4-12，同時尋找準備相關的資訊與解決方法，一般可分為產品概念、產品系統、產品執行三個階段，在確定最後溝通協調出的定案後，就可開始下一階段的執行工作了。

圖 4-12　Happiness 婚禮顧問專案架構圖

3. 執行階段

即收集與專案相關的資訊、材料（包括文字及圖片）及所需的軟硬體設備，並開始製作，一般有專案細節、工作分派、檢討回饋等，同時依實際情形需要，不斷調整修正，隨時掌控監督進度，並確實控管專案品質，以降低後續被退件或重做的機率。

4. 測試階段

在完成後交給客戶前，應不斷地測試，以確保交案的品質，提高客戶滿意度，同時降低被退件重做的機率，如表 4-11。

表 4-11　測試項目

測試項目	測試結果	備註
程式單元測試	☑ OK 修改　□重做	
使用者功能測試	☑ OK　□ 修改　□ 重做	
情境測試	□ OK ☑ 修改　□ 重做	顏色可改為紅色較喜氣
流程測試	□ OK □ 修改　☑ 重做	有點不順需重新連結
上傳測試	☑ OK 修改　□重做	

5. 結案階段

上述階段完成後，尚需對客戶做專案完成報告，若客戶有不滿意或認爲需要修改的地方，再拿回修正，直到雙方都認可爲止。但要注意的是，應事先和客戶溝通好修改次數和期限，以免形成永遠無法結案的情形。一般程序包含整個計畫檢討、結束顧客合約，以及後續新合約的開發。若是自行發行者，則尚需要完整的行銷策略和售後服務辦法，使系統和品質能維持在最佳狀態。

二、專案進度和變更評估

1. 專案進度控管

專案管理一開始時，最重要的就是和客戶溝通討論預估整個專案所需花費的時間，並訂出一個雙方認可的時程表。專案進度控管可運用能力成熟度整合模式（Capability Maturity Model Integration, CMMI）來控管。它是用來控管網站軟體的專案開發過程品質。訂出時程表後，專案製作工作的成員才得以在所分出的更細部的時程內，分別完成更細部的專案製作。專案控制和專案結案階段，可以財務、需求評估、其他等幾個構面來分析專案管理的績效。

(1) 以專案績效的財務層面來看，可以分析專案的成本差異、盈餘分析、評估資源與建立資源方案。

(2) 以專案需求評估層面來看，針對該專案的背景環境，以及限制條件和目的，做可能性評估，它包含描述計畫的範圍、選擇方案和可行性。例如：以平均處理速度而言，業務部爲 24 小時，資訊部爲 240 小時，表示資訊部的處理速度最慢，是否因工作超過負荷，或者處理耗時（需要更多時間來處理），有待確認。

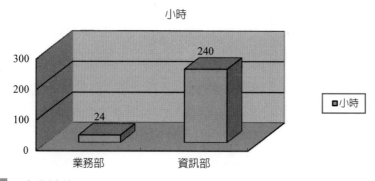

圖 4-13 專案績效

(3) 以專案績效的其他層面來看，可以分析完成任務數、資源分配等。資源過度分配及不平衡的情形，可考量人員調配、資源限制等因素。

2. 專案預算評估

在專案運作中的成本，可分成二大類：單次成本（One-Time Costs）和循環成本（Recurring Costs）。單次成本是指系統啟用相關成本，循環成本是指系統運作維護成本，詳實地評估整個專案各個環節所需的軟硬體設備資源設置費用、製作費用、工作成員薪資、其他成本等，做好預算編列及成本控制。

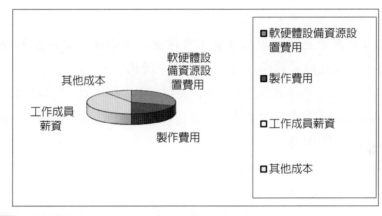

圖 4-14　專案預算評估

3. 客戶之間的溝通協調

在專案製作過程中，難免在工作時程、畫面設計、程式互動功能、造型設計等項目上意見有所分岐，這時就需要智慧和技巧來和客戶溝通克服，協調出雙方皆滿意的方案，並定期舉行內部會議與對外的客戶會議，使其在保持共識的狀態下進行各項工作。

4. 計畫變更的控管

在漫長的製作過程中，難免會有一些突發狀況，此時應變處理能力就相對重要，若能化危機為轉機，有時危機反而會成為助力，讓整個公司運作效率更加提升，反而成為一種優勢！所以最好能事先預想好各種可能發生的狀況，先做好各項因應計畫，做最壞的準備、最好的打算！

(1) 時程需被變更時的因應計畫

在製作過程中，其實常會有突發狀況發生而導致進度落後，或者客戶常常三

心二意，使得原本定案的內容或計畫改了又改而造成延宕，所以這時就要衡量，並和客戶溝通協調，是否確有修改的必要？專案是否照原合約計畫繼續？若確定要修改，要如何依據原本的協定來修改變更計畫內容？所有的困難是否都立即被解決？所有的議題是否也都立即被拍板定案？客戶可提出修改的次數和期限為何？

(2) 預算需被變更時的因應計畫

若發生了在原先預估工作內容和進度外，須分析超額支出成本是發生在何處，例如：系統維護、新的硬／軟體、消耗品等，這時該自行吸收成本？還是變更後續製作計畫？或是向客戶追加預算？

(3) 人力需有變更時的因應計畫：可考量人員調配、資源限制等因素，再利用寬延時間的彈性進行資源的平滑化

即使有時只是小小地更改計畫，常常要付出不小的代價，所以更改計畫前，一定要一再確認是否真有修改必要？衡量若不更改，損失會如何嗎？一定要全面考量，以做出最好的抉擇。

一個新產品的誕生，是需要經過如下階段慢慢成形的：

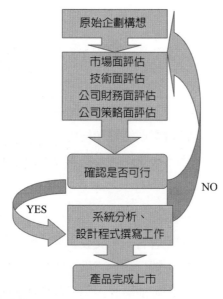

圖 4-15　新產品開發階段

　　這一長串的程序控管，常常需耗費不少時間和人力，所以要確保各項投資不會徒然浪費，必須在每個階段都嚴密監控才行。

　　案例研讀

問題解決創新方案→以上述案例為基礎

一、問題診斷

　　依據 PSIS（Problem-Solving Innovation Solution）方法論中的問題形成診斷手法（過程省略），可得出以下問題項目：

問題 1. 軟體功能須隨企業需求不斷改變而更改開發

　　企業需求因應產業變遷、市場顧客喜愛等因素影響，而會使得企業管理功能改變，也由於管理功能改變，使得應用在管理功能上的資訊系統就出現軟體也須隨之更改，這對於軟體更改開發程序來說，是會增加其成本和工作負擔。所以，若改變一次，則軟體就須隨之改變。

問題 2. 軟體功能更改影響軟體開發生命週期

　　如同上述因企業需求改變而導致軟體功能須更改，如此更改程序就會影響到原有軟體產品開發生命週期的程序，這導致此生命週期程序會難以控管，原本軟體產品開發是一項專案，也就是有始有終的一項專案計畫，但因常常或是臨時的改變，使得軟體生命週期會無限延長，這造成成本的負擔，而更重要的是此生命週期難以管理。

問題 3. 軟體開發時程太短，導致軟體測試品質難以控管

　　由於企業需求都是突然提出（這是一般企業習性），而且希望軟體更改完成時程愈快愈好，這對於軟體開發組員會是很重的壓力，而為了符合使用者期望的交付日期，因此往往犧牲了軟體開發生命週期的某些作業，尤其是測試作業，往往因時間太趕，所以只做單元測試和使用者簡單測試，且測試頻率低和不夠深入細節，至於大量情境、功能模擬測試則都省之不做，如此會造成軟體品質難以控管。

二、創新解決方案

　　根據上述問題診斷，接下來探討其如何解決的創新方案。它包含方法論論述和依此方法論（指內文）規劃出的實務解決方案二大部分。

(一) 以 SOA 服務導向軟體架構為軟體專案開發基礎和平台

服務導向架構（Service Oriented Architecture，簡稱 SOA）是以服務為中心，將企業需求轉換成服務方式，來達成企業經營的目的。對於服務導向架構下的使用者來說，只要它能夠提供使用者服務，服務的實作方式內容就不重要，因為在服務導向架構下，會有一套共同依循的標準。

服務導向架構和企業資訊整合是有其相關的，企業資訊整合系統的發展技術不斷突破改進，這會影響到企業知識的形成，就如同前面章節所提到的，軟體技術和資訊系統是有著很大的關係，故目前企業資訊整合系統已朝向 Web Service 技術，它是一種服務導向架構。

(二) 以協同型 CPC 來執行 MIS 軟體的規劃

協同研發商務（Collaborative Product Commerce，簡稱 CPC）其實是產業資源規劃的價值鏈典型例子，它將企業內部研發擴展延伸到外部客戶和供應商的共同研發，它最主要精神是在於將客戶需求和供應商配合需求，在做研發程序中就一併考慮到，不要企業內部研發快完成時，才發現研發產品不符合客戶需求，或沒有相對的材料可供應。

協同研發設計商務，該系統其實和產品生命週期管理系統是異曲同工的，只不過協同研發設計商務是注重在工程部門、客戶、供應商之間的協同合作。

(三) 實務解決方案

從上述的應用說明後，針對本案例問題形成診斷後的問題項目，提出如何解決的方法。茲說明如下。

解決 1. 以服務基礎來開發軟體

會造成上述問題，何經理認為就是把軟體開發以產品為基礎來運作整個研發過程，以至於每次軟體產品都必須重新開發，雖然可利用複製貼上技巧，但那只是技巧運用，而非觀念架構的改變，所以上述問題仍是存在的。在聽了上述研討會的那席話，發現到軟體開發並不是以產品基礎來開發，而是以服務基礎來開發，也就是利用軟體元件化、模組化來開發，這樣的概念影響到軟體生命週期的運作，由於元件化、模組化的軟體程式，使得上述所提及的維護、安裝、更新等作業，可針對軟體元件來運作，而非整個產品，因此也不需要每次都重新開發。

解決 2. 以服務化取代軟體產品的軟體開發生命週期

由於以往軟體開發是視為產品導向來執行此專案，如此觀點，若在需求明確和穩定條件下，則其專案就容易控管，更能符合有規律的軟體生命週期。但若不是如此條件，也就是常有需求變動所引發的軟體功能更改，則此專案就難以有始有終的管理。而面對如此現實，則須以服務導向來取代產品導向做為軟體開發專案的基礎，也就是軟體開發不是一種固定產品，它是一種隨需求而選用的服務，如此當需求更改時，我們只要針對此須更改的模組做變更即可，不需動到整個軟體架構，這就是一種服務導向的軟體開發專案，因此如此進行，對於軟體專案就可針對變更模組做重點管理即可。

解決 3. 以軟體介面來做為軟體功能模組的溝通和需求改變橋梁

在此，以需求更改時程太短為主做探討，而要如此克服這些問題，可將軟體功能分析成元件化、模組化，元件模組的分割是依據某功能本身的主體需求，而主體性需求變動是不大的和不常改變的，一般上述企業需求更改都是交易性的需求變更，所以，交易性需求更改可用開發軟體介面來串聯上述主體需求，以便符合企業需求的變更功能規格。

三、管理意涵

軟體不再只是一種固定式產品，它是一種服務，也就是將企業需求轉換成軟體機制呈現，來為使用者提供解決需求方案的服務。

由於企業需求是以軟體呈現服務化方式來滿足使用者效益，因此就可將軟體附著在任何有形產品上，這是一種創新的思維。之前，軟體產品是Bundle 搭配在電腦系統上，也就是大家熟悉的企業應用系統，因此，它是一個完整複雜的軟體功能大集結之恐龍產品，這是不利於隨選所需服務的運作，因此，軟體服務化是可將原有資訊系統轉換成在任何時間、地點和物品都可擷取所用的服務需求。這樣的創新性概念，影響到管理資訊系統的架構及其生命週期。

四、個案問題探討

請說明軟體元件化對軟體生命週期有何影響？

MIS 實務專欄 （讓學員了解業界實務現況）

　　軟體功能一旦變更時，就一定要測試，測試的目的是為了保證軟體功能品質，而會影響軟體測試有二大原因：(1) 需求更改時程太短；(2) 軟體架構系統設計錯誤或沒擴增性。

關鍵詞

1. 軟體系統控管方法：包含需求分析、系統設計、程式開發、驗收、系統運作等五大階段步驟。

2. 方法模式：是以結構化、模組化、元件化的方式來建構成有彈性的程式和資料組合，這個模式可分成資料模式和系統模式。

3. 系統模式：是指以建構系統的邏輯和功能來表達資訊系統上的模式。

4. 能力成熟度整合模式（Capability Maturity Model Integration, CMMI）：它是用來控管多媒體軟體的專案開發過程品質。

5. 單次成本（One-Time Costs）：是指系統啟用相關成本。

6. 循環成本（Recurring Costs）：是指系統運作維護成本，詳實地評估整個專案各個環節所需的軟硬體設備資源設置費用、製作費用、工作成員薪資、其他成本等。

7. PERT：計畫評估和審查技術（Program Evaluation and Review Technique）是 1950 年代被發展出來的專案管理技術。

8. 系統分析：是指將企業需求轉換成系統可解讀的作業需求，並且須有結構化和邏輯性的表達。

習 題

一、問題討論

1. 評估和選擇 ERP 系統時，必須考慮到什麼原則？

2. 整合性集中式管理與分散獨立性資料庫系統的評估和選擇的方法為何？

3. 軟體專案管理可分哪五個階段步驟？

二、選擇題

(　) 1. 系統控管方法和建構模式，這兩者的差異是在：　(1) 前者重視方法程序　(2) 前者是著重在方法模式　(3) 後者重視方法程序　(4) 以上皆是

(　) 2. 有彈性的程式是具備哪些方式來建構的：　(1) 結構化　(2) 模組化　(3) 元件化　(4) 以上皆是

(　) 3. 下列何者不是軟體元件的特色：　(1) 不常用的應用功能　(2) 省去多撰寫的時間　(3) 重新撰寫程式的 bug 風險　(4) 儲存成 DLL 類別庫

(　) 4. 資源的需求有那些？　(1) 人力　(2) 物力　(3) 金錢資源　(4) 以上皆是

(　) 5. 管理資訊系統的規劃主要包含：　(1) 資訊策略發展　(2) 資訊化需求分析的發展　(3) 資源規劃的發展　(4) 以上皆是

(　) 6. 一般的資訊系統導入應考量哪些？　(1) 功能上的需求　(2) 條件性的成熟　(3) 資源的需求　(4) 以上皆是

(　) 7. 下列何者是系統分析的作業？　(1) 資料流程圖　(2) 資料表設計　(3) 程式編碼　(4) 以上皆是

(　) 8. 下列何者是資料庫設計的作業？　(1) 資料流程圖　(2) 資料表設計　(3) 程式編碼　(4) 以上皆是

(　) 9. 下列何者是程式設計的作業？　(1) 資料流程圖　(2) 資料表設計　(3) 程式編碼　(4) 以上皆是

(　)10. 下列何者是系統設計的作業？　(1) 資料流程圖　(2) 資料表設計　(3) 程式編碼　(4) 以上皆是

(　)11. 程式架構主要分成為何？　(1) 作業系統　(2) 資料庫　(3)Middleware（中介軟體）　(4) 以上皆是

(　)12. 下列何者對 PERT 描述有錯？　(1) 計畫評估和審查技術　(2)Project Evaluation and Review Technique）　(3) 專案管理技術　(4) 以上皆是

（　）13. 軟體專案管理包含哪些階段： (1) 執行階段　(2) 測試階段　(3) 結案階段　(4) 以上皆是

（　）14. 營運計畫可行性的分析有哪些？ (1) 市場可行性分析　(2) 合作可行性分析　(3) 空間可行性分析　(4) 以上皆是

（　）15. 測試項目包含？ (1) 程式單元　(2) 使用者功能　(3) 情境　(4) 以上皆是

（　）16. 管理資訊系統導入系統應包含哪些？ (1) 開發溝通計畫　(2) 確認和評估風險　(3) 決定計畫標準和程序　(4) 以上皆是

（　）17. 下列何者是時程需被變更時的因應計畫？ (1) 超額支出成本發生 (2) 考量人員調配　(3) 突發狀況發生　(4) 以上皆是

（　）18. 下列何者是管理資訊系統選購決策小組？ (1) 高級主管　(2) 採購主管　(3) 企業全體員工　(4) 以上皆是

（　）19. 下列何者是資料庫系統的評估效益項目？ (1) 資料流程圖　(2) 資料的來源無法做到一致性　(3) 程式編碼　(4) 以上皆是

（　）20. 下列何者不是系統設計的作業？ (1) 資料流程圖　(2) 資料表設計 (3) 需求分析　(4) 以上皆是

Chapter 5

資訊管理的軟硬體環境

學習目標

1. 軟體工程的定義和內涵。

2. 軟體系統控管方法的過程。

3. 軟體工程的自動化程度種類。

4. 企業導入資訊系統的考量點。

5. 評估軟體工程在企業應用之具體影響。

6. Web-based 軟體技術的分類。

7. CMMI 的定義和內涵。

8. 通訊網路架構階段。

9. MIS 運用通訊網路應用於企業需求。

10. 物聯網平台架構。

軟體系統開發所遭遇的問題？

　　一家開發企業資源規劃（ERP）系統的軟體公司，在這個 ERP 產品，公司已經深耕十幾年，當然它的開發產品版本，就如同 ERP 管理和 IT 技術演進一樣，出現了不同階段性版本，而在開發過程中，就 IT 新技術突破而言，最主要是有二大分野點，包含從 DOS 平台到 Windows 平台，以及從 Windows 平台轉 Internet 平台，遇到這種躍進式創新 IT 技術，對於身為公司執行長角色的黃總經理而言，可說是面對重大的問題挑戰，因為可能之前用的 IT 程式架構及方法，可能會有完全重寫 ERP 系統的挑戰。

　　畢竟經過 10 幾年的歷練，黃總經理深刻了解軟體開發方法對 ERP 系統產品品質扮演著關鍵重點，這其中主要觀點有模組化和元件化方法，因為來自於軟體系統開發常遇到程式再利用、不斷重寫同樣功能及不斷程式測試等問題，這對於 ERP 產品開發效率和維護，及後續更新版本功能的作業，不僅可使這項作業有可行性，最重要的是高品質。面對現在產業高度競爭的壓力下，軟體公司所面對的是，不斷有新版本或新產品的推出，也就是科技管理對於軟體開發和經營的深遠影響。

　　軟體開發過程就如同生產製造一樣，如何達到有效率和大量客製化、專業分工等，使得軟體開發成為軟體工廠，進而發展出軟體產業，也就是從軟體產業分割出上、中、下游定位的各家軟體公司，例如：成立測試公司。這樣的軟體產業，不僅使得軟體市場大餅更加擴大，對於軟體系統開發所面臨的問題，也能真正被迎刃而解。身為軟體產業一分子的黃總經理，期盼能看到軟體產業的榮景，然而相關的政策、配套及投資，都影響到軟體產業的發展。

問題 Issue 思考

（讀者請依據此情境個案，思考出 MIS 問題重點，來引發本章的內容研讀方向）

1. 不同軟體開發方法對於企業資訊系統的品質影響如何？→可從軟體工程探討之。

2. 軟體開發會因企業需求變動，而需使程式重新設計，如此會造成程式開發對資訊系統有何影響→可從程式設計探討之。

3. 程式架構中的資料庫會建構在硬碟中，所以資料庫存取維護應如何保養？→可從資料庫規劃探討之。

前言

　　軟體工程對於資訊管理的應用成效是扮演著系統方法的角色。運用整合軟體開發環境可達到降低整體成本、縮短交期、提高顧客滿意度，進而提升企業競爭優勢。軟體工程對於企業應用之具體影響評估，可分成資訊整合面、資訊應用面、企業營運面等三方面。透過軟體能力成熟度模式 CMM（Capability Maturity Model）的機制，可使軟體工程具有品質成效，它是整合原有及即將發展的各種能力成熟度模式的一種整體架構。

　　程式設計最重要的是在於設計上的架構，程式設計主要分成程式架構、模組化、介面設計，程式修改的成效，端賴於是否有程式規格文件制度化和程式元件模組化。程式設計經過程式語言的發展和 Web 軟體技術的趨勢，其設計方法也不斷的突破，在此介紹 eXtreme Programming（XP）、Utility Computing、格網計算（Grid Computing）、普及計算（Pervasive Computing）、隨選服務（On Demand）等方法。通訊網路在 MIS 的應用上環境，可分成通訊傳訊、網際網路和物聯網平台三大部分。

閱讀地圖 （以地圖方式來引導學員系統性閱讀）

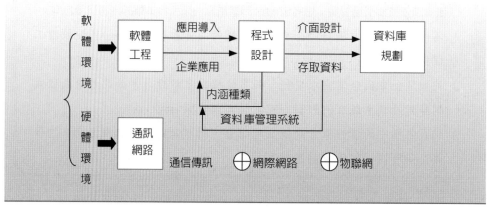

5-1　軟體工程

一、軟體工程簡介

　　軟體工程對於資訊管理的應用成效是扮演著系統方法的角色。所謂系統方法是指以結構化、層次化、關聯化的程序手法，來分析說明其需求內容，並進而容易轉化軟體程式規格，使得開發出的資訊系統能符合需求功能。軟體工程一般可分成系統分析和系統設計二大類，所謂系統分析就是將企業需求分析轉化成資訊系統的功能規格，以便程式開發有所遵循，目前常用方法有傳統程序結構法（例如：DFD, Data Flow Diagram）和物件導向分析法（例如：UML, Unified Model Language）。物件導向分析法是目前和未來的趨勢，軟體工程除了應用在程式開發上，也可應用在系統導入，本章主要是針對這二項做說明。

　　軟體工程必須透過許多實作、實務經驗，來累積並強化相關技能，它主要以軟體架構、軟體設計方法、軟體工程標準和規範、軟體開發工具，以及程式技術的相關理論做為研究，它採用系統工程的概念、原理、技術和方法來開發與維護軟體開發的過程，它的目的就是須能符合需求分析的目的，因此軟體工程的應用很注重分析結果內容呈現，其結果內容呈現方式有軟體概要設計、軟體編碼詳細設計、軟體介面設計、資料結構和資料庫設計、軟體安全性設計、軟體測試、後

續維護等，這些內容呈現方式主要目的，是要產生可靠性、安全性、可用性以及保安性等成效，進而降低軟體開發專案的風險。有效的以軟體技術輔助這些內容呈現方式，則可大量縮短軟體產品開發和最終上市進度。一般會以建構和使用具有軟體工具的整合軟體開發環境（IDE, Integration Development Environment），來整合上述的內容呈現方式，以控制系統規格的制定，及縮短開發與確認時程。軟體工具的應用之一，可將工作流程利用軟體產品技術執行自動化工作流程。例如：電腦輔助工程設計、電腦輔助製造、製造及工程分析（CAD／CAM／CAE）技術等，它可有效加速產品設計、分析及製造之進度和品質。

　　透過整合軟體開發環境，可有效產生軟體產品差異化，尤其在複雜企業需求的軟體開發上，故軟體工程是發展中、大型軟體不可或缺的概念與技術。運用整合軟體開發環境，可達到降低整體成本、縮短交期、提高顧客滿意度，進而提升企業競爭優勢。目前國內在軟體工程的研究是很蓬勃發展的，

　　軟體工程的軟體開發是以專案形式來運作，專案管理流程領域包含規劃、監督和控制專案等管理活動。軟體專案（Software Project Management）是將專案管理的技術與方法，應用在軟體開發專案的開發上，使軟體開發能順利達成符合企業需求的目標。一般專案開發的三個主要目標為時程、成本與品質，軟體專案也同樣有這些目標，也就是說，專案應在預定的時間內、與當初預算的金額內，來達到軟體開發規格符合企業需求的目標，進而滿足顧客的需求。

　　軟體工程的軟體技術，隨著軟體技術的演進，目前朝向以元件或物件為基礎軟體發展方式。這和最近物件導向技術盛行有很大的關係，依筆者多年的經驗觀察，得知物件導向技術盛行的原因有三個，如圖 5-1。

　　1. 是在網際網路上的程式語言盛行，而此程式語言正好很多是物件導向基礎的程式，例如：Java，它是網際網路上的軟體，有別於傳統的主從架構，它的更新版本只需處理應用程式 Server 端，維護成本較低。

　　2. 是在需求系統分析上，從傳統程序性結構化分析，為了因應複雜的企業需求模式，而轉為能克服需求主體易於描述使用者行為的物件導向分析，它可使模組化功能加強，使得系統流程模組與開發工具的互相影響降低，進而使系統易於有擴充和延展性的能力。

　　3. 是在現今的資料複雜和格式多元化，及多媒體情況下，傳統的關聯式資料庫方法論，已不敷使用了，須用物件導向資料庫，但又不可能全部放棄關聯式資料庫，畢竟有些資料需求還是須用關聯式資料庫會比較好，故產生了這兩者的

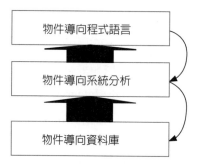

圖 5-1　物件導向的種類

綜合體，即是物件導向─關聯式資料庫。所以隨著物件導向技術盛行，其以元件或物件組合方式來開發資訊系統，就變得很重要了，因為它的好處很多，可使得系統開發工具的轉換成本相對降低。例如：眾所周知的，每開發或修改一次程式，就增加一次程式風險，因此須靠不斷的測試，來增加程式的品質，所以，若能運用已多次測試成功的元件來做為程式開發，不僅可依賴它的程式品質，更能加速程式開發的進度，當然，這是須要花費代價的，不過，若從整體思考來看，是值得如此運用的，但還須考慮到一點很重要的事情，那就是程式設計師或系統分析師，必須從傳統程序式思考邏輯，轉為系統元件建構式思考邏輯，否則，仍無法運用以元件或物件為基礎的軟體發展方式。其現今有些企業應用資訊系統廠商，已號稱具有元件組合的企業應用資訊系統。

二、軟體工程的應用導入

軟體工程的應用導入是指企業導入資訊系統的規劃，在企業資訊系統的系統設計規劃中，若以架構模式來看，可分成兩大方向：一是企業作業需求、二是企業系統建構，而在此章節最主要是探討企業系統建構。所謂企業系統建構是指軟體系統控管方法和建構模式。在軟體系統控管方法上，包含需求分析、系統分析、系統設計、程式開發、驗收、系統導入等五大階段步驟，在需求分析上，包含專案控管（文件／工作項目是專案進度及內容和協調）、功能架構（功能模組架構）、系統需求分析（流程關聯圖），在系統分析上，包含流程圖細部規格、流程改善前後比較等。在系統設計上，包含資料庫架構（資料庫模組架構及關聯圖）、細部規格分析（細部規格描述，含畫面設計），在程式開發上，包含程式分析（Table 定義書和程式架構圖）、程式編碼和測試（程式 Coding 文件和程式

測試文件），在驗收上，包含模擬情境、功能測試（Test）、客戶測試（模擬情境測試文件），在系統運作上，包含系統導入、教育訓練（使用手冊文件和系統導入的問題回饋）。

以下是軟體工程步驟方法的整理（見表 5-1）。

表 5-1　軟體工程步驟

需求分析	系統分析	系統設計	程式開發驗收	系統導入
專案功能架構	細部流程、改善比較	資料庫、程式架構	程式碼、測試	導入、評估

在軟體工程的應用導入中，會因 IT 技術自動化和智慧化的程度不同，而有不同的成效，在自動和智慧化程度階段上可分成有系統之間的對話、智慧型代理人、人工智慧推論等三層次，如圖 5-2。

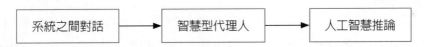

圖 5-2　系統自動化和智慧程度架構圖

企業導入資訊系統的考量點，會影響到軟體工程的應用導入方法，故如何了解企業導入資訊系統的考量點，對於企業應用資訊系統廠商是很重要的，因為它影響到廠商的生存和利潤，但對於企業用戶可能會有二種狀況，一是企業用戶直接用新的企業應用資訊系統，另一種是更新或捨棄舊的企業應用資訊系統，這二種狀況乍看之下是不同的影響力，實際探究下去，可知是一樣的影響力，因為，不管使用何種方式，企業用戶都需要從舊的企業應用資訊系統，轉移到新的企業應用資訊系統，只不過前者所謂舊的企業應用資訊系統，並不是新的企業應用資訊系統廠商的舊版本產品而已。除非該企業用戶是新成立的公司。反倒是企業用戶須考慮用新的企業應用資訊系統之方法是什麼，一般有五種手法，如圖 5-3。

1. 直接更新

不管以前企業應用資訊系統和作業需求是什麼，都一律大規模的更換整個系統與所有系統模組，來因應目前和未來所需。

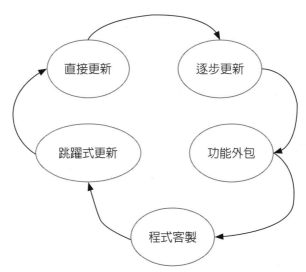

圖 5-3　企業導入資訊系統的考量點

2. 逐步更新

在原有企業應用資訊系統和作業需求結構下，企業採取逐步更新引進其他系統模組的方式發展，並以企業應用程式整合軟體（Enterprise Application Integration, EAI）等中介軟體來連結不同的系統或模組。

3. 跳躍式更新

在原有以前企業應用資訊系統和作業需求結構下，分割成數個大模組功能，但請注意這幾個大模組功能是獨立的，這時企業採取跳躍式更新，直接對此大模組功能更新系統模組。

4. 功能外包

對於新的企業應用資訊系統功能，可使用應用程式服務提供者（Applications Service Provider, ASP）資訊廠商的系統，然後直接在廠商所提供的 Web 線上功能執行，如此可免除該功能更新與導入的作業，但並不是每一種功能都可如此適用。

5. 程式客製

對於新的企業應用資訊系統功能，可使用企業資訊人員或外包廠商程式人員，直接在以前企業應用資訊系統中進行程式客製化。

隨著知識經濟時代的來臨，在以研發技術與創新為重要依據的高科技產業充

斥之下，技術的快速創新與知識的大量累積應用，使得企業所面臨的大環境已逐漸改變，而面對不確定的環境，有關處理並有效運用數位化知識的智慧資本，組織必須強化學習的能力，把系統設計成可以留住內在知識、建立個人不斷學習的智慧存貨，以及讓這些資產立刻可被所需者使用，為組織創造有效附加價值。

三、軟體工程的企業應用

對於企業導入資訊系統的成效，其軟體工程的應用導入過程扮演重要的關鍵，而要使應用導入過程順利，就須評估企業導入資訊系統的需求所在，因為吾人可了解企業需求是和資訊系統有很大的關係，亦即軟體工程的應用導入是影響到企業導入資訊系統的需求是否有成效，這就是軟體工程的企業應用，在此將以對於軟體工程的企業應用之具體影響評估做說明，它包含企業應用系統、Web程式發展、軟體工程和企業需求結合等三方面，茲說明如下。

1. 企業應用系統

軟體工程是以軟體技術來建構企業需求，重點在於「快速建構」和「需求符合」二大特性，亦就是軟體工程成效必須反映落實於企業應用系統內。所謂企業應用系統，是指將企業需求功能轉換成資訊系統上的處理，一般企業需求主要在於經過一連串作業需求而產生的結果，因此包含資料編輯、公式運算、作業關聯三項功能。所謂資料編輯，包含新增、修改、刪除、查詢等應用，而企業應用系統在處理資料編輯時，就須反映考慮資訊系統上的處理，它包含背景資料自動追蹤、程式除錯回應、SQL 資料的勾稽等系統應用，以下分別說明。

(1) 背景資料自動追蹤

資料編輯在運作過程中，會儲存最後當時的資料，然而在資料編輯過程中，狀況就無法掌握，因此，若在企業應用上須了解和控管需求時，就無法得知。例如：存貨數據的資料異動就是一例。因為當存貨資料出現問題時，就需要追蹤之前的資料異動過程狀況，以了解問題原因所在。所以當影響存貨資料的進貨、銷貨、調撥等異動，就必須由資訊系統自動記錄這些異動狀況。例如：進貨數據經過新增和修改這二個異動時，雖然最後會有進貨數據，但這個數據可知是由某事新增和修改的異動計算而來，如此才可追蹤影響進貨資料的異動過程狀況，進而掌握存貨的異動過程狀況。

(2) 程式除錯回應

使用者往往在操作企業應用系統時，會突然因為資訊系統的錯誤，而導致系統畫面出現讓使用者不知所措的內容，如此而中斷資訊系統的操作使用。所以，就軟體工程角度而言，應能自動引導處理，讓畫面回到能夠讓使用者知道發生了什麼事，並且引導到可繼續操作使用的畫面。一般資訊系統錯誤，主要分成程式本身錯誤和邏輯需求錯誤二種，因此，除了上述引導使用者以外，也應能自動記錄發生錯誤的地方，以利後續修改作業。

(3) SQL 資料的勾稽

資料的編輯會經過 SQL（Structure Query Language）的邏輯運作，最主要是在於「關聯邏輯」，也就是通過關聯來達到資料一致性的勾稽。例如：有一位學生已註冊且選修課程，但後來又休學了，若沒有刪除課程選修資料，這時可能會發生選修課程有這位學生，但卻沒有成績記錄。因此，從軟體工程的系統應用來看，可知資料勾稽對於軟體工程在企業需求的重要性。

上述三者的企業應用系統，整理如表 5-2。

表 5-2　軟體工程的企業系統應用設計（以 BOM 為例）

	BOM 查詢及維護	主程式結構	交易過程 log	背景測試資料自動	程式虛擬碼	程式樣板	程式註解	DLL 類別庫	SQL 預存程序	例外處理程式 Bug
主作業	查詢及維護	x				x	x			
新增	E-BOM		x	x					x	x
	M-BOM		x	x						x
修改	損耗率				x			x		
刪除										
查詢	有效日期			x						

2. Web 程式發展

由於軟體技術的演變，至今已成為 Web-based 的程式，因此在軟體工程的企業應用上必須考量 Web 程式發展，其發展是建築在 Web 三層次上，也就是介面層、邏輯層、資料庫層，其示意圖如圖 5-4。

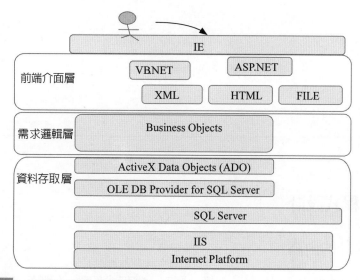

圖 5-4 軟體工程的程式結構

3. 軟體工程和企業需求結合

如何將企業需求反映至軟體技術建構，也就是軟體工程開發如何落實於企業需求上，對於軟體工程的企業應用是很重要的，因此，它須透過會議討論並整理記錄內容，茲將會議討論表單整理如表 5-3。

表 5-3 會議討論表單

軟體系統調查訪問表		
一、訪問者：		說明
二、軟體系統：		
三、日期：110 年 01 月 01 日	Doc no：第三次	
四、聯絡電話：		訪問者簽名
五、其他人員：		
六、記錄人員：		

續表 5-3

七、內容摘要： 訪談重點：   訪談結論：   後續作業：

5-2　程式設計

一、程式設計的內涵

　　程式設計最重要的是在於設計架構，撰寫一支程式不難，但將很多程式寫在一起就不容易，因為程式之間有關聯，如何有結構化的建構程式之間關聯，對於程式的執行效率和正確是有其決定性影響。程式設計主要分成程式架構、模組化、介面設計。故嚴格來說，程式設計是一種系統設計，也就是應從系統觀點來設計程式的內容。從系統上觀點來看，其模組化的方法設計，是容易維護整個系統上的穩定，故模組化程式是對程式架構有其容易組合的好處，透過模組化的設計，可重複使用程式元件，如此可加速程式開發進度和程式元件品質穩定性。

　　在模組化程式方法中，其 RUP（Rational Unify Process）是一種常用的軟體開發流程，RUP 為 IBM Rational 公司經過多年研發與經驗所提出的軟體程式方法，其內容包含企業模式（Business Modeling）、需求塑模（Requirement Modeling）、邏輯設計（Logical Design）、建置（Implementation）、測試（Testing）、部署（Deployment）等軟體設計生命週期的過程。

　　企業在選擇應用系統時有二種方式，一是採取套裝軟體，二是客製化程式開發。前者是程式已經開發完成，但有時候因為企業的專屬需求，故會做局部程式修改。就程式設計的維護性來看，去修改別人的程式或之前的程式是不容易的，因為每個程式設計者的編碼風格和做法是不一樣的，常常會有看不懂程式在寫什

麼，或不知從何修改起，因此，程式修改的成效，端賴於是否有程式規格文件制度化和程式元件模組化。

程式規格文件制度化的重點，在於將當初的程式編碼過程以結構化方式做說明註解，以便事後維護修改有所參考和依據。程式規格文件制度化的重點，在於將當初的程式編碼過程以結構化方式做說明註解，以便事後維護修改有所參考和依據。程式文件模組化的重點，在於降低程式和程式之間的干擾程度，因為程式修改最怕的就是改了這個程式，但卻使另一程式產生錯誤，而且這種錯誤大部分都是很難偵測的，因在當初撰寫程式時，係程式元件的模組化觀念來開發程式。

程式設計經過程式語言的發展和 Web 軟體技術的趨勢，其設計方法也不斷的突破，在此介紹 eXtreme Programming（XP）、Utility Computing、格網計算（Grid Computing）、普及計算（Pervasive Computing）、隨選服務（On Demand）等方法，這些方法也使得影響到軟體工程的開發過程，及程式設計者的開發思考模式，進而影響到使用者對軟體系統的使用作業模式。

1. XP（終極程式）

XP（終極程式）是依需求規模而適用的設計方法，其最主要的重點在於客戶有系統功能需求時，及時給予符合的可執行程式，Kent Beck 於 1995 年提出一種嚴謹且具有規律的軟體開發的方法，*Extreme Programming Explained* 一書就是 Kent Beck 等所著作的。該方法是強調在極短的時間內，能開發出良好和符合使用者需求，進而達到最有價值的軟體程式功能。透過 Extreme Programming 的方法，可使程式設計更為簡而有力，及整個軟體發展流程更加地開放、透明，以便能實際快速的控制軟體專案的過程，故它最適合需求快速變動的專案。

2. Utility Computing（效用運算）

Utility Computing 的觀念如同供應水、電等類似方式一樣，當需要時才供應，就如同打開水龍頭一樣，立即可以取得用水服務，這個概念非常簡單，它期望將電腦的運算能力如同效用一般，在提出服務時才供應給需要的提出者，這樣的做法對於其價格的決定，則視使用量的多少來計費，如此符合使用者付費原則，不會有很多的功能存在，但卻造成沒有使用的浪費。Utility Computing 除了以上的價格適用觀念及強調運算能力外，就是這個觀念有些類似 On Demand 的方法，有關 On Demand 的方法將稍後說明。

Utility Computing 的做法除了影響程式設計方法外，對於軟體廠商的經營模

式也有影響，因為需求功能同時可能有多家廠商提供類似服務，如此使用者可隨時更換軟體廠商，進而造成軟體廠商無法預測客戶數量與產品的需求，因為產品的需求是依需要服務的時間而定，使用服務的時間可能只有數分鐘，但也可能數小時，並也因為使用服務的時間關係，使得為了應付尖峰時間需求，必須投資大筆設備，才能滿足尖峰負荷量，這造成成本相對提高。

3. 格網計算（Grid Computing）

在網際網路多媒體的環境盛行下，其計算的負荷量增加和電腦運算趨於分散，如此造成運算績效差，但若以超大型電腦來運算，則又造成價格的昂貴，故格網計算（Grid Computing）技術已日漸受到重視，它是在 1998 年美國 Argonne 國家實驗室的 Ian Foster 和 Carl Kesselman 所提出的。它是要利用網路把分散在不同位置的電腦設備、軟體、資料等資源，整合成一個虛擬的運算。

參考：Joshy Joseph, Craig Fellenstein, Grid computing. Prentice Hall Professional Technical Reference, Upper Saddle River, N.J., 2004, pp. 3-57.

所謂格網計算觀念是在於資源分享與充分利用，它是將很多個別的電腦資源整合起來，因為個別的電腦資源無法擔負網際網路多媒體環境的運算任務，並有效利用這些更經濟的閒置運算資源，來提供高效能和節省無形浪費的計算服務，總而言之，Grid Computing 不僅將各個電腦資源整合在一起，充分發揮它們的運算能力，並有效利用各個電腦的運算成本。

Grid Computing 是適用於需要龐大運算能力的科學計算，例如：生物資訊、醫藥診斷、天文物理等。若從各個電腦資源整合的普及來看，它是如同於普及計算（Pervasive Computing）的精神，Grid Computing 的組合分成四個部分：架構（Fabric）、核心中介軟體（Core Middleware）、用戶階層中介軟體（User-Level Middleware）和應用程式（Applications）。

參考：Amhar Abbas, Grid computing: A practical guide to technology and applications. Charles River Media, Hingham, Massachusetts, 2003, pp. 31-97.

4. 普及計算（Pervasive Computing）

上述介紹的各種程式設計方法運算，都是在電腦設備上執行，但企業和消費者的使用，可能會在非電腦設備上執行，例如：智慧型手機、Web-TV、資訊家電等，而普及計算（Pervasive Computing）就是扮演這樣的運算，它實現在任何時間和任何地點，及採用任何不同的行動設備，來達到隨時隨地需求運算。

普及計算之所以能運用在任何不同的行動設備上，是因爲「嵌入式系統」（Embedded System）的所在，它是一種結合電腦軟體和硬體的應用，成爲韌體驅動的產品。例如：行動電話、遊樂器、個人數位助理等資訊配備，或者是工廠生產的自動控制應用。嵌入式系統產品的需求已深入網際網路、家電、消費性等市場，例如：PDA、行動電話、Sony 的智慧玩具狗（Robot Dog）、能上網的智慧型冰箱、具備遊戲功能的上網機（Set-Top Box）等。嵌入式系統的重點是在於透過軟體介面來直接操作硬體。例如：硬體部分是微處理器（Microprocessor）、數位信號處理器（Digital Signal Processor, DSP）以及微控制器（Micro Controller）。軟體部分是特定應用的軟體程式，和即時作業系統（Real-Time Operating System, RTOS）。從上述說明可知，嵌入式系統是爲特定功能而設計的智慧型產品，但未來嵌入式系統已逐漸轉爲具備所有功能。

5. 隨選資訊服務（On Demand）

在以往軟體執行的方式，是以 AP（Application Program）應用程式來運作，也就是說，在每台電腦都必須安裝該 AP 軟體，若這個 AP 軟體是資料庫軟體，則你所存取的資料就必須依賴該 AP 軟體，故該 AP 軟體就必須隨時能爲你所用。但在目前 Internet 和行動無線的技術盛行下，其無所不在（Anywhere）的特性，使得使用者在何時何地都可應用其軟體效用，而不受平台、電腦、程式的個別影響，如此帶給使用者更有效率、便利等優點。這就是「隨選服務」的觀念，也就是當使用者需要何需求時，就提出該服務的申請，進而提供滿足需求的軟體服務。上述所提及的 AP 方式，是沒有依使用者當時的需求才提供，而是所有的功能需求全部提供，如此不僅浪費成本，其執行績效負荷（Performance Loading）也很大，並且最大的問題是，你要使用該 AP 軟體時，必須有該 AP 軟體已安裝完成，若剛好使用的這台電腦沒有該 AP 軟體，則就無法使用。

故軟體執行的改變，應從「AP 功能」概念轉換爲「隨選服務」的概念。也就是說，在任何可上網電腦或行動設備，都可呼叫其需求的軟體服務，例如：使用者欲做文書繪圖編輯，就不需要在電腦安裝該 AP 軟體，而是直接呼叫需求服務，待執行編輯完後，就關閉該服務，如此運作使得使用者可在任何時空依自己所需服務，達到效率便利的效益。隨選服務不只是使用在文書編輯功能，也可使用在存取資料方面，以往使用者所存取的資料，都是放在某台電腦硬碟內，除非隨身攜帶，否則當你要存取資料做查詢編輯時，就會很不方便或無法存取，故隨選服務也可應用在存取資料上，也就是隨選資訊服務，在任何上網電腦或行

動設備都可存取使用。隨著 Web Service 與 Ajax 的發展，隨選服務的系統應用愈來愈可行，進而造成 ASP 經營模式更加可行，這裡所謂 Ajax（Asynchronous JavaScript and XML），是類似 DHTML 程式（Dynamic HTML），它利用非同步的程式執行，使其效用能提高 Web 網頁的互動性（Interactivity）、可用性（Usability）以及速度（Speed），Ajax 已大量應用於 Google 的網頁上。

隨選資訊服務的重點，除了上述所提的無所不及存取使用之外，另一個重點就是資訊的結構化關聯，就使用者而言，存取資訊過程中，希望能有效率和能執行分析功能，因此，資訊之間的結構化關聯就變得非常重要。以往企業本身會建立資料庫管理系統（RDBMS, Relationship Database Management System），任何透過該系統存取的資料都具有結構化，但在透過其他方式下，則就不是結構化，而是半結構化或非結構化，例如：一篇文書的編輯報告文章和企業 RDBMS 就沒有任何關聯，但實際上就企業而言，是非常需要做關聯的，因此如何在結構化資料和非（半）結構化資料做關聯整合，是隨選資訊服務的關鍵效益。

在隨選資訊服務的趨勢下，產生了服務導向架構（SOA；Service-Oriented Architecture）的理論和實務，針對企業需求組合而成的一組軟體元件，包含：軟體元件、服務及流程三個部分，透過 SOA 讓異質系統整合變得容易，程式再用度也提高。它是以「流程」為基礎，也就是整合服務導向應用程式開發與業務流程管理，它已成為現今軟體發展的重要技術。

探討完程式設計的運算方法後，接下來說明程式語言的種類，程式設計需要有程式語言來做編碼開發。程式語言可分成二大類，一大類是較傳統但高階語言，例如：C++，VB 等。另一大類是新 Web 技術，例如：HTML、ASP、JSP、PHP 等，它是在瀏覽器上執行，目前兩個最主要的瀏覽器，包括：Chrome 及 Edge。雖然 HTML 是早應用於 Web 上展示內容，但是本身的限制與缺乏良好的人機介面呈現，將給互動式應用程式帶來不便，故近來程式語言因網際網路技術突破，使得不斷有新的程式語言產生，例如：Ajax、Rube、ActiveX 等。ActiveX 可以讓網頁內容變得更加豐富，例如：股票行情顯示器、視訊或動畫等項目，所謂主動式內容就是指有 ActiveX 控制項程式碼所運作的內容，但 ActiveX 也很容易在瀏覽網頁時感染病毒和木馬風險，因為 ActiveX 程式碼可從主動收集電腦資訊、主動安裝軟體而毀損電腦上的資料，或是允許他人遠端控制您的電腦。故 ActiveX 安裝使用必須經過用戶的同意及確認，也就是說，除非你完全信任 ActiveX 來源，否則請勿安裝這些程式。

程式語言考量除了種類不同外，還有就是作業平台的限制，以往其他程式語言皆有作業平台的限制，而 JAVA 程式語言是可跨作業平台。

二、程式設計的內涵種類

程式設計內涵種類主要包括程式語言和程式開發模式二種，在程式開發模式中有一個 MVC 模式，MVC 是 Model-View-Control，它是屬於軟體工程中的一種軟體架構模式，它常應用在網頁設計的模式，其組成可分為三個元素：模型、視圖和控制器。

模型（Model）：主要指流程資料的結構，其中有企業商業業務邏輯和規則，故它是在做處理商業邏輯的任務，而這樣的任務會和使用者介面互動，此時就會利用 Controller 元素做傳輸控制。

控制器（Controller）：控制器是做為從模型運算後的資料來傳輸至使用者介面，而此介面會以視圖方式顯示給 User 網頁資料，如此使用者可藉由在使用者介面和模型資料做操作互動，當然此刻互動也是透過控制器來和 Model 重新更新資料，不過控制器也扮演檢查核對正確性資料功能，這裡會傳輸參數和驗證參數來做驗證。

視圖（View）：視圖是使用者介面在呈現網頁內容的一種展示，它以直覺且整合的視覺化網頁做呈現，其中在技術上，可由 HTML 元素結合 CSS 樣式表組成網頁介面，如此網頁介面可和使用者動態互動，它利用控制器來將此視圖傳輸給使用者的網頁。

綜合上述，可知控制器、視圖與與模型三者之間產生交互作用，但這三者是互相獨立，彼此無耦合關係，如此減少了程式元件的重複性開發，這種做法使得商業邏輯處理和資料存取運作獨立分開，其效益就是當任一方有錯誤做修改時，並不會影響到另一方，並且商業業務邏輯可封裝成獨立物件，而不斷重複使用，且避免重寫程式的麻煩和品質不穩定等問題，如圖 5-5。

在 MVC 中，模型負責提供資料，其資料經過本身運作邏輯，傳給控制器控管傳輸，並再傳播至使用者介面視圖，而此刻使用者透過此視圖更新資料，接著再將資料由控制器回傳給模型，進而更新資料庫，透過上述不斷交互作用，可產生各種不同商業邏輯的模型物件，通常模型是使用程式碼來實現，而這樣程式碼與視圖 HTML 語言是獨立、不會互相干涉的。透過不同模型可來串聯應用程式的資料流，這樣資料流在事件於商業邏輯觸發下，會創建某些狀態；這些狀態使得使用者介面視圖也跟著更新。

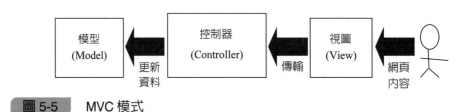

圖 5-5　MVC 模式

　　目前 MVC 在產業開發架構的實際產品很多，其中 FLUX 就是一例，它是一個由 Facebook 提出來的一種單向資料流的設計 Pattern 模式，所謂單向資料流，是指從模型到視圖的單一方向繫結（One-Way Data Flow Binding），相對的，雙向資料流是指從模型到視圖的交互方向繫結（Two-Way Data Flow Binding）。前者優點是在單向資料流可記錄了解所有資料狀態變化，如此容易追溯之前痕跡。但也因爲如此，使得追溯樣板程式碼的編碼衆多。而後者由於具有互相交互功能，使得出現維護程式碼不易的問題，但優點是容易操作模型資料表單，而沒有繁瑣或重複的程式碼數量來處理表單資料的狀態變化。

　　在程式語言方面，以往純粹是以軟體領域來思索其程式開發，但在物聯網技術興起後，其軟體程式也必須和物體結合，也就是溝通對接，故新的程式語言也就不斷創造而出，例如：RESTFul API 介接軟體，又例如：Node.JS 是一種在伺服器端執行跨平台 JavaScript 環境的開放原始碼，它應用於網站程式開發框架（Web Framework）。由於它輕巧好用，是故一些應用架構就因應產生，例如：Express 是一種行動式 Node.js Web 應用程式架構。Full Stack 網站開發是一種全端網站，它涵蓋前端和後端網頁開發，前端網頁是指使用者操作介面程式開發，而後端網頁是指在伺服器運算的程式開發，故全端開發必須能整合前端和後端連接溝通，以利整個網站順暢無誤。例如：GitHub 是近來新興的程式原始碼有關編碼版本控管，它透過 Git 原始碼代管服務平台來運作版本歷史，而 Git 本身是一個分散式版本控制軟體。

　　綜合上述，程式內容不只是語言而已，它相對於軟體設計者而言，不一定都要從程式語言編碼一個一個來執行，它可套用已開發完成的平台軟體，所謂平台軟體，是指整個架構功能程式都已編碼完成，但它以彈性化、客製化參數設定結構方式，如此透過不同參數建置，可使得有不同模組功能，並且在這種功能結構內，可輸入專屬本身內容，這種做法能達到某種程度客製化成效，但又因爲有其標準化軟體功能架構，故可利用這些功能來引導並提供典範作業功能，如此使用

者就有依循做法指引，而不會造成不知所措的困擾。上述平台軟體產品，目前是非常眾多的。例如：內容管理系統（CMS, Content Management System）就是一例，其中 Joomla! 是 CMS 的著名產品。它可節省網站架設與開發的時間及成本，它是一種 Open Source 開放軟體，可以免費下載使用，由於使用者使用載具多元化，故支援多載具介面網頁瀏覽裝置的響應式（RWD）設計功能就很重要，當然，Joomla! 是可達到隨著載具螢幕大小而能自動化、彈性化改變，以便讓使用者瀏覽畫面時可達到最佳視覺效果。除此之外，為了上述之客製化，故 Joomla!（Joomlaec.com）具備擴充套件目錄（Joomla! Extensions Directory, JED）功能，它包含元件、模組、外掛等套件，這些是免費基本功能，但進階商業套件是需要付費的。Joomla! 是用 PHP 程式語言開發，是採用 Apache Web 自由軟體授權條款 GPL 授權，是一種 GNU 通用公眾授權條款（GNU General Public License, GNU GPL 或 GPL），Joomla.org.tw 的功能有 RSS 推播、新聞發布、管理文字、圖片、音樂與影片媒體、文章部落格、前台模組編輯功能、內容版本控制、密碼及使用雙重驗證、模組存取控制（ACL）、站內文章搜尋、功能擴充、會員機制與多語言國際化。Htaccess 服務主目錄下設有常見的安全漏洞防護，並優化網址友善化功能。

三、介面的程式設計

網站程式設計的介面和一般實體產品介面不同，最大差異是網站程式設計講究媒體介面的呈現，故在使用者應用時，是以網站介面設計導向來做使用的手法。在網站程式介面的設計中，探討可用性（Usability）概念可應用在網站使用介面的設計評估及手法。這裡將可用性的多樣化及複雜層面做些評估，可用性評估考量到網站程式、使用者、應用和環境特性方面之因素。故網站程式介面設計是影響一個網站的可用性，透過可用性的評估，可做為使用者應用的手法。如網站程式介面不良的引導設計、不好的螢幕和版面配置設計、不適當的回饋及缺乏連貫性等資訊內容，對網站應用的可用性就很差。茲整理介面設計的考量如下。

1. 搜尋技術

在一個複雜的介面中，若使用者不是很清楚所需資訊時，就無法從該介面的導覽中，明確點選所需的內容，這時就須依賴搜尋技術來幫忙。一般可分成該網站的內容和網際網路所有內容。

2. 文化風格

在一個具有意義性的系統，其整個介面視覺和音效，應符合該系統的文化風格，才會讓使用者知道企業的文化所在。iVillage 提供讓女性關心的主題，可透過網路行銷方式成為有意義的、美學的、感性訴求與概念的行銷。

3. 互動性

是指使用者根據介面的指引來點選資訊後，則系統介面會依不同資訊做出不同回應，並引導和等待使用者進一步的輸入或點選，以做出適當的處理。

4. 圖片輔助

有圖片輔助說明，此效果可加強使用者對介面的深刻印象。

5. 主題性

在一個很多功能項目的介面中，應該依照主題性的功能，分別很清楚地結構化的呈現。

6. 區域考量

從網站可感受到精心拍攝的氣氛和區域考量，在一開始的首頁可分成好幾個國家，讓使用者依國家喜好和慣用文字選擇。進入首頁後，可感受到整個網站精心拍攝的氣氛和符合此品牌的風格，同時可觀看服裝秀中每件服裝的精選鏡頭和背景音樂。

5-3　資料庫規劃

一、資料庫的內涵

資料庫也是一種用軟體程式所撰寫的程式平台，它主要用在如何儲存和操作資料、資料存取權限以及安全，並且規劃資料欄位格式和方法，以便有效率結構化的管理資料。因此，資料庫管理系統（Database Management System, DBMS）便因應產生，它可分成檔案式資料庫、關聯式資料庫、物件導向資料庫等。其中關聯式資料庫（RDBMS, Relational Database Management System）已是多年主流，它以設計成行列的表格方式來做為資料表，而資料表和其他資料表，則以主鍵欄位做為這些資料表的關聯行為，並以資料綱要（Schema）方式來定義設計資料中的資料，即以另一種資料描述來闡釋管理資料庫中的資料記錄內容，如此方式

能提供有效和結構的存取作業，以便快速管理和搜尋結構化的資訊關聯。關聯式資料庫的設計重點之一在於正規化（Normalization），所謂正規化是指資料表以關聯主鍵方式來規劃，避免重複的資訊儲存在相同欄位，如此可使資料具有一致性和正確性。

其中，物件導向資料庫是以物件形式儲存和呈現資料的運作，它可和物件導向程式設計方法結合，來發展物件導向軟體系統，一般在企業應用資料庫，若以交易特性來看，可分成基本和交易資料庫，如表 5-4。

表 5-4　基本和交易資料庫管理計表

步驟	1. 資料建立	2. 資料處理	3. 資料儲存	4. 資料維護	5. 資料移轉
項目	基本 交易	日 月 年 統計	• 授權之資料檔控管 • 資料檔（庫）之變動輸入控管	備份	新舊系統

資料時間	資料檔 #1	資料檔 #2	資料檔 #3	
舊系統				何處
				何時
				何人
				應用程式
新系統				何處
				何時
				何人
				應用程式

目前常用資料管理系統有：Oracle、Microsoft SQL Server、Access、MySQL及 PostgreSQL，而 SQL 是關聯式主要的一種程式語言，例如：MySQL 就是一個以 SQL 為基礎的關聯式資料庫，它是屬於開放原始碼關聯式資料庫管理系統。Structured Query Language 是結構化查詢語言，它可用於資料庫查詢操作方式，或以程式設計語言方式來執行存取資料，以及查詢、更新和管理資料生命週期的

運作。例如：Access 資料庫管理內涵設計的功能有資料表、表單、報表、查詢、巨集（小型程式設計語言庫）和模組〔以 Visual Basic for Applications（VBA）程式語言撰寫成程式集〕。程式集包括程式開發元素，有宣告、陳述與程序、函數、註解等。

在程式運作資料交易有 ACID 方式茲說明如下。

A（Atomicity）：每筆交易都是或者全部完成，或者全部不完成。C（Consistency）：任何交易數據狀態轉移都有完整一致性、I（Isolation）：在執行交易時，防止並隔離多個同時對其資料進行讀寫存取的順序執行狀態、D（Durability）：一旦交易被執行後，不論是否有異常錯誤的情況，交易資料也將保持耐久不變。

NoSQL（Not Only SQL）是隨意對每一筆資料都當成一個獨立非標準的描述，如此做法可達到不用先定義的事前作業，這對於無法事先得知資料規範的作業，可省去須先定義的困難和麻煩，例如：在物聯網收集大量資料，欲做大數據分析，故大數據分析是很難只用傳統關聯式資料庫就可運作，它必須以 NoSQL 資料運作方式來達成。NoSQL 或非關聯式資料庫，以非結構化或半結構化的資料為主，故它是沒有標準定義好的資料綱要，MongoDB 是一種 NoSQL DB。

在上述不同資料設計概念下，若考慮到存取資料運作環境，則產生另一種資料庫種類，例如在雲端環境，則稱做雲端資料庫 Google Cloud，其中 Azure 就是一例，它提供具有關聯式、NoSQL 資料存取，並搭配記憶體內部存取資硬體的方式，來運作資料庫管理，另外，例如：在邊緣運算與 5G 環境，則可稱其為邊緣資料庫等。

二、資料庫的應用

資料庫的應用是非常廣泛的，在此介紹電子資料交易、整合式資訊查詢、資料庫行銷、多媒體資料庫等。

1. 電子資料交易

電子資料交易依處理作業方式之不同，可分為兩種方式：即時交易（Real-Time Transaction）和批次交易（On-Batch Transaction）。「即時交易」是指在立即的時間內馬上處理交易資訊，並立即做出回應，例如：ATM 自動化提款系統，它是運用人機介面的交談式作業，所有在系統內執行的交易都是在交談後，

立即回應處理，包括遠地產生的交易資料，目前因為網際網路盛行，使得有網路 ATM 功能。相對於即時交易的作業就是「批次交易」，它不是立即回應處理，而是在經過一段時間後，將電腦處理的結果分批傳送回來，做最後的交易處理，故它並非以交談方式來進行

2. 整合式資訊查詢

　　資料庫管理系統可使整合式資訊查詢最佳化。最佳化指的是如何提高資料庫系統的查詢速度，它包括二種層次查詢，一是實體層次，係指記憶體的資料存取速度，二是邏輯層次，係指以運算的演算方法來執行資料存取成效，以達到讓使用者快速且整合效果的查詢。在資料庫管理系統上，一般都用 SQL（Structured Query Language）方法，SQL 是用來存取關聯式資料庫系統的語言，SQL 最主要是針對所儲存的資料做修改、刪除或其他動作。SQL 提供一組程式敘述，以便關聯出資料庫中的資料查詢，但透過 SQL 程式敘述，只會表達使用者欲查詢所需的結果，至於如何達到程式敘述的處理程序，以便產生所需的結果，就須依賴資料庫管理系統，故不同的資料庫管理系統，會有不同的 SQL 程式敘述，當然其查詢成效就會不一樣。SQL 程式敘述分成如下三種語言：

　　(1) 資料定義語言（Data Definition Language, DDL）：定義資料綱要內容。

　　(2) 資料操作語言（Data Manipulation Language, DML）：執行資料查詢、新增、刪除、修改。

　　(3) 資料控制語言（Data Control Language, DCL）：控制資料的存取和權限。

3. 資料庫行銷

　　資料庫行銷就是運用訂單和產品等的資料庫系統來進行行銷活動的方式，透過資料庫中客戶的基本資料、交易過程與購買記錄，來分析消費者資料，並執行行銷策略的過程。資料庫行銷是經過分析消費者資料的過程，其運用的是知識發現，透過知識發現，可從大量資料庫中深入分析與了解消費者習性。資料庫行銷的應用是期望找到更好的消費者，並以消費者的終身價值來追求企業長期利益，所謂終身價值，是指企業和消費者有永續存在的關係。它和一般行銷最大的不同點，在於前者是企業行銷給消費者，而後者是消費者在消費過程中可反過來扮演更為主動的角色。也就是在網路行銷上的資料庫行銷內，其消費者是網路行銷的共同運作者，它可從事一些通常是由技術支援和客服人員所做的事。

4. 多媒體資料庫

因爲網際網路應用程式有部署軟體成本低與速度性高的優勢，成爲應用程式開發的主要平台，但因多媒體時代來臨和使用者高度互動的需求，使得網頁應用程式須能處理複雜的各種大型物件（Large Object）媒體資料。目前網頁設計在型態上，分爲動態網頁與靜態網頁兩種，其動態網頁的設計，才能產生高度互動的需求。因此，其多媒體資料庫的應用就產生了。

所謂多媒體資料庫是指多媒體與資料庫系統之整合，必須具備儲存大型媒體資料的能力和資料存取速度之需求，它是資料庫應用的趨勢。而且必須滿足一定程度。在此以利用 Access 資料庫來建立多媒體資料庫做說明，包含圖片、E-mail、動畫及 Http 的網址連結。

Access 是一套關聯式資料庫管理的軟體系統，它是一群資料有組織的集合，可使我們利用電腦能更精確、有效率的處理資料。Access 是利用 OLE 物件方式來建立多媒體資料庫，OLE 物件是動態資料技術的一種，茲說明動態資料技術如下：

(1) 動態資料交換 DDE（Dynamic Data Exchange）：一種應用程式下的資料檔案可被動態的連接到另一種應用程式。

(2) OLE（嵌入，Object Linking and Embedding）：在 Windows 環境下，具備 OLE 功能的應用程式內，可以自由嵌入其他應用程式的多媒體物件資料，包括：文字、報表、資料庫、圖形、聲音、影像等。

例如：在 Word、Access 中，加入一個影像檔。

(3) DLL（Dynamic Link Library）：動態連接庫，將共同資料處理程式，以元件型態來共用於各應用程式。

在此以利用 Access 資料庫來建立多媒體資料庫做操作說明，包含相片、E-mail、動畫及 http 的網址連結。

階段 1. 加入相片

　　Step1. 首先回到 Access 資料庫一開始的畫面中，按左方的資料表，再於右方的對應視窗中，按下您想增加相片的資料表（例如：客戶資料表）。

　　Step2. 在下方空白的欄位名稱中，按下插入游標後，輸入相片，並在其右方資料類型欄位中按下，接著資料類型欄位右方會出現一下拉式按鈕，在其上按下，會出現一下拉式選單，在 OLE 物件上按下，即可將 OLE 物件選項顯示於資料類型欄位中。

Step3. 將游標移到最右方的相片欄位中，下面第一格欄位，按下右鍵，會下拉出一視窗，在插入物件上，按下插入物件。

Step4. 接著會跳出一獨立視窗，按下由檔案建立的選項按鈕，使其呈點選狀態，即可看到被選取於檔案欄位中。

階段 2. 網址超連結

於資料庫中建有超連結的資料（例如：某企業網址或電子郵件地址），其操作程序：在資料表的欄位名稱中按下插入游標後，輸入網址，並在其右方資料類型欄位中按下，接著資料類型欄位右方會出現一下拉式按鈕，在其上按下，會出現一下拉式選單，在超連結上按下，即可將超連結選項顯示於資料類型欄位中。

5-4　通訊網路

通訊網路在 MIS 的應用環境，可分成通訊傳訊、網際網路和物聯網平台三大部分。

一、通訊傳訊

通訊網路是指以電信方式來架構各通訊設備的連網和傳訊。例如：1878 年 Bell 成立電信公司、台灣的中華電信公司等，它可分成五個階段：

(1) 電話語音：以語音在電信網路中傳輸，做為人和人的語言溝通。

(2) 電話數據：以數據（Data）在電信網路中傳輸，做為人和資訊系統的數據溝通。

(3) 資訊數據：以數據在數位網路中傳輸，做為人和資訊系統的數位化數據溝通，例如：TCP / IP 通訊協定就是一例。

(4) 數位語音：以語音在數位網路中傳輸，做為人和人、資訊系統的數位化語音溝通，例如：寬頻整合數位網路（Brand-ISDN）。

(5) 全面 IP 化通訊：將語音、影像等資訊，以數位化格式的方式，在 IP（Internet Product）網路中做傳輸，例如：VOIP（Voice Over IP）、IP 監視器、IP TV 等。

通訊傳訊的網路構成可包含六大模組，如圖 5-6。

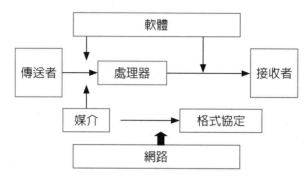

圖 5-6 通訊網路運作示意圖

(1) 網路模組

• Internet、Extranet。

• 區域網路、廣域網路。

• P2P（Peer to Peer）、Client / Server（主從式）。

• 集中式、分散式、跨組織（Inter-Organization）。

• 網格運算、平行運算。

(2) 處理器

① 中央控管：路由器（Router）、集線器（Hub）、Switch Hub。

② 轉換控管：數據機（Modem）、閘道器（Gate Way）。

③ 傳輸控管：多工器、交換器。

(3) 傳輸媒介

• 雙絞線、同軸電纜、光纖。

• 微波（Microwave）、衛星、紅外線。

(4) 軟體

• Web 作業系統、MQ（Message Queue）。

• IE 瀏覽器、行動瀏覽器。

• 中介軟體（Middleware）、監視軟體。

(5) 結構

① 拓樸：星狀（Star）、環狀（Ring）、樹狀（Tree）、匯流排（Bus）、網狀（Mesh）拓樸。

② System：Close、Open System。

(6) 格式協定

- 類比／數位。
- 訊息／封包。
- 交換／非交換。
- 對稱／非對稱。

從上述對通訊網路的構成模組，可將傳送者（Sender）和接受者彼此之間傳輸其資訊過程，進而展開其通訊網路運作示意圖。從以上對通訊傳訊的簡單介紹，可從這個通訊網路運作來探討 MIS 如何應用在企業需求上，如圖 5-7。

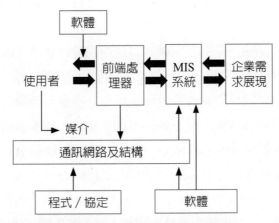

圖 5-7　MIS 運用通訊網路應用於企業需求的示意圖

從圖 5-7 中可知，使用者以媒介方式（例如：光纖），將 IE Browser 軟體呈現於使用者螢幕前，以便使用者透過 IE 畫面進入由前端處理器所呈現之螢幕，此畫面會引導使用者進入 MIS 系統，在此 MIS 系統的操作，會受到傳輸軟體（例如：中介軟體）和平台軟體（例如：Palm 作業系統）控管，以便能將 MIS 系統內的資料、檔案內容透過通訊網路及結構基礎（例如：主從式網路及環狀拓樸結構），來傳送溝通其在某種格式協定（例如：類比轉數位、非對稱方式）上的資料、檔案內容。如此的運作方式，將使 MIS 系統功能可呈現出企業應用需求效用，進而滿足使用者在通訊網路上運用 MIS 系統的企業需求功能。

二、網際網路

1. 網際網路的架構

網際網路（Internet）是最新的資訊系統，其是指利用電腦之間溝通的協定

（TCP／IP），將全世界的電腦網路連接在一起，使彼此能互通訊息、交換資料及共享資料的網路環境。資訊系統的發展過程，可簡單分成三個階段：終端機和主機（Terminal／Host）的架構、主從式構架（Client／Server）、網際網路系統架構（Web-based System）。在網際網路採用 TCP／IP（Transmission Control Protocol／Internet Protocol）做為通訊協定，企業可透過網路應用軟體，來提供網路服務。所謂 TCP／IP 是指傳送控制協定（Transmission Control Protocol）和網際網路協定（Internet Protocol）所組成的一種廣義通訊協定，前者是定義如何將檔案整合成一定大小的封包（Packets）傳送之協定，後者是定義如何在網際網路傳送的協定。

網際網路（Internet）是由多個網路以快速的骨幹網路（Backbone）連結而成，是呈現網狀相互連接（Inter-Network）的超大型網路，因此，即使斷了一部分的電腦連線，也可以經由其他途徑傳送訊息，不會有斷線的影響。其包含的服務有：全球資訊網 WWW、電子郵件服務 E-mail、檔案傳輸服務 FTP、電子布告欄服務 BBS、網路論壇服務 News、小田鼠資訊系統服務 Gopher、檔案搜尋服務 Archie、終端模擬服務 Telnet、連線聊天服務 LINE 等。例如：電子布告欄（Bulletin Board System，簡稱 BBS），是以電子的方式，將學校或企業內部的資訊公布在布告欄上，提供學生或員工閱覽。電子布告欄（BBS）一般都會出現在學校內，可讓學生藉由 BBS 平台來互相溝通和表達，及發布訊息等。

搜尋服務 Archie 一般都會出現在學校內，可讓老師和學生藉由這種搜尋伺服器，進而建立和查詢有關學術的知識。例如：搜尋服務 Archie 以一個搜尋伺服器，在檔案搜尋系統裡（Archie Server），短時間內輕鬆地找到所要的檔案。例如：WWW（World Wide Web），則是全球資訊網 W3C（World Wide Web Consortium）所制定的。

W3C（World Wide Web）是一個包含網路服務的技術、標準、知識等的世界性組織，它提供了標準的定義、網路的模式、技術的發展等運作，一些新的網路發展和趨勢都是來自於該組織。

企業在網際網路（Internet）的識別方式，包含：主機名稱、機構名稱、地理名稱、IP 位址、HTTP 網頁內容、ISP。主機名稱是依照主機提供的服務種類來命名，例如：edu：學校、com：公司、gov：政府。機構名稱是指公司行號、政府機關的英文簡稱，例如：IBM、YAHOO！、Google。地理名稱是指出伺服器主機的所在地，例如：tw：台灣、uk：英國、jp：日本。IP 位址是指

相當於電腦主機在網際網路上的門牌號碼，它可稱為 URL（Uniform Resource Locator）一致性的資源識別位址，它是由四個小於 256 的數字所組成，例如：「100.10.000.10」和 www.xxx.com.tw 領域名稱（虛擬的），這個領域名稱又稱為名稱伺服器（Domain Name Server, DNS），和 IP 位址代表同一個網站。網頁內容是透過超文件傳輸協定（Hypertext Transfer Protocol, HTTP），也就是說，瀏覽器是利用這個協定與 WWW 伺服器溝通。如網頁的 URL 總是以 http:// 為開頭（http://www.xbook.com.tw/）。企業透過網路服務提供者 ISP（Internet Service Provider, ISP），以通往網路世界的橋梁，連接整個網路環境，進而取得網路中豐富的資訊。

三、物聯網平台

物聯網平台是以物品聯網協定架構，來串聯各種智慧物品感測器設備和連網系統，進而成為可在此平台運作任何管理功能，故它也包括如何使實體物品轉化成虛擬數位化，如此才能使物聯網運作有其軟體效用功能，進而產生管理行為，例如：設備軟體化管理（Web of Thing）、過濾整合物理性資料、資料存取安全性和隱私、物理安全、身分驗證、異質通訊標準協議、即時監管、遠端收集和管理、感測 Sensor 數據、資料收集分析等作業，這樣實體數位化發展視覺化，可使物聯網平台更加容易操作和應用，進而創建商業流程應用情境，例如：設備協同操作、預知保養維護、製程技術優化等，在感知擷取資料運算的商業目標行為，物理性感測感知資包括：溫度、溼度、氣象儀器、流量、壓力、液位、空氣品質、氣體、水質。故物聯網平台是結合軟硬體綜合成放，因此擴充性、即時性、自主性、效能化、串聯化、功耗化等成效，是它對企業應用此平台的運算效果，它和其他之前各網絡平台有其不一樣的使用績效觀點。

如同上述，物聯網平台其連網機通常會透過 API 方式來串聯，以達成企業運作物聯網的管理功效，例如：REST API。而透過這樣的串聯，無非就是要讓 Iot 平台能有在管理上的資料分析。它包括預知分析、即時分析、整合報表分析、批次處理分析、資料運算分析、預測分析與互動分析。

產業上的物聯網平台例子，如 WiCloud 是一套解決方案，以及研華 WISE-PaaS／DeviceOn 物聯網設備維運管理平台。物聯網平台架構圖如圖 5-8，它主要包括實體物品感測機制、人工智慧演算機制雲端邊緣運算機制、大數據分析機制、通訊串聯協定機制等五大模組，茲說明如下。

實體物品感測機制：當實體物品透過物聯網網路，連上物聯網平台時，其平台會自動利用感測器技術來擷取物品本身的物理性資料和狀態資料，這些資料經過擷取作業，將轉換成數位格式資料，這也是一種感知。

人工智慧演算機制：有了上述數位資料，之後將發展人工智慧演算法的邏輯和認知，透過如此認知作業，可使資料轉化成智慧。

雲端邊緣運算機制：上述人工智慧演算運作，可上傳至雲端或邊緣軟硬體平台來進行運算功能，當然這也是物聯網平台和雲端邊緣平台結合作業。

大數據分析機制：經過上述機制運作後，就必須將資料數據和資訊知識做大數據應用分析，透過此分析創作出在商業上的智慧行為。

通訊串聯協定機制：上述所有機制，其資料流串聯運算擷取分析等功能，因牽涉到異質作業系統、平台、資料格式、物品協定、介面等因素，故須有標準化的通訊串聯協定，以便能共同執行上述功能。

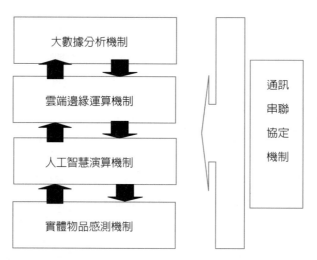

圖 5-8　物聯網平台架構圖

案例研讀
問題解決創新方案→以上述案例為基礎

一、問題診斷

依據 PSIS（Problem-Solving Innovation Solution）方法論中的問題形成診斷手法（過程省略），可得出以下問題項目。

問題 1. IT 技術的變更影響原有資訊系統的發展

　　IT 技術是屬於產品生命週期短的一種技術。因此，它的技術內容會不斷改變，甚至是巨大的改變，如此的改變會影響到原有已開發完成的資訊系統，此系統是否需要因 IT 技術的改變而改變，這會造成二個重點思考：

　　(1) 使用新 IT 技術對資訊系統本身的效益。

　　(2) 使用新 IT 技術所帶來的變更成本和風險。

問題 2. 資訊系統的後續維護和更新

　　資訊系統是會隨著企業需求改變而做後續更新，另外，因為資訊系統也包含軟硬體，其間是互相影響的，也就是在服務硬體上建構軟體系統，因此當硬體受潮而產生硬碟損害時，就需做日常維護。上述的維護更新是會受到不同軟體開發方法影響，不同軟體開發方法，對於資訊系統的維護更新會造成成本負擔和風險程度不一的後果。

問題 3. 軟體開發方法的品質和效率

　　以往軟體開發程序都是在單一公司內完成，這使得在專業能力和分工效率上會影響軟體品質，因為以單一企業層級的資源和能力，很難讓軟體開發有所更好品質。

二、創新解決方案

　　根據上述問題診斷，接下來探討其如何解決創新方案。它包含方法論論述和依此方法論（指內文）規劃出的實務解決方案二大部分。

(一) 以軟體工業生產化方式來強化軟體開發品質和效率

　　將軟體開發程序分割成能獨立運作的工作單元，並以製造業大量生產、專業分工的生產線平衡方式，將這些工作單元做好整個製程規劃和控管的開發過程，如此就可達到以工廠生產品質、產量、時間上管理的效益。

　　要做這樣的規劃，有賴於每個工作單元可自成模組化設計，工作模組和工作模組之間有其內聚力和連接性的關聯，如此就可增強其軟體開發效率，和控管每個工作項目的產出品質。

(二) 以軟體產業程序來擴大其軟體營運績效和營收規模

　　將本單一企業內的軟體工程工作，擴大到每一工作項目是單獨由某家軟體公司來執行，例如：測試工作由某家專業測試公司來營運，也就是這家公

司專門靠軟體測試來做為公司的營收來源。而要達到如此產業級，則須將軟體開發需求市場擴增到某一經濟規模的市場，因此在某國家內若無法達到，則須將區域國家範圍當做市場來源。有了這樣的軟體產業秩序，則軟體公司才有足夠營業額和利潤，來使軟體開發品質更加優良，以及效率更加精實化。

三、實務解決方案

　　從上述的應用說明，針對本案例問題形成診斷後的問題項目，提出如何解決方法，茲說明如下。

解決 1. 以企業績效動因來決定 IT 系統的變更時機

　　IT 技術變更所帶來的工作負擔，有軟體程式重寫、軟體結構重新改變等，這些負擔會帶來相對的成本和風險，但若不變更，則有可能會帶來 2 項不利企業應用發展的要素：(1) 新 IT 技術所帶來的創新效益。(2) 讓顧客能感受因新資訊系統所帶來的專業能力形象。因此，IT 技術變更對資訊系統是否需修改，則陷入兩難的結果。

解決 2. 以軟體開發里程碑（Mile Stone）來做維護更新的時機

　　每家企業都會用不同軟體開發方法，而每個方法的維護和更新時機也有所不同，這些不同時機，會造成不同成本和風險，因此欲控管這些成本和風險，就須掌握維護和更新時機，那麼如何決定時機呢？可以用軟體開發 Milestone 的觀點來決定，也就是在軟體開發後的維護更新過程中，設定在各關鍵指標之總分符合更新條件時為 Milestone。至於各關鍵指標的訂定，則是以企業需求考量而設計出的量化內容，然後，再把這些量化內容加總，並以此總分來評估是否維護更新的時機。

解決 3. 軟體開發過程的產業重整

　　從軟體開發方法可知它的程序可分成多項工作項目，而這些項目，若以產業鏈角度來看，可以專業分工程序來擴大軟體開發工作項目，進而使得原本是單一企業層級的軟體作業，擴增到更多企業參與軟體作業，而使得軟體作業發展成軟體工業，也就是產業層級的分工。這樣的發展是有助於軟體開發各工作項目的品質和效率。

四、管理意涵

　　MIS 的軟硬體環境，是會影響軟體開發規模、品質、效率的基礎，而透

過軟硬體的發展，其中軟體發展包含軟體工程、程式設計、資料庫的規劃，另外，其中硬體發展包含行動通訊、電腦網路的布置。這些發展會使得企業資訊系統是否可健全穩定的運作，以及成為企業應用績效好壞的基礎。因此，若將軟體工作擴展到產業層級的軟體工廠，則軟體開發品質和效率，就會在軟體產值規模變大下，而有更好的品質和效率。

五、個案問題探討

你認為軟體工廠概念對於軟體開發遇到的問題有何影響？

MIS 實務專欄 （讓學員了解業界實務現況）

本章 MIS 實務，可從二個構面探討之。

構面一：在專業軟體公司，其軟體工程的使用是非常嚴謹的，他們以專業方法論為基礎，例如：UML 方法或是 JBuilder 開發平台的 Java Bean 方法。

構面二：軟體系統若是以 Package 套裝方式購入，則其軟體發展方法是評估、規則、導入三個程序。其整個過程說明如下：

大需求分析→評估 Survey 市面上軟體產品→篩選 3 個軟體廠商方案→這些方案 Demo 和 Pilot Run →決定一家軟體產品→ Kick Off（開始規劃）→需求細節分析→軟體產品參數設定（Configure）→教育訓練→情境測試→資料移轉（Migration）→正式上線（On-Line）。

課堂主題演練 （案例問題探討）

企業個案診斷──開發程式符合客戶需求

一位年過半百的老闆，從事企業應用軟體開發已十多年，剛成立時是以程式撰寫起家，所有開發流程的操作都是一手包辦，沒什麼分析和方法上的技術，經過市場的磨練、不斷投入人力和技術，現在終於在企業應用軟體系統領域有一立足之地。但這些資訊系統相關的程式碼和文件資料非常多，往往在開發程式過程中並不能符合客戶需求的功效，導致在客戶滿意度上常有很多抱怨。

　　因此聽從資訊顧問專家的建議，利用 UML 軟體工程方法，來分析及呈現儲存這些相關的程式碼和文件資料，並透過客戶在網路上點選 Demo 產品試用狀況，來了解客戶需求對何種程式功能的產品錯誤情況和使用回饋，進而改善客戶在軟體開發上需求的正確性和時效性。

企業個案診斷──醫療健身設備買賣

　　從事醫療健身設備買賣內銷已有十餘年，由於銀髮族市場愈來愈大，以及內銷市場漸漸飽和，故陳老闆想擴展外銷市場，經過數週的規劃和布局後，終於可以上戰場作戰了，此時，行銷部王經理說：「整個外銷企劃和商品及業務人員，都已經準備 OK，但內銷作業和外銷作業是不同的，而目前資訊應用系統只有內銷作業功能，沒有外銷作業功能，這對於作業效率而言，會產生無效率的管理。」聽完王經理之言後，陳老闆才恍然大悟，於是請資訊部黃經理著手規劃，經過數日後，黃經理回報說：「因公司產品特殊，使得外銷作業也較複雜和特殊，因此目前市場上，套裝軟體系統都不適用，須進行重新客製化程式開發。」陳老闆問需多少時間和人力才能完成，黃經理說，慢則 6 個月內，快則 3 個月，但這對於外銷商而言是緩不濟急，原本以為萬事 OK，誰知原來資訊的軟體規劃和設計是那麼重要。

　　上述企業個案的描述（醫療健身設備買賣），可知重新開發一套程式系統是非常繁瑣和消耗成本的事情，就好比一樣開早餐店，為何某家就特別生意興隆，同樣的，一樣都是外銷作業軟體功能，但不同廠商開發就會不一樣，其關鍵點在於軟體設計的架構方法論，亦即「軟體工程」方法，房屋建築蓋得好又快，就因為有良好的「營造工程」方法，故就軟體系統而言，除了符合企業需求外，最重要的就是軟體本身的規劃設計。

個案診斷分析

　　經過上述探討後，黃經理決定用軟體工程中的漸進雛形模式法，它可加速軟體開發時間，並且為了符合使用者需求，故在軟體測試上，採用情境式大量真實資料測試，以防真正系統上線使用時，才出現更多原本測試沒有發現的錯誤，進而影響外銷作業的交易處理，尤其程式錯誤若發生在邏輯需求錯誤上，而不是程式編碼的錯誤，則更難以在測試階段中發現。

關鍵詞

1. 軟體工程：它包含軟體架構、軟體設計方法、軟體工程標準和規範、軟體開發工具，以及程式技術等相關系統工程理論。

2. 整合軟體開發環境：即 IDE（Integration Development Environment），它整合軟體開發的內容呈現方式，以控制系統規格的制定，及縮短開發與確認時程。

3. 統一塑模語言：即 UML（Unified Model Language），一種物件導向分析法。

4. 系統設計：是指軟體工程的程式分析，也就是說在程式和資料建構方面。

5. 軟體專案（Software Project Management）：是將專案管理的技術與方法，應用在軟體開發專案的開發上，使軟體開發能順利達成符合企業需求的目標。

6. Web-based 軟體技術：最主要分成三層，包括前端介面層、需求邏輯層、資料存取層。

7. XP（eXtreme Programming，即終極程式）：是依需求規模而適用的設計方法，其最主要的重點在於客戶有系統功能需求時，給予即時符合的可執行程式。

8. Utility Computing：如同供應水、電等方式一樣，當需要時才供應，就像是只要打開水龍頭，就可以取得用水服務。

9. 資料庫系統（Database System）：是一種軟體系統，它是有效率和結構化的資料集合，它將應用系統的資料集中儲存，以便使用者能夠隨時有效率存取用的系統。

10. 應用程式和資料庫獨立性（Application Independence）：它的特性有高彈性（High Flexibility）、高移植性（High Portability），以及高調整性（High Scalability），它們也是開放式資料庫系統提供給應用程式的環境特性。應用程式在開發過程中，須不能影響到資料庫的結構和內容。

11. RUP（Rational Unify Process）：是一種常用的軟體開發流程。

12. 格網計算（Grid Computing）：觀念是在於資源分享與充分利用，它是將很多個別的電腦資源整合起來。

13. 普及計算（Pervasive Computing）：它實現在任何時間和任何地點，及

採用任何不同的行動設備，來達到隨時隨地需求運算。

14. On Demand：隨選資訊服務。

15. Ajax（Asynchronous JavaScript and XML）：類似 DHTML 程式（Dynamic HTML），它利用非同步的程式執行，使其效用能提高 Web 網頁的互動性（Interactivity）。

16. RDBMS：關聯式資料庫管理系統（Relationship Database Management System）。

17. Integrity Checking：整合性檢查的管理，它是為防止資料庫中不正確或不一致的資料存取。

18. OLE（即嵌入，Object Linking and Embedding）：在 Windows 環境下，可以自由嵌入其他應用程式的多媒體物件資料。

19. DLL（Dynamic Link Library）：動態連接庫，將共同資料處理程式，以元件型態來共用於各應用程式。

習 題

一、問題討論

1. 何謂軟體工程？

2. 說明資訊收集方式的問題為何？

3. 何謂程式設計模組化？

二、選擇題

（　）1. 下列何者不是軟體工程內容？　(1) 軟體設計方法　(2) 軟體標準和規範　(3) 電腦　(4) 軟體開發工具

（　）2. 下列何者不是整合軟體開發環境的效益：　(1) 降低整體成本　(2) 縮短交期　(3) 提高顧客滿意度　(4) 以上皆非

（　）3. 何謂物件導向—關聯式資料庫？　(1) 只包含物件資料　(2) 有多媒體資料　(3) 只包含關聯式資料　(4) 以上皆非

（　）4. 企業導入資訊系統的考量點？　(1) 直接更新　(2) 跳躍式更新　(3) 程式客製　(4) 以上皆是

（　）5. Web-based 的軟體技術，分成那三層？　(1) 前端介面層　(2) 需求邏輯

層　(3) 資料存取層　(4) 以上皆是

(　) 6. 下列何者是 RUP 方法內容？　(1)Business Modeling　(2) 邏輯設計　(3) Requirement Modeling　(4) 以上皆是

(　) 7. Utility Computing 的觀念如同什麼方式一樣？　(1) 產品一次購買　(2) 租用　(3) 供應水、電　(4) 以上皆是

(　) 8. 下列何者不是 Pervasive Computing 特有重點內容？　(1) 嵌入式　(2) 可採用任何不同的行動設備　(3) 運算　(4) 以上皆是

(　) 9. 下列何者不是電腦機房的必要設備：　(1) 伺服器　(2) 不斷電系統　(3) 冷氣　(4) 光碟機

(　)10. 下列何者是軟體工程的企業應用系統之重點：　(1) 符合企業的需求　(2) 系統架構　(3) 資料表正規化　(4) 以上皆是

(　)11. 下列何者不是通訊傳訊的網路構成模組？　(1) 網路模組　(2) 電腦處理　(3) 傳輸媒介　(4) 處理器

(　)12. 下列何者是指以電信方式來架構各通訊設備的連網和傳訊？　(1) 通訊網路　(2) 電腦　(3) 軟體　(4) 以上皆非

(　)13. 何謂整合軟體開發環境？　(1) IDF　(2) Integration Development Engine　(3) Integration Development Environment　(4) 以上皆非

(　)14. 下列何者是指一般都會出現在學校內，可讓學生來互相溝通和表達的網路服務？　(1) Blog　(2) 電子布告欄（BBS）　(3) E-marketplace　(4) 以上皆是

(　)15. 下列何者是企業在網際網路（Internet）的識別方式？　(1) 主機名稱　(2) 機構名稱　(3)IP 位址　(4) 以上皆是

(　)16. 主機名稱：學校是？　(1) edu　(2) com　(3) gov　(4) 以上皆是

(　)17. 下列何者不是拓樸種類？　(1) 星狀（Star）　(2) 環狀（Ring）　(3) 線狀（Line）　(4) 以上皆是

(　)18. 軟體整合開發環境有何效益？　(1) 縮短開發與確認時程　(2) 加快程式編碼進度　(3) 整合相關程式資源檔案　(4) 以上皆是

(　)19. 物件導向技術盛行的原因：　(1) 物件導向程式盛行　(2) 物件導向系統分析方法盛行　(3) 物件導向資料庫盛行　(4) 以上皆是

Chapter 6

Web 和 IoT 平台的管理資訊系統

學習目標

1. 說明 Web-based 三層式架構。
2. 探討 Web 平台資訊系統的開發重點。
3. 說明無線環境。
4. 探討行動商務對企業的影響。
5. 說明普及商務的運作。
6. 簡介 Web 和 IoT 平台。

行動管理下的管理資訊系統如何運作？

　　一家從事保險設計和銷售的保險經紀人某公司，已經在此行業中經營了數年，回想當初創業剛成立的情況，到了今天稍有成就的規模，這中間的歷程對身為創業者的林老闆而言，真是充滿雜的辛酸故事，就以最近發生的一件事來說：

　　「業務員周小姐到顧客所在地去拜訪，並攜帶了周小姐自認為資料齊全的文件，但當真正和顧客介紹過程中，發現顧客需要的保單投資分析，竟因無法依其個人化需求做專屬性投資分析，使得該顧客覺得投資誘因不足，而最後放棄了購買保單，雖說可再後補文件，但卻在來不及後補前，就已經被其他公司捷足先登了。」

　　這件事的發生，使得林老闆深刻了解 Web-based 管理資訊系統的重要性，公司之前是有管理資訊系統，但卻無法以行動化方式來使用，經過對 IT 廠商說明後，才知道可利用 PDA 或筆記型電腦為終端介面，用無線通訊連接到公司的管理資訊系統，進而擷取使用公司內管理資訊系統的功能，也就是說，可當場在客戶所在處連接到公司管理資訊系統內，即時完成客戶個人化的投資分析報表，這就是行動管理的運作，這樣的運作對於該公司而言，以前是無法想像的，但現今卻是最重要也是最基本的經營作業模式。

　　經過這個事件後，林老闆開始整頓公司的管理資訊系統規劃，但除了管理資訊系統環境的投資外，更重要的是，如何將企業經營作業融入 Web-based 管理資訊系統內，以達到經營管理的創新突破──行動管理模式。

問題 Issue 思考

（讀者請依據此情境個案，思考出 MIS 問題重點，來引發本章的內容研讀方向）

1. 在顧客的環境裡，如何能即時有效擷取公司資源，以便做好銷售的績效？→可參考 Web 平台的概論。

2. Web 化資訊系統如何能幫忙公司員工在外工作時的即時查詢業務資料？→可參考 Web 平台的資訊系統。

3. 在行動環境場合中，員工如何以行動商務來增加其對顧客的服務效用？→可參考行動商務的資訊系統。

4. 在公司 MIS 系統，如何能突破時空限制，以便以無所不在的效用來為企業發展出普及化商務？→可參考普及化商務的資訊系統。

前言

　　網際網路（Internet）是由多個網路以快速的骨幹網路（Backbone）所連結而成，從此技術發展出 Web 平台架構以及企業應用的資訊系統，Web-based 資訊系統的軟體開發方式是和以前截然不同的，並且因為無線環境和智慧型晶片的興起，使得 MIS 系統跨入行動商務和普及商務的新趨勢。

閱讀地圖　（以地圖方式來引導學員系統性閱讀）

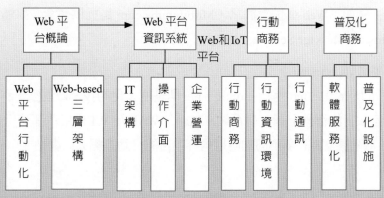

6-1　Web 和 IoT 平台的概論

一、Web 平台的行動化

　　網際網路的興起，讓人體驗了遨遊全球的感受，無線技術的快速發展，則讓人突破有線環境限制，而享受到隨時隨地的互動，故 Web 平台上網不但可以提供使用者隨時隨地都能進行溝通的功能，更帶來富效率、彈性的資訊交換，以達到行動個人化的網路行銷模式。

　　Web 平台之軟體技術，包括以下例子。

1. 金流流程

中華電信和銀行的金流交易合作。

Hib2b.com 是提供包含網路付款服務的網站。

2. Web 平台證券市場

　　用戶利用手機、PDA 等設備，透過網路所進行的交易或是下載資料等。Kgt.com 是提供包含「Web 平台證券」手機下單服務的網站。

3. 英特爾的無線行動商務架構、平台標準化

　　建立起新一代的運算與通訊軟、硬體架構，Intel.com 是提供包含無線行動商務架構和平台標準化的網站。

4. 多媒體簡訊服務

　　傳統的簡訊服務（Short Message Service, SMS）只能傳送較少的文字與基本的圖形，多媒體簡訊服務（Multimedia Message Service, MMS）透過無線寬頻技術的發展，來傳送多媒體內容的簡訊，包括各式各樣的彩色圖片、動畫及聲音等。例如：Web 上付費簡訊。Mobilemms.com 是提供包含多媒體簡訊服務（Multimedia Message Service, MMS）的網站。

5. 中華電信「emome」

　　e 指的是 e 化，mo 是指 mobile，me 則是個人化的我，做為整合許多不同的應用內容項目的行動上網入口網站，PDA、WAP 及 WEB 用戶都適用。emome.net 是中華電信整合許多不同的應用內容項目的行動上網入口網站。

二、Web-based 三層架構

Web-based 的軟體技術，最主要分為三層：前端介面層、需求邏輯層、資料存取層。

1. 前端介面層

前端介面層是使用者使用網際網路的瀏覽工具，它具有普遍性和通用性，且容易免費取得，和不受原始程式語言影響，這和傳統應用軟體是不一樣的，傳統應用軟體須在客戶端都安裝應用軟體的專用開發程式，也就是說，只要在電腦中有安裝網際網路的瀏覽工具，則它就可解譯出應用軟體的程式語言功能，不論是用何種開發程式語言（例如：Java／ASP）。前端介面層對於網路使用的功能，就是呈現吸引消費者的管道，它是業務訂單處理的開始。

2. 需求邏輯層

在主從式構架中，應用系統使用的程式語言不是跨平台式語言，無法在不同的作業系統中執行。其軟體更新、組態設定改變時，會造成管理者相當大的負擔。但在網路（Web-based）需求邏輯層的設計上，就可達到跨平台和使用容易，也就是說，使用者可隨時隨地使用該應用軟體的需求功能。

3. 資料存取層

資料存取層最主要是牽涉到資料庫，它包含整合現有資料庫、資料備份維護，及可快速提供資料存取能力。資料存取層對於網路使用的功能，就是訂單交易的資料儲存，它是完成業務訂單處理的結果。

企業透過網路服務提供者 ISP（Internet Service Provider, ISP），以通往網路世界的橋梁，連接整個網路環境，進而取得網路中豐富的資訊，而且多媒體在網路的寬頻需求將明顯上升，例如：多媒體化的電子郵件，我們需要在網上看到實際動態的各類多媒體資訊，需要網路廣播和影像語音聊天、網上點播等，因此，在現有的網路上運用，須能提供高品質的多媒體，就像在網路看屋時，不希望只看到一張小小的整體圖片，我們需要從不同角度觀察房屋每一個側面、每一個細節。

三、Web-based IoT 平台的概論

物聯網是一種植基於互聯網的新興技術，其數位對象存在於智慧設備或產品

等無處不在的物理事物中。從物理角度來看，物聯網的主要缺點是難以透過插入互聯網的 IP 地址來控制這些日常設備。因此，IoT 無法使用基於 Internet 的 Web 系統優勢，例如：跨異構智慧設備或網關平台的 Web 服務。因此，至關重要的是，透過將智慧設備或產品完全集成到 Web 上，以實現 IoT 的融合來進行連結（Guinard 等，2011）。這就是所謂的物聯網，它具有來自物聯網的協作資訊系統，其中既有物理對象又有數位對象。如今，物聯網已迅速發展成複雜的連接和無縫資訊共享。更具體地說，物聯網為物理和數位對象操作的集成，提供了分布式控制方法，以連接網絡。此類操作會在適當的位置和事件中，進行可互相操作的應用程式。那主要是啟用資訊系統的新技術，以減少用於物聯網的 IoT 服務之部署成本。由於 WoT 可以加速遠程和直接分布的智慧設備或產品發展，因此在根本性應用上，已解決了無處不在的計算、普適計算和環境智慧的問題。透過探索自己的 API 來使用它，加速 WoT 應用程式的更多優勢是可以滿足各種業務運營。

Web 架構通過使用多種物理資源，來創建新的 Web Mashup 混搭應用程式所實現的一切。Web 混搭可在 Web 上主動訪問，共享和發現。透過上述討論，我們知道 WoT 的作用日益重要。一些先前的文獻綜述如下。Urbieta 等人（2017）提出了一種基於抽象服務模型的自適應服務組合框架。Kirkham 等人（2014 年）提出了基於風險的集成設備管理和基於雲計算模型的情境化。隨著 WoT 應用的快速影響，人們討論了一些類型的應用，例如：基於 Web 的 IoT 平台（Sharma 等，2017; Son 和 Noel，2017），端到端 WoT（Miguel 等，2016）。物聯網智慧框架（Bharti 等，2017），語義 Web 混搭（Kenda 等，2013），社交網絡（Patrick Rau 等，2015），WoT 建議（Yi 等，2014），總計 WoT 的擁有成本（TCO）模型（Levä 等，2014）和語義 WoT（Pfisterer 等，2011）。

透過上述文獻綜述，我們達成了一個共識，即可以跨異構應用程式開發一種智慧，有效和高效的解決方案。因此，我們知道，由於互惠互利，WoT 適合供應鏈運營。為了透過 WoT 實現供應鏈運作，在 HTTP 上的物理和數位對象之間，使用了 RESTful 和 NFC（近場通訊）等 Web 技術及智慧事物。RESTful 是定義良好的 Web 服務 JSON-LD（連接數據的 JavaScript 對象表示法）數據格式，它使用簡化的表達式（例如：GET、POST、PATCH 和 PUT）。NFC 是智慧設備內部的一種短距離無線晶片，是物聯網下的通訊協議。透過 RESTful，智慧型手機嵌入式 NFC 可以輕按 APP，以提供 URI 來連接物理對象。

在本文中，NFC 驅動的 RESTful APP 目標是在供應鏈財務運作中的實物

庫存過程中進行的。但是，WoT 通過 Web Mashup 平台互連 SCF（Supply Chain Finance，供應鏈金融）中的任何物理對象，從而導致設計更複雜的 Web 協議。最近由於行業競爭，IoT 環境中的供應鏈融資變得愈來愈重要。此外，很少有文獻評論提出該主題。因此，本文將物聯網擴展到集成物聯網解決方案，包括大數據、區塊鏈和 NFC，以透過 WoT 概念，在 Web Mashup 可視化平台中實現物理對象。這種新穎的解決方案，可以促進供應鏈金融業務的發展，從而幫助供應鏈利益相關方在不斷增長的新興物聯網市場機會中提升業務。物聯網驅動的 SCF 可以基於物理對象的 Web 資源表示，來解決追蹤物理事物問題時的信用風險。為了充分利用物聯網驅動的 SCF，可視化平台用於產生智慧行為，例如：於潛在風險事件中進行早期預測。因此，本文提出了設計和開發基於物聯網的供應鏈財務風險管理物聯網系統，做為未來互聯網應用程式的新方向。就此應用而言，由 NFC 驅動的 WoT，強調了物聯網對供應鏈行業的革命性影響。動機是透過追蹤實際庫存過程，來進一步完善 SCF 中的風險分析

6-2　Web 和 IoT 平台的資訊系統

一、Web 平台的資訊系統

　　管理資訊系統會因 IT 技術的創新突破，使得管理資訊系統會有結構性的改變，這種改變也使得使用者能夠得到更好的成效。以目前 IT 技術而言，最重要的就是網際網路（Internet）技術，利用網際網路技術所發展的管理資訊系統，吾人稱為 Web-based 管理資訊系統，綜觀現有及未來資訊系統，皆會開發成 Web-based 資訊系統，否則就無法競爭。Web-based 管理資訊系統和之前以主從式架構（Client-Server）管理資訊系統在 IT 技術和使用上是完全不同的，因此，Internet 技術可謂是躍進式的創新技術模式。從上述說明，吾人可了解目前管理資訊系統會因 Web-based 系統，而使得管理資訊系統本身運作使用方式和之前截然不同，其不同點主要分成 IT 架構不同、操作介面環境不同、企業經營運作不同等三項，茲分別於下列說明之，如圖 6-1。

(一)IT 架構不同

　　Web-based 的 IT 架構是建構於網頁超連結技術，就如同上述章節所說的三層式（3-Tier）架構，而這樣的架構重點，主要在於這三層的獨立性，因此這三

層可分別設計開發、維護，而不會干擾到彼此之間的獨立運作，這使得管理資訊系統開發過程和之前主從式架構完全不同，因此，這項不同點可再分成如下內容說明。

1. 管理資訊系統開發模式不同

主要是以模組化、元件化概念，通常會搭配物件導向開發方法，例如：UML（Unified Model Language，統一模式語言）。

2. 三層式的 IT 工具獨立性的不同

三層式分別是介面設計、作業邏輯、資料庫，所以它們可分別利用不同工具軟體來開發，例如：介面設計用 Dreamweaver、FrontPage 軟體，作業邏輯可用 Visual Basic 來撰寫，Database 可獨立用不同軟體（例如：Oracle、SQL Server 2005）等，其中作業邏輯可因企業環境需求，將這一層擴增為分散式的 N- 層結構，也就是作業邏輯程式元件可分散於不同電腦伺服器，這使得資訊系統執行可因分散資源和同時執行的運作下，更能快速地完成企業需求的功能。

3. Web Form 和 Window Form 不同

Web-based 管理資訊系統主要以 Window Form 呈現於使用者介面，也因為這樣的技術，使得使用者只要在任何電腦上有瀏覽器軟體，就可操作使用管理資訊系統，而 Window Form 則不可。

(二) 操作介面環境不同

以往在執行 Windows 型的管理資訊系統時，必須在執行的那台電腦中安裝一些小程式才可運作，也就是別台電腦若沒安裝此小程式，則無法執行此管理資訊系統，這使得使用者無法於任何地點使用，這也造成不便，所以這項不同點可再分成如下說明。

1. 安裝更新的不同

當 Web-based 管理資訊系統要做程式維護更新時，就必須安裝部署，但只要在一台電腦伺服器就可安裝，無需到使用者（Client）端電腦安裝。

2. 瀏覽介面多重性的不同

Web-based 管理資訊系統可利用超連結方式，將欲使用介面點選展開多個不同介面，以便瀏覽和處理，這就是多重性觀點，往往企業在處理資料作業時，須有不同介面表達，例如：操作採購單的同時，會到請購單和採購預算表等多個介

面操作，因此，能有多重性介面呈現，可使得操作介面具有人性化和效率化。

3. 操作時空無限制的不同

Web-based 管理資訊系統因是採取網頁（Web）技術環境，這使得只要使用電腦中有瀏覽器軟體和上網環境，即可在 24 小時之中的任何地點來操作使用，這對於分秒必爭的競爭環境，可讓員工、顧客及相關人員，能即時快速連接到任何管理資訊系統，以便增進作業的成效性。

(三) 企業經營運作不同

由於網際網路技術發展使得 Web-based 管理資訊系統油然而生，這也造成企業在使用管理資訊系統時，整個 IT 環境、操作環境和之前的 Window-based 管理資訊系統完全不一樣，當然它進而也影響到企業經營運作程式，主要影響在於企業經營的運籌作業流程改變，和經營模式改變，例如：透過 Web-based 管理資訊系統中的線上下單功能，這使得原有下單作業流程和 Web-based 下單作業流程不同，也就是顧客只要在下單網頁上操作，就可完成查詢產品、價格、下單、付款、出貨等流程。至於經營模式不同的例子，就是以前有實體書店，現在有了新型網路書店的經營模式。

從上述說明，這項不同點也可再分成下述不同觀點，茲分別說明之。

1. 作業流程不同

透過 Web-based 技術來做企業流程再造，也就是分析邏輯作業流程的不同，利用 Web-based 技術來思考新的作業流程內容，包含步驟順序和工作項目，這時就會造成新的作業更合理化和產生附加價值的效益。

2. 經營模式不同

以往有很多好的 Idea，但往往受限於可行性和落實性的問題，使得這種 Idea 無法實踐，也就是須有創新 IT 技術來使得 Idea 實現，例如：協同商務（Collaborative Commerce）就是一種創新的經營模式。

綜合上述三大項不同觀點說明後，其整個示意圖如圖 6-1。

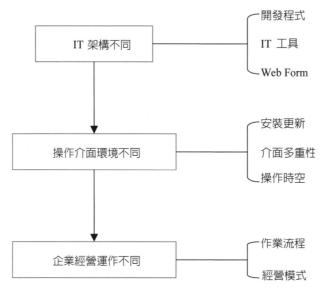

　　Web-based MIS 系統不同點

二、IoT 平台的資訊系統

供應鏈金融（SCF）日益成爲現金流的重要業務模型，通過在整個供應鏈、供應商之間提供加速付款，來提高營運資金的周轉效率。通常，SCF 與傳統的銀行融資不同，它是一種新的融資模式，被稱爲「1 + N」融資模式，其中包括供應鏈概念。SCF 參與者可以是銀行的客戶，而中小企業供應商是主要的目標客戶。SCF 的主要作用是核心行業公司（即大型製造商），SCF 可以允許核心工業公司擴展 SME 供應商的付款條件，以優化相關實物和商品的現金流。現金流量可能會導致中小企業供應商在「已售出的庫存」與「收到的現金」之間存在時間間隔。因此，這種差距可能會在發生延遲或拖欠付款時造成風險。核心行業公司必須爲風險管理提供保證，例如：爲其中小企業供應商提供回購責任和未售出的退款承諾。因此，對於參與者的風險，銀行必須追蹤、控制實物和商品的所有權以防止風險。SCF 旨在通過利用核心行業公司的信譽，讓中小型企業供應商輕鬆獲得營運資金，以較低的成本投資於競爭和創新計畫。

之前的一些論文已經介紹供應鏈融資的定義（Timme 等，2000；Hofmann，2005；Aberdeen Group，2008）。根據這些定義，我們知道金融服務可以爲核心業務主導之企業生態系統中的供應鏈參與者，提供現金流和資本流洞察力。被

視為創新和競爭因素，供應鏈融資對於中小企業獲取營運資金的業務活動至關重要。考慮到這些因素，整合的供應鏈將探索協作機制，以更輕鬆地獲取困在中小企業業務活動中的營運資金，這與促進現金流的最終目標緊密相關。SCF 將解決方案分為三類，例如：發貨前融資、運輸中庫存融資和發貨後融資。供應鏈金融不再只是金融機構的角色，而是進一步考慮核心行業的公司、中小企業、物流公司和零售商。

因此，這些角色基於各種金融服務在供應鏈運作中進行資訊流、物料／貨物流和資本流。資本流動著重於庫存抵押品的數量，資本成本和期限（Gomm 等，2010；Pfohl 等，2009）。此外，庫存抵押品也可能產生風險，因為可動庫存資產可能會由於庫存融資的流動性風險而導致抵押品的不穩定問題。

根據上述背景描述，該項目將從以下三個方面研究基於物聯網的供應鏈財務，即：風險分析、區塊鏈可追溯性和大交易數據流。

觀點 1：基於物聯網的供應鏈金融風險分析

在實踐中，銀行經常使用的抵押品評估，取決於房地產和固定資產。SCF 中的庫存融資是一種新興金融服務，通過下游 SME 的庫存抵押品來優化您最近幾年在供應鏈財務中的現金流。對於基於抵押品進行庫存融資的情況，有必要對流動資金能力和周轉能力進行風險評估。

由於難以控制和監視諸如抵押資產之類的流動資產，SCF 中的風險，承受了前所未有的壓力。傳統方法通過重複執行相同的手動資訊系統過程花費太多時間，導致效率低下和錯誤。這些清單關注的是，諸如原材料和產品之類的流動資產，而不僅僅是固定資產。風險評估正在成為影響供應鏈財務的重要因素。供應鏈財務使用半自動風險評估方法，通過數據驅動技術（例如：社交媒體或互聯網上基於 Web 的平台），對信用評分模型進行評估。這種僅依靠數字數據的風險評估解決方案，無法準確預測風險影響。在供應鏈財務中，所有供應鏈角色都面臨著無法控制的庫存抵押壓力。它會影響業務績效，例如：收入增加、風險降低和運營成本降低。當風險評估更加精確時，可以在較低級別提供利率。通常，供應鏈的利率並不總是被充分披露。隨著中小型企業（SME）擴大收入並增加公司客戶的交易量，庫存抵押品操作對資金流動性的需求正在加速增長。

根據上述背景和問題陳述，本文提出了三種模組研究方法，如圖 6-2 中，基於物聯網的供應鏈財務建模框架，它由風險分析管理系統、區塊鏈的可追溯性推

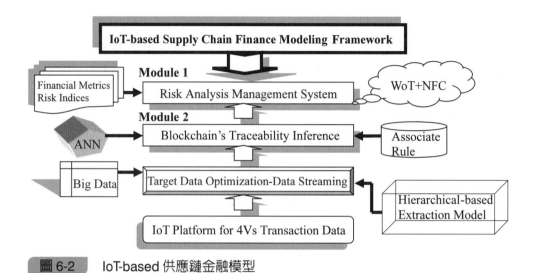

圖 6-2　IoT-based 供應鏈金融模型

論以及用於數據流的目標數據優化組成。該實施框架包括在用於 4V 交易數據的 IoT 平台與供應鏈運營之間，創建基於 IoT 的供應鏈財務。由於物聯網平台不同於傳統的供應鏈財務，該物聯網平台可自動進行事件觸發的供應鏈財務運作，而無需人工干預。這種自動化執行，使得可以通過控制和管理這些庫存抵押品，輕鬆地追蹤液體庫存的移動狀態以防止風險。該框架分為三個模組，例如風險分析管理系統、區塊鏈的可追溯性推斷以及數據流上的目標數據優化。在風險分析管理系統模組中，SCF 運行期間會追蹤與不受控制之庫存抵押品相關的風險，並且所有架構功能都可以在圖 6-2 中看到。此模組管理各種基於 IoT 的流程與基於 NFC 之設備的集成，以使庫存抵押品的可追溯性可在供應鏈財務操作中重新配置。正如該模組說明了使用物聯互聯網（WoT）資訊系統的風險分析管理系統一樣，它可以直接連接到風險指數和財務指標。物理混搭將使用者組合在一起，在多個應用程式中，將其數位資訊進行混搭，這些應用程式連接到供應鏈財務的風險分析中。這樣的資訊系統在基於物聯網的 SCF 操作中追蹤並捕獲了所有庫存移動數據，並將其傳送給風險管理。為了在基於 WoT 的風險分析資訊系統中集成供應鏈財務運營，可以在整個供應鏈財務中，以新的方式使用開放式應用程式介面（API）概念，從而為核心行業公司、中小企業供應商和金融機構建立合作關係機構。開放式 API 採用基於開放標準的公共介面，該介面允許訪問庫存行動交易數據，以便在基於 NFC 的追蹤系統中，向應用程式的參與者提供集成的 WoT 服務。

觀點 2．基於物聯網的供應鏈財務風險分析管理系統

在針對基於 IoT 的供應鏈財務風險分析中，其目的是針對基於 IoT 的供應鏈財務風險分析管理系統，包括供應鏈財務運營、財務指標和風險指數等項目。

在此模組中，它分為三類，例如：供應鏈財務運營，基於 IoT 的流程設計架構和 WoT 架構，以及兩個評估因素，例如：財務指標和風險指數，如圖 6-3 所示。

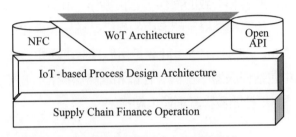

| 圖 6-3 | 基於物聯網的供應鏈財務風險分析管理系統 |

首先，在供應鏈金融運作中，我們採用運輸金融中的庫存過程。運輸途中的存貨，向做為買方的、信譽良好的核心行業公司，提供從中小企業供應商購買商品的營運資金融資。由於非投資等級的供應商需要支付較高的貸款利率，因此核心買方可以獲得較低的貸款利率。這種情況表示買方批准了發票／應付帳款後，運輸金融中的庫存。同時，諸如提單和商業發票之類的相關文件，又轉交給金融機構。此外，透過使用基於 NFC 的 WoT 追蹤系統，監視核心買方的運輸途中庫存狀態，預扣了金融機構同意的折扣付款，批准將預付給中小企業供應商。透過基於 NFC 的 WoT 追蹤系統，核心買家可以隨時根據流動性庫存，追溯性提取其類似的固定資產信貸。因此，可以看到 SCF 中的風險得到控制和管理。最後，當商定的付款期限到期時，核心買方向金融機構付款。

其次，在基於 IoT 的流程設計架構中，描述了基於 SCF 操作的物聯網應用設計模型。它分為技術、拓撲和方法論三種。在技術方面，它主要是指對諸如設備、感測器和網絡之類的新智慧功能產品，進行高科技製造的持續創新。該設備旨在為用戶提供物聯網環境，可以用做通訊處理的便捷設備。感測器透過檢索到的數據，自動引用使用者的物理狀態。它可以是簡單的感測器，也可以是複雜的無線感測器基站。網路基於結構化的通訊平台，將設備、使用者、智慧型手機和可穿戴設備連接在一起。在拓撲類型中，它以不同的協議、協作模式使用上述

技術組件，例如：端到主機（E2H）、端到端（E2E）和機器對機器（M2M）。E2H 旨在通過客戶端連接到雲主機進行計算處理。E2E 旨在使客戶端設備通過藍牙技術連接到其他客戶端設備，例如：行動電話，以將數據傳輸到筆記本計算機。M2M 使用機器與機器之間的通訊，例如：與大型超市貨架相連的家用冰箱。另一個示例是，自動化設備連接到另一個自動化設備，以在工業 4.0 環境中進行協同生產操作。在方法論方面，它實現了物聯網標準協議和體系結構的操作，可以遵循此協議來開發兼容和一致的操作，它由協作、計算和 EPCglobal 組成。協作是指跨平台呈現之透明操作機制開發中的異構系統、設備和不同拓撲。例如：ThingWorx 是基於 IoT 的開發平台。計算是用於按需求邏輯方法在雲和霧端伺服器內做運算，其中包括伺服器、主機、存儲和網絡虛擬化。EPCglobal 基於電子產品代碼（EPC），用於開發物聯網體系結構。

6-3 行動商務的資訊系統

一、行動商務

行動商務在網路行銷上應用，主要在於可進行資訊收集處理和行銷功能邏輯這二項。前者須依賴 RFID 的無線應用，後者可利用 RFID 所得的資訊，透過無線連上企業伺服器，去呼叫伺服器內的軟體功能，而這個軟體功能，就是在網路上欲做行銷的功能，它可以程式軟體來撰寫，例如：要在網路上做購物籃分析功能，就可將購物籃分析的邏輯寫在伺服務軟體程式運算功能內，如此可根據購物籃分析所得的關聯性產品，主動 E-mail 或郵寄給客戶，如圖 6-4：

二、行動資訊環境

行動資訊環境是指使用者，包含企業員工和顧客、供應廠商等，可透過手持式無線通訊設備（如智慧型手機、個人數位助理、iPod 等），進行有形商品與無形服務之買賣及交換的行為，例如：透過個人數位助理來查詢訂單和產品庫存狀況資訊，這樣的資訊是立即的作業，可使決策行動能快速回應。透過行動資訊環境，可達成行動商務的運作。

6-4　普及化商務的資訊系統

　　普及商務是比行動商務更為無遠弗屆的，任何時空都可隨時隨地產生商務行為，這兩者最大差異在於普及商務所運用的商務設備是不需要攜帶的，而行動商務必須隨時隨地帶著行動設備，至於為何普及商務不需帶行動設備？因為在任何時間地點都會有促進商務行為的公共在地化設備，例如：在捷運站旁有一個觸控面板，使用者只要利用輸入方式（可以用語言、按鍵輸入方式），輸入自己的帳號和密碼，上網使用相關的 Web-based 管理資訊系統。其示意圖如圖 6-4：

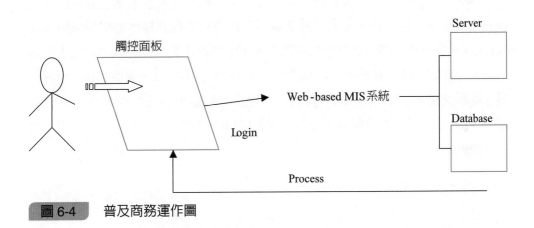

圖 6-4　普及商務運作圖

　　從上述說明，吾人可知要達到普及商務，就管理資訊系統而言，則須有 2 個要件，分別是軟體服務化和普及化設施，茲分別說明如下。

一、軟體服務化

　　是指將軟體功能以程式文件化來達到服務需求的應用，要達到此種應用，須有軟體代理人和網路服務（Web Service）。

　　SOA 是種簡單的概念，使其能用於多樣的 Web Service 情況。在異質資訊平台中，Web Services 相關標準的制定，讓網際網路可以成為應用程式的溝通平台，且能跨越不同機器與異質平台，同時也讓動態的電子商業模式更容易實現。Web Services 是一種軟體元件，它透過 Web 通訊協定及資料格式的開放式標準（例如：HTTP、XML 及 SOAP 等），來為其他應用程式提供服務。Web Service 是一種介面，描述一種可經由標準 XML 訊息存取的網路操作。Web Service 是

應用程式邏輯單位，提供資料和服務給其他應用程式。Web Service 實作一個服務或一組服務。Web Service 是使用標準的 XML 觀念來描述，稱爲服務描述，提供接觸服務時所需的所有細節，包括訊息格式、傳輸通訊協定和位置。它須建立以下的重要標準：UDDI（Universal Description Discovery and Integration）：提供註冊與搜尋 Web Service 資訊的一個標準。WSDL（Web Service Description Language）：描述一個 Web Services 的運作方式，以及指示用戶端與它可能的互動方式。SOAP（Simple Object Access Protocol）：在網路上交換結構化和型別資訊的一種簡易通訊協定。

　　例如：我們要建立一個書籍資源整合網站，網站提供的服務包括書籍資源資訊查詢、資源的交換、廠商活動查詢等，將來只要找到提供這些服務的 Web Services，然後將它們整合到網站中即可，不需要再花費時間和成本自己去維護一個包含書籍資訊的資料庫，更不需要再自行建立和各書局、提供書籍的資源交換、聯繫機制等。在軟體服務化架構中，分散式應用程式可以將功能元件封裝成服務（Services），做爲商業過程中可重複使用的應用程式元件，交付給服務需求者使用。

二、普及化設施

　　主要是以多媒體環境加上嵌入式晶片設備來建構普及設施。

　　多媒體開啓了人類的視覺化效果，讓媒體傳播和溝通更具方便性和眞實感。身爲現代人，必須善用多媒體的工具，讓自己的生活更豐富化和工作效率化。媒體（Medium）一般又可稱爲「媒介」，它的定義是指訊息的負載者（Message Carrier），也就是在訊息傳遞過程中，擔任傳輸和溝通的介面角色，目前各個不同媒體技術如下：

- 繪圖：AutoCad、CorelDraw。
- 影像處理：PhotoShop、Photo Impact。
- 文字：Word。
- 2D／3D 動畫（Animation）：Flash、3D Studio Max、Maya。
- 聲音：Sound Recorder。
- 視訊：VFW。
- 簡報、編劇：PowerPoint、Director、Authoware。
- 網頁：Frontpage、Dreamweaver。

　　媒體可以呈現一種實體或概念，例如：網路報稅使用者欲使用網路報稅軟體來申請報稅作業，這時將個人報稅資料比做訊息，那麼軟體介面就是媒體，這是一種概念式媒體；或者例如：一部飛機運載客戶，客戶比做訊息，那麼飛機就是媒體，這是一種實體式媒體。從上述例子，我們可知道媒體有兩個層面意義：

- 儲存訊息的實體：「媒質」。
- 傳遞訊息的載體：「媒介」。

　　「媒質」是承載訊息的基本元素或形式，例如：文字、視訊（圖形、影像等）及聲訊（音樂、音效）等，它是注重在訊息呈現的本質。

　　「媒介」是承載訊息的載體設備，如：飛機、電視、幻燈片、軟體介面等。它是注重在承載表達的介面。多媒體的英文翻譯是指 Multimedia，其中的 Multi 字首源於 Multiple，表示「多個、多種的」，而 Media 是媒體，因此 Multiple + Media 所組成的 Multimedia 一詞，就是「多媒體」的意義。

　　多媒體就是以數位化、人性化的人機介面方式，整合處理多個不同媒體，包含：文字（Text）、聲音（Audio）、影像（Image）、圖形（Graph）、視訊（Video）、動畫（Animation）等，並具有與使用者互動的功能和傳播，以達到多樣化資訊的呈現表達。

　　多媒體電腦（Multimedia Personal Computer, MPC）也是個人電腦，其不同之處是，多媒體電腦的軟硬體規格需求，大於一般文書用的個人電腦，當然成本相對高，尤其是在處理多媒體系統的運算，例如：CPU 和記憶體，以及視覺化的高品質，又例如：高速圖形顯示等，它必須能處理文字以外的各類訊息元素，並且速度要快。多媒體在網路的寬頻需求將明顯上升，例如：多媒體化的電子郵件，我們需要在網路上看到實際動態的各類多媒體資訊，包括網路廣播和影像語音聊天、網路點播等，因此在現有的網路上，必須能夠有提供高質量的多媒體。就像在網路看屋時，不希望只看到一張小小的整體圖片，我們需要從不同角度觀察它的每一個側面、每一個細節。藉由多媒體互動的介紹而充分了解產品後，使用者便可利用具備圖像及文字敘述的訂購系統，來進行相關商品之購買動作。

　　多媒體本身是利用應用軟體來呈現和製作，例如：用 Flash 動畫軟體，但在開發過程中，是以產品企劃的流程來製作，故多媒體專案規劃必須同時考慮到應用軟體和產品企劃的流程。多媒體專案計畫以軟體開發角度來看，是一種客製化軟體開發程序專案，它是指為開發某一特定功能需求，且在約定期限內應交付完成從無到有的程式設計之專案，故運用何種軟體開發流程模式、採用何種軟體程

式之技術架構及如何符合客製化功能需求應用，便成為重點。多媒體本身是著重情境互動的介面，因此情境設計在多媒體創作研究中是非常重要的，設計者如果能透過情境模擬，來幫助使用者感覺出自身欲呈現的需求認知內容，這對資訊傳播的目的而言，是具創新性且有互動性的。

媒體若應用在網際網路上，就成為超媒體（Hypermedia），「超」是指Hyper，它強調其訊息安排方式是採超越式（Hyper）的連結，故超媒體的重點在於傳達訊息內容安排和連結瀏覽的方式，若其訊息的元素僅有文字，並無其他種類媒體，則就是「超本文」（Hypertext）。

多種媒體的整合，使得科技技術產生創新，並再回饋應用於多媒體系統的發展和突破，如此的循環系統，也開拓了更多的商機和工作機會。多媒體不再只是媒體設計工作者的專屬領域，而是上班族的必備技能觀念和工具使用。多媒體的精神就在於有多個媒體的創新和整合，而每個媒體都有軟硬體的技術，透過這些技術的創新突破，使得媒體的效果本身更具品質和傳播。

多媒體的演化過程，首先是以媒體的存在，然後整合多個媒體成為多媒體，再經過電腦資訊的發達，使得多媒體轉變成多媒體電腦系統，再經過網際網路的技術突破，使得多媒體電腦系統一躍而成多媒體網路平台，有了網路傳遞，就形成多媒體通訊環境，如此的電腦系統、網路平台及通訊環境整合，就讓多媒體成為整合數位內容的多媒體傳播。

多媒體的重點不只在於有多個媒體豐富呈現，也包含互動的動態呈現，就是所謂動態媒體。「動態媒體」指的是不同於文字圖像的靜態呈現，而以動態方式表現資訊內容的媒體。若以視覺化觀點，則動態媒體就是視訊（Video）。「串流技術」具有立即播放、硬碟空間不大，以及縮短連線時間、費用的優點，逐漸成為網路上傳播影音視訊的主流。它主要是指將一連串的視訊資料壓縮後，經過網際網路傳送分段資料，可即時傳輸影音以供觀看的一種技術與過程。嵌入式設備是指將智慧型晶片嵌入任何不同形式的硬體設備，然後再利用智慧型晶片的軟體內容來驅動硬體設備的功能，包含上網連線、介面連結等功能，例如：RFID、觸控面板、電子紙等硬體設備。

三、WoT 行動資訊系統

根據提出的基於物聯網之供應鏈財務風險分析管理 WoT 系統，本文透過案例討論、案例研究，設計了原型系統，案例研究和原型系統描述如下。智慧對象

透過具有虛擬對象功能的使用者進行智慧操作，這些虛擬對象包括感測器（溫度／光線／心跳等）、執行器的實現（顯示器／電機等）、運算（過程／邏輯等）、通訊（有線或無線等）和其他功能。這些智慧對象將對應於企業運營所需的虛擬對象，以便這些原始使用者可以一起用於業務運營和其他業務虛擬對象（例如：邏輯對象等）。缺點之一是智慧虛擬對象需要連接諸如庫存、設備或設施之類的物理事物，以分別解釋各種格式的虛擬對象。由於通用格式不一致，因此很難控制其虛擬對象的操作。對應於智慧虛擬對象的使用，它們無法相互集成以進行交互和通訊。因此，這些物理事物（例如：設施）需要複雜地使用不同的介面來操作其行為。另外，由於沒有數字設備，因此無法完成遠程控制設置，進一步來說，這些功能也無法獲得資訊系統操作的好處。因此，本文提出了一種集成的物聯網平台，該平台具有支持 NFC 的追蹤物理物，稱為 IWNT 系統。在提出的 IWNT 系統中，虛擬對象由虛擬對象組成，這些虛擬對象包含許多未存儲在雲數據庫中的嵌入式物理事物記錄。同時，虛擬對象應該能夠在 SCF 操作中被其他對象訪問，並且可以與啟用 NFC 的使用者進行通訊。在追蹤實際庫存情況時，特定業務邏輯（例如：庫存移動）是由現實世界中啟用 NFC 的功能，自動觸發驅動的事件。這種情況旨在通過圖 6-5 實現端到端業務流程。因此，我們根據基於 IoT 的流程設計架構，探索了端到端 WoT 場景，如圖6-5中的案例研究。

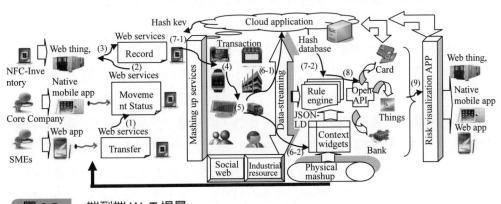

圖 6-5　端到端 WoT 場景

　　透過使用 Web 事物在社群網站上為 Web 服務提供服務，這些社交 Web 可擴展 Web 事物以自動機器可讀的方式共享資訊，以進行數據流交易。網路事物構建具有哈希模式的結構化哈希數據庫，該哈希模式包括 EPC 代碼、序列號、實

物庫存的哈希密鑰。在 SCF 的庫存財務中，本文提出了以下哈希方案。結構化哈希數據庫是使用連接數據方法來發布到雲端伺服器上，以便可以將其他相關資訊連接在一起。透過連接的數據，哈希數據庫透過 Web 上的語義查詢變得更加有用。WoT 系統建立在 Web 表示形式（例如：URI）的基礎上，這是關於使用網際網路連接相關網站以獲取連接數據的資訊。如此，連接數據採用諸如 JSON-LD 輕量級格式之類的編程方法，來跨站點在 Web 驅動的機器可讀數據上進行互操作。它授權並允許發現機制找到合適的 Web 事物，以便在不同託管網站上，追蹤到其他連接數據的嵌入式連接。發現機制將規則引擎用做搜索引擎，以對其他 Web 事物和網站產生機器可讀的活動。在 SCF 的庫存融資操作中，我們將數據交易分為兩種類型，例如：社交網路和工業資源。社群網站包括增強現實（AR）、可穿戴設備、網站（facebook.com）、軟體代理（iPhone Siri）。透過這些社交網路，可以在實際庫存操作中捕獲相關數據，例如：使用狀態、消費者喜好、經驗共享、產品問答等。工業資源的目的是在實際庫存操作中，獲取諸如購物商店、倉庫地點、物流設備（卡車）、人員等各種使用者的現實狀態數據。此類 JSON-LD 還定義了上下文，以指定 SCF 中庫存融資流程的類型和屬性的語義。透過直接嵌入 JSON-LD 中的上下文，我們使用 URL 超連結對上下文資訊進行編碼，從而對現有 JSON 添加語義。同時，這些 JSON-LD 數據也被嵌入到上述結構化哈希數據庫中。通過庫存融資中的示例，使用 schema.org 的 @context 描述帶有哈希的 JSON-LD 數據，如圖 6-6 所示。

　　每個模式都有一個唯一的 ID，該 ID 由序列號和帶有哈希鍵的 EPC 代碼組合而成，我們可以得出使用者的身分。帶有哈希值的 JSON-LD 數據，旨在透過在網頁上標記有關庫存財務操作上下文的結構化數據，來輕鬆連接 Web 事物和雲之間的關係，以發現可擴展的體驗。此外，將這種上下文描述為以編程語言進行的語義表示，以便滿足庫存財務領域知識的語言含義。這樣的語義上下文使 Web 事物能夠共享分布的使用者和網站（所謂的數據 Web）之外的相關數據。使用上下文感知計算，可以自動收集庫存財務操作上下文，並在網路事物的周圍數據上進行分析。網路事物是嵌入式的使用者，例如：NFC 技術的物理庫存。該上下文感知計算，可以根據規則引擎處預先建立的規則進行計算智慧。對於庫存財務操作，上下文感知可以加快發現體驗的速度，包括上下文相關的追蹤狀態和財務付款。這些發現經驗被用於工業資源，在工業資源中，有關使用者的情境數據，可以響應即時需求。為了實現發現體驗，我們採用上下文窗口小工具軟

```
<script type=" inventory finance /ld+json">
{
  "@context"： "http：//schema.org",
  "@type"： "product",
  "name"： "finish goods",
  "owner"： "SMEs",
  "buyer"： "core industry company",
  "event"： " inventory finance ",
  "url"： " http：//www.physicalinventoryfinance.com/ /FG",
  "hash schema"：
  {
    "@type"： "hashalgorithm",
    "EPC"： "12345678",
    "serial number"： "33333333",
    "hashkey"： "echg56ujjm6"
  }
}
```

圖 6-6　JSON-LD Schemas of Hash Data

體，以便在觸發庫存財務事件時，快速訪問分布式事物數據來探索物理混搭。這樣觸發的上下文將連接超連結，以便在正確的時間獲取更多正確的詳細視圖，以進行 SCF 中的庫存融資操作。這些事件可以獲取庫存融資操作的狀態，包括周圍感應數據的值。在提出的原型實現中，我們使用單獨的小工具 JSON 文件，設計上下文小工具 APP，因爲它們允許 Web 物件將庫存財務應用程式放在 WoT 系統上，以便輕鬆訪問它們。上下文窗口小工具 APP 可使數據從工業資源（如銷售商店）連接到實際庫存，使監視庫存狀態，使它們可以執行有關庫存財務操作的複雜事件。上下文小工具 APP 的關鍵啓用技術是規則引擎。規則引擎可以立即在連接上觸發，以發現該連接中標示的社群網站。爲了優化庫存的可追蹤性，強烈建議遠程加速 NFC 驅動的實時追蹤。

　　由 NFC 驅動的追蹤系統，使用智慧型手機應用程式來促進庫存追蹤過程，而無需供應商 SME 花費大量時間。在這種行動應用程式中，實際庫存嵌入 NFC 標籤中，以允許存儲唯一的 ID 數據。透過感應到這個 NFC 標籤，它可以爲近距離（最遠 10 公分）的通訊通道做出技術貢獻（Pesonen & Horster，2012 年）。供應商中小型企業的庫存融資是一項複雜且又跨公司的活動，因此，開發了一種新穎的 NFC 驅動 WoT 之方法，其目的在於以非接觸方式，追蹤 APP 應用程式支持的實物庫存移動集成上下文小工具狀態。在如此複雜的庫存財務中，銀行通常無法控制實際庫存移動的即時情況，因此無法進一步獲得與風險管理有關的資

訊。

　　透過提議的方法，將標準化格式 NDEF（NFC 數據交換格式）（NDEF，2015）與 4096 字節數據相結合，通過結構化哈希模式，實現了連接數據方法，NDEF 可以定義有關交換任務的相關資訊。NDEF 包含嵌入消息的 NFC 標籤，做為庫存清單的 ID。每條消息包含許多記錄，包括特定的頭和標示上下文的有效負載。有效載荷是上述上下文，並且已加密。在本案例研究中，我們簡短地採用了四個記錄，例如：網站、哈希鍵、使用者 ID 和 Android 應用程式記錄（AAR），如圖 6-7 所示。這些記錄旨在於 NFC 標籤的物理清單和 NFC 標籤之間進行交互。NFC 行動設備，透過使用此網站記錄（U 型）感應 NFC 標籤，用於啟動 App 的 NFC 行動設備，可以使用唯一的參數打開該網站，以基於該參數提供動態響應，從而進一步執行追蹤任務（例如：位置狀態或任何其他標準）HTTP 響應。在哈希密鑰記錄（T 型）中，它由 NFC 行動設備觸發，以便在雲端伺服器上使用哈希算法，進一步提示創建哈希數字文本消息。該哈希密鑰用於連接到雲端伺服器的特定結構化哈希數據庫。結構化的哈希數據庫，包含 SCF 中實際庫存操作的所有歷史記錄狀態。在使用者 ID 記錄（T 型）中，它被描述為具有 EPC 代碼和序列號的特定物理庫存之唯一行為。在 Google 的 Android 操作系統之應用程式記錄中，它是使用智慧海報（SP 類型）嵌入的 NDEF 消息，並伴隨基於圖標的上下文小工具。當社交網絡和工業資源想要透過提供「自定義標籤」編碼數據來處理 NFC 標籤，探索其追蹤任務時，AAR 對他們很有用。

　　當 NFC 行動 Android 設備，透過名為上下文小工具 App 的 Android 應用檢測到 NFC 標籤時，追蹤任務將由 JSON-LD 數據表示形式觸發。因此，上下文小工具 App 也是一個開放的 App，可以集成不同的通訊管道，例如：感應卡、智慧物品和銀行的資訊系統，無需用戶查詢要使用哪個 App。執行上下文窗口小工具 App 後，追蹤任務中的狀態資訊（即位置、活動和持有人）將立即在 App 中更新，包括寫入 NFC 標籤和雲中的結構化哈希數據庫。例如：在庫存融資操作中，我們創建「InventoryMovement」小工具，該小工具在特定狀態參數下，加速基於時間戳的實物庫存移動，如圖 6-8 所示。

```
Function handleNDEF(data)
{
   Case 1 (data.records[0].tnf == 1 && data.records[0].type == ' U ')
   {
      let uriPayload = data.records[0].payload;
      record[0] = ndef.uriRecord("http：//www.physicalinventoryfinance.com/FG");
   }
   Case 2 (data.records[0].tnf == 1 && data.records[0].type == 'T')
   {
      let textPayload = data.records[0].payload;
      record[0] = ndef.textRecord(hash key);
   }
   Case 3 (data.records[0].tnf == 1 && data.records[0].type == 'T')
   {
      let textPayload = data.records[0].payload;
      record[0] = ndef.textRecord(EPC code + serial number);
   }
   Case 4 (data.records[0].tnf == 1 && data.records[0].type == 'SP')
   {
      TNF： External
      createApplicationRecord()
      <intent-filter>
         <action android：name="android.nfc.action.NDEF_DISCOVERED" />
         <category android：name="android.intent.category.DEFAULT" />
         <data android：scheme="widget.android.nfc"
            android：host="host"
            android：pathPrefix="/ physicalinventoryfinance.com： context widget"/>
      </intent-filter>
   }
```

圖 6-7　　NDEF of Hash Data

　　Status 參數充當觸發的標識符號，指示當單擊 App 中的窗口小工具按鈕時，是否應在特定時間啓用事件。單擊後，該小工具可以瀏覽圖 6-9 中的三個任務，例如：放置數據、檢索和執行服務。首先，「InventoryMovement」小工具將 JSON-LD 數據與來自結構化哈希數據庫的哈希（圖 6-6）一起放入。第二步，將此 JSON-LD 數據從基於此小工具的檢索數據寫入 NFC 標記中的 NDEF 消息（圖 6-7）。然後，當實際庫存轉移到另一個位置時，NFC 標籤數據將由另一個移動上下文小工具更新。因此，此更新的數據會將有關移動位置狀態的數據放入「InventoryMovement」小工具中，以進行第三步。在第三步處理之後，第四步執行窗口小工具的服務，以便將這些任務記錄遠程存儲到結構化的哈希數據庫中。結構化哈希數據庫存儲它已感測到的上下文數據之所有歷史記錄。由於將所有歷史追蹤交易數據存儲在結構化哈希數據庫中，因此可以構建這些數據規則引

```
AttributeNameValues name = new AttributeNameValues();
  name.addAttributeNameValue(InventoryMovement.TIMESTAMP);
  name.addAttributeNameValue(InventoryMovement.USERID,"hashid");
  DataObject put = server.putDataInWidget("cloud","port"," InventoryMovement _hash_ JSON-LD ",
  InventoryMovement. UPDATE, name);
Attributes name = new Attributes();
  name.addAttribute(InventoryMovement.USERID);
  Conditions subConds = new Conditions();
  subConds.addCondition (InventoryMovement.TIMESTAMP);
  Retrieval retrieval = new Retrieval(name,conds);
  DataObject retrieve = server.retrieveDataFrom("cloud","port"," InventoryMovement _hash_ JSON-LD
  ",retrieval);
AttributeNameValues name = new AttributeNameValues();
  name.addAttributeNameValue(InventoryMovement.TIMESTAMP);
  name.addAttributeNameValue(InventoryMovement. .USERID,"hashid");
  DataObject put = server.putDataInWidget("cloud","port"," InventoryMovement _ location status ",
  InventoryMovement. UPDATE, name);
AttributeNameValues name = new AttributeNameValues();
  name.addAttributeNameValue(InventoryMovement. .USERID,"hashid");
  name.addAttributeNameValue(InventoryMovement.TIMESTAMP,new);
  DataObject service = server.executeSynchronousWidgetService("cloud","port"," InventoryMovement _
  history ","service store","function history", name);
```

圖 6-8　The "InventoryMovement" Widget

擎，以發現庫存融資操作的 Web 服務首選項。對於觸發規則引擎的發現機制，智慧事物可以感知相應的上下文小工具 APP 按鈕，來完成 NFC 行動設備之間的通訊。此外，感測卡還能夠經由 NFC 行動設備（例如：行動電話），快速獲得相關狀態，得知檢查庫存或是未檢查庫存。

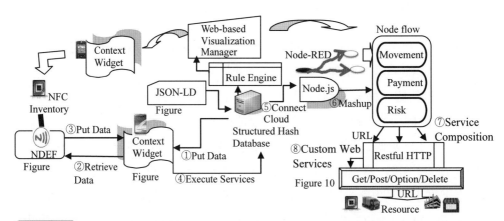

圖 6-9　NFC Mode Integrated Node-RED Tracking Approach

　　對於這種由 NFC 驅動的 WoT 方法，庫存財務風險管理可以大大減少啟動用於風險分析的追蹤任務時間。這使得對於金融領域的風險分析變得特別即時，在

該領域中，通過促進實際庫存追蹤任務來評估一些風險指標變得很智慧。在風險分析過程中，我們可以從行動設備的螢幕上獲取當前的風險度。簡而言之，行動設備將通知可能發生的風險。NFC 標籤是一種被動方式，它是由有源讀取器（如 NFC 移動讀取器），在諸如數據收集器之類的智慧事物上產生的磁場觸發的。支持 NFC 的數據收集器，實際上可以保存實際庫存的交易詳細資訊，包括生產批號、品質、價格、有效期、製造日期和交貨日期等。這將大大減少支持 NFC 模式下的庫存處理工作。因此，啓用 NFC 的數據收集器是一個 Web 事物。此外，在需要啓用連接而無需人工干預的情況下，這些收集的交易數據，將傳輸到雲中的結構化哈希數據庫。因此，Web 事物使簡化的物聯網（IoT）連接能夠通過雲端中檢索到的 URL 自動連接到網站。以這種方式，可以追蹤實際庫存移動狀態，以進一步控制 SCF 中的潛在風險發生。簡而言之，Web 上啓用了雲的應用程式使用網站獲取其他資訊，以響應庫存財務風險管理而提供上下文感知。通過這樣的應用程式，上下文相關的數據會自動更新到基於雲端網站。確認更新的任務後，會將這些數據寫入結構化的哈希數據庫，並使用哈希算法重新計算哈希鍵值。此哈希鍵旨在連接唯一的庫存財務操作，以有效追蹤這些實際庫存移動狀態。每個庫存財務操作都有一個唯一的哈希鍵，該鍵與基於雲端結構化哈希數據庫中的追蹤歷史記錄相關。當庫存財務有現金支付需求時，我們提議之 NFC 驅動 WoT 系統中的主動事件，可以啓動實物庫存抵押品的風險分析週期，並優化執行付款的財務決策行爲。綜上所述，由於需要集成協作，因此需要通過 Web Mashup 平台進行物理 Mashup。做爲物理混搭，Web 混搭使這些使用者在物聯網中集成在一起，例如：Node-RED 工具，它以協作智慧設備的方式，提供 Twitter、HTTP 和 Web API 等互聯網服務。這樣的 Web 混搭，爲 WoT 中的 Web 服務組合提供了一種應用方法。Node-RED 是一個眞正的開源視覺表示工具，它透過 IBM 在物聯網應用程式中創建的 JavaScript 代碼使用節點概念來執行特定任務。在我提出的追蹤方法中（圖 6-9），在基於 Web 的可視化平台上創建了三個分支，例如：行動、支付和風險。考慮到實際庫存追蹤過程，這些功能執行以下節點流程任務。

第一個任務旨在通過各種感測器設備嵌入的使用者（例如：工廠、銷售商店、卡車和庫存抵押品）檢索狀態數據。這是所有感測器設備都允許協作通訊並定期收集數據的地方。基於節點流，第一個任務提供邊緣網路執行而不是雲端服務，以加快決策速度並減少延遲。爲此，需要檢測 NFC 標籤，以將 NDEF 數

據饋送到 Node-RED 節點流中。每 10 秒觸發一次行動分支，以透過帶有 Node-RED 負載參數的串行端口數據處理程序讀取狀態數據。做為消息持有者，Node-RED 的有效負載，也等於 NDEF 數據的有效負載。例如：啓用 NFC 的智慧型手機透過感測 NFC 標籤來使用 App，以將實際庫存位置數據發送到 Node-RED 的移動分支。一旦實現了移動分支，它將爲所有 Web 服務提供 HTTP API。此外，第三方供應商（例如：銀行）也可以使用這些 HTTP API 來擴展行動分支服務。

　　第二項任務旨在基於哈希密鑰，將檢索到的狀態數據存儲到結構化哈希數據庫中。對於此類任務需求，Node-RED 工具創建功能節點以執行自定義上下文對象，例如：通過 JavaScript 代碼執行哈希鍵。上下文對象執行嵌入 Web 事物中的上下文資訊，例如：NFC 驅動的實物清單。

　　第三個任務旨在形成規則引擎，以根據上述狀態數據執行風險分析。對於此類任務需求，節點紅色工具會創建注入節點，以在某些時間執行觸發事件，例如：狀態更改事件。透過這些節點，將生成一條消息，用於定時觸發。定時觸發具有附加到其上的感測器數據之唯一時間戳。例如如果狀態更改事件的時間戳記爲 10：18 AM，則將其分配給 10：00 至 10：30 AM 間隔。每 30 秒觸發一次移動分支，以更新已寫入 NFC 標籤數據的雲端數據庫。這些更改的狀態數據，可以由 Twitter 節點實時發送到雲端數據庫。這種基於 Node-RED 和 RESTful 的集成 Web 服務，基於 Web 的可視化平台可以映射和可視化物理事物，以通過 WoT 中的 Web 服務組合來對應其虛擬資源。Node.js 是伺服器端 HTTP 伺服器，可以爲 Node-RED 支持事件驅動的異步環境。

　　這個基於 Web 的可視化平台，由規則引擎和可視化管理器組成。滿足條件時，規則引擎會處理觸發的事件，例如：庫存盤點轉移事件。特別是觸發事件會在與 Web 事物對應的 RESTful Web API 之 Web 服務上起作用，其中服務可以輕鬆瀏覽相關的追蹤歷史交易數據。規則引擎是包含規則邏輯的存儲庫，同時從感測設備分析所有追蹤歷史數據。因此，規則引擎允許服務組合通過爲庫存財務操作建立追蹤首選項，來自動發現 Web 事物。在提出的規則引擎中，它包括根據事件目標的條件設置和根據狀態變化觸發的動作事件。例如：當實際庫存從供應商的工廠轉移到買方的銷售商店時，此過程將觸發移動事件。如果滿足庫存財務條件，此事件將進一步進行移動狀態更改，並執行付款操作。

　　可視化管理器提供基於 Web 的介面，以訪問對應於物理事物的 Web 事物之管理，並透過可視化表示。可視化管理器以圖形方式提供了儀表板，以與物理

事物進行交互。它的活動允許實時使用 RESTful Web API，將物理事物的可視化狀態做爲對象的虛擬表示。RESTful Web API 使用 URL 做爲使用者來連接物理清單，以追蹤其狀態更改。這些 URL 集中於流水線節點流中的觸發事件處理，節點資訊可自動捕獲是否使用庫存財務的追蹤狀態。URL 充當 Web 服務，透過庫存財務中使用者的操作狀態變化來反映。例如：庫存狀態在轉移時，會從手頭轉移到運輸中。追蹤帶有 NFC 標籤的實物清單狀態，已變得愈來愈重要。狀態包括庫存的使用、位置和轉移歷史記錄。透過 NFC 標籤實物清單，可以將 URL 嵌入此標籤中，以便追蹤狀態操作。透過使用特定的 NFC 模式 URL 應用程式，可以允許感測設備之間進行雙向通訊（Csapodi 和 Nagy，2007 年）。NFC 模式 URL 是使用 RESTful API 方法通過統一資源標識符號（URI）標示的具有 Web 表示形式之資源。但是，我們使用 Node-RED 來探索 RESTful API 做爲 URL 資源，例如：銷售商店或工廠、操縱工廠嵌入式感測設備以透過 NFC 模式 URL 捕獲實際庫存移動狀態、銷售商店嵌入式感應設備可以獲取事件監視數據，以追蹤實際庫存使用狀態。這些檢索到的狀態數據，作用於追蹤首選項存儲之規則引擎數據庫的來源。RESTful APIs 方法描述如下：

- GET：從請求 URL 的資源中檢索數據。
- POST：提交用於追蹤處理的新資源。
- PUT：在請求 URL 處創建或更新新資源。
- DELETE：刪除請求 URL 上的資源。
- 選項：查詢或響應給定 URL 的請求。
- HEAD：使用哈希模式獲取標頭僅對應所有資源。

爲簡單起見，圖 6-10 描述了使用 JSON 數據響應和定制訪問的資源路，以傳播狀態更新的 OPTIONS 示例。

從圖 6-9 的第五步到第八步執行上述任務。在第五步中，將資源嵌入式感測設備連接到雲端，以使它們可以使用 RESTful API 進行 Web 訪問。在第六步中，使用 Node-RED 進行混搭創建，以自動檢測庫存財務運行狀態。在第七步中，探索諸如 Twitter 之類的 Web 服務組合，以在 Node-RED 期間發布狀態消息。在第八步中，Node-RED 的 REST API 可以實現自定義的 Web 服務，包括追蹤狀態的事件觸發器。與傳統方法相比，使用 Restful API 提出的 NFC 模式集成 Node-RED 追蹤方法，將爲 SCF 風險提供情報。績效評估顯示，如何遠程時追蹤以減少庫存財務的風險處理。

```
<application xmlap=" http：//www.physicalinventoryfinance.com "              xmlap：
    url="http：//www.w3.org/2017/XMLSchema">
  <resource path="/">
  <method name=" OPTIONS ">
    <response>
      <representation StatusType="plant location">
        <parameter name="status" style="JSON" type="xs：string"/>
      </representation>
    </response>
  </method>
  </resource>
</application>
```

圖 6-10　RESTful APIs Method

 案例研讀

問題解決創新方案→以上述案例爲基礎

一、問題診斷

依據 PSIS（Problem-Solving Innovation Solution）方法論中的問題形成診斷手法（過程省略），可得出以下問題項目。

問題 1. 在客戶住處中，無法即時取得公司資源

保險業務工作可能發生在任何時間、空間的環境，其所面對的客戶也會因人而異，因此當在某客戶的住處中，對此時間內和此顧客背景情況下，對於每位不同客戶的保險需求，應能做出客製化的保險規劃，而此時須能掌握時機，立即為此客戶量身訂做出一份專屬的保險建議規劃書，但由於其中一些資源（例如：保單試算分析的功能）需來自於總公司，所以，若無法在此時、空、人的環境下取得，就會造成客戶不甚方便的抱怨。

問題 2. 公司對 IT 應用在行動環境的效益

公司高階主管若無法體驗 MIS 系統對於企業作業流程的真正價值，若只認為 MIS 系統就是在於做大量資料處理和自動化流程等效用，並無法從 MIS 系統運作中領略出對企業的價值，例如：滿足顧客方便性的價值，則就無法用 MIS 系統隨時隨地的產生價值，因此，在本案例中，公司 MIS 系統只是放置在總公司電腦機房內，並沒有辦法解決隨時隨地為員工服務，進而滿足顧客價值。

二、創新解決方案

　　根據上述問題診斷，接下來探討其如何解決的創新方案。它包含方法論論述和依此方法論（指內文）規劃出的實務解決方案二大部分。

(一) 以雲端運算為基礎來創造行動服務價值

　　企業價值是呈現於行動環境中的作業流程。因此，在企業作業需求上，必須以行動商務（Mobile Commerce）模式來滿足各利害關係人的價值，這對於各利害關係人的價值而言，就能得到無所不在（Vbiguitious）的服務，這是一種科技始於人性的極致表現。然而要達到如此綜效，則須以雲端運算平台來落實於此無所不在的服務效益。

　　雲端運算平台就是在任何時空，對於任何人在不同任何需求作業，都可提供隨選所需而無所不在的服務，如此就可產生行動服務價值，從此價值來解決客戶的問題。

　　雲端運算平台的本身價值，在於雲計算和資源整合這二項，雲計算是指利用集中、專業、大量的伺服器叢集，來即時做大量資料和複雜演算的運算，這樣運算可解決現實複雜的問題，它所呈現於企業應用的是一種商業智慧。透過商業智慧，可呈現企業應用價值。例如：在本案例中的保單試算分析就是一種雲計算，它呈現於保險公司的需求應用是最佳化和客製化保單規劃書。另一個是資源整合，它整合大量資源的聚合（Convergence）效用，如此可使資源不浪費閒置，且能用最佳化的經濟價值規模，來使用這些原本散落各地的資源，以便能集中、立即有效精準的解決企業需求。例如：在本案例中，將保險公司所有資源（包括總公司 MIS 系統、無線網路、終端設備、資料庫等資源）做整合，如此可專業、精準的為客戶提出其專屬的客製化保單規劃書。

(二) 實務解決方案

　　從上述的應用說明，針對本案例問題形成診斷後的問題項目，提出如何解決的方法，茲說明如下。

解決 1. 以行動終端設備和公司資源連接（雲端化）

　　當保險業務員至顧客住處時，可隨身攜帶行動終端設備（例如：PDA），事先儲存有關於保險基本資料，例如：保單產品種類，因為在此終端設備上，目前其資料量和運算是有限的，所以，只能儲存局部資料，而當

需對顧客做進一步保單試算分析時，就可利用無線／衛星方式連線到雲端平台上，來執行此客戶的客製化保單試算和規劃書。

解決 2. 規劃可呈現出企業價值 KPI 的 MIS 系統 SOP

要讓公司主管能真正領略 MIS 系統在企業運作價值，則須將 MIS 系統 SOP（標準化作業）和企業價值 KPI（Key Performance Index）做結合，其結合做法就是於 SOP 過程中，事先設計出可能影響企業價值的 KPI，例如：在 MIS 系統 SOP 內，於拜訪客戶時，就設計出客製化保險規劃書的 KPI，如此，業務員在銷售拜訪中就知道應用 SOP 步驟，進而滿足客戶價值 KPI。因此，從上述結合，就能讓公司主管重視以及知道如何應用 MIS 系統在行動環境中創造出行動服務價值。

三、管理意涵

行動商務在於 Web-based 的技術，Web 從 1.0 到 2.0，甚至還有 3.0，所以 Web-based 的 MIS 系統在今日企業 IT 環境中是非常重要的，透過 Web-based 系統，可使行動環境在無所不在的綜效中有所發揮，如此就可創造出行動服務價值。

四、個案問題探討

你認為行動管理的 Web-based 管理資訊系統對企業經營作業有何影響？

MIS 實務專欄 （讓學員了解業界實務現況）

本章 MIS 實務，可從三個構面探討之。

構面一：有服務需求作業的企業較會採取行動商務

在服務業中，因企業運作環境會隨客戶環境而變動，因此，行動服務的 MIS 系統比較會採用，而在製造業用 PDA 連接總公司 MIS 系統，則較常在生產現場控管使用，但不如服務業使用廣泛。

構面二：MIS 系統接合行動 M 化

- MIS 系統是一種 e 化系統。
- 將 e 化和 m 化做結合。

- e 化系統和 m 化系統是不同軟體系統和廠商，因此會用 API（Application Program Interface）來做連接。
- MIS 系統從傳統 Client / Server 架構轉換成現今 Web-based 架構
- 目前只要開發新的軟體系統，一定用 Web-based 架構
- 有些舊的 MIS 系統因企業穩定保守特性使然，所以不敢直接全面更換成 Web-based 架構，而採取面對使用者端的需求功能用 Web-based，再和舊的 MIS 系統做接合。

構面三

　　在目前世界疫情衝擊下，其整個產業活動深受影響，不僅營收有所波動，連商業營運模式也因而隨之改變，由此可知太過追求經濟發展，而忽視或間接造成公共安全衛生問題，對於全球經濟反而是一種阻礙，因此問題可延伸至全球永續發展氣候變遷之議題，亦即企業營運管理必須同時考量且正視永續發展的因素來進行經濟發展，然而，如何兼顧兩者發展並行的策略戰術，則是解決上述問題急迫且關鍵之瓶頸所在。在此，數位智慧科技就扮演了其策略戰術的角色，尤其現今正是人工智慧物聯網金融科技區塊鏈 5G 等創新科技趨勢洪流對營運管理方式影響之際，例如：對這次在台灣的肺炎疫情，就是有應用到此科技解決方案，而使得對防疫作業有所控管，在這樣永續發展和數位智慧的應用需求奏效成果下，其創新人才教育是功不可沒的基礎。

 課堂主題演練（案例問題探討）

企業個案診斷 —— 行動化存貨控制

　　在做存貨控制時，如何快速得知存貨變動狀況，進而採取立即的改變計畫和措施，對於存貨行銷的掌握是非常重要的，因此以行動化方式來運作，是一個可達到網路行銷在產品存貨應用的方法，採購人員可由任何行動裝置感應和了解在大賣場的某項商品之存貨狀況，並透過 PDA 無線行動裝置來接收供應商之商品目錄、價格、規格、可交貨量、進度日期等資訊，進而立即改變存貨計畫，選定商品後，將商品加入購物袋（Shopping Cart）之資料庫，這時購物資訊將傳送到供應商伺服器進行訂單處理。目前如便利商店和大型賣場，都利用上述資訊應用模式，以便達到存貨控制。

關鍵詞

1. WSDL（Web Service Description Language）：描述一個 Web Services 的運作方式，以及指示用戶端與它可能的互動方式。

2. SOAP（Simple Object Access Protocol）：網路上交換結構化和型別資訊的一種簡易通訊協定。

3. ISP（Internet Service Provider）：網路服務提供者。

4. 普及商務：在任何時間地點都會有促進商務行為的公共在地化設備。

5. Web 3-Tier：使用介面層、作業邏輯層、資料庫層。

6. RFID（Radio Frequency Identification）：全名是射頻辨識系統，它是利用無線電的識別系統，附著於人或物之一種識別標籤，故又稱電子標籤。

7. 多媒體：就是以數位化、人性化的人機介面方式，整合處理多個不同媒體，包含：文字（Text）、聲音（Audio）、影像（Image）、圖形（Graph）、視訊（Video）、動畫（Animation）等，並具有與使用者互動的功能和傳播，以達到多樣化資訊的呈現表達。

8. WoT 架構：通過使用多種物理資源來創建新的 Web mashup 混搭應用程式所實現的一切。

習 題

一、問題討論

1. 何謂軟體服務化架構？

2. 說明普及商務為何？

3. 何謂 WoT 架構？

二、選擇題

（　）1. 下列何者是 Web 2.0 特性：　(1) 互動、參與和共享　(2) 標準化的協定　(3) RIA　(4) 以上皆是

（　）2. 由多個網路以快速的骨幹網路（Backbone）所連結而成，這是指何種網路？　(1)LAN　(2)WAN　(3)Internet　(4) 以上皆是

（　）3. 普及商務和行動商務的差異？　(1)anywhere　(2)anytime　(3) 攜帶行

動設備　(4) 以上皆非

（　）4. 何謂 Web 3-Tier？　(1) 使用介面層　(2) 作業邏輯層　(3) 資料庫層　(4) 以上皆是

（　）5. 目前 MIX 系統的軟體平台：　(1)Web-based　(2)Window-based　(3)DOS-based　(4) 以上皆非

（　）6. 下列何者不是 web 的特性？　(1) 有狀態　(2) 無狀態　(3) 各個服務間沒有主從關係　(4) 相互獨立的實體

（　）7. 資訊系統的發展過程可簡單分成三個階段：　(1) 終端機和主機（Terminal／Host）的架構　(2) 主從式構架（Client／Server）　(3) 網際網路系統架構　(4) 以上皆是

（　）8. Web-based 管理資訊系統和以往的管理資訊系統差異何在？　(1) IT 技術上　(2) 使用操作　(3) 兩者皆是　(4) 以上皆非

（　）9. 行動資訊環境包含哪些要素？　(1) 行動設備　(2) 無線　(3) 行動商務　(4) 以上皆是

（　）10. 下列何者是行動商務的例子？　(1) 現場盤點　(2) 訂單查詢　(3) 入庫收料　(4) 以上皆是

（　）11. 行動商務具備了傳統網際網路所沒有之效益爲何？　(1) 有線環境限制　(2) 沒有無線環境　(3) 行動個人化的服務　(4) 以上皆是

（　）12. WAP（Wireless Application Protocol）是指　(1) 無線應用系統通訊協定　(2) 有線應用系統通訊協定　(3)internet 應用系統通訊協定　(4) 以上皆是

（　）13. 企業 M 化是？　(1)Enterprise Mobilization 無線應用系統通訊協定　(2) 由行動商務所延伸而來的概念和做法　(3) 無線應用　(4) 以上皆是

（　）14. 行動加值服務可和顧客關係管理系統結合，例如：　(1)SFA, Sales Force Automation　(2)ERP　(3)e-procurement　(4) 以上皆是

（　）15. 行動商務之資料應用可分爲？　(1) 訊息／電子郵件（Messaging/E-mail）　(2) 資訊服務及行動商務（Information Services and M-Commerce）　(3) 網路存取（LAN Access）　(4) 以上皆是

（　）16. 下列何者不是行動裝置的問題？　(1) 螢幕過小　(2) 很短的電池壽命　(3) 無限的記憶體　(4) 有限的計算能力

（　）17. 行動通訊網路的種類？　(1) 電話通訊　(2) 電信通訊　(3) 數據通訊

（4）以上皆是

（　）18. 行動資訊環境具備了那些效益？ （1）無所不在 （2）彈性和即時 （3）兩者皆是 （4）以上皆非

（　）19. Web 平台證券包含哪些設備？ （1）手機 （2）PC （3）ADSL （4）以上皆是

（　）20. 下列何者是多媒體簡訊服務？ （1）Short Message Service （2）SMS （3）MMS （4）以上皆是

Chapter 7

資訊系統的企業應用

1. 說明流程再造的定義和範圍。
2. 探討流程再造對企業的影響。
3. 探討管理資訊系統對組織再造的影響。
4. 說明企業如何應用管理資訊系統。
5. 說明資訊化應用的功能和範圍。

案例情景故事

企業應用管理資訊系統對經營績效影響為何？

　　一家從事於電子設計製造的公司，成立於 1 年前，在草創時，只有 3 個部門，分別是業務部、行政部、設計製造部，人數有 9-10 位，由於產品定位於季節性熱門消費性電子產品，所以很快就得到大量訂單，使得公司營收增加很快，導致營業部門作業量負荷變得很重，於是部門工也相對地新增為 6 個部門，分別是業務部、人事部、會計部、財務部、製造採購部、研發部等部門，人員也從 9 位增加至 30 位。

　　上述這樣的經歷和擴充，使得公司的經營作業也改變很多，當然引發的作業問題也相繼產生。而身為公司的江副總，就在上星期發生一件事：

　　「研發部門的研發工程師所開發產品的設計圖檔，因儲存於該工程師的電腦硬碟內，由於個人疏失，導致將舊的圖檔版本覆蓋至新的圖檔，並傳輸給相關部門，而造成整個研發、製造、採購等部門作業，都是應用錯誤的設計圖檔，使得產生錯誤的產品，而造成訂單流失。」

　　這樣的錯誤雖然是營運作業過程的個人疏失，看起來微不足道，但卻發生很大的損失，這使得江副總不得不思考企業營運作業資訊化的重要性，即使公司本身核心能力是在於設計銷售，但當公司大到一定規模時，企業經營作業變得也是非常重要的核心能力，而資訊化就是一例。

　　經過這件事後，江副總回想：「之前因公司部門、人員少，所以各作業資料都是儲存於個人電腦上，如此運作溝通尚無問題，但到了多個部門和員工數變多的情況下，就產生了資訊分享、正確、一致性的問題，也就是資訊整合的問題。」「資訊整合問題須依賴管理資訊系統的建置使用，就可解決上述個人疏失的問題。」當然，該公司經過管理資訊系統建置後，的確使公司經營作業有很大成效。

問題 **Issue** 思考

（讀者請依據此情境個案，思考出 MIS 問題重點，來引發本章的內容研讀方向）

1. 企業檔案文件版本弄錯以及各部門存取效率作業影響？→可參考企業流程再造。

2. MIS 系統在導入 BPR 改造後，如何影響企業組織各部門活動？→可參考組織結構。

3. 企業經過 MIS 和 BPR 的整合導入後，如何成為一個資訊化企業？→可參考資訊化企業。

前言

　　企業流程再造的關鍵重點，在於徹底（Radical）根本（Fundamental）、變革（Change）、關鍵流程（Critical Process）等三個重點，從這些重點可定義出企業流程再造的意義和功能，經由企業流程再造會產生組織再造，透過組織再造，改變了企業的組織部門、人員角色、組織運作等影響，上述的流程和組織再造，會以管理資訊系統應用來滿足企業經營的作業需求，也就是資訊化應用，所以資訊化應用的功能和範圍就變得非常重要。

閱讀地圖 （以地圖方式來引導學員系統性閱讀）

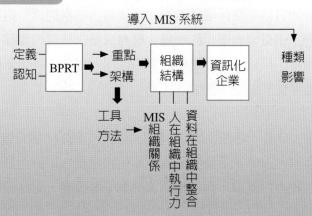

7-1　企業流程再造

一、企業流程再造的定義

　　根據 Michael Hammer 的定義，企業再造是指從根本重新徹底的分析、設計企業所有的活動、並管理企業相關的企業變革，以追求績效戲劇化成長的一項活動。因此，企業流程的重新定義是企業流程再造（Business Process Reengineering）的核心工作。

　　透過企業流程的重新定義，不但會衝擊到組織的變動，也會影響到企業員工的工作作業模式。另外，企業流程的重新定義也是呈現出企業管理功能的改變，亦即不是只有流程步驟的順序改變或項目關聯，它最主要是因應企業環境的變化，導致企業管理模式創新，進而使企業流程重新定義。就如同企業流程電腦化一樣，並不只是從人工作業計算換成電子計算機處理的過程，而是透過電腦化機制整合企業流程的功能，使其更有效率。

二、企業流程再造的重點

　　企業流程再造的基本概念，從上述的定義可窺一斑，亦即企業流程再造的關鍵重點是在於徹底（Radical）根本（Fundamental）、變革（Change）、關鍵流程（Critical Process）等三個重點。

- 根本徹底

  首先，就「徹底根本」來看，在企業流程再造的過程中，每位員工必須不斷持續自問一些最根本及源頭的問題所在，這就是在國內某大民間企業集團最有名的所謂追根究柢的經營方式。例如：為什麼要如此執行？沒有其他更好的方法？為什麼要執行此事？藉由追根究柢一路探討最基本源頭的問題，不是做表面化的改變、改善或是修補現行流程，而是在整體再造過程中，根除現有浪費無效率的流程，如此才可重新審視經營企業的作業是否有不合理的地方。

- 變革

  就「變革」來看，變更是直接影響公司競爭。例如：客戶增加他們的個人偏好和需求，這時企業就必須改變產品和服務，以符合每一個個人化客戶，並且和客戶互動。而這樣的狀況並不是改變，而是變革，亦即改變

只是在原有作業模式做修正，但變革卻是完全推翻原有作業模式，重新建構新的作業模式。

- 關鍵流程

  就「關鍵流程」來看，在製造業企業營運作業中，就是集合各種「原物料」的投入活動，經過製造生產的一連串相關過程活動，然後再產出顧客所需產品，而這種「投入→過程→產出」的作業，再加上「回饋控制」的作業，就成為企業複雜流程，但在這複雜流程中，有所謂的關鍵性流程，它是使整個企業複雜流程有附加價值產生的因素，和影響流程效能的瓶頸所在，故企業流程再造，必須從關鍵流程開始著手。

從上述說明可知，企業流程再造並不是一件容易推行的專案，因為它必須從經營理念、經營策略與模式、及總體經營目標重新檢討，而這就和企業主、高級主管的本身觀念和工作習慣模式有所影響。另外，從整個組織單位來看，企業流程再造會從個別部門功能現況改善及自動化，擴大為整體流程整合及自動化，而這就和中低階主管、各工程師、各作業員，有很大的不同工作習慣模式及觀念的變化適應相關。上述這二點，就企業流程再造的推行工作而言，就已經會使得企業忙得不可開交，然而，就如同上述對企業流程再造定義所言，因應企業環境的變化，導致企業管理模式創新，進而使企業流程重新定義。故在目前網際網路的知識經濟時代，企業價值鏈已從公司層次擴大為體系整合之綜效及競爭力，因此產業價值鏈躍升為企業管理模式的創新，這時企業流程再造必須能跨越公司本身、供應商、客戶等作業流程，而這就是目前最盛行的企業電子化（E-Business）。若再加上這點，其企業流程再造的推行工作根本是非常難的，這就是為什麼企業流程再造的導入案例，很少會成功的主要因素。

雖然企業流程再造的推行工作常因為受限於許多因素而變得窒礙難行，但這也是企業生存及成長不得不進行的事情。因為企業流程再造可使公司更能掌握核心專長及流程，並將公司非核心流程作業外包給夥伴廠商，而這也是為什麼客戶供應商關係，從以前對立競爭方式到現在成為合作互動方式的原因所在。另外，傳統上的企業再造，往往會將再造的重心放在降低成本，基本上這個方向是對的，但執行者往往會誤解「成本」這個關鍵字，在企業再造的過程中，所注重的這個成本是指浪費的成本，而不是限制發展事業所需的成本，也因此在現今的企業再造，已經不是單單把再造的重點放在成本降低，而是將市場占有率、銷售收入、利潤、長期競爭力和存活力等因素，重於成本的縮減。

　　除了上述的原因之外，在推行企業流程再造的時候，還必須知道一個非常重要的觀念，就是企業流程再造是一個持續的作業，而非是暫時的專案，這是企業所有員工必須體認的精神，但必須注意到避免「再造的混淆和不安」，因為持續的企業流程再造有可能會使好不容易已再造穩定後的局面，再度受到變動，這時負責企業流程再造的主事者，必須有相當的能力和手腕來溝通化解。由此我們可知企業流程再造的運作，很需要擁有高績效的、整合的、網路化的、開放的、主從架構的科技技術來輔助。是故，企業流程再造的導入一定要和資訊科技整合。

　　而一般在考慮這個問題時，不外乎是以下二種思考模式，第一種是一般人會認為只要購買了一套資訊系統，就萬事 OK 沒問題，第二種是從企業需求流程先探討、分析設計，再來看資訊系統，其實這二種都可說有點對，因為它們的角度看法是不同的。例如：第一種的想法是站在購買成本的角度，既然都已經花錢了，當然可達到效益功能，不然為何要花錢，所以先買了再來想該如何使用。而至於第二種則是站在需求面的角度，購買資訊系統是為了達到需求，故應先了解需求何為再來購買。若是以這二種想法來比較的話，第二種當然優於第一種，但就筆者顧問輔導多年經驗，認為應從企業需求流程和資訊系統一起整合來思考，這就是第三種，因為目前的資訊系統產品是很成熟的，最主要是該資訊系統本身已含有需求功能，而且這些需求功能是經過許多客戶的抱怨改善所累積的，這種現象在 ERP 系統更是常見的。另外，若不同步考慮資訊系統，則整個進度會變得相對很慢，而且到時可能無法整合成一個資訊系統。

表 7-1　　企業流程再造關鍵點列表

企業流程再造的關鍵	重點	觀念
徹底根本	重新審視經營企業的作業	是一個持續的作業，而非是暫時的專案
變革	是完全推翻原有作業模式，重新建構新的作業模式	企業流程再造的導入一定要和資訊科技整合
關鍵流程	是使整個企業複雜流程有附加價值產生的因素，和影響流程效能的瓶頸所在	企業需求流程和資訊系統一起整合來思考

三、企業流程再造的基本架構

由於企業再造是以企業程序為變革單位，因此又稱為「企業處理程序再造工程」（Business Process Reengineering），簡稱「企業程序再造」（BPR）。

企業流程再造可以分為下列四個階段：準備認知期、確認評估期、設計分析期、導入建置期等。其示意圖如下：

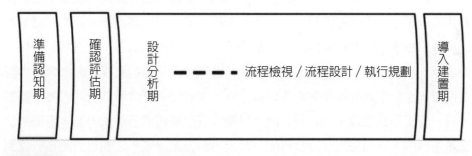

準備認知期｜確認評估期｜設計分析期 ---- 流程檢視 / 流程設計 / 執行規劃｜導入建置期

圖 7-1 企業流程再造四個階段

(一) 準備認知期

所謂的準備認知期，是指建立起企業未來發展的願景（Vision），而這個願景是考慮到未來幾年的成長規模，並且須能落實到每位員工和各自的作業流程內。由於是願景，故對於現行的企業文化、組織單位、作業模式，都是和現在不一樣的，就如同前述企業流程再造的關鍵重點是在於徹底根本的改變，這對於員工過去習慣的作業，會是很大的衝擊，所以必須有些工作要事先安排準備，才不會太過突然，導致員工反抗和不適應，這其中最重要的就是必須溝通觀念，有正確認知及共識，它的步驟包含確定再造需求、凝聚全員共識、成立專案小組、認知觀念等，它的目的是在於該願景的可行性分析。

(二) 確認評估期

所謂的確認評估期是依據願景，審慎評估目前企業活動的流程，是否符合未來願景所需的成效，以確定需要做哪些根本的改變，包括核心能力、作業流程、管理程序、組織文化、企業價值。這樣的評估結果後，有二種做法：一是同時全面式的重新再造，二是先選擇關鍵重點，循序漸進加以改革，但這二種做法，對於高級主管而言，須同時考慮到因企業流程再造計畫是整體架構思考，但執行方式可採取關鍵重點循序漸進來運作，它的步驟包含產品評估、市場評估、組織評

估、核心能力評估、流程評估等，它的目的是達到願景評估性目的。

(三) 設計分析期

　　所謂的設計分析期是依據前二期的評估結果展開後，須做行動內容的分析和設計，這時必須有多方案的選擇，以做為因應不同成效的決策。故它包含有流程檢視、流程設計、執行規劃，最後整理目前的程序問題，決策出一個明確且可行的行動方案，它的步驟包含資訊評估、資訊流、流程介面，並同時依據上期的流程評估來分析再造的核心流程，進而了解流程架構，產生關鍵績效指標。這個指標須和客戶需求下的流程導向結果能夠符合，了解流程架構後，就有問題分析、價值流程、流程設計，而這三個分析設計，必須轉為前述的流程介面，來引導使用者使用，至於問題分析後會產生效益分析，來看是否符合策略管理思考下的標竿流程，若有達到效益，則就建立流程目標，進而展開構思解決方案，這個解決方案是多個的，且須和流程設計搭配，最後再做方案決定。它的目的是在於達到行動方案建立。

(四) 導入建置期

　　所謂的導入建置期是在已經做過認知上的宣導溝通、需求評估分析、作業方案設計後，接下來就是要如何在組織運作中落實執行。而在執行面上須和資訊科技整合，因為一般企業在使用資訊科技時，都是先決定需求功能、流程等，然後再來發展軟體系統，卻沒思考到，資訊科技的能力會影響到需求功能、流程的自動化程度，故應該採取同步工程，在作業方案設計時，就應該把資訊科技整合，如此才可達到資訊科技的能力和企業再造的目標整合效益。它的步驟包含資訊系統設計、資訊系統導入、資訊系統調整，而資訊系統調整會影響到當初的資訊評估內容，進而影響到設計分析期的內容變更，它的目的是在於達到 BPR 運作上的訓練和績效。

　　以企業整體來思考這個企業流程再造四階段，若就準備認知期而言，它會成立一個 BPR 組織，進而牽動到整個公司的組織結構，若就設計分析期和確認評估期過程來說，它會達到企業經營管理的成效，若就設計分析期的流程介面步驟部分和導入建置期過程，它會產生 ERP 資訊系統。

　　整個企業流程再造四階段：準備認知期、確認評估期、設計分析期、導入建置期，是一個非長漫長的流程，有許多繁瑣細節及步驟需要確認，因此筆者整理成以下圖 7-2 的示意圖：

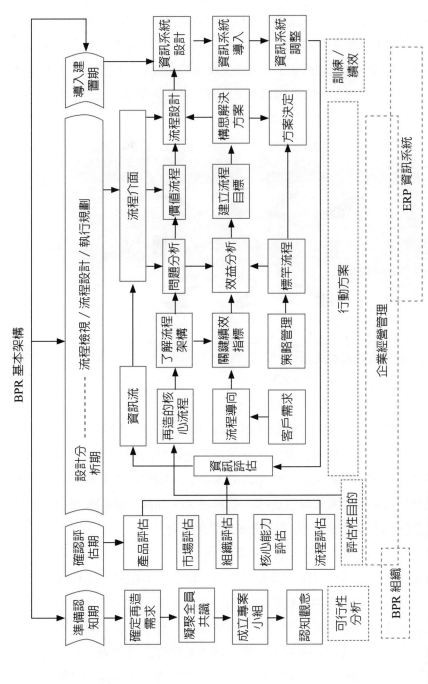

圖 7-2 「企業流程再造」流程圖

四、企業流程再造的錯誤認知

從上述企業流程再造四階段圖 7-2 中，可了解到企業流程再造真的不容易，它的成本投入也是很驚人的，若沒有一定程度的效益呈現，則下次要再運作企業流程再造時，可想而知就是更加困難不容易的，因此在導入企業流程再造時，就必須要很清楚企業流程再造的認知，才可產生積極有企圖心的態度，來推動企業流程再造的工作。而在推動企業流程再造工作時，需要先釐清下面七個觀點：

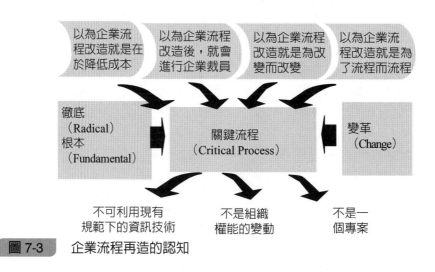

以為企業流程改造就是在於降低成本　以為企業流程改造後，就會進行企業裁員　以為企業流程改造就是為改變而改變　以為企業流程改造就是為了流程而流程

徹底（Radical）根本（Fundamental）　　關鍵流程（Critical Process）　　變革（Change）

不可利用現有規範下的資訊技術　　不是組織權能的變動　　不是一個專案

圖 7-3 企業流程再造的認知

- 以為企業流程再造就是在於降低成本

  降低成本是以前在管理目標最明顯、最常用的指標，但對於一個企業生存之道，是在於不斷成長發展，它注重的是願景的利潤大餅，而不是在一個固定飽和狀態的產業中來追求成本降低，唯有不斷投資創新，才會有生存之道，故有關市場占有率、銷售收入、利潤、核心競爭力，才是企業流程再造的認知，它是重於降低成本的縮減。

- 以為企業流程再造後，就會進行企業裁員

  根據上述的企業流程再造定義說明，可了解到整個組織和流程會重大改變，這時首當其衝的就是員工的工作內容、範圍、方法和型態，亦即經過流程分析設計後，某些員工的工作可能就不見了，或是轉為不同工作型態，但同樣達到功能成效，這時，該員工就會面對改變，但不是為了裁員，亦即企業流程再造對於公司是一種學習成長，同樣的，對於員工

也是一種學習成長，在今日競爭激烈時代中，無法不斷學習成長，則就會被淘汰，這是一種自我淘汰裁員，和企業流程再造下的改變是沒有直接相關的，因此企業流程再造不是為了裁員，因為裁員的結果導致人力、工作量、工作方式等重新分配，而舊有的問題仍無法解決，故企業流程再造的重點在於需要重新審視企業流程做根本的改變，而不是裁員。

- 以為企業流程再造就是為改變而改變

  吾人常思考企業流程再造會帶來改變，但若是小小的改變，是否就是企業流程再造呢？其實企業流程再造注重的是「是否透過改變，可達成企業願景，以使企業更有競爭力」，而不是為改變而改變，故不管是大改變，還是小小的改變，都不是重點，而是著重在再造之後的成效。只不過企業流程再造是從企業願景發展而來的，故一般企業流程再造都是屬於大改變的。

- 以為企業流程再造就是為了流程而流程

  企業流程再造最重要的運作就是分析設計流程，一切都會以精簡工作流程為焦點，因此一般人會認為，若能夠簡化到某種工作流程程度，就覺得企業流程再造是成功的，這是錯誤的認知。雖然精簡工作流程是有成效的，但企業流程再造應是超越精簡工作流程的轉變，著眼於企業目標和企業效率的成效。亦即，在設計企業流程之前，應是先對企業經營模式做正確分析，然後在該經營模式下來分析設計流程，並不是單純的只為了精簡流程，如此就不會造成為了流程而流程，而設計流程也可和企業流程再造的目標吻合，不會有無法達到企業目標的問題產生。

- 以為企業流程再造就是組織權能的變動

  就如同上述說明，企業流程再造是會影響到組織再造，而組織再造就會產生權利的轉移，這時有些高級主管就會利用這個企業流程再造的機會，來做權力重分配，這是錯誤的認知，應該避免權力調整，而是著重在學習型組織的建立、公司遠景的分享，不是人員的權力分配。

- 以為企業流程再造就是利用現有規範下的資訊技術

  如同上述說明，企業流程再造是會產生流程重大改變，進而使資訊功能跟著改變，但很多公司都會以現有規範資訊技術來解決新模式的再造功能，這是錯誤的認知，試想企業流程都是新模式的再造功能，其搭配的資訊技術當然也須是新的軟體技術，如此才可發揮再造之效。

- 以為企業流程再造就是一個專案

  所謂的專案是會有開始和結束的期間，但對於企業流程再造是不斷持續的運作，因為產業環境和企業模式也是不斷持續的變動，故不可將企業流程再造當作是一個專案，結束後就不需要再管它，這是錯誤的認知，但為了階段性的循序漸進和績效呈現，故須在某一期限建立一個檢視的里程碑，以便檢討和驗收，做為下一個里程碑參考和改進的方向。

表 7-2　企業流程再造觀點整理表

企業流程再造的認知有下列七個觀點	重點	觀念
以為企業流程改造就是在於降低成本	市場占有率、銷售收入、利潤、核心競爭力才是企業流程改造的認知，它是重於降低成本的縮減	不斷投資創新
以為企業流程改造後，就會進行企業裁員	員工的工作內容、範圍、方法和型態	公司是一種學習成長，同樣的，對於員工也是一種學習成長
以為企業流程改造就是為改變而改變	是否透過改變，可達成企業願景，以使企業更有競爭力	屬於大改變
以為企業流程改造就是為了流程而流程	應是超越精簡工作流程的轉變，而著眼於企業目標和企業效率的成效	企業經營模式做正確分析
以為企業流程改造就是組織權能的變動	應該避免權力調整，而是著重在學習型組織的建立、公司遠景的分享	不是人員的權力分配
以為企業流程改造就是利用現有規範下的資訊技術	資訊功能跟著改變	須是新的軟體技術
以為企業流程再造就是一個專案	不斷持續的運作，因為產業環境和企業模式也是不斷持續的變動	某一期限建立一個檢視的里程碑

五、企業流程再造之工具方法

企業流程再造是一件非常不容易推動的做為，它牽涉到全公司的人、事、

物，因此要推動企業流程再造，則一定要有工具方法來主導推動，有系統的來推動，而不是土法煉鋼，故接下來要說明企業流程再造之工具方法，因為工具方法常因人、事、物之不同，而使用不同的方法，因此，在這裡筆者僅舉常用的工具方法種類。

六、資訊科技所扮演的角色

另外，資訊科技在整體價值鏈中是扮演何種角色？資訊科技綜效是在於能使新價值鏈組織可運作及支援它的功能性。從資訊科技構面來看，整體價值鏈需要完整的整合架構（Framework）和基礎（Infrastructure）支援，以提供存取整個價值作業鏈。而這裡就需要做變革管理，亦即在整體價值鏈中，其企業關鍵應用功能是不可過時的，因此在前端客戶使用者互動下，其需求必須能快速反應新機會，這個需求在企業流程是彈性化且可適應去改變企業需求。這樣的變更是直接影響到公司競爭。

🔲 7-2　組織結構

一、組織結構和 MIS 關係

(一) 企業在產業中所扮演的角色

首先，就企業在產業中所扮演的角色來看，所謂的角色就是指企業是客戶，還是供應商、通路經銷商，其客戶又分成最終產品 OEM、ODM，其供應商又分成製造廠、零組件供應商等。從這些角色分類，可以了解二個狀況，第一是某企業可能同樣是客戶和供應商，第二是對某企業而言，有客戶和客戶中的客戶，即是第二層客戶，其供應商亦是如此，有第二層供應商，這樣的關係建構成「產業角色」。

(二)MIS 在企業中的應用

再者，就企業應用方面來看，分成三種層次：Intranet、Extranet、Internet，所謂 Intranet 是指企業內部的資訊系統應用功能；Extranet 是指企業對外部的資訊系統應用功能；Internet 是指企業和外部之間的資訊系統應用功能。這三種最大差異是，Extranet 它是以企業內部為中心，對外角色產生應用功能，而 Internet

是企業和另一企業的交易作業，沒有以哪一個企業內部為中心，這三種層次建構成「層次構面」。

(三) 企業對於 MIS 的需求

　　從上述組織結構和管理資訊系統關係的說明，可知 MIS 資訊技術若無法真正融入企業經營管理作業中，則不只 MIS 系統不是真正的成功導入，而且其經營管理的效益也會大大打折扣，這是身為企業主不可不深思的重點。因此，吾人可從關係面來切入整合面，這將留待下一節介紹，還沒介紹整合面之前，須先再來了解如何從經營管理延伸到 MIS 系統，這是延伸性關係。就企業主而言，是要成功地有效經營一個企業，而要如何經營呢？這就是企業之決策，須能掌握企業內外環境，充分而有效地整體運用企業的各項資源，進而取得競爭之優勢，此處所謂的資源，廣泛的包括人、物、資財、行銷通路等。

　　這些事情，對一個面對產業走向競爭全球化、產品多樣化、供應鏈緊密結合的企業而言，是非常繁瑣複雜的，必須把繁瑣複雜轉為系統結構化，才會簡單效率化，這時就須依賴資訊系統，故 MIS 必須能將企業分散在全球的多個工廠、多個供應商，及多個客戶的製造、行銷、財務、採購等企業功能，整合成一個生命共同體，其最主要效益就是可以將企業內所有重要運作活動整合起來，讓企業的金流、資訊流與物流整合，所有部門看到的資訊一致，並減少錯誤，提升效率與降低資源的浪費，以上就是經營管理延伸到 MIS 系統的內容，從這個內容，可知道關鍵點是在於企業分散的資源，這個資源最重要的就是人和資料這二種，它會透過組織部門的運作，來實施執行力落實和資料整合。

二、人在組織部門的執行力

　　首先，先來看人在組織部門的執行力落實。

　　以下是一個示意圖，對於員工而言，會以個別實務上的習慣作業觀念，一再重複以前經驗上的做事方法，這對嚴謹的講究系統方法論而言，是完全不同的做事思考方法，對前者而言，可比較接近務實面，但失去了整體觀和改善的可能性，但對後者而言，剛好可彌補這個缺點，不過，若只是單從理論著手，可能會流於太理想化。因此，應該是結合這兩項的平衡點，亦即理論和實務的整合。透過這個整合，來產生企業經營管理和資訊系統功能，透過企業經營管理方面產生管理機制辦法，然後員工依照此辦法直接管理使用，以便相關作業落實和資料轉

移成合理性的資訊，由於作業複雜和資料繁瑣，故須依賴軟體應用系統來整合，這三個項目彼此運用缺一不可。最後，會透過內聚力觀念，分割成為企業模組功能，以便能快速回應市場詭譎多變的環境，但這些模組化的企業功能，其之間的關係耦合性需求很低，如此才可依照企業環境的變化和規模的成長，更快速改革回應，當然，雖然是切分成各個模組化企業功能，但最後必須部門協同作業，以達企業的成功目標。

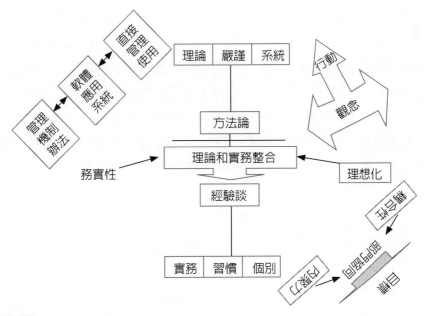

圖 7-4 人在組織部門的執行力

三、資料在組織部門的整合

接著來看資料在組織部門的整合，以組織在企業環境中的展開，可知有企業外部和企業內部的層次，而在企業內部層次的再展開，就會有工作群組層次，當然工作群組層次是由個人所組合的，因此，從企業外部→企業內部→工作群組→個人的過程，就會產生對資料不同的演變。若就資料的主體本身而言，有所謂的資料層次，亦即是沒有經過整理分類的原始資料，若經過整理分類且呈現某方面的意義，則就是資訊層次，若把資訊經過過濾、分享、萃取、累積等過程再使用，就會成為知識層次，它是具有結構化的型態，對於企業是最有幫助的，因

此，在 ERP 資訊系統的資料庫方面，就是期望能做到所謂的知識型資料庫，但在個人於企業活動中，所呈現的是工作層次，它是具有非結構化的型態，並且是在個人的組織內，因此，從資料→資訊→知識→工作，就會產生對資料不同的演變。而這個資料主體本身演變和從企業環境演變，就會產生交叉的互動影響。而這個影響，就資訊系統功能層次角度而言，又會產生另一個交叉的互動影響，所謂的資訊系統功能層次角度，有 Data Transformation / Transportation 層次（指資料移轉和傳送，它包含資料格式和內容在不同平台中傳送）、Process Control / Transaction Operation / Work Flow 層次（指資料傳送是經過作業流程步驟而產生，它最主要是在於作業流程的控管）、Planning / Collaboration / Management 層次（指協同計畫和管理，它最主要是在於計畫所產生的資料）、Analysis / Intelligent 層次（指智慧型的分析，它最主要是在於分析所產生的資料），從這個層次過程中，可知道愈後面愈複雜困難，但也是愈有成效。

故從組織在企業環境中的展開、資料的主體本身、資訊系統功能層次角度這三方面交叉互動，將會產生對資料不同的演變，其示意圖如下。

表 7-3　　組織內部資料演變示意圖

企業向外延伸的層次					*Analysis/ Intelligent*
企業內部整合的層次	BOM PR 單	BOM PR Object	BOM Quantity	BOM Planner	*Planning/ Collaboration Management*
強化工作群組的層次					*Process Control/ Transaction Operation /Work Flow*
強化個人的層次	Document	E-mail	產品屬性	Auto-alert	*Data Transformation/ Trans Portation*
直接材料 間接材料	資料	資訊	知識（結構性）	工作（非結構性）	功能程度—RFQ

7-3 資訊化企業

管理資訊系統對於企業的經營影響就是在於讓企業成為資訊化企業。所謂資訊化企業就是指企業的經營流程皆以資訊系統做為其營運平台，將整個流程活動轉換為自動化的系統功能，以期提升企業經營績效和競爭力。

一、資訊化企業種類

資訊化企業會因為運用資訊系統規模不同，而有不同程度的資訊化企業，當然，這也是考量到企業資訊化的階段性運作，以及搭配企業本身的營運規模。一般而言，它可分成三大不同程度的資訊化企業種類：(1) 功能型資訊化企業；(2) 整合型資訊化企業；(3) 跨產業型資訊化企業。它們是以利害關係人和作業功能範圍這二個因素來劃分這三項目種類，茲分別說明如下。

1. 功能型資訊化企業

它的利害關係人是沒有的，因主要在於企業內部人員，其作業功能範圍，主要是在於企業的部門功能，一般都是先以主要和營運有關的作業功能導入資訊系統，例如：訂單功能或是和財務會計有關的作業功能，例如：總帳會計功能。因此，這類企業比較符合剛成立或營運規模不大的階段，這時它注重的是功能導向的資訊系統，也就是利用 IT 技術來自動化其某部門的作業流程，而透過自動化系統功能可達成繁雜作業效率化、邏輯計算自動化、資料檔案共享等效益。此類型對企業員工所帶來的衝擊是作業習慣改變，以及提升員工生產力。

2. 整合型資訊化企業

上述的功能型種類，是以一些單一功能來運作，並沒有考慮到所有單一功能的整合，也就是企業必須全面性的導入所有作業部門功能，並且能整合這些作業功能彼此之間的關聯功能。此類型的利害關係人是顧客和供應商這二種角色，而在營運規模範圍是涵蓋公司所有部門功能，以及延伸和顧客、供應商的溝通作業，也就是說，它著重在全面性的資訊化作業，它不僅可帶來功能型方面的益處，更帶來各部門之間連接作業效率和對顧客、供應商的作業效率。它對企業的衝擊是各部門員工溝通模式和對外角色的互動模式。當然，它不僅能使企業內部作業最佳化，更能突顯和競爭者之間的優勢競爭力。

3. 跨產業型資訊化企業

此類型利害關係人的角色是除了顧客、供應商外，再加上所有角色，而這些角色是跨越企業本身所在的產業，例如：和競爭者做聯盟行銷。這時就會運用到第三方建構的聯盟行銷資訊平台。接下來，若以營運規模範圍來說，則是跨越企業的整個產業範圍。

上述三種資訊化企業，說明整理成圖 7-9 的示意圖，以及之間比較整理成如表 7-4。

| 功能型 | → | 整合型 | → | 跨產業型 |

資訊化階段 1　　　　資訊化階段 2　　　　資訊化階段 3

圖 7-9　資訊化企業種類

表 7-4　資訊化企業比較表

	功能型	整合型	跨產業型
利害關係人	NO	顧客 / 供應商	所有
規模範圍	內部功能	所有功能	產業體系

從上述經營管理和資訊系統關係的說明，可知資訊系統若無法真正融入企業經營管理作業中，則不只資訊系統不是真正的成功導入，而且其經營管理的效益也會大打折扣，這是身為企業主不可不深思的重點。就企業主而言，是要成功地有效經營一個企業，而要如何經營呢？這就是企業之決策，須能掌握企業內外環境，充分而有效地整體運用企業的各項資源，進而取得競爭之優勢，此處所謂的資源，包括人、物、資財、行銷通路等。

二、資訊化企業影響

在網際網路技術未盛行時，其企業資訊系統的應用，最主要仍是集中在企業資源規劃、製造執行系統等企業內部的功能，雖然之前在供應鏈應用管理已有一些基礎和使用，但仍未大放異彩，直到整個網際網路技術大量成熟後，整個企業資訊系統和其他外部企業的整合相關資訊系統應用，也隨之導入許多企業內，而這樣的影響，在傳統的企業資源規劃整合上，最主要會有二個衝擊：第一，企業

資源規劃不再是一個孤島式系統，它必須考慮到和其他系統的關聯性，尤其是和客戶端、供應廠商端、通路廠商端等外部的作業溝通；第二，整個資訊系統的環境和技術也相對變得複雜和困難，以下分別說明這二個影響。

第一：企業資源規劃其他系統的關聯性

在早期西元 2000 年前，企業是以內部作業為主，它含有業務行銷、工程研發、生產製造、財會人資、成本會計、三角貿易等企業資源最佳化的規劃及運作。其中在工程研發和生產製造模組功能上，由於在不同產業，它們的作業差異性和複雜性會有很大不同，以及企業資源規劃本身系統最主要是以整體資料流的連接性來思考，故比較偏向獨立作業的研發功能，和偏現場機台的製造功能，也就顯得只有局部的功能應用，因此，就分別又發展出所謂的產品資料管理（PDM）和製造執行系統（MES）等二個資訊系統。雖然獨立發展二個系統，可是彼此之間是有其相關作業資料的連接。而這二個系統可能來自不同軟體開發廠商，或是軟體作業系統、資料庫不同，導致要整合這三個系統的軟體自動化，就相對變得困難重重及成本昂貴，因為其中牽涉到資料格式、資料項目定義、作業流程等極大差異性，若再加上跨作業系統因素，則整個整合運作就是一項挑戰，並且也因為如此不容易，但卻仍有此需求下，因此新的軟體廠商就因應而起，發展了所謂的 EAI（Enterprise Application Integration）。

第二：整個資訊系統的環境和技術也相對變得複雜和困難

以往資訊系統的環境是在區域式網路，和 Client-Server 的連線網路，但在網際網路環境下，是影響到整個廣域式網路，和個人對個人、Server 對 Server 的連線網路，其網路技術愈來愈複雜，而程式設計的工具和方法論，也不斷推陳出新，例如：近來有 C++ 和 C# 等，其資料庫也是如此，關聯式資料庫變成物件導向關聯式資料庫。另外在作業系統方面，也是變得複雜和困難，目前有 Microsoft Window、Linux 這二個作業系統，而這二個作業系統，又分出很多的版本，其在 Web 作業系統方面，也有很多的產品技術，包括 Apache、IIS 等，而在網路技術程式，則有 JAVA、ASP、PHP 等。以上資訊系統的環境和技術，會造成在企業資訊系統的整合架構愈加複雜和困難，但若從另一角度來思考，對於企業在資訊系統的解決方案，又多了很多可做另一個選擇的方案。

如同上述企業資源規劃其他系統的關聯性，及整個資訊系統的環境和技術也相對變得複雜和困難的說明下，吾人可知過去是以產品（Product）為核心的

思考模式，目前已轉換到由解決方案（Solution）與服務（Services）為重點的新趨勢。所有有關網際網路資料的調查都顯示，全世界企業主未來 5 年最關注的話題，就是如何讓企業建置一個完整的 Internet、Intranet 與 Extranet。這就是整合架構，其 Internet、Intranet 與 Extranet 的定義和整合，亦即在複雜資訊系統的環境下，建構出企業資源規劃其他系統的關聯性。

從整體架構來看，ERP 是一個基礎骨幹，它包含企業內部的運作功能，包括六大模組應用功能：銷售訂單、生產製造管理、物料庫存管理、成本會計、一般財務總帳會計、行政支援（包含人事薪資、品質管理等）等，而在企業內部的運作須依賴 Work Flow 工作流程自動化，它是一種流程控管的引擎（Engine），從此引擎開發出有關其企業整個流程步驟的平台，該平台上可建構出不同簽核流程、流通表單、組織人員、電子表單、文件管理等，這個流程控管的引擎可使企業有效落實資訊化的規劃及執行，並透過不斷的檢討、協調及改善，才能在最短時間內分享資訊科技的效益。因此，快速有效的建置系統，方能達到此目標。這就是 Work Flow 工作流程自動化的成效。有了 ERP 和 Work Flow 流程控管後，在接近現場製造的環境中，會有製造執行系統 MES（Manufacturing Execution System），它是用來輔助生管人員收集現場資料及製造人員控制現場製造流程的應用軟體。MES 系統最主要是一個快速且即時監控現場的活動。它包含工廠現場資訊取得與連結系統，以及生產執行活動效率化。若要嚴格定義企業內部的 ERP 系統，應是也要包含製造執行系統，另外在工程設計環境中，會有產品資料管理（PDM），它是用來管理新產品研發到量產之產品生命週期過程中，所產生的一切資訊和流程，其所謂的資料，是指工程資料管理，它是以資料庫結構化的方法，從業務和工程同步分析、模型與再造工程等一連串之步驟，透過系統設計與模型化，來達到系統化、真實化的運作。

因為這四個系統幾乎涵蓋了大部分日常企業的營運資料，有了這四個系統所產生的營運資料，其企業就可利用這些重要的資料資產，來產生更有用的資訊，那就是決策支援系統的功用，決策支援系統與管理資訊系統的最大不同點，在於決策支援系統更著眼於組織的更高階層，強調高階管理者與決策者的決策、彈性、快速反應和調適性、使用者能控制整個決策支援系統的進行、針對不同的管理者支援不同的決策風格，這和以管理資訊為導向的 ERP 系統、Workflow 系統、製造執行系統、PDM 系統是不一樣的。有了管理資訊和決策資訊後，就可成為整合性資料中心，這個整合性資料中心是非常龐大的，若硬體技術的儲存系

統沒有同步成長，就無法儲存這些龐大的資料。

　　從以上的說明，可知在整合性資料中心建構決策支援系統，並回應到管理資訊為導向的 ERP 系統、Workflow 系統、製造執行系統、PDM 系統，而這些系統可透過企業入口網站，來讓相關企業角色溝通互動，其溝通互動的資料和流程，就是分別建構在整合性資料中心和 ERP 系統、Workflow 系統、製造執行系統、PDM 系統，並經過決策支援系統分析後做判斷，它主要是包含電子化採購和供應鏈管理、研發協同設計等，這些系統可說是企業對企業的整合（B2B Integration），它們是著重在研發和供應這二個角度，並且延伸到企業外部的角色互動，其中研發協同設計是由產品資料管理（PDM）所擴大的，它是將 PDM 的範圍、角色和功能擴大到產業，其實這就是產業資源的最佳化。

　　另外，從 ERP 的客戶和廠商角度延伸到對外角色互動，包括客戶關係管理和先進生產排程這二個系統，所謂客戶關係管理，是指運用關係管理科技，使企業能夠開始並掌握其與顧客之間更進一步的關係與互動，這裡不只包括了資訊系統的軟體功能，最重要的是，有關於顧客管理的方法論融入資訊系統內。至於先進生產排程系統，是指運用限制理論，在有限產能下，如何控制限制條件（例如：每日產能、訂單政策等），來計畫其在訂單、製造命令單、物料等變動下，展開其製造命令單的優先順序和開立，並可模擬反應不同資料下，其生產排程會有什麼影響，以做為在生產策略的考量，該先進生產排程系統的結果是會和供應鏈管理做連接的。

　　企業在資訊化發展過程中，常累積許多內外部重要的資訊，但都是分散在公司各部門電腦，甚至個人身上，或是雖然儲存在同一個伺服器上，但無法依權限來對員工、客戶、企業夥伴之間做資訊分享及資源流通，故企業應實施資訊整合的異地備援，在備援上可分成「本地備援」和「異地備援」。另外，備援又可分為連線及離線二種模式，SSP（Storage Service Provider）儲存服務提供者，它提供資料委外存取管理服務，和檔案資料管理與保全。異地備援的建置，可細分為六個步驟：

- 將資訊系統分類和整合。
- 評估資訊備援環境和條件
- 規劃網路儲存系統。
- 設定資訊備份與回存功能。
- 資訊存取管道的建立。

• 擬定備援的災害回復計畫。

一般資訊備援系統可分成 NAS（Network Attached Storage）和 SAN（Storage Area Network），茲說明如下。

NAS 為附加式網路儲存裝置，它透過網路來達到儲存目的。它提供各異質作業系統平台（包含：Unix、Windows、Linux、Netware）的客戶端及伺服端，達到檔案共享的儲存裝置。它適用於對大量用戶需要同時讀取資料的環境。SAN 儲存區域網路，則是將主機與儲存空間放置於不同的地區，並經由一個主伺服器向外整合連線。它適用於資料在固定時間之內，只需被少數人同時讀取使用的環境。NAS 和 SAN 的差異是，NAS 和 SAN 的關係是互補的。一般而言，多平台和大量用戶的網路環境，適於採用 NAS，而單一平台 Mainframe 和須減輕伺服器負擔的環境，則適於採用 SAN。例如：EMC 提供資訊管理與資訊儲存的產品服務，以及資訊解決方案的全球領導廠商。

另外，企業在資訊化系統發展過程中，常因系統建置階段不同，和參與人員不同及專案功能不同，而造成開發出許多不同的操作平台及介面，使得公司員工使用不便及新人導入上的困難，以上這些問題，在規模較大企業中，是最常會發生的，故如何解決這些問題，就必須整合成一個單一入口來思考，不過整合功能必須落實在個人員工的執行力上，因為以往企業資訊化太強調在資訊整合的功能，往往忽略了企業個人化角色使用的需求，若能讓個人化角色功能落實，就可提升資訊化附加價值。故該單一入口整合平台須具有方便彈性的客製化和個人化功能，這就是所謂的企業入口網站。企業入口網站不但能夠迅速、個人化、即時讓企業與其內部員工，以及外部顧客、供應商和企業夥伴之間做溝通互動外，更能夠提供管理者制定決策的相關支援。但企業入口網站除了企業相關角色溝通互動和決策相關支援外，另外最重要的是，企業相關角色可透過企業入口網站，來執行企業之間的運作功能。因此，在規劃企業入口網站時，最重要的是運用資訊科技策略，構思出企業附加價值架構，包含組織角色、系統架構、網路架構，並且從此架構展開層次關聯性的功能模組，故它不是為了以軟體工具來評估，它應是融入日常運作的管理制度面。

以下是企業入口網站的架構功能圖：

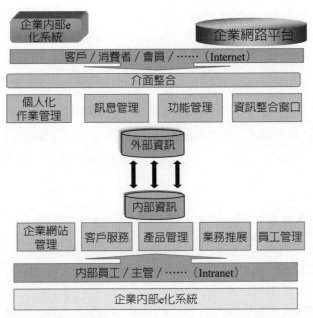

圖 7-10 企業入口網站架構圖

案例研讀

問題解決創新方案→以上述案例為基礎

一、問題診斷

依據 PSIS（Problem-Solving Innovation Solution）方法論中的問題形成診斷手法（過程省略），可得出以下問題項目。

問題 1. 研發圖檔沒有及時更新

舊版的研發圖檔沒有及時更新，從研發管理的角度而言，其圖檔文件的控管需非常嚴謹，因為研發作業在整個企業營運作業上是個火車頭位置，也就是說，它會繼續延伸到後續作業，例如：製造、業務等管理功能。所以舊版的圖檔文件須能及時且準確的更新和發布，以便後續作業能一致性和及時性的發展。

問題 2. 產品版本錯誤更正

當研發產品相關文件版本錯誤時，可能會繼續影響後續作業，若是將錯就錯或是不知有錯的情況發生時，所影響的就是整個公司的損失，因此，如

何去自動偵測所發布出來的研發產品版本文件有誤，則是預防後續危機擴大的預警功能。

問題 3. 研發產品文件沒有整合性控管

在案例中，由於研發工程師是把研發檔案文件放在個人電腦裡，而在此電腦裡沒有檔案文件版本控管的軟體功能，只能依個人的記憶人為控管，如此就容易造成個人疏失，而且此研發檔案文件也沒有放置在公司層級的電腦裡，如此其他部門欲存取時，就無法確認這是正確的版本，以及無法有效率的存取。

二、創新解決方案

根據上述問題診斷，接下來探討其如何解決的創新方案。它包含方法論論述和依此方法論（指內文）規劃的實務解決方案二大部分。

(一) MIS 和 BPR 的整合

從企業流程再造的定義說明，可了解到企業如何將 MIS 和 BPR 整合，就變得非常重要了。以下是 MIS 和 BPR 整合的思考重點：

- BPR 的準備認知期和 MIS 導入的認知期，是異曲同工的。
- MIS 導入內容範圍須考慮到未來成長規模，不可以現在規模狀況來評估，就如同 BPR 導入的確認評估期是依據願景，審慎評估目前企業活動的流程，是否符合未來願景，其 MIS 亦是如此。
- 在作業方案設計時的階段，就應該把資訊科技納入整合，如此才可達到資訊科技的能力和企業再造的目標整合效益。
- MIS 系統的導入，本身就是一個專案，但企業流程再造則不是一個專案。故對於企業流程再造是不斷持續的運作，因為產業環境和企業模式也是不斷持續的變動，故不可將企業流程再造當作是一個專案。
- MIS 和 BPR 都是針對同樣的目標，同樣的全公司員工，和同樣的企業經營模式。

(二) 實務解決方案

從上述應用說明，針對本案例問題形成診斷後的問題項目，提出如何解決方法，茲說明如下。

解決 1. 以版本控管功能來解決版次錯誤

　　版本控管是指將研發產品文件給予在某時間、某主題方向的版次編號，透過此編號，可嚴謹的管理每一份文件，當這份文件若有變更時，可立即給予另一新的版次文件，如此，每份文件就可被自動管理，而且，最重要的是，每份文件經過版次管理後的發布至其他部門，都須經過嚴謹控管程序，以便每份文件流通都有其來源和檢核。

解決 2. 以 DFX（Design For Xitem）方法來做版本控管的預警

　　DFX 的主要意義，在於當執行研發設計工作時，就須考量後續作業的效率性，例如：DFM（Manufacture），也就是說，當研發設計時，須考量製造容易性、方便性、品質性等。所以，當研發產品文件設計時，就須考量後續部門作業，在存取此產品文件時，能自動稽核出此版次的正確性。

解決 3. 以整合性資料文件控管軟體來整合公司檔案

　　在公司所有的各部門發展出檔案文件，應都存取同一個資料中心，而且應記錄何人、何時、何地存取什麼檔案，而且存取目的、是否有變更、變更內容等資訊都應詳細記載，因為畢竟研發檔案文件是攸關整個公司新產品發展的關鍵，另外，它也牽涉到公司機密，因為研發文件是一種智慧財產權。從上述說明可知，就是要以整合性資料中心（Repository）來嚴格控管其存取程序，以確保研發活動的績效。以上可說是企業流程再造的典型例子。

三、管理意涵

　　企業在導入 MIS 系統和 BPR 整合後，其企業組織的各部門活動就會隨之改變，而成為一種資訊化企業型態。其資訊化企業就是以資訊系統為輔助支援，建構出從 BPR 改造後的企業新組織活動，當然，所影響的不只是日常營運作業習慣模式改變，更是組織部門權責利害關係的變動，這一切改造都是為了使企業能在產業競爭下取得立足和核心能力的關鍵所在。

四、個案問題探討

　　你認為管理資訊系統對於企業經營成效，除有資訊整合效益之外，還有哪些效益？

MIS 實務專欄 （讓學員了解業界實務現況）

本章 MIS 實務，可從三個構面探討之。

構面一： 一般公司都只導入 MIS 系統

在公司欲發展新的 MIS 系統時，都是以軟體系統為主，而忽略了在導入 MIS 系統前就應做 BPR 改造，其原因有二：

(1) BPR 改造本身就不容易實施。

(2) BPR 改造可能會影響現有員工的工作內涵和職責關係。

構面二： BPR 改造工作

一般 BPR 改造工作都是較中大型企業才有足夠的資源去實施，而且為了得到門當戶對的效用，甚至是彰顯本身形象的考量下，都會僱用國外知名的大型顧問公司，而如此的做法，也常使 BPR 改造因水土不服而失敗。

構面三： BPR 實施改造工具

一般企業在實施 BPR 改造作業時，都會藉用 BPR 方法論工具，例如：IDEF、ARIS、INCOME 等工具，它有助於發展 BPR 過程的系統化有層次展開，以便能完整發展出容易控管 BPR 的一種專案程序。

課堂主題演練 （案例問題探討）

企業個案診斷 —— 消費型電子產品的通路

消費型電子產品是針對銷售全球的所有消費者，故其產品的購買、出貨、維護等作業，就必須能接近消費者的市場。一家成立十餘年從事電子產品買賣的公司，從一般店面起家，到跨全國的多擴點營運，其整個營運改變，也伴隨著作業流程的改造。

1. 通路營運和作業流程結合

面對消費者的市場需求，該公司欲掌握整個消費者的通路，從經銷代理到加盟店面，如何能快速和增加公司的營業規模。而為了達到市場上的營業規模，其通路的流程再造，就是非常關鍵的因素。

2. 下單出貨和售後服務的整合

　　陳顧問舉了上述公司的例子，他認為 ERP 系統功能，應該具有通路營運的作業功能，最主要的就是結合訂單功能（包含詢報價、電子下單）、出貨功能（包含出貨訂單沖銷、出貨狀況查詢等），以及售後服務（包含產品維修、維修進度、客訴等）。而這整個功能，就會改變公司作業流程。

3. 員工的管理思維改變

　　就張經理使用者而言，隨著 ERP 系統功能的規劃導入，不僅影響到新功能使用，也深入日常生活工作方法。他聽完該公司個案後，認為這樣營運作業也可應用到自己公司內，惟這些作業流程改造對於員工使用者的管理思維也造成衝擊，例如：從維修服務做為買賣銷售的行銷手法。

4. ERP 資訊技術的定位

　　在企業流程再造的要求下，ERP 系統資訊如何以彈性化的技術，來快速設計符合其流程再造的功能，例如：跨多據點的庫存掌握，必須以彈性據點和庫存型態設定，才能因應買賣流程的變化，這是 ERP 系統的功能定位，從此定位來發展企業的流程再造。

企業個案診斷 —— 製造服務業的資訊化形成

1. 故事場景引導

　　在從事製造印表機、伺服器電腦已有數十年的 M 公司，已經從中型公司轉變到大型公司，公司規模愈來愈大，員工據點遍布全球，儼然成為新興的大公司。但這時 CEO（執行長）Jacky 卻深皺眉頭，因為他發現 DEM／ODM 代工的利潤愈來愈少，賺生產製造的錢愈來愈難。

　　製造的價值到底在哪裡？以降低成本來追求利潤？以作業效率來追求利潤？以夥伴聯盟來追求利潤？但當這些都成為企業必備的作業時，競爭性的條件就變成沒有，那麼下一個提高價值的重點在哪裡？Jacky 經過多日深思後，發現售後維修服務是可延伸價值的利基，因為透過維修服務可使得客戶更加滿意，並且增加銷售的機會。然而雖然帶來利基，但相對的維修服務體系是非常龐大和複雜的作業，其投資成本也相對高，而且最重要的是，面對形形色色消費者所提出的各個情況，常常使得維修服務員工疲於奔命，當然這在無形中降低了維修服務價值。

2. 企業背景說明

售後維修服務確實為 M 公司帶來另一延伸性價值，然而要使這個價值利基發揮其效益，需再加上資訊化平台的輔助。因為如同上述維修作業是複雜且龐大的，故透過維修作業資訊化，可使整個作業效率更快，但這時 M 公司的陳總顧問說了一句話：「若資訊化平台，只是增加作業效率而已，那麼就如上述這是必備的。故維修作業資訊化，應該是強調從資訊化設計運作中萃取服務價值，例如：從售後客戶服務連接到再次銷售的利基，以及回饋產品研發設計的改良，這就是以資訊化形成而加速發現另一附加價值的精髓。」

3. 問題描述

製造的延伸——製造服務業？資訊化形成？企業資訊化的經營模式？

4. 問題診斷

聽完了陳總顧問的一席話後，CEO Jacky 領悟到：製造業應延伸到製造服務業，而要落實製造服務的價值，須依賴於資訊化形成。資訊化絕不是人工電腦化，也不只是作業電子化，更不是只在於智慧性的決策輔助，應在於企業經營的嵌入，例如：嵌入性知識就是一例。所謂嵌入性知識，是在於嵌入式系統的軟體介面驅動特性，也就是說，你可將知識的內容包裝成軟體形式，進而驅動硬體產品的功能。例如：在個人數位助理的嵌入式系統產品，將知識地圖的內容，嵌入軟體介面內，如此企業員工就可透過這個知識型的個人數位助理，來達到知識分享和創造。

5. 管理方法論的應用

CEO Jacky 決定將 M 公司的製造業改造成製造服務業，而最重要的是為客戶著想，也就是 M 公司不是提供產品，而是提供一個解決方案（Total Solution）。當你幫客戶思考，如何以某種方案為客戶賺錢時，那麼客戶就需要你，這時你就成功了。因此 CEO Jacky 為了因應這些改造，故引進 CRM 系統和 CPC 系統。這些軟體系統不是軟體工具，也不只是營運功能平台，而是最佳典範（Best Practice），亦即 CPC、CRM 系統提供了企業經營的 Know-How，並透過資訊化形成、改造和創造，落實製造服務的價值。

6. 問題討論

　　M 公司發展了這些軟體應用系統後，其公司的資訊化環境，包含之前已有的 Legacy 系統，可說是非常龐大和複雜的，這對於資訊系統的維護成本是很高的，而另一個問題是，如何連接整合這些異質系統。上述問題對於 CEO Jacky 產生了新的困擾，也就是說，如何在製造服務業改造效益和資訊化形成的成本做平衡。

　　CEO Jacky 交給資訊部張經理的任務，就是評估軟體系統的投資成本和公司各軟體系統的管理制度。張經理發揮了資訊專才，將這個任務做得很完整，但分析出來的結果，發現成本非常高，這使得 CEO Jacky 對於製造服務流程改造的這個事情有了遲疑。

　　陳總顧問說，不應該從這個角度來看資訊化的形成，因為對於製造服務改造是否有成效，須依賴於改造的 Know-How。嚴格來看，這和資訊化無關，因為就如同上述的資訊嵌入 Know-How 觀點來看，軟體系統的規劃設計應以需求服務導向來看，不應以軟體產品來看。以往 CRM／CPC 軟體系統是涵蓋所有功能的產品，故對於使用者當然成本就高。在印表機消費性電子的 OEM／ODM 公司，是 CEO Jacky 在做製造服務業的資訊化形成中，必須考量的 OEM／ODM 跨企業經營模式。從這個模式可再次印證上述嵌入式知識觀點，經過了這次改造，使得 CEO Jacky 對資訊化認知有了很大的改觀。現在及未來，資訊化的嵌入 Know-How 是創造價值必走的趨勢。

企業個案診斷 —— 決策資料的模式建構：IC 設計研發產品決策

1. 故事場景引導

　　自從大陸市場崛起後，公司的兩岸三地運籌作業就成為經營管理的重點，尤其是公司從事 IC 嵌入式設計，客戶和代工供應商是遍布全球的，故跨據點的溝通作業是很頻繁的，相繼從這些作業流程運作的結果，其大量和複雜的資料就因應而生，這裡面資料來源有企業內部作業和企業外部傳送，企業外部是指客戶、供應商等，當然企業內部資料易於控制，而就資料分析成效上看，其資料成為資料庫結構容易分析，這是一種結構化資料，另一種是半結構／非結構化資料，故企業內部資料應將半（非）結構化資料轉換成結構化資料。至於企業外部資料也可能是結構化資料庫，這時，就牽涉到異質資料庫系統的轉換和整合，資料對於決策分析是非常重要的，它是決策品

質的正確性和完整性基礎。

2. 企業背景說明

　　IC 嵌入式設計和一般實體產品不一樣，它是著重在設計藍圖。當然，最後會反映在電子實體產品，該公司是著重在無線（Wireless）電子產品內的晶片設計，因是考量在無線平台環境中，故晶片設計就須遵守無線通訊標準化協定，這種標準化協定是來自於國際認可協會或政府所擬定，從上述說明，可知企業環境也會影響到產品設計的決策。該公司陳總經理面對瞬息萬變的 IC 設計，其在產品研發的決策，關係到公司成長命脈。

　　產品研發決策和一般管理決策是不一樣的，它是注重在研發設計的產品功能選擇決策，並且它具有開發生命週期短、須符合消費者多變化需求、上市量產可行性等特性，故如何選定某種決策支援系統的軟體系統，對於是否適用於該公司決策模式環境是非常重要的。

3. 問題描述

　　(1) 產品研發決策；(2) 決策模式；(3) 決策資料。

4. 問題診斷

　　由於產品設計和客戶需求回饋是有密切關係的，故在決策資料上必須涵蓋企業外部資料，即客戶資料，而客戶資料是跨據點作業，因此整合異質系統是決策支援系統的必備功能，另外，人性化介面也是必備功能，而決策成效則有賴於決策模式建立，決策模式是指以何種模式方法來做選擇方案的最佳化，決策支援系統的結果不是產生出一個答案，而是一連串分析報告，針對不同情況下，不同的決策方案會有什麼影響和效益，忠實客觀的呈現給決策者，最後仍由決策者來決定。當然不同決策標的會有不同決策模式。以該公司為例，是產品研發為決策標的，因此建立產品研發不同流程，來思考選擇何種功能產品方案，可做為決策模式的框架，再利用決策分析數學方法，例如：AHP（多層級分析程序法），來選擇最佳化方案。

　　從上述說明可知，決策支援系統是一連串的決策過程程序建構，而不是輸入資料就跑出（Run）結果答案，尤其在 IC 設計公司上，面對不同的客製化需求，來建構產品研發決策過程，則有助於隨時因應環境變化和不同客戶訂單之適用性，以便輔助產品開發決定和時程進度控制。

5. 管理方法論的應用

產品研發的決策資料來源，不是只有原始資料、意義資訊而已，主要還包含知識，因為產品研發 Know-How 是知識，知識具有內隱性，因此不容易表達和儲存，這對於做決策分析是不利的，因此在決策模式內，須包含知識模式庫，透過知識模式庫的運作，可使決策事件有參考到知識，如此將產品研發知識當作決策標準項目，以做為衡量評估的決策條件，進而計算決策目標值，來做為產品研發決策方案的選擇依據。

知識模式庫內的知識，包含產品知識和客戶知識，產品知識可從企業內部運作得來，但客戶知識的獲取過程，必須從客戶回饋或參與而來，因此，該公司的決策支援系統就不只是企業本身使用而已，還加入客戶參與，這就是一種協同決策支援系統，透過協同機制，使得決策資料能納入客戶回饋和參與，這和之前所提的企業外部資料來源意義是不一樣的，後者只是匯入外部的資料收集，以做為 DSS 的資料基礎，但後者是客戶參與決策支援系統的建構程序過程，它會影響到決策事件和標準項目的改變，進而使決策模式內容改變，當然，最後就會使決策結果方案不一樣，這樣的協同 DSS 運作，其好處是在做產品研發決策時，加入客戶需求，使得真正在決策決定後的產品研發，可符合客戶的認同需求，增強市場銷售效益。從上述說明，可知 DSS 系統不是一個工具，而是決策經營的運作，從該公司強調 Know-How服務的經營來看，這種協同決策支援系統種類一定很適用於公司本身。

6. 問題討論

決策支援系統在企業的資訊環境中是屬於後端作業，但它須有依賴於前端資訊系統的資料回饋，例如：ERP。因此，在資訊環境中，須將企業內所有應用系統做結合，結合的管道有正反 2 個方向，正向是指由前端系統連接至 DSS 系統，反向是指由 DSS 系統回傳至前端系統，主要是決策結果的回應查詢。因此，該公司導入任何新系統時，除了新系統導入作業外，同時考慮和舊有系統（Legacy System）的結合考量，這對於資訊環境規劃考量是很重要的。協同 DSS 系統的導入成功，使得該 IC 設計公司的產品研發決策得當，進而讓公司 IC 設計產品銷售良好，也因此該公司不斷期望能透過資訊系統的應用來改善企業經營活動，其商業智慧（BI）系統就是一例，它可說是衍生於決策支援系統，不同的是，BI 系統是強調透過決策分析來產

生解決方案的行動，故它強調行動執行面，而 DSS 系統是強調透過決策模式建構程序過程來選擇方案的決定，故它強調決策方案策略面，加入 BI 系統，使得該 IC 設計公司更成為電子化企業公司。

關鍵詞

1. 企業流程再造：指從根本重新徹底的分析、設計企業所有的活動、並管理企業相關的企業變革，以追求績效戲劇化成長的一項活動。
2. 「徹底根本」：在企業流程再造的過程中，每位員工必須不斷持續自問一些最根本及源頭的問題所在。
3. 關鍵性流程：它是使整個企業複雜流程有附加價值產生的因素，和影響流程效能的瓶頸所在。
4. 企業流程再造四個階段：準備認知期、確認評估期、設計分析期、導入建置期等。
5. IDEF：一種具有一組明確圖形結構的程序塑模語言，能很清楚地定義說明文字與需求表達，並整理成完備且標準化的文件。
6. ARIS：以系統性方式來呈現企業流程之現況，並做為後續資訊系統建置之依據，以不同模組來描述各種不同現象。
7. 功能型資訊化企業：它的利害關係人是沒有的，因主要在於企業內部人員，其作業功能範圍，主要是在於企業的部門功能。

習題

一、問題討論

1. 何謂企業流程再造定義？
2. 企業流程再造的關鍵重點在哪裡？
3. 為何企業流程再造的導入一定要和資訊科技整合，其考慮點是在哪裡？

二、選擇題

（　）1. 企業流程再造的關鍵重點在於：　（1）徹底（Radical）根本

（Fundamental） (3) 非關鍵流程（Critical Process） (4) 以上皆非

( ) 2. 關鍵性流程重點在於： (1) 它是使整個企業複雜流程有附加價值產生的因素 (2) 不會影響流程效能的瓶頸所在 (3) 產生不合理流程 (4) 以上皆非

( ) 3. 企業流程再造，必須從哪裡開始著手： (1) 企業外部 (2) 個人 (3) 關鍵流程 (4) 技術

( ) 4. 企業流程再造可以分為下列何階段： (1) 準備認知期 (2) 確認評估期 (3) 設計分析期 (4) 以上皆是

( ) 5. 企業流程再造就是在於降低成本？ (1) 對的 (2) 錯誤認知 (3) 沒關係 (4) 以上皆是

( ) 6. 什麼是企業流程再造（Business Process Reengineering）的核心工作？ (1) 企業流程的定義 (2) 原有流程的些微修改 (3) 原有流程的加強描述 (4) 以上皆非

( ) 7. 資訊化企業包含哪三個階段？ (1) 功能性階段 (2) 整合性階段 (3) 跨產業階段 (4) 以上皆是

( ) 8. 資訊化企業的功能性階段之重點有哪些？ (1) 某些部門功能 (2) 企業所有部門功能 (3) 和企業外的所有角色之間互動 (4) 以上皆是

( ) 9. 資訊化企業的整合性階段之重點有哪些？ (1) 某些部門功能 (2) 企業所有部門功能 (3) 和企業外的所有角色之間互動 (4) 以上皆是

( )10. 資訊化企業的跨產業性階段之重點有哪些？ (1) 某些部門功能 (2) 企業所有部門功能 (3) 和企業外的所有角色之間互動 (4) 以上皆是

( )11. Intranet 是指： (1) 企業內部的資訊系統應用功能 (2) 企業對外部的資訊系統應用功能 (3) 是以企業內部為中心，對外角色產生應用功能 (4) 企業和另一企業的交易作業

( )12. 資料在組織部門的整合有： (1) 企業外部和企業內部的層次 (2) 有工作群組層次 (3) 個人層次 (4) 以上皆是

( )13. 企業流程再造： (1) 應是超越一般工作流程的轉變 (2) 著眼於企業目標和企業效率的成效 (3) 為流程而流程再造 (4) 以上皆非

( )14. 企業知道為何要做再造流程的思考： (1) 顧客的趨勢 (2) 成本太高 (3) 內部控制 (4) 人工作業電腦化

（　）15. 人在組織部門的執行力有：　(1) 企業外部和企業內部的層次　(2) 有
工作群組層次　(3) 理論和實務的整合　(4) 以上皆是

（　）16. 從企業在產業中所扮演的角色來看，所謂的角色就是指？　(1) 客戶
(2) 供應商　(3) 通路經銷商　(4) 以上皆是

（　）17. 通路廠商在運輸過程中的流動是指：　(1) 資訊流　(2) 金流　(3) 物流
(4) 以上皆是

（　）18. 企業之間和銀行的金額來往是指：　(1) 資訊流　(2) 金流　(3) 物流
(4) 以上皆是

（　）19. 「從資訊系統應用功能所運作的過程，並在運作下每一個步驟會有資料
產生」是指：　(1) 資訊流　(2) 金流　(3) 物流　(4) 以上皆是

Chapter 8

知識數位化流程

學習目標

1. 探討知識衡量的內容和過程。
2. 說明知識回饋概論和種類。
3. 探討個人知識在知識管理生命週期的重點。
4. 說明知識流通定義。
5. 探討知識儲存的「知識儲存方式」和「知識協調程度」。
6. 探討知識蓄積（Knowledge Accumulation）與累積再利用（Reuse）。
7. 說明何謂知識數位化和其運作方式。

案例情景故事

數位學習平台——語言互動教學公司

一、公司基本資料

QQ 公司是一家互動英語教學服務供應商，成立於西元 2003 年，總部設於台北。QQ 公司以發展互動式英語多媒體教學產品為主，結合實體與虛擬通路的全方位營運，並持續研發及代理優良互動英語教學產品，致力於創造自製英語教學內容，發展自我品牌，也同時擴大產品線廣度。另外也推出網際網路 WEB-based 的多媒體互動教學平台，並搭配互動教學光碟，以及雜誌、書籍的平面出版方式，以期協助大中華區英語學習者以更有效率的方式，迅速達到英語學習的目的。上述的互動英語教學產品線，是以全系列的方式來編排其互動英語教學產品的內容，以便能對英語學習者具有連貫性和系統性的學習。

現有公司部門：出版事業部、製作發行部研發部、客服部等。

現有實體銷售通路：全省通路涵蓋：一般書局、連鎖書店、電腦門市、英語教學研習會、便利超商及大型賣場等。

現有虛擬銷售通路：郵購系統、Web-based 線上電子商務系統。

二、企業 e 化現況

QQ 公司於 2005 年建置網際網路 Web-based 的多媒體互動教學平台，數位網路教學（E-Learning）是一種分散式學習應用軟體，它提供一系列的技術來進行訓練和教育，讓教育訓練可不再受到時間、空間的限制，以達到讓組織中外顯的知識可轉換成員工的內隱性知識。

其系統功能包含申請帳號、排定上課日期、查詢學習進度、議題討論、公共交談、數位學習狀態分析、上課記錄、參與學員名單、填寫線上問卷、查詢個別學員修課記錄、討論室等。

問題 Issue 思考

（讀者請依據此情境個案，思考出 MIS 問題重點，來引發本章的內容研讀方向）

1. 當知識是企業的資產時如何運作？參考 8-1
2. 知識管理生命週期如何影響企業營運？參考 8-2
3. 企業經過知識運作，但如何利用資訊系統來管理知識？參考 8-3

前言

　　知識衡量是建構一個知識管理的績效制度，經過知識的分享和移轉後，一些知識已在企業內流通，CEO 認為接下來就是如何儲存的問題，但每個專業知識的形式都不一樣，那麼如何儲存在一起呢？將內隱性知識以重現原來意義的方式，將知識記錄起來，這就是一種蓄積。以知識做儲存蓄積，就變成知識存量，它是擁有專屬且獨特的知識。知識再利用對於知識的儲存而言，是可造成知識的創造，而知識的累積使得知識再利用，進而產生知識蓄積，最後，透過知識的累積將知識做儲存。

 （以地圖方式來引導學員系統性閱讀）

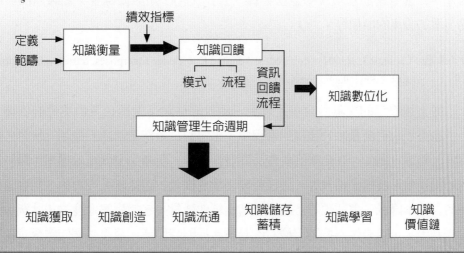

8-1　知識衡量與回饋

一、知識衡量

知識衡量是建構一個知識管理的績效制度，績效評估藉由量度（Measurement）、評核（Evaluation）與回饋（Feedback）的過程提供問題，讓企業能了解其過去的執行狀況、與預計目標之差異，進而分析需要改善的內容。

Robbins（1990）認為，績效評估之結果可供企業做為員工獎懲、績效、評定、獎金之依據，並可提供回饋以了解目標之達成狀況。

資料來源：Stephen P. Robbins, *Organization Theory: Structure, Design, and Applications*, 1990, Prentice Hall Edition, in English.

Davenport（1999）認為，要衡量知識管理與企業績效之間的關係，需要一個中介客觀的衡量指標，而這些衡量指標最後會反映在企業的財務性指標上，衡量項目包括專業的技能、知識工作者的能力、知識管理流程、創新構想及財務等五構面。

Housel 和 Bell（2001）認為，管理者所選擇的衡量指標，將決定他們能夠得到什麼回饋，以及知識管理是否能有效達成預期的目標。

資料來源：Thomas J. Housel, Arthur Henry Bell, *Measuring and Managing Knowledge*, McGraw-Hill/Irwin, 2001.

Chase（2002）認為，有 8 項衡量知識管理績效的指標，包括：企業的智慧資本、知識分享的環境、學習型組織、合作文化、知識領導者、知識產品與服務、增加股東的價值等。

資料來源：Chase, R.L., (2002) Global Most Admired Knowledge Enterprises, retrieved from http://www.knowledgebusiness.com.

從上述學者的文獻內容可了解到，績效評估除了做為企業內獎懲的依循之外，也可以利用衡量績效建構的過程中，來達到企業作業功能的控制、檢討、監督、改善等，例如：在企業的新產品開發作業中，新產品發展績效標準可歸納為財務面績效、技術面績效等。透過財務面績效衡量，包括產品成功率、開發週期縮短、成本降低、專利數等；透過技術面績效衡量，包括專案進度達成狀況、資源控制等，可用來做為控制與檢討改善新產品開發作業。茲將整個知識衡量架構示意圖，整理如圖 8-1。

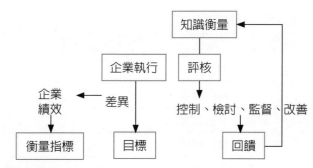

圖 8-1 知識衡量架構示意圖

　　當企業推行知識管理時，則需要衡量知識管理之績效，以了解其推行之進度及衡量狀況，因此，各種知識管理之衡量指標方法就很重要，如表 8-1 績效指標表。

表 8-1 績效指標表

類別	列出績效指標之類型
適用單位	明訂績效指標的適用單位
指標名稱（單位）	列出績效指標名稱
量測／計算方式	描述如何量測與計算該績效指標
意義	描述該績效指標的物理意義
期望值／期限	列出該績效指標的期望值與使用期限
改善對策	如何改善該績效指標
量測者／頻率	善負責良策該績效指標／如何良策以及量測頻率
指標負責人	誰負責該績效指標的成敗

資料來源：洪碧湞，筆記型電腦業新產品導入績效衡量機制與評估系統，碩士論文，民 93，
　　　　　國立清華大學。

　　在知識管理之衡量指標方法擬定後，其衡量指標因子的量化，可用來評估回饋該指標的成效，茲以製造業外包績效標準為例子，如表 8-2 係為製造業外包指標因子。

表 8-2	製造業外包的指標因子
項目	管理衡量指標
物料	外包交貨準確率
物料	外包存貨周轉率
時間	廠商加工前置時間
時間	廠商訂單配合度
時間	廠商加工時間
生產	現場斷線比率
生產	外包交貨退貨率
資訊	外包 B2B 資訊錯誤率
資訊	外包 B2B 資訊準時率

在知識管理之衡量評估中，和一般衡量評估的重點是不一樣的，它必須融入知識的特性，依照知識特性來訂定衡量指標，茲整理如下，見圖 8-2。

1. 就知識分享特性來看，訂定「知識使用率」衡量指標，以該知識被使用次數，來評估知識分享的狀況。

2. 就知識多元特性來看，訂定「知識分類度」衡量指標，以該知識的分類狀況是否完整和明確，來評估知識多元的種類。

3. 就知識學習特性來看，訂定「知識成長比率」衡量指標，以該知識經過學習後，其員工知識成長的比較，來評估知識學習的效果。

4. 就知識專業特性來看，訂定「知識價值百分比」衡量指標，以該知識的專業程度可帶來多少企業價值，來評估知識專業的重要程度。

5. 就知識整合特性來看，訂定「跨知識領域比率」衡量指標，以該知識可知識哪些企業功能，來評估知識整合的能力。

6. 就知識移轉特性來看，訂定「知識周轉率」衡量指標，以該知識被周轉使用次數，來評估知識移轉的狀況。

7. 就知識創新特性來看，訂定「新知識產生率」衡量指標，以該知識能再產生另一個新的知識比率，來評估知識創新的狀況。

8. 就知識推理特性來看，訂定「知識應用次數」衡量指標，以該知識能推理應用在另一個知識的次數，來評估知識推理的狀況。

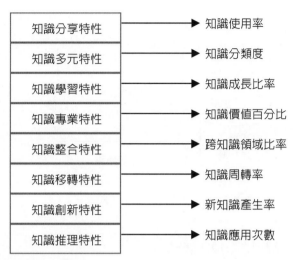

圖 8-2　知識管理之衡量評估

二、知識回饋概論

　　知識回饋在整個知識管理的衡量績效架構是非常重要的，它扮演將衡量結果回饋到企業功能上，並做為知識管理流程的改善依據。以新產品開發為例，消費者使用產品後，若發現問題會回應給售後服務單位，故在售後服務單位的資訊回饋，能幫助新產品開發學習早先舊產品的缺失，進而避免再發生同樣的錯誤，以便對未來新產品的功能品質做改進。

　　從圖 8-3 中可知輸出結果經評估分析後，會產生三個選擇：一個是評估沒有問題，故繼續下一步驟執行。另一個是評估有問題，故須將評估結果回饋到作業主體。最後一個是評估沒有問題，將結果回饋到知識資料庫建立儲存，以做為下一次作業主體執行的參考。

　　從知識回饋模式來看，可以了解到它的回饋作業，是深刻影響到整個作業主體的成效，故回饋作業的可靠度，就不得不去了解探討，也就是說，如何設計出回饋作業模式，來確保回饋的品質可靠度。設計以資訊流模式，來建構資訊回饋流程，並且在過程中提出衡量品質因子，包含成本、時間、品質等。

　　Molenaar（2002）曾提出，以 MIR 模式來改進在新產品開發流程的資訊回饋可靠度。所謂 MIR（Maturity Index on Reliability），是為了決定對的資訊在對的時間內，回饋給對的使用者，故它提出資訊回饋流程，在責任單位、使用者、失敗原因及資訊之間建立相關流程，見圖 8-4。

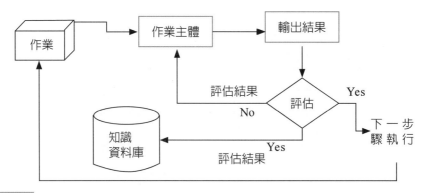

圖 8-3　知識回饋模式

從圖 8-4 可了解到它分成四個層次：

MIR 層次 1：失敗的歸屬責任單位。

MIR 層次 2：失敗原因認定。

MIR 層次 3：失敗的原因。

MIR 層次 4：失敗的再發生。

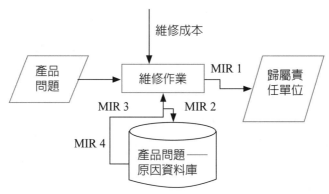

圖 8-4　MIR 模式

資料來源：Molenaar PA, Huijben AJM, Bouwhuis D, et al., Why do quality and reliability feedback loops not always work in practice：a case study, *RELIABILITY ENGINEERING & SYSTEM SAFETY* 75 (3): 295-302 MAR 2002.

在售後服務的回饋流程內，發展以 MIR 模式的資訊流，則該 MIR 模式能使售後服務資訊流有視覺化的回饋過程，和監控資訊品質的作用，如此就可達到確保回饋的品質可靠度。Brombacher（1999）曾提出以考量時間因子之新產品開發的可靠度，他也以 MIR 模式來衡量和改進在新產品開發流程的資訊回饋可靠

度，並且爲了資訊品質，他提出里程碑（Milestones）觀念，將整個新產品開發流程的資訊回饋，切割成數個里程碑，當做時間因子，分別在不同流程點監控該資訊品質。例如：在新產品開發流程中，所產生的產品問題會重複發生，高退貨比率是發生在下游流程中（Downstream），故在下游流程應設立數個里程碑，來監控問題重複發生和退貨情況，而不是回到新產品開發步驟時，再來改進檢討，那時時效已晚。

資料來源：Lu, Y., Loh, HT, Ibrahim, Y., Sander, PC && Brombacher, AC (1999), Reliability in a time driven product development process, *Quality and Reliability Engineering International 15*, 427-430.

Berden（2000）認爲在產品生命週期中，其企業流程和企業角色，會影響產品使用和功能品質，故他提出以「品質資訊流」（The Quality Information Flow）來分析和改進新產品開發。他將客戶需求移轉到新產品開發內，以達到滿足客戶需求，這個移轉在產品生命週期中，是被分割成四個階段（Phase）和二種企業流程（即主要流程、次要流程）。

四個階段（Phase）如下：

1. Specification Phase：客戶需求描述轉換成產品功能規格。
2. Design Phase：產品功能規格展開轉換成更具細節的工程設計規格。
3. Manufacture Phase：實踐設計規格成爲實體產品。
4. Customer Use Phase：使用者實際使用產品作業。

二種企業流程：

1. 主要流程：市場、研發、生產、銷售、服務等。
2. 次要流程：人力資源、計畫、財務等。

在這個「品質資訊流」中，他提出二種回饋狀態：Feed-Forward 和 Feedback。

所謂 Feed-Forward，是指以下一個流程步驟來調整上一個流程步驟的輸出結果，如圖 8-5。

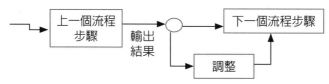

圖 8-5 Feed-Forward

所謂 Feedback 是指下一個流程步驟來調整上一個流程步驟的輸出結果，如圖 8-6。

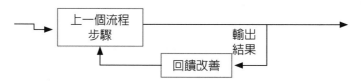

圖 8-6 Feedback

資料來源：Berden, Thijs P.J., Brombacher, Aarnout C., and Sander, Peter C., 2000, The building bricks of product quality: An overview of some basic concepts, *International Journal of Production Economics*, 67(1) 3-15.

8-2 知識生命週期

在資訊整合的循環過程，將以創新性知識管理載具為平台運作，它有知識創造與形成、知識儲存與蓄積、知識加值與流通三個階段。若以個人的觀點，會產生在知識管理生命週期的運作，茲分別以知識的獲取、知識創造、知識的流通、知識儲存蓄積、知識學習、知識價值鏈來做說明，如圖 8-7。

1. 知識的獲取

個人知識的獲取是因有個人知識來源的存在，而在企業中，知識的來源是很多且分散的，有來自於公司員工、客戶、供應廠商等，若已成為集中式和電子檔案來源，則公司的個人電腦就隱含著許多待獲取的知識，因此如何從個人電腦檔案中，利用有效的方法將資料間有用的知識提取出來，是知識獲取的方向。

2. 知識創造

在知識型個人中，想要達到個人突破的目標，個人知識的持續創造是首要條件。當個人無法取得新的知識，而既有知識亦難以因應既有環境需求和未來變化

時，個人就必須克服當前所處格局與困境，這時新知識的創造就變得非常重要，個人知識本身在知識管理的運作下，就會產生個人知識的創造。

　　在競爭激烈的多變環境下，個人知識創造已經成為個人競爭優勢的來源。唯有擁有不斷快速創新知識的能力，才可使個人有競爭力。知識創造型的個人，會持續地創造出知識，廣泛地將知識再利用於個人之中，例如：將這些知識應用於個人才能，並且不斷地有新想法（Idea）產生。

3. 知識的流通

　　個人在管理知識時，除了知識創造的能力與效率外，其知識並不一定是由個人內部自行創造出來，而是由外部引進的。而欲由外部引進，則須有知識的流通，也就是知識必須經由在個人之間分享，才能在知識管理流程中，彰顯出知識的能力與價值，並在相互溝通與轉換的過程中，創造出更多元化的知識，因此知識的創造和知識的流通是互為關係的。

4. 知識儲存蓄積

　　將個人內隱性知識以重現原來意義的方式，將知識記錄起來，這就是一種個人知識蓄積。知識做儲存蓄積，就變成知識存量，它是擁有個人專屬且獨特的知識。

　　知識再利用對於個人知識的儲存而言，是可造成知識的創造，而個人知識的累積使得知識再利用，進而產生個人知識蓄積，最後，透過知識的累積，將個人知識做儲存。

5. 知識學習

　　組織是由個人所組成，故個人學習為組織學習的必要條件。

　　Marquardt（1996）提出，個人學習係指個人藉由自我學習、觀察和專家的指導，來改變其習慣、態度、價值與技能的過程。

6. 知識價值鏈

　　個人知識管理的循環作業，產生了知識的過程，在這個過程中，若能產生有附加價值的個人活動，就可形成一連串的價值活動組合，這就是個人知識價值鏈，從這個價值鏈中，可儲存和分析知識，進而產生個人知識創新。並不是每個人都是知識工作者，又或者知識程度深淺不一，因此在知識價值鏈中，應有知識代理人的角色，來使每個人都可運用和分享知識。

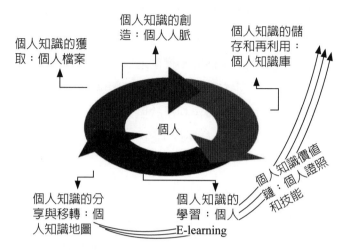

圖 8-7　個人知識在知識管理生命週期的重點

8-3　知識化流程

一、知識流通

　　經過知識獲取、知識創造後，接下來就是知識流通，知識之所以會流通，是因為有知識的存在，而知識的存在是來自於知識獲取及知識創造，故知識流通的成效是建築於知識獲取及知識創造的基礎上。

　　總而言之，知識從獲取中產生，經過知識的流通，使得知識發揮出能力與價值，進而創造出新知識，該新知識再經過知識的流通，再次發揮出能力與價值，並又再次產生知識的創造，如此循環過程，建構了知識的分享和移轉，如圖8-8。

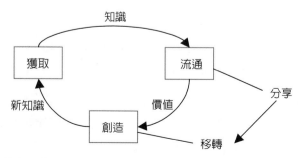

圖 8-8　知識的分享和移轉

　　從圖 8-8 中，可了解到從知識流通到知識創造，會經過知識的分享和移轉，沒有知識的分享和移轉是無法創造出知識的。

　　那麼，什麼是知識的分享和知識的移轉？

　　首先，先介紹說明知識的分享，茲整理學者文獻如下。

　　Nonaka（1994）認為，以知識互動的觀點來說明知識分享，它是一種個人與個人，內隱性知識與外顯知識互動的一個過程；這個過程包括共同化、外化、結合及內化，形成了一個知識的螺旋。

資料來源：Nonaka, I (1994), *A Dynamic Theory Organization science*, 5, pp. 10-37.

　　Senge（1997）認為，以學習觀點來界定知識分享，其認為知識分享是一種學習過程，一種學習幫助他發展有效行動能力之過程。

資料來源：Senge, P. (1997), Sharing Knowledge, *Executive Excellence 15(6)*, pp.11-12.

　　Davenport & Prusak（1998）認為，以市場觀點來說明知識分享，其認為知識在企業中流通，所謂的知識市場，是指企業裡有知識需求者（買方）及知識擁有者（賣方），知識買方及賣方透過流通平台進行交易，獲取所需。他建立了一個知識分享的公式：

知識分享＝知識的傳送（Transmission）＋知識的吸收（Absorption）

資料來源：Davenport, T.H. & Prusak, L. (1998), *Working Knowledge*, Boston, MA: Harvard Business School Press.

　　Hendriks（1999）認為是以溝通的觀點來說明知識分享，其認為知識分享需有主體，分別為知識擁有者（Knowledge Owner）和知識重建者（Knowledge Reconstructor）。

資料來源：Hendriks, P (1999), Why Share Knowledge? the Influence of ICT on The Motivation for Knowledge Sharing, *Knowledge and Process Management*, Vol6, No2, pp.91-100.

　　為了要建構一個適於知識分享的基礎環境，並鼓勵知識分享的機制發揮作用，企業中應形成多管道的人性介面化平台，它的目的是能有效運作知識分享市場，並建立互動性的技術創新協同網路，讓知識能夠順暢地流通擴散，並且因為

知識的分享，而創造出新的知識。

知識分享是企業維持創新能力的一個重要因素。

Cohen 和 Leventhal（1990）認為，企業的競爭優勢常在於比其他公司能更有效率地進行知識的分享。

Gilbert 和 Cordey-Hayes（1996）認為，知識的流通並不是靜態地發生，它必須經由不斷地動態學習，才能達成目標。在此模式中，他們認為同化的學習是在於動態學習，也就是當知識在組織流通時，會反映出企業成員例行工作和習慣行為，進而成為平常工作的重心。

他們將知識流通分為五個階段，包括擷取、溝通、應用、接受與同化，如圖 8-9。

1. 擷取（Acquisition）

企業在進行知識流通前，必須先取得知識；這和第 12 章的知識獲取的重點是一樣的，它可以經由過去經驗和工作中取得知識，也可從企業的外部環境，例如：廠商、競爭者、客戶、研究機構、學術單位、專家或顧問等獲得新知識。然而影響企業取得知識的主要因素是天生的學習（Congenital Learning），因為企業的本質定位會受到老闆觀念的影響，企業成立時所具備的知識，會影響和決定未來的方向。

2. 溝通（Communication）

企業若要獲得知識的有效轉移，必須先發展溝通管道，溝通方式可以是書面語言的，也可以透過其他方式來表達。

3. 應用（Application）

企業獲得知識後，可經過知識的溝通，並進而應用知識，以鼓勵組織學習與再利用。

4. 接受（Acceptance）

流通的知識造成移轉前，必須先被企業內的個人和組織接受，則知識的流通才有實際成效。如果企業的發展性知識多在高階主管層級被廣泛地交流或探討，而下層較少參與，則代表此時企業已經接受此新知識，但尚未達到同化的階段。

5. 同化（Assimilation）

知識的流通經過個人和組織接受後，接下來就是「同化」。知識流通過程中

的關鍵是同化,這是整個知識流通的結果;同化要求的是將知識流通過程的結果轉化為企業的平常工作流程。

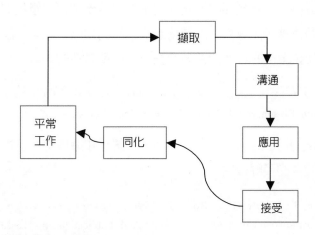

圖 8-9 知識流通的五階段

Davenport、De Long 和 Beers(1998)認為,塑造一個有利於知識分享的文化,是知識管理成功的重要因素。

Dixon(2000)認為,企業內的知識流通是指將存在組織內某一部分的知識,透過各種工具、程序,和組織內其他單位知識做分享。這些工具可以是知識資料庫、研討會、跨功能團隊、電子郵件與社群軟體等。

從上述的學者文獻說明,可了解到同化的本質是指「知識創造」的過程,它包含內隱性累積學習的過程,故同化和內隱性轉化是異曲同工的。它的意義是指在個人、組織和企業,在認知、態度和行為上的真正改變,這也是知識管理的最重要成效之一。

故知識分享要能成功,在於內隱性轉化,它要有適當的激勵制度,使這些個人的專業知識可主動分享。

二、知識轉換

先有知識的分享,才會有知識的移轉。

當知識流通來源為內隱性時,公司應以各部門共同參與,因為能將內隱性知識做適當分享,不僅不會磨損知識的價值,反而可能在相互移轉的過程中,發揮正向回饋的效果。故在分享過程中,必須達到移轉的結果。Bartlett 和 Ghoshal

（1989）認為，知識移轉有兩個路徑，一是水平流動，另一是垂直流動。所謂「水平流動」是指在各部門之間的知識移轉；而「垂直流動」則是各部門將知識往上或往下傳遞給不同層次部門。知識的水平流動促進同一層級的各部門移轉，而知識垂直流動移轉了高層部門及較低層次部門的知識。知識不論是水平或是垂直流動，都促使企業中的各部門共同參與及發展整體性的知識。

資料來源：Bartlett, C. A. & Ghoshal, S. (1989), *Managing Across Borders: The Transnational Solution*, Boston, MA：Harvard Business School Press.

Harem、Krogh 和 Roos（1994）認為，所謂「知識移轉」是指知識發送的過程以及知識接受者的了解程度。

資料來源：Harem, T., Krogh, G., & Roos, J. (1996), *Managing knowledge: Perspectives on Cooperation and Competition*, London: SAGE Publications, pp.116-136.

Howell（1996）認為，知識移轉類型若以組織層次的觀點來看，分可成四種類型：

1. 企業內的移轉：同一個企業內不同環境之間的知識移轉。

2. 企業之間的垂直移轉：企業屬於不同產業而有合作關係時，在合作人員之間的知識移轉。

3. 企業之間的水平移轉：在同一產業中的企業有合作關係時，在合作人員之間的知識移轉。

4. 學術研究單位之間的移轉：企業和其他研究機構有合作關係，所形成的知識移轉。

資料來源：Howells, J. (1996), Tacit knowledge, innovation and technology transfer, *Technology Analysis and Strategic Management*, 8(2): 91-106.

先有知識的分享，才會有知識移轉的關鍵點，是在於同化或內隱性轉化的連接。

故知識移轉的效果，在於將轉化不同物件之間的知識認知，這邊指的物件，是指實體或虛擬的個人、組織、企業。

個人的內隱性知識，於個人實體本身中，如何在虛擬的知識社群，和另一個個人做知識移轉，就必須能轉化彼此之間的差異，例如：無法以正式文件形式儲存的個人經驗、技能等，和另一個個人的經驗、技能，須做差異的分析和認定，

並把差異性轉化成共同的定義和格式。

　　唯有全體員工積極參與知識移轉，企業的知識管理系統才會真正落實，而知識創新與分享的文化、學習型組織才會實踐。

三、知識地圖應用

　　如同上述所言，在知識移轉時，須能轉化不同物件之間的知識認知，在此以知識地圖技術來做說明如何轉化，同樣的，為了有整體連貫性，延續第 12 章的知識地圖方法，和 RMA 維修系統之例子，來說明知識轉化技術。

　　將知識地圖方法應用於知識轉化技術，是就組織內定義每個物件的知識，和分析物件彼此之間的知識差異，進而提供所需使用者一個系統化的共同定義平台，並利用資訊系統中的 XML 技術，來定義知識的差異內容、知識的共同項目、知識的共同內涵，如圖 8-10。

```
<?xml version="1.0" standalone="yes"?>
<xs:schema id="myDataSet"
targetNamespace="http://www.tempuri.org/myDataSet.xsd"
xmlns:mstns="http://www.tempuri.org/myDataSet.xsd"
xmlns="http://www.tempuri.org/myDataSet.xsd"
xmlns:xs="http://www.w3.org/2001/XMLSchema"
xmlns:msdata="urn:schemas-microsoft-com:xml-msdata"
attributeFormDefault="qualified" elementFormDefault="qualified">
  <xs:element name="myDataSet" msdata:IsDataSet="true"
msdata:Locale="zh-TW">
    <xs:complexType>
      <xs:choice maxOccurs="unbounded">
        <xs:element name="成績單">
          <xs:complexType>
            <xs:sequence>
```

圖 8-10　XML 技術

　　在 RMA 維修系統例子中，利用知識轉化技術目的是為了知識的流通，故如何在一個系統化的共同定義平台中，來達到知識的轉化，在此是以 XML 技術。例如：某產品問題的現象徵狀，在客戶所提出的是某一徵狀內容，但在另一客戶所提出的卻是另一徵狀內容，這時就產生差異性，若以 XML 技術來定義該現象徵狀知識的差異內容、知識的共同項目、知識的共同內涵，就可達到知識的轉化成效。

四、知識的儲存

知識創造的過程中，會產生出新的知識，轉化成為知識資產再儲存蓄積起來。這裡所謂的儲存蓄積，和資料庫的儲存，是不一樣的，前者並非只是將資料或數據做資料庫的儲存而已，而是要將內隱性知識以重現原來意義的方式將知識記錄起來，這就是一種蓄積。知識做儲存蓄積，就變成知識存量，它是擁有專屬且獨特的知識。

Bonora 和 Revang（1991）認為，知識儲存有 2 種方式，分別是「知識儲存方式」，它包含機械式和有機式，以及「知識協調程度」，它包含整合的和分散的，透過這 2 種方式，來說明知識的儲存及蓄積。茲說明如下。

1. 知識儲存方式

Bonora 和 Revang（1991）將知識儲存方式分為「有機式」及「機械式」兩種，所謂「有機式」即是主觀知識，它的內涵是主觀的、非結構化，例如：內隱性的知識或技能，以及知識工作者把理論轉換為實務可行的能力；「機械式」則是客觀知識，它的內涵是客觀的、結構化，例如：文件資料、統計數據，以及技術報告等。他們認為，主觀知識是公司成功或生存的關鍵。

2. 知識協調程度

Bonora 和 Revang（1991）將知識協調程度分為「整合」及「分散」兩種形式，例如：儲存在個人身上則為分散，儲存在組織中則為整合。

Bonora & Revang（1991）將「知識儲存」與「知識協調」這 2 種方式做交叉分析，則可得到知識儲存及蓄積模式，如圖 8-11：

知識協調	機械的、整合的	有機的、整合的
	機械的、分散的	有機的、分散的

知識 儲存

圖 8-11　知識儲存及蓄積模式

資料來源：Bonora, E. A. & Revang, O. (1991), *A Strategic Framework for Analyzing Professional Service Firm-Developing Strategies for Sustained Performance*, Strategic Management Society Inter organizational Conference, Toronto, Canada.

　　Abecker（1998）認為組織儲存記憶，必須考慮以下幾項重點：

(1) 以系統化方式，儲存各種不同形式的資訊來源。

(2) 該系統化的組織記憶建構，必須要符合人性化介面。

(3) 該系統化須能回饋使用者的資料，以便評估組織儲存的記憶。

(4) 該系統化的組織儲存記憶，必須要能應用在日常工作流程中。

(5) 該系統化須能連結相關的資訊。

資料來源：Abecker, A., A. Bernard, K. Hinkelmann, O. Kann, and M. Sintek, (1998), Towards a technology for organizational memories, *IEEE Intelligent System and their Applications.* 13(3), 40-48.

　　Shin、Holden 和 Schmidt（2000）認為，知識儲存是指個人與組織的知識記憶，個人記憶則存在於個人的經驗與觀察，組織記憶則存在於企業流程互動的分享。

　　從上述學者文獻對知識儲存及蓄積所做的定義和說明，可了解到知識儲存及蓄積必須和企業本身做結合，例如：上述說的符合人性化介面、應用在日常工作流程、文件資料、統計數據、理論轉換為實務可行的能力等。

　　從上述說明了解到知識儲存及蓄積後，接下來就是如何真正儲存到具體的型態內，若以資訊系統角度來看，就是知識庫。

　　那什麼是知識庫呢？

　　Mockler（1992）認為，知識庫是整合專門技術與專家的知識，凡是有關於知識領域的範疇，都可做知識的存取，來闡述知識的儲存及蓄積的意義，以便做決策去完成複雜的工作。

　　企業可透過知識庫的方式，將專家的經驗與技術知識整合起來，利用邏輯推論的方式，設計成一套結構化的邏輯程序，以便將複雜的知識做為決策的基礎，進而快速解決問題。

資料來源：Mockler R.J., 1992, *Developing Knowledge-based Systems Using an Expert System Shell*, New York, Macmillan Publishing Company.

　　知識的儲存可分成兩大類，第一類是以具體有形的知識庫來儲存知識；第二類是以無形的學習的方式深入員工內隱性之中。

　　每個組織經過這第二大類的長時間運作和發展，就會產生許多資料、報告、文件等任何書面的知識，也有可能產生在檔案或資料庫中，但若沒有經過知識庫

的系統化分析和保存，則這些報告資料，對知識的儲存蓄積而言，就無法成爲知識資產。

五、知識的累積

知識的累積，對於知識的創造是很重要的，因爲知識的累積，不是如同資料數據般的加總，它是能透過知識的累積，把新的知識建構在之前的知識基礎上，以便產生知識自我推理，舉一反三的知識創造，故知識累積的處理功能包含人工智慧、專家系統、類神經網路、知識地圖、電子圖書館、文件管理系統、檢索軟體等。知識累積乃是企業由外部或內部吸取知識後，將知識經由分享、移轉、儲存蓄積到知識的創造後，進而這些知識累積在企業組織內，以供再利用。

Davenport（1998）依企業目標，將實行知識的累積分爲四類：

1. 知識中心庫（Knowledge Repositories）

將企業內部核心組織智慧與外部競爭技術知識，以一結構化方式儲存於知識中心庫，可隨時提供使用者存取和檢索。

2. 知識存取（Knowledge Access）

透過使用者對知識的存取應用，讓本身知識可不斷移轉及創造。

3. 知識環境（Knowledge Environment）

建立一個能夠有知識管理運作的環境，促使知識由不斷的獲取、學習、移轉、應用等作業，來達到知識創新的目的。

4. 知識資產（Knowledge Asset）

知識即爲企業資產，有效運用知識資產，使其成爲公司核心競爭能力。

資料來源：Davenport, T. H., David, W. D. L. and Michael, C. B., 1998, Successful knowledge management projects, *Sloan Management Review*s, Winter, 43-57.

Davenport 認爲構成知識儲存有六大項目：

(1) 經驗：指的是過去曾經做過、或是曾經歷的事情。自經驗獲取的知識，能分析現在的知識和過去有什麼關聯，進而推理出有脈絡的新知識。

(2) 事實：事實本身呈現了它的根據性和實際性，能讓使用者依實際狀況來獲取事實的知識。

(3) 複雜：從經驗與事實得來的知識，它能夠處理複雜的問題。

(4) 決策：知識本身包括了決策的內涵。知識不但能夠透過以往的經驗和事實，來對企業所發生的問題，做自我分析與推理，以因應新的問題發生。這是有別於資料與資訊只能參考之用，與其是不一樣的。

(5) 規則：當新的問題與之前所處理過而產生的知識相類似時，則透過規則就能找出解決的方法。

(6) 信念：員工的信念對組織的知識具有極大衝擊。組織畢竟是由員工所組成的，故組織的知識會受到員工信念影響。

資料來源：Davenport, T.H., Sirkka L. Jarvenpaa. Michael C. Beers. Improving Knowledge Work Process, *Sloan Management Review*, Summer 1996.

Zack 認為知識蓄積（Knowledge Accumulation）與累積再利用（Reuse），須以模組化知識管理的概念，來運作這樣的機制。

模組化知識管理的概念，是把知識當作一項「事物」（Thing），它包含兩個內涵：結構（Structure）與內容（Content）。這兩個內涵可以反映出知識的組成。

知識的內容是在不斷的累積知識本身，而知識的結構則用來提供詮釋這些內容所需要的相關資料。

資料來源：Zack, Michael H., Managing Codified Knowledge, *Sloan Management Review*, Vol.40, No.4, 45-58, 1999.

六、知識再利用

企業員工在面臨問題時，能夠藉由企業內的知識庫，找到解決的方案，同時與其他成員分享解決問題的經驗，以及避免再度發生同樣的錯誤，進而做為未來新的知識創造之依據，這就是知識再利用。

知識再利用對於知識的儲存是可造成知識的創造，而知識的累積使得知識再利用，進而產生知識蓄積，最後，透過知識的累積，將知識做儲存，如圖8-12。

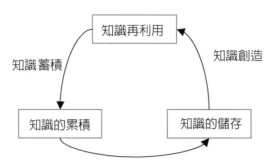

圖 8-12　知識再利用、知識儲存和知識的累積三者關聯〔Nonaka & Takeuchi（1995）提出的「由中而上和下」的知識推動模式〕

　　他認為應以中階主管為主導，來整合高階主管和現場員工，此最能表達知識創造的持續互動過程，而中階主管是創新的關鍵。

　　相對於此知識推動模式，有二個不同推動模式，分別是「由上而下」和「由下而上」。「由上而下」基本上是屬於傳統層級式。這種模式背後所隱藏的內涵是，只有高階主管才能創造知識。「由下而上」基本上是屬於扁平狀，是讓接近現場的前線員工來主導。

資料來源：Nonaka, I. and H. Takeuchi (1995), *The Knowledge-Creating Company*, Oxford University Press.

　　透過「由中而上和下」推動模式，使得知識再利用，可藉著中階主管同時對高階主管的理念和現場員工的想法，有承上啟下的效果，如此知識的再利用，才可擴散到整個企業內。知識的再利用方法，除了上述說明的「由中而上和下」推動模式外，尚可引用 Grant（1996）所提出的共同知識形式，也就是透過一致性的知識形式，來達成知識再利用的效率。

　　Grant（1996）認為共同知識的形式，可包含五個項目：

　　1. 語言：共同語言的存在，對於知識再利用的溝通整合機制是非常重要的。

　　2. 符號：可將共同語言擴充至包括所有符號、圖形的形式，例如：數字、電腦程式、方塊圖等。

　　3. 共通：不同的專門知識之間，必須有一些共通的知識樣板，以便知識可透過樣板複製以快速再利用。

　　4. 共享：透過建立彼此共享的機制，將有助於知識再利用。

5. 擴散：有效的知識擴散，可透過互相適應的方式，使得知識再利用。

資料來源：Grant, R., (1996), Toward a knowledge-based theory of the firm, *Strategic Management Journal*, 17, 109-122.

另外一個知識再利用的方法，就是具有資料庫結構的「知識平台」，企業能夠從此知識平台中，取得相關知識內容的不同維度。資料庫內的每一種維度，可能會有不同內容、格式和彼此之間的相關性。這時就能夠讓使用者運用不同維度的知識做交叉相關性分析，以便分析出哪些知識可再利用於新的問題上。

8-4　知識數位化

資訊管理領域必須融入知識元素，並進而將知識轉換成數位化，利用數位特性來發展出資訊化企業營運，在此以三項構面來闡釋知識數位化之運作，其包含資訊系統嵌入知識邏輯、知識生命週期軟體系統化、知識型資訊系統等三項，每一項都須經過數位化程序，由此程序來完成這三項運作。

一、在「資訊系統嵌入知識邏輯」構面

它利用數位化程序的第一階段（包括資料形成知識知識數位格式化這二個步驟），將商業邏輯轉換成可程式運算的知識邏輯，在此觀念上，是強調資訊管理不再只是營運流程資訊運算，它須由直接呈現知識邏輯來發展營運管理，例如：庫存呆滯料解決方案就是一種知識，以往資訊系統只呈現運算何者是庫存呆滯料物品的資訊分析，但沒有告訴你如何解決呆滯料，只能靠人為本身經驗知識，在資訊系統外處理解決，但在具知識數位化的資訊系統，是會自動化產生呈現運算此解決方案的知識邏輯，此時，員工就可利用此知識，而不需有資深經驗知識的員工才能處理之。

在此介紹數位化程序第一階段的資料形成知識和知識數位格式化等二個步驟。

(1) 資料形成知識步驟：是指在第一章所說的資料轉化成資訊，而資訊轉化成知識的運作過程，在資訊系統內，必須設計資訊轉化成知識的軟體程式運作，這個系統設計有點像專家系統，因為專家本身就具有知識，故在專家系統通常會建構知識庫，但此系統設計不會有知識庫，它是運用邏輯運算，將資訊轉化成知

識方案（它本身就是知識庫內容之一），而此邏輯運算必須先在軟體設計時就撰寫設定好，如此資訊系統才會自動產生知識方案，例如：在呆滯料會先設計三個月以上都沒做移轉作業，則此物品就是呆滯料，接下來就是分析此物品還可用在何處？或是在到期日前做促銷等各種設定，上述只是說明其原則做法，但在資訊系統實作中，必須明確產生出上述實際答案，並自動化執行此知識方案。

(2) 知識數位格式化步驟：有了上述透過軟體設計產生知識邏輯的方案後，接下來就是此知識必須轉成數位格式化，也就是將知識包裝成像是資料或資訊數位格式，例如：物品入庫量資料一開始是倉管員做入庫動作，但它仍是紙本或是記在腦袋裡，故此時須輸入此資料，才能存在於資訊系統內的軟體格式，進而可成為攜帶式和重複使用，以及複製或和其他資料結合運算等軟體功能。故數位化後的知識亦然，可達成上述軟體功能，如此才可創造後續知識加值的軟體應用。

二、「知識生命週期軟體系統化」構面

在資訊系統嵌入知識邏輯構面運作下，所產生的結果有邏輯化和格式化的知識元件，而這元件在知識生命週期運作中，將會演化成知識蓄積和創造知識的另一不同知識元件，而要達到此成效，則須以數位化程序的第二階段（包括知識儲存管理和知識移轉學習運算步驟），使知識能有生命週期發展的運作，例如：同上例呆滯料，當有了解決消化這些呆滯料的知識後，就必須將此具有數位格式化的知識做儲存，以便之後又有類同呆滯料情況發生時，可立即重複使用此知識，以快速且省成本地解決此問題。但進一步思考，若之後發生另一呆滯料情況是和之前問題不一樣，則此知識就很難派上用場，故此時如何在累積原有知識之上，快速創造出可解決新問題的另一創新知識，就成為知識數位化很重要的關鍵所在。

在此介紹數位化程序第二階段的知識儲存管理和知識移轉學習運算步驟等二個步驟。

(1) 知識儲存管理步驟：是指類似建立一個資料庫一樣，而建立一個知識儲存庫，但因這仍是以資訊管理為主的資訊系統，故不像之前所提的專家系統內的知識庫，它們是不一樣，知識儲存庫仍是一種資料庫，它所儲存的仍是資料和資訊形式，只不過透過這些資料資訊做關聯，連結成一種知識方案，承上例，呆滯料分析的資訊結合關聯到另一產品，也可使用此物料的物料清單資料，如此結合，就可了解將此物料耗用在另一產品上作業，進而解決呆滯料情況的庫存。

(2) 知識移轉學習運算步驟：透過上述知識儲存管理後，資訊系統可設計出問題和解決方案的連接關係之知識組合，透過此組合可自動偵測到，當另一問題產生時，其問題情況是和之前某問題相似，如此就可將相對應知識移轉到此新問題的解決方案。但若發現並不類似的問題，仍可在資訊系統上設計一套知識學習運算程式邏輯，它擷取在原先知識基礎上，來運算學習創造出另一創新知識，而這個學習機制的運算，就必須運用到人工智慧內的機器學習演算法，此時，此資訊系統已開始從知識數位化朝向智慧數位化來發展，承上例，發現到另一新問題，那就是某物品並不是呆滯料，但出現銷售情況不佳的問題，故透過此呆滯料之前在產業上的銷售分析資訊，並以此可使用在產品物料清單結構上的知識邏輯，進而置入機器學習演算法（例如：模糊推理演算），運算創造出如何推理有哪些銷售管道可促使銷售量增加的另一創新知識。

三、知識型資訊系統構面

通過上述資訊系統嵌入知識邏輯，以及知識生命週期軟體系統化二個構面運作後，此資訊系統即將朝向成為一種知識型資訊系統，它利用數位化程序第三階段的知識管理運作資訊系統機制和其後端系統設定等二個步驟發展出此系統，如此就發展出具有知識數位化的資訊管理，在此說明此種資訊管理發展的演化，並不是要把資訊系統變成知識管理系統，知識管理系統在以前已經是成熟化的企業應用，而且它和之前資訊管理基礎的資訊系統，是完全不一樣的系統，例如：後者有企業資源規劃系統，它會和前者知識管理系統，例如：文件管理系統做結合，以便應用於營運流程。但知識型資訊系統卻不是如此，也更不是知識管理系統，而是具有知識數位化的資訊系統，會有如此演變，主要在於智慧管理時代來臨，因為資料轉化資訊，以及資訊轉化知識形成已無法面對智慧時代，而必須邁入知識轉化成智慧，也就是如此使得資訊管理發展必須朝向知識數位化，以便進而邁入智慧數位化，這也就是為何不是知識管理系統的原因，因為知識管理系統仍是停留在資訊轉化知識形成的階段。

在此介紹數位化程序第三階段的知識管理運作資訊系統機制和其後端系統設定等二個步驟。

(1) 知識管理運作資訊系統機制步驟：這是指將此資訊系統設計能處理管理這些知識元件，包括：知識邏輯知識方案、知識組合、知識儲存、知識創造等軟體系統應用功能，而這些功能之前是沒有設計在資訊系統中，例如：企業資源規

劃系統並沒有涵蓋知識元件，也沒有管理這些知識元件的軟體功能，如此在員工使用企業資源規劃系統時，例如：呆滯料庫存管理，在資訊系統分析後，就必須仰賴有經驗知識能力的員工來解決呆滯料庫存問題，但若是具有知識數位化的企業資源規劃系統則就截然不同，員工就可利用系統來自動化產生知識解決方案。

(2) 其後端系統設定步驟：知識型資訊系統除了要有上述能處理管理這些知識元件的軟體功能外，尚須有後端系統設定管理功能，來彈性客製化以配置設定軟體功能方式，以便更有效率執行知識元件管理的軟體機制，這和之前傳統資訊系統的後端管理原理、效用是一樣的，只不過是以轉化呈現知識管理為導向的後端系統，例如承上例，在後端設定某知識元件和其元件的關聯組合，以呆滯料產品物料清單結構方式的知識元件，設定可做和其他知識元件的關聯組合功能，如此當進行知識移轉創造時，其資訊系統就可不須人為作業而自動化產生某另一呆滯料庫存問題的解決方案。

知識數位化所發展的資訊管理，是一個對於資訊系統創新改變的嶄新面貌，這也表示智慧型資訊系統即將來臨，這對於企業營運流程也是需要做重大改變的契機，這就是數位轉型，透過知識數位化來進行企業流程再造的方式，當然這也正是產業環境已來到剛好適合智慧管理的整體發展，例如：物聯網邊緣運算擴增實境 5G 金融科技區塊鏈等配套環境，故資訊管理也應隨之改變，而各行各業也應在成為資訊化企業時，必須朝向智慧管理。例如：學校系所經營亦然，茲以「智慧企管體驗場域」計畫為例，說明如下。

此場域是欲發展如何運用創新數位科技，使得零售通路的營運作業具有智慧化應用功能，可搭配相關科技設備，在行銷策略如廣告實境體驗之應用，讓學生在修習相關數位行銷課程後，可直接將所學的理論、策略企劃案，以實際最新的科技工具應用操作，落實即學即用之目標。透過體驗場域的建置，可讓學生學習到創新智慧化數位科技知識能力，包括：NFC、iBeacon、擴增實境（Augmented Reality, AR）、無人空拍機、人臉辨識科技，可符合產業現在與未來職能需求。智慧管理運用在學生產業職能人才部分，規劃其未來發展朝文創創業、金融科技、智慧零售三大職能方向，茲說明如下。首先，就企管領域知識特質和學生本身條件要求上來看，其文創內涵的難易度是很符合融入企管知識的結合，而且從此文創科技元素，可切入各行各業的營運發展，進而在這樣相對易於學習的技術，結合企管技術，可使學生較能邁入創業門檻。接著，在企管系的財務模組，對應於財務金融他系來比較，可說是並無較有先天優勢競爭力，故應以結合管理

長處來發展結合創新知識的不同道路，那就是以營運流程管理為基礎的金融科技，並能讓學生學習和產業需求趨勢契合。最後，智慧零售此場域是欲發展如何在運用創新數位科技下，使得零售通路的營運作業具有智慧化應用功能，如此因應來培養數位化企業管理行銷人才。

根據上述系所發展內容軌跡，若以軟硬體空間環境需求而言，則本系將以教師實踐、學生學習、系所發展等三個構面發展，且就此本系環境現況，來規劃本企管系的軟硬體設備建置及改善計畫，茲分別說明如下。

1. 在教師實踐構面

主要以實務個案、實作作品、大數據商管這三個實踐方式來做為落實教師在系所營運上，如此可朝向理論與實務並重的教學目的。

(1) 實務個案是以產業實務所發生的問題，勾勒出不同產業的樣貌下，來編寫開發個案案例，且融入教學課程內，如此問題啟發的職能應用問題個案可引導於實證研究內，以便提高產學合一之教學成效。

(2) 實作作品對於學生學習可達到提升參與感所帶動的就學意願度，以及自身完成作品的學習成就感，學生也可以從實作過程中，學習如何發揮自身創意以及成品成果的檢討。

(3) 大數據商管是針對企管系五管管理功能（係指以生產、組織行為、人力資源、財務、行銷、策略等），可進一步學習到決策分析，對於學生可接觸到全球技能要求之能力，以符合產業職能需求。

綜合上述，可知企管系就實務管理個案來厚實系上特色之教學能量，並以產生實作作品來強化系上特色之辦學成果，進而以大數據商管深植於系上特色之科技含量。

2. 在學生學習構面

主要以證照、競賽、實習、專題等四個績效能力，來呈現回饋於學生學習歷程之系所發展檢視狀況。目前在實習、專題這兩者推動上，已有相關辦法作業正在進行中，故未來要加入證照、競賽這兩者的推動。而這樣推動是欲讓學生往實務就業的產學一條龍，也就是在這四個績效能力上，發展和業界深度合作，進而結合在職碩士專班的招生規劃和活動，也結合企管系畢業校友的系友會活動，如此整合在學生、系友、在職碩士招生等三個主軸，以達到借力使力、事半功倍之效率。

3. 在系所發展構面

主要以空間規劃所需軟硬體資源爲基礎，來檢討改善系上特色需要再努力的切入點。

綜合上述，可知教師實踐有賴於系所發展的空間環境資源，來支援其實踐實務個案、實作作品、大數據商管等績效，而其實踐蓄積更能實現學生在證照、競賽、實習、專題等學習能力肯定的成果，且如此學生學習成果可在系所發展的空間規劃適當性協助下，更能落實發揮，如下圖 8-13。

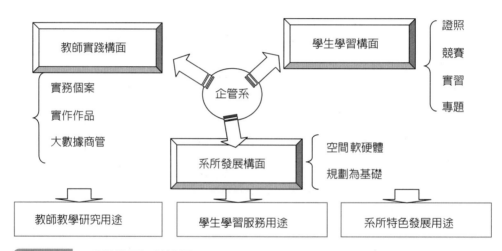

圖 8-13　系所發展智慧管理

綜合上述，吾人可了解知識數位化發展是爲了奠定智慧數位化的資訊管理基礎，故在知識轉化智慧形成過程，就變得是關鍵所在，那麼如何轉化呢？它包括運算建模、挖掘洞察、嵌入智慧等三個形成階段，茲分別說明如下。

(1) 運算建模

當有知識方案時，接著必須分析知識內涵的元素，例如：解決呆滯料庫存知識方案，其中有如何得知何種其他產品也使用此物料的內涵元素，這時，這些元素爲了有智慧化特性，也就是預知機制，故須具有自主認知功效，所謂自主認知是指在問題知識方案形成時，就能以自主性檢視方式，結合人工智慧的認知功能，也就是頭腦思考出所理解的意義，且不用其他人爲智慧告知，如此這樣做法，就是要達到潛在問題尚未發生時，即能事先理解問題所在，而事先提出另一種解決方案，來避免問題的眞正發生，這就是自主認知做法，如此以達到預知成效，這就是智慧，而爲了達到上述成效，則就必須把上述運作過程，以人工智慧

演算法來建立其運算模型，這就是運算建模。

(2) 挖掘洞察

經過上述運算建模後所產生的智慧元件，此智慧元件須經過訓練學習，讓它更具有智慧能力，這就好像一台具有人工智慧的圍棋超級電腦，它必須不斷和人下圍棋多次，而下棋次數愈多，則贏取成功機率愈高，因為它不斷訓練學習，使得智慧能力愈強壯。這種訓練學習過程，就是一種挖掘洞察的做法，因為每次訓練程序都會有訓練資料資訊匯入，接著經過模式運算產生結果，如此結果會去挖掘解決方案，並再根據此方案，做模式結構或參數的修正，進而做為在下一次資料輸入時的參考，以便知悉須用何種資料和運算，這就也是一種洞察，在問題未發生時，就先做不同資料輸入和修正的模擬，模擬會可能有什麼結果，進而再次修正實際的資料和模式運算，以免此問題真正發生，最後達到預防、預知的智慧能力。

(3) 嵌入智慧

經過挖掘洞察作業後，其智慧元件已從知識轉化成智慧形成過程，接下來就須將智慧元件嵌入欲達成的軟體模組，並進而植入相對應的硬體元件，例如：智慧音箱產品內有智慧硬體元件，也因如此，此智慧音箱就能發揮如同和使用者直接對話的功用，並進而自動連上網際網路去搜尋使用者欲了解的知識，這是用了自然語言處理的人工智慧運算，如此做法就是嵌入智慧。從上述說明，也可得知智慧的形成，不能只有軟體成效，必須也有硬體的成效，這個就可結合物聯網。透過物聯網，將物品變成智慧物品，裡面有軟體嵌入硬體的智慧化形成，也就是說，軟體本身有人工智慧演算法將之撰寫成程式，而此程式是可和硬體溝通，並驅動硬體，它算是一種韌體，再加上硬體本身有物聯網感測技術，可自動擷取物品本身物理性資料，此資料是呈現物品運作狀態，故如此也不需人為判斷物品狀態，並再採用人工輸入資料於資訊系統的無效率作業，接著這些實體資料就可轉化成數位格式資料，做為上述運算模式的資料輸入，進而修正和訓練學習此人工智慧演算法的模式，故上述這樣軟硬體整合，才能真正達成智慧數位化的形成。

案例研讀
問題解決創新方案→以上述案例為基礎

一、問題診斷

依據 PSIS（Problem-Solving Innovation Solution）方法論中的問題形成診斷手法（過程省略），可得出以下問題項目。

問題 1. 數位化企業的知識可能因為對象不同（廠商、部門）等不同因素條件，而使得其整合不易。

二、創新解決方案

數位化企業的知識平台就是要將知識性的工作與知識工作者，透過數位化形式，在任何地方進行知識傳播、知識創造、知識學習、知識移轉等。數位內容（Digital Content）產業是政府目前積極推動的經濟方案之一，所謂數位內容，係指將圖像、文字、影像、語音等多媒體運用資訊科技加以數位化，並整合成為產品或服務，根據經濟部工業局數位內容產業推動，它分為八大範圍，說明如下。

1. 數位遊戲

　以嵌入式資訊平台提供多媒體娛樂給一般消費大眾，例如：掌上型遊戲軟體（PDA、手機遊戲）。

2. 電腦動畫

　運用電腦動畫 2D／3D 技術，廣泛應用於娛樂與工商用途，例如：影視、遊戲、網路傳播等。

3. 數位學習

　以嵌入式資訊設備做為輔助工具之學習活動，例如：數位學習內容製作。

4. 數位影音應用

　利用視訊和音訊等數位化製作、傳送、播放之數位影音產品和服務，例如：互動隨選影音節目。

5. 行動內容

　運用行動通訊網路提供數據內容及服務，例如：地理資訊系統。

6. 網路服務

　提供 Internet 連線、儲存、傳送、下載之功能，例如：ICP、ASP、ISP、

IDC。

7. 內容軟體

提供數位內容服務和數位內容所需之軟體工具及平台，例如：內容專業服務。

8. 數位出版典藏

例如：數位出版、數位典藏、電子資料庫等。

資料來源：參考「經濟部工業局數位內容產業推動」。

欲推動數位內容產業，必須有數位內容平台機制，如此可藉由該平台，來提升數位內容的流通性和使用性。但在這樣的平台機制中，其相關技術須能符合多媒體教學的可使用性。它包含：

1. 數位內容提供業者的架構與產出形式須能統一適用。

2. 數位內容不必在特定的環境開發。

3. 使用者可以繼續以現有平台所提供的工具來使用數位內容。

4. 須有相對應之計費與請款機制，以配合相對應之數位版權的交易模式，例如：內容移轉、內容複製及內容租賃等交易方式。

5. 數位內容檔案的相容性和使用性，例如：電子出版的 PDF、數位音樂的 MP3、DVD 的 Mpeg 等。

6. 認證加密以及數位內容版權，例如：授權期限、列印限制資訊、發行者資訊、數位簽章等。

實務解決方案：

從上述的應用說明，針對本案例問題形成診斷後的問題項目，提出如何解決的方法。茲說明如下。

企業選擇導入數位學習之對象分析來做為整合考量：

課程 評比　　　可能導入對象	人資角色	採購角色	財務角色
學習動機意願	3	5	3
學習者數位素質	5	4	3
學習效益	3	3	3

課程 評比　　　　可能導入對象	人資角色	採購角色	財務角色
推廣效益	5	4	2
主管支持度	2	5	3
電子檔教材	3	2	3
數位學習設備	4	3	1
課程製作工具	5	4	2
總　分			

三、管理意涵

從上述數位內容產業發展，可了解到企業應成為數位化企業，而數位化企業的建立，有依賴於知識管理的成熟環境，因為數位化的內容就是知識。數位化企業的知識平台就是要將知識性的工作與知識工作者，透過數位化形式，在任何地方進行知識傳播、知識創造、知識學習、知識移轉等。

四、個案問題探討

探討數位學習內容平台應具備哪些功能？

 MIS 實務專欄 （讓學員了解業界實務現況）

兩岸三地的自製和委外生產的比較分析如下：在目前國內採取委外生產狀況是為來料加工，來料加工的模式，其實就是委外加工，大陸工廠只是依據合約的要求進行加工，並收取加工費用。而自製是在初期設廠和產量規模小的階段來運用的。至於 ERP 資訊系統方面，委外生產是需完整 ERP 模組功能，和母公司需有各一套 ERP，且和母公司 ERP 需整合供需鏈作業。但這裡所謂的各一套 ERP，並不是就代表各自一套 ERP 產品，因為現在 ERP 產品可包含多個子公司的運作模式。而自製是僅需生產製造模組功能，和母公司同一套 ERP，兩地需能連線。

習 題

一、問題討論

1. 何謂知識數位化？

2. 何謂知識化流程？

二、選擇題

( ) 1. 知識流通分為五個階段，包括？ (1) 擷取 (2) 溝通 (3) 應用 (4) 以上皆是

( ) 2. 將知識流通過程的結果，轉化為企業的平常工作流程，是指？ (1) 擷取 (2) 同化 (3) 接受 (4) 以上皆是

( ) 3. 在各部門之間的知識移轉，是指？ (1) 垂直流動 (2) 水平流動 (3) 一般流動 (4) 以上皆是

( ) 4. 共同知識的形式，包含？ (1) 符號 (2) 語言 (3) 共通 (4) 以上皆是

( ) 5. 組織儲存記憶必須考慮以下哪幾項重點？ (1) 以系統化方式 (2) 須能連結相關的資訊 (3) 能回饋使用者的資料 (4) 以上皆是

( ) 6. 企業流程再造的關鍵重點包含？ (1) 徹底（Radical）、根本（Fundamental） (2) 變革（Change） (3) 關鍵流程（Critical Process） (4) 以上皆是

( ) 7. 實施知識管理失敗的原因為何？ (1) 知識管理的配套措施不完整 (2) 知識無法有效分享 (3) 企業組織文化障礙而無法進行知識傳承 (4) 以上皆是

( ) 8. 依據知識里程源頭，分成哪些項目？ (1) 知識分類領域 (2) 個人問題導向 (3) 資訊分類領域 (4) 以上皆是

( ) 9. 知識管理運用之資訊科技，分成哪些項目？ (1) 資料庫工具 (2) 硬體技術 (3) 軟體 (4) 以上皆是

( )10. 集合各種「原物料」的投入活動，是指？ (1) 徹底（Radical）、根本（Fundamental） (2) 變革（Change） (3) 關鍵流程（Critical Process） (4) 以上皆是

( )11. 下列何者描述是對的？ (1) 知識獲取和一般資料庫的擷取是一樣的 (2) 知識的獲取是因有知識來源的存在 (3) 從知識來源是在何種管道

的環境特性無關　(4) 以上皆是

(　) 12. 利用軟體程式來模擬人類智慧的行為，並透過人機介面系統，來擷取知識的運作方式，是指？　(1) 人工式　(2) 智慧式　(3) 自動式　(4) 以上皆是

(　) 13. 知識來源管道環境，是指？　(1) 資料的專業　(2) 資料的路徑　(3) 資料的系統　(4) 以上皆是

(　) 14. 什麼是個人或組織透過觀察與了解的方式？　(1) 知識擷取　(2) 知識介面　(3) 知識來源　(4) 以上皆是

(　) 15. 什麼通常是一個持續演化和中斷並行的過程？　(1) 技術路徑相依度　(2) 技術知識之複雜度　(3) 技術知識之模組化程度　(4) 以上皆是

(　) 16. 「整合專門技術與專家的知識，凡是有關於知識領域的範疇，都可做知識的存取，來闡述知識的儲存及蓄積的意義，以便做決策去完成複雜的工作。」上述說明內容是指什麼？　(1) 模式庫　(2) 資料庫　(3) 知識庫　(4) 以上皆是

(　) 17. 知識管理的導入和一般系統方法論的導入差異之點，是指？　(1) 知識管理的定義和認知沒有一致性　(2) 知識管理重點不是在於作業程序而是在於累積知識做為決策所須　(3) 知識管理的導入牽涉到人為內在的隱性知識　(4) 以上皆是

(　) 18. Davenport 認為構成知識儲存有那些項目？　(1) 事實　(2) 經驗　(3) 決策　(4) 以上皆是

Chapter 9

企業資源規劃系統

學習目標

1. 說明企業資源規劃系統定義和演變。
2. 說明 ERP 系統模組應用功能和軟體效能。
3. 探討 ERP 系統和循環作業的關係。
4. 探討 ERP 系統和流程再造的關係。
5. 就 ERP 系統和企業資料做分析。
6. ERP 和 BPR 的整合方式。
7. 循環作業應用於 ERP 系統的導入。

案例情景故事

藥廠的業務行為和通路

一、故事場景引導

對於生產保肝劑等各種藥品的藥廠，其業務人員每日的拜訪活動，就是面對於藥局的銷售，一般都採取賣斷的方式。故每日的拜訪就是了解藥局對公司藥品的庫存和銷售狀況，以便進貨和收款。為了方便管理業務員每日的拜訪狀況，故設計了一份業務日報表，其中呈現了記載每日活動的欄位，例如：客戶、銷售商品等。這些填入報表資料中，最重要的是，後續能再加工處理，以便統計分析出有用的資訊。

經過業務人員實地拜訪客戶後，可能會有買賣交易的行為，這時就須有訂單處理，以便安排出貨事宜。但訂單處理往往是事後回到公司，才能將這些訂單資料輸入公司資訊系統，過程中的時間延遲和資料正確完整性，有可能會遺漏掉，就如同業務主管對於因公司資訊系統訂單資料錯誤，導致沒有準時送貨給客戶，引來客戶抱怨的情況一樣。

二、企業背景說明

藥品通路的掌握重點在於要了解藥局所需之前，必須先了解藥局的客戶，就是直接消費者的需求，消費者需求變化影響到對藥局的庫存掌握，這對於業務的行為運作是很重要的。因此，如何將業務日報表和公司資訊系統訂單處理做結合，即可掌握結合 ERP 的系統訂單功能。ERP 系統的訂單功能，是為了完成企業的業務銷售管理，業務人員透過對 ERP 的訂單功能，來實際執行每日的業務行為，故 ERP 系統不是為了系統而系統，而是從業務行為的需求，展開成為 ERP 系統的訂單功能。因此在 ERP 規劃時，一定要和企業管理整合。

藥品產品是針對銷售全球的所有消費者，故其產品的購買、出貨、維護等作業，就必須接近消費者的市場。一家成立十餘年的藥品買賣公司，從一般生產藥品製造廠，到藥局店面銷售，再到跨全球的多擴點營運，其整個營運改變，也伴隨著作業流程的改造。

三、問題描述

(1) 業務行為和訂單；(2) 業務通路；(3) 作業流程改造。

問題 **Issue** 思考

（讀者請依據此情境個案，思考出 MIS 問題重點，來引發本章的內容研讀方向）

1. 企業欲導入 ERP 之前，應先認知什麼是 ERP →可參考 9-1

2. 企業各部門使用者如何將 ERP 系統功能融入日常工作習慣呢？→可參考 9-2

3. 企業 Domain Knowledge 是 ERP 應用的精髓所在，但如何發展呢？→可參考 9-3

4. 企業使用國際知名 ERP 系統，如何才能真正發揮其 ERP 良好動能呢？→可參考 9-4

5. 如何使用企業資料，才能真正發揮其 ERP 系統功能呢？→可參考 9-5

前言

企業資源規劃系統（Enterprise Resource Planning, ERP），係為一套整合企業流程的營運管理軟體系統，它的核心就是在於資源的效率最佳化。一般企業資源規劃系統，在系統中應具有六大模組應用功能及六項軟體效能。六大模組應用功能有：銷售訂單、生產製造管理、物料庫存管理、成本會計、一般財務總帳會計、行政支援（包含人事薪資、品質管理等）。

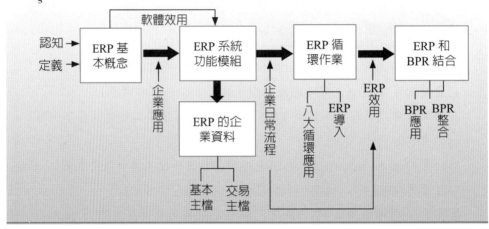

9-1　企業資源規劃系統簡介

　　企業資源規劃系統（Enterprise Resource Planning, ERP），係為一套整合企業流程的營運管理軟體系統，它可即時處理每日的交易例行作業，及每週、每月的處理分析作業，到每季、每年的結算統計作業。在企業營運過程中，最主要的是企業資源活動，一般資源最主要是指人、機器、金錢、物料等，而這些資源的活動，可能會為公司產生利潤，但也一定會產生成本，因此，如何在這些資源的活動創造有附加價值的利潤，和減少成本浪費，就顯得非常重要。

　　企業資源規劃系統的核心，就是在於資源的效率最佳化。因此，企業資源規劃系統不僅是一個管理軟體系統，也是企業的最佳作業典範。所謂最佳實務範例，是經由研究全世界知名廠商的企業流程所累積而成，所以 ERP 所提供給企業的，是一套經過時間證明、企業經驗的標準作業流程。雖然並不是每個企業都要遵循這樣的營運模式，但至少可以提供企業一個參考架構。

　　ERP 可即時處理每日的交易例行作業，故 ERP 的本質是一個線上交易處理（On-Line Transaction Processing, OLTP）系統，與傳統資料處理系統的差別在於即時性、關聯性與整合性；傳統上同樣的資料可能在不同部門的不同電腦系統中存有記錄，例如：客戶檔案就有可能在會計部門的應收帳款系統中記載，在業務部門的銷貨系統中也會記載，這樣的結果會浪費儲存記憶體的空間和重複建立檔

案的時間，例如：目前 ERP 系統有 SAP 等。

　　企業資源規劃系統源起於製造資源管理系統（Manufacture Resource Planning, MRPII），其是以製造主軸爲核心，整合所有與生產製造相關的所有資源（人、機器、金錢、物料等）資訊，以有效運用與掌控所有資源。而製造資源管理系統是源起於物料需求計畫（MRP, Material Require Plan），其是以物料主軸爲核心，整合所有與物料相關的所有資源。會有如此的改變，主要是時代需求演進的變化，故從 1970 年代到 2000 年代的市場特性與需求變化，來了解企業營運方式與管理重點的改變，進而分析 ERP 資訊系統與技術演化的功能，就可了解爲何會有這樣的相關源起。以下將回溯企業資源規劃（ERP）系統演化的過程，根據參考文獻和相關資料，筆者整理成以下五個階段。

第一階段：1970 年～1980 年

　　這段期間屬於製造者賣方導向的大眾標準化市場，它生產什麼產品，客戶就接受什麼產品，因此市場客戶需求重點在於產品的功能使用與價格成本，產生了標準化產品及自動化生產。這時爲了符合價格成本的效益，就須藉由大量生產的經濟規模來降低成本，故製造成本就變成是廠商競爭的重點，這個時代資訊系統的應用，是以 MRP（Material Require Plan，物料需求計畫）爲主，重點在物料需求資源規劃最佳化，以便求得生產相關的物料作業成本最低，這裡所指的物料作業成本，是包含採購或整備成本、存貨持有成本等。

　　MRP 是一種結合了傳統上的存量管制和計畫管制的系統。它是注重在負責訂購物料，及自製生產訂單計畫功能，因此它會考慮到主生產排程（Master Production Schedules, MPS）、物料資源及前置時間的安排，但未考慮到產能是有限的。總括來說，MRP 是規劃串聯物料規格需求項目、物料需求時間、物料需求數量的一項方法論。

　　MRP 這個物料需求規劃的方法論，初期是注重在展開計畫，然而在一些企業實務運用後，發現不太實際，因爲計畫和展開回饋資料沒有修正，而在實際運作時，並無考慮完成一件計畫不只需要考慮物料的需求排程，還須同時考量其執行後，結果回饋到計畫的修正，如此才可以反映實際生產的情況。例如：如果主生產排程上的產品需求比實際產能還多，或因爲缺料而無法製造，那麼主生產排程就無法反映出眞實狀況。而這就是展開計畫有考慮到實際的生產能力結果，如此的回饋結果，就是所謂的閉環式物料需求規劃（Closed-Loop MRP）。

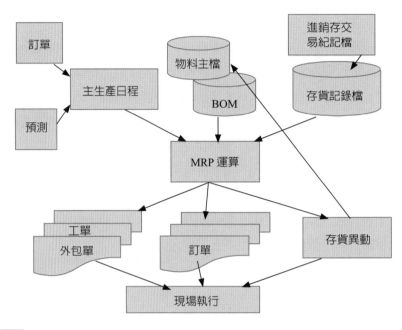

圖 9-1 　MRP 架構圖

第二階段：1980 年～1990 年

　　這段期間屬於逐漸進入消費者買方導向時代，在第一階段的產品達到功能使用及價廉需求後，伴隨著經濟和工業技術發展，使客戶經濟和視野都愈來愈增加，這時客戶不再滿足於標準化功能使用的產品而已，而改為產品種類多樣化與產品設計品質的要求。這裡的產品設計品質，是指不只在功能品質穩定和技術提升，也包含使用者使用介面的品質，因此導致企業的生產模式進入多樣少量與講究品質的作業。如此模式的作業，已不是強調控管生產與物料流程效率的產品、規劃與庫存管理方案的 MRP 系統可解決，因為 MRP 並不能解決物料品質、設備產能、訂單變更、低效率的生產排程等問題，它必須和製造相關資源整合，例如：財務資源的整合，來解決訂單增多而設備產能資金的需求。故這時資訊系統的應用是以 MRP II（製造資源規劃）為主，因為，它必須使製造相關資源最佳化，以便因應多樣少量管理需求的變化。故製造資源規劃具有封閉式迴路（Closed-Loop）特性，一個系統功能的輸出，直接做為另一個功能的輸入，形成一個不斷循環的過程，例如：銷售系統的銷售記錄直接轉為會計系統的銷貨金額進項。

第三階段：1990 年～2000 年

　　這段期間屬於考慮產品種類多樣化與產品設計品質的要求，以及透過第一階段的大量標準化來降低成本，因此就出現了大量客製化生產模式。它強調彈性、快速回應與整合外部資源，客戶這時不僅不再滿足於多樣的產品，而且更強調產品種類更多樣化、快速交貨和售後服務，這時也正值網際網路的軟體技術開始萌芽盛行之初，因此，這時資訊系統的應用是以 ERP 企業資源規劃系統為主。所以，將企業內外部，包括研發、銷售、生產、配送、服務與財務等所有資源，透過組織流程、管理與資訊技術加以整合，使企業資源可有效與彈性運用，達到快速回應與個人客製化產品，並且企業資源規劃也和供應鏈管理系統整合，故這時企業資源規劃系統與過去系統最大差異，在於全球性的支援與跨據點處理的能力、核心的模組化與軟體技術三層式等三個應用上。

第四階段：2000 年～2005 年

　　這段期間屬於所謂消費多功能運籌模式，強調產業內相關企業、供應商和客戶的協同作業，與整合企業外部和產業內部的資源，客戶這時不僅不再滿足於更多樣化的產品，且更強調多產品、多功能變化與通路便利要求，這時網際網路的軟體技術已是大量成熟盛行之際，因此資訊系統的應用是以 ERP Ⅱ 延伸式企業資源規劃系統，面對全球化與知識經濟的時代，內部的資源整合已不足以應對全球競爭之需求，企業必須強化其 ERP 系統，進而整合其他企業資訊系統功能，並透過網際網路的軟體技術，有效結合外部資源，形成產業鏈的既合作又競爭作業，以因應現在電子化企業之模式。

第五階段：2005 年以後

　　這段期間屬於所謂整合式產品研發模式，強調產業間相關企業、供應商和客戶的協同作業，與整合所有企業外部內部的資源，並隨著知識經濟盛行和奈米、生技、微機電等高科技發展，客戶這時不僅不再滿足於多產品、多功能變化的產品，且更強調同一產品整合多用途的功能，與強大性能、快速產品功能更新，這時網際網路的軟體技術也已是結合無線行動方案的層次，因此資訊系統的應用是以產業資源整合系統（E-Business Solution）為主，面對產業鏈緊密生存及影響，其有效結合外部資源已是必備作業模式，但產業鏈生命共同體才是競爭永續經濟

關鍵之處，故如何使產業鏈所有資源在所有企業下達到最佳化，則是產業資源整合系統可使產業獲利的挑戰。

茲將 ERP 系統歷年演化過程整理如表 9-1。

表 9-1　ERP 系統演化過程表

年代	1970〜1980	1980〜1990	1990〜2000	2000〜2005	2005〜
企業資訊系統	MRP	MRP Ⅱ	ERP	ERP Ⅱ	e-business solution
軟體技術	大型主機	個人電腦	Client/Server	3-tier web	N-tier/web services
系統分析	無結構化分析	結構化分析設計	結構化分析設計	物件導向分析設計	物件導向分析設計
需求重點	成本	品質	彈性、快速回應	整合	整合協同
市場產品	大眾標準化	產品種類多樣化	大量客製化	多產品、多功能	產品整合多用途的功能
資料庫	程式檔案式資料	檔案式資料	關聯式資料	物件導向關聯式資料	物件導向關聯式資料

9-2　企業資源規劃系統模組功能

ERP 資訊系統架構，就是在解決上述問題。一般企業資源規劃系統，在系統中應有六大模組應用功能及六項軟體效能。六大模組應用功能有：銷售訂單、生產製造管理、物料庫存管理、成本會計、一般財務總帳會計、行政支援（包含人事薪資、品質管理等）等功能，而這樣的模組功能分類，說明了 ERP 資訊系統是以進銷存程序流程和財務成本資訊呈現的角度去發展的，這也是為何有製造執行系統（MES）、產品資料管理（PDM）等其他資訊系統出現的道理所在。其六大模組應用功能內容、範圍及重點說明如下。

表 9-2	ERP 六大模組功能說明表	
六大模組應用功能	範圍	重點
銷售訂單管理	訂單與工單、採購單緊密串聯	內銷作業和外銷作業
生產製造管理	工單發料、外包作業、現場管理（Shop Floor）、品質管理	工單管理作業層次外，還有屬於計畫層次
物料庫存管理	物料需求計畫展開和物料採購、進、耗、存作業	具有多工廠、多倉庫與多儲位之庫存管理能力
成本會計	從部門組織和產品製造這二個觀點來看產品成本的分攤和對產品銷售利潤的計算	分批制度、分步制度、ABC 作業制度
一般財務總帳會計	總帳、應收帳款、應付帳款等功能	多國語言與多國幣別的支援
行政支援	主要是人事薪資、品質管理等模組功能	不可本末倒置，將後勤支援作業當作核心功能

1. 銷售訂單管理

在企業運作中，都是從銷售訂單的資源活動開始，因此所謂的銷售訂單管理，是指從客戶訂單轉換到工單及採購單，使得訂單與工單、採購單緊密串聯。接下來就是生產產品或代理產品的出貨作業，這裡面包含了內銷作業和外銷作業，其最主要的是銷售發票和包裝清單等作業。而這樣的一連串作業，就產生了很多單據的一對一、多對多、多對一關聯對應，例如：訂單對應工單、也對應出貨單，並再對應發票。

另外，在訂單發布前的作業是有關詢報價作業，其報價資料可依公式或項目別、客戶別做交叉配對，彈性靈活運用。也提供企業依據訂單而產生彈性的銷售佣金制度與產品組態管理，更可做總量概括訂單處理、多工廠訂單輸入、訂單稽核追蹤、客戶與產品交叉參考等，而這過程中，也會產生格式化企業常用的訂單管理報表，提供使用者直接採用，例如：下單報表、銷售分析、銷售稅報表、客戶現況報表、可出貨產品報表等。

2. 生產製造管理

生產製造管理最主要是指訂單管理後的工單管理，目的在於生產製造的管理，包含工單發料、外包作業、現場管理（Shop Floor）、品質管理等，其中現

場管理（Shop Floor）、品質管理，一般會在製造執行系統（MES）內運作。

除了工單管理作業層次外，還有屬於計畫層次，即是整體生產計畫（Aggregate Planning），它可輸入預測（Forecast）與輸出銷售資料，可依項目為 MPS 與 MRP 做標示。在各項生產計畫中，可分為長期、中期和短期的計畫，這種區分主要目的在於避免同時在同一時間考慮過多有關生產的各種影響因素。而在這長期、中期和短期的計畫，分成生產需求和產能供給，其生產需求分別指總體生產規劃、主生產排程、物料需求計畫，而在產能供給是分別指資源規劃、粗略產能規劃、產能資源規劃等，如下圖 9-2 所示。

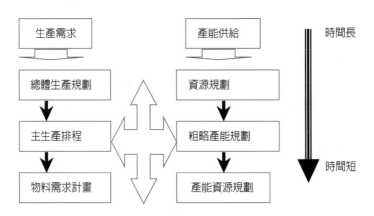

圖 9-2　生產需求與產能供給示意圖

因此，很自然的，當我們考慮長期生產計畫時，生產計畫中的每一個項目都較為粗略，在這個階段我們所考慮的可能是整個年度的營業額，而事實上，在這整個年度的營業額中，再展開到中期和短期時，我們實際考慮到的，是多個不同的事業單位，所生產出來的多種不同產品。經過一連串長期生產計畫運作後，使用者可檢視細部的 MRP、主生產計畫排程，並可產生訂單動態報表、MRP 報表，尤其是異常出現時。

生產製造管理若在企業集團規模下，則會有多個工廠，這就是「多工廠管理」。所謂的「多工廠管理」，可以讓企業內部各個工廠與各地倉庫快速做資源調度，達到集中與分散訂單生產、配銷的功能，同時完整的提供製造命令單、採購單、客戶訂單之交叉參考能力。

3. 物料庫存管理

物料庫存管理是指物料需求計畫展開和物料採購、進、耗、存作業，其中物料需求計畫（MRP）會關聯到主生產排程（MPS），並且展開成採購單，接下來就是採購單追蹤管制，它會將供應商與物料項目做交叉分析、提列採購需求報表，並可修改採購單與採購單查帳追蹤，採購單可以依不同等級物料分類，分為不同採購方式，提供企業採購單的重點控管功能，如：請求、授權、移轉與過期採購單報表等。

另外，在物料管理系統中也可產生外包單，外包單如同採購單一樣，但不同點是外包單會由組件來料加工，而生產成半成品回廠，這個就牽涉到 BOM 的展開及扣帳作業。在物料庫存管理中，有一個非常重要的作業，那就是庫存管理（Inventory），所謂的庫存管理具有多工廠、多倉庫與多儲位之庫存管理能力，其具有庫存不可用量的設定、批號與序號追蹤、永久倉與暫存倉的設計等特性，這些牽涉到存貨移動的管理，包含庫存可相互移轉、轉移的存貨狀態，及轉移的來源去處，並可依 BOM 項目，執行倒沖入帳、標準安全存量庫存等功能。

4. 成本會計

所謂的成本會計，可從部門組織和產品製造這二個觀點來看產品成本的分攤，和對產品銷售利潤的計算。若自部門組織之觀點來看，是為了呈現組織的費用支出，也可用以支援部門費用之規劃、預算編制、控制與歸屬，決定直接製造部門和其他間接部門的預算費用參考。若就製造業產品製造之觀點而言，成本中心所匯集的費用資料將被歸屬於產品，以決定產品成本。產品成本一般是由原料成本、人工成本及製造費用所構成的。產品成本是用來決定業務對客戶的報價參考，及製造部門的成本控管依據。

成本會計在 ERP 資訊系統中，和其他模組功能比較下，是相對複雜的，因為它牽涉到生產作業和會計作業，及外包作業、人事薪資等資料收集和作業關聯，而且成本會計算制度有三種，包括：分批制度、分步制度、ABC 作業制度，其價格計算也有移動平均法、月加權平均法。而在資料收集歷程上，又分經驗累積或量測計畫後的標準成本、和每次實際運作後的實際成本，如此多種制度方法，也造成了成本會計的複雜性。

5. 一般財務總帳會計

最主要是有總帳、應收帳款、應付帳款等功能。其中應收帳款（Accounting

Receivable）是針對客戶付款給企業的作業，它包含可提供客戶付款歷史資料對帳、出貨發票、折扣折讓、應收帳款開列項目、支援多國語言及本土化發票、集中付款軟體、多國幣別支援、催款信函、銀行信用狀開立等功能，也包括客戶信用額度。另外，應收帳款須和客戶、產品項目做分析，以便能勾稽應收帳款的金額正確性，並產生相關報表的功能，例如：客戶決算追蹤、訂單帳齡分析報表等。

　　應付帳款（Accounting Payable）是針對企業付款給廠商的作業，它包含可提供供應商已付帳款歷史資料、相對應的供應商交貨記錄和請購採購的單據明細對帳，也可依供應商優先順序匯款或支付。應付帳款也包含多國語言與多國幣別的支援，可將來自供應商的採購費用直接入帳扣款，並產生相關報表的功能，例如：供應商決算追蹤、現金需求量報表、應付帳款帳齡分析報表等。在應收帳款和應付帳款作業完成後，會將其交易記錄記載在總帳內，以便和日常交易做勾稽，及整合關聯成相關性的整合性報表，例如：現金流量表、損益表、資產負債表等。

6. 行政支援

　　對於企業重心而言，其業務、製造、財務是其核心功能，其他功能都是屬於行政後勤支援作業，它們無非就是來幫忙核心功能達到期望的目的效益，故不可本末倒置，將後勤支援作業當作核心功能，依筆者經驗，企業某些支援部門常常將支援作業凌駕於核心功能作業，因為，當工作投入時，往往會被其工作本身內容所影響，導致看不清何者是核心、何者是支援。

　　一般行政支援作業，主要是人事薪資、品質管理等模組功能，但就如同上述所提的，ERP 資訊系統是以進銷存程序流程和財務成本資訊呈現的角度去發展的，這也是為何有製造執行系統（MES）、產品資料管理（PDM）等其他資訊系統出現的道理所在，另外，由於企業兩岸三地作業模式產生，也使相關周邊模組應用功能因應而生，例如：保稅功能、三角貿易功能等。因此，在行政支援作業中，原本有包含工程設計作業，但其真正所有功能呈現，應都會在產品資料管理（PDM）資訊系統中，故一般行政支援作業主要就是人事薪資、品質管理等模組功能。但本書仍會在第八章 ERP 工程管理模組功能上，簡單介紹工程設計作業，以求對 ERP 完整關聯性的描述。

　　所謂的人事薪資模組功能，主要包含人事出勤管理（也有線上簽核及電子表

單）、人事薪資管理、勞健保異動管理、教育訓練管理、人才招募管理、福委會管理等，而出勤管理、人事薪資管理是最重要、最優先的，因為它牽涉到每位員工的作業，尤其是人事薪資在直接人員的排班時段和生產績效獎金上，會因企業生產特性不同，而有不同的需求和複雜度。另外，在工程設計作業上，於一般ERP 系統內，主要是指工程設變功能，它是指關於現有工程設變，與設變中所牽涉的各種供應商與顧客之間的關係，其有關於工程設變流程是相當複雜的。因為公司不但有內部設變流程及客戶（供應商）要求設變流程，還要再加上供應廠商所提出的設變，故除了來源資料複雜且多元外，各種設變流程也相當繁複。

除了六大模組應用功能之外，由於企業兩岸三地作業模式產生，也使相關周邊模組應用功能因應而生，例如：保稅功能、三角貿易功能等。也因此需要有下列六項軟體效能，包括：全球環境支援的能力、客戶多層式架構的能力、異質資料庫與平台介面整合能力、使用者介面能力、彈性的系統模組化能力、分散式應用能力等，如此才可讓 ERP 系統因應企業之需求。接下來，其六項軟體效能說明如下。

表 9-3 ERP 軟體效能一覽表

六項軟體效能	範圍	重點
全球環境支援的能力	全球環境	多國稅務、多國語言版本、不同國家貨幣轉換等應用能力
客戶多層式架構的能力	應用系統層式，是以多層式方法設計	客戶使用介面、應用系統邏輯、資料庫均可獨立運作
異質資料庫與平台介面整合能力	可讓使用者自行設計客製的子模組介面，也能提供一套發展工具以及相關的系統，呼叫函式與連結不同平台介面	異質資料庫與不同平台介面
使用者介面能力	文字模式下使用外，更可在圖形化環境操作，甚至是使用 Web 來操作，並且可和文書處理軟體整合	普遍共同的軟體檔案格式
彈性的系統模組化能力	各功能模組可分開在不同系統上運作	依需求彈性變動流程
分散式應用能力	企業運作、資料儲存、介面使用，都必須能滿足分散式的模式	1. 多個事業體，多層次組織 2. 跨據點的使用者可用不同的 Login 進入介面方式 3. 跨據點的資料儲存分散和備援

1. 全球環境支援的能力

ERP 是適用在全球環境，故它須具有多國稅務、多國語言版本、不同國家貨幣轉換等應用能力，這裡面也牽涉到多國語言輸入的轉換，例如：簡體字輸入，但在資料庫轉換時，如何讓使用繁體字的人員可查詢到簡體字輸入的資料。

2. 客戶多層式架構的能力

在客戶使用端、應用系統、資料庫均獨立運作，可彈性擴充置換與維護，並且其中應用系統層式，是以多層式方法設計，故在整體運作上可達最大績效。目前網際網路的軟體技術，使得客戶使用介面、應用系統邏輯、資料庫均可獨立運作，以便可達到最大績效和層層安全控管，甚至還有將應用系統邏輯分成更多的層次，亦即 N-tier，這樣的客戶多層式架構能力，使得可適用在分散據點的企業營運型態。

3. 異質資料庫與平台介面整合能力

在 ERP 資訊系統和其他資訊系統環境下，產生了異質資料庫與不同平台介面，對於使用者而言，如何不會覺得使用介面操作繁瑣，故系統應可讓使用者自行設計客製的子模組介面，也能提供一套發展工具以及相關的系統呼叫函式與連結不同平台介面。亦即 ERP 資訊系統須可適用於各種異質資料庫系統、作業系統和硬體環境。

4. 使用者介面能力

系統可以在文字模式下使用外，更可在圖形化環境操作，甚至是使用 Web 來操作，並且可和文書處理軟體整合，或是藉由轉換成不同格式的檔案格式，以便可和沒有該軟體檔案的人員共享，例如：Microsoft Project 軟體檔案，因為成本較高，並不是每個員工都會有此軟體，故在製作 Microsoft Project 軟體文件後，須轉成普遍共同的軟體檔案格式，例如：jpg 圖檔，這樣就可讓其他員工共用。

5. 彈性的系統模組化能力

ERP 資訊系統是分成多個模組功能，各功能模組可分開在不同系統上運作，以便可彈性擴充與發展，並使得系統除提供參考的作業流程可供修改外，更可隨時依需求彈性變動流程。這就是彈性的系統模組化能力，另外，還須考慮到可和外部的不同資訊系統做連接介面整合。例如：ERP 資訊系統（假設之前已有另外

一套人事軟體系統）和人事軟體系統，如何去連接轉換人事薪資資料到會計總帳功能上，這時就須有應用程式介面（API, Application Programming Interface），以便可模組化彈性的連接其他介面。

6. 分散式應用能力

在分散據點的企業營運型態下，不管是企業運作、資料儲存、介面使用，都必須能滿足分散式的模式，例如：以企業運作而言，需可支援不同型態企業的經營管理架構，企業可以分多個事業體、多層次組織，包含廠區、倉庫、多分銷制等，來管理計畫、排程、成本與營運，並能即時彙整所有資訊。若以資料儲存而言，跨據點的資料儲存分散和備援，不會因據點連線中斷導致資料無法使用等機制，都是分散式應用能力的重點。若以介面使用而言，跨據點的使用者可用不同的 Login 進入介面方式，來達到處在不同資訊環境跨據點下，仍可使用該 ERP 資訊系統。例如：在沒有客戶端軟體元件安裝下，可用網際網路的瀏覽器上網使用，或是在連網際網路的資訊環境都沒有的情況下，可用電話連線方式，先連到有網際網路的資訊環境，再利用該瀏覽器上網使用。

上述六項軟體效能，並不是單獨作用的，而是互相整合運作的。

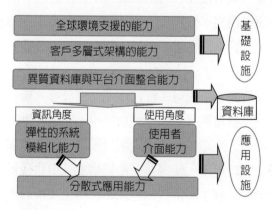

圖 9-3　ERP 六項軟體效能

9-3　ERP 系統循環作業流程

一、八大循環作業應用

八大循環作業就是呈現在日常交易的流程來進行，故這時就可用資料系統，依據事先設計的內控措施的重點，放入在程式功能中，來自動進行檢核管控，不需增加作業人員的額外工作負擔，和防範因作業人員的可能疏忽。

在此，以生產循環作業為例，整理出它的循環作業圖如圖 9-4。

參照圖 9-4，分析產品，決定所需的原物料及其規格和數量。分析產能和品質，藉以決定何種零件應自製、何種零件應外包。就每一產品製程，決定零件加工、裝配程序及操作內容。決定每一製程所需的人力、機器、作業時間及準備時間、設備及工具等。將加班之工時與進度列入生產排程考慮項目，由生管和業務人員協調後，告知客戶是否延遲交貨或更改交期。了解委外的進度、品質，實施跟催作業，以確保能如期交貨。各協力廠商或試用廠商實施稽核。依據生產計畫和訂單表，以產品之完工日期或開工日期為準，排定生產排程。將工作量做適當的分配，並分派執行單位的員工和機器，同時發布派工單生產。依品質自主檢驗工程表，來訂定各製程規格及操作的限制條件。實際進度與計畫進度差異追蹤，一般有不良率或報廢率過高、機器設備的故障、待料停工、換規格太頻繁、員工工作品質不佳、前後在製品庫存量不平衡、緊急訂單的改變、員工缺勤或流動率太高、公司政策等。

以生產循環作業為例，吾人可了解在這個作業流程，若以資訊設計呈現，會依據事先設計的內控措施重點，放入程式功能中，來自動進行檢核管控，例如：以加班之工時與進度列入生產排程考慮之項目來看，可知在程式功能中會有個檢核邏輯，就是加班之工時進度，使得該期產能增加，但也使得生產成本增加，而增加的產能，必須能反映到生產排程的考慮，使得生產排程的產能負荷增加，導致訂單的交期有所改變，和該期產出量增加。

以銷售及收款循環作業為例，在程式功能中有檢核邏輯，它主要包括：

✓ 訂單產品價格檢核：接單時查核是否依公司制定之價格策略來報價。

✓ 庫存數量檢核：接單時查詢庫存可用量，以掌控對客戶的回應，和確保可如期交貨。

✓ 客戶訂單信用檢核：接單時查核是否對客戶進行信用額度之控管，和以往信用記錄。

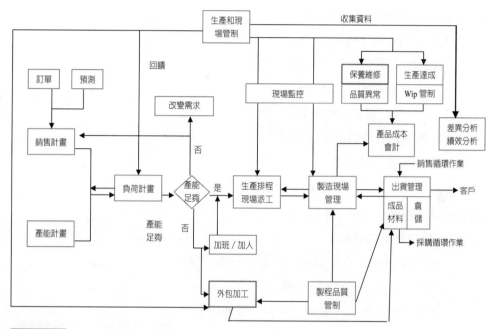

圖 9-4 生產循環作業圖

二、循環作業應用於 ERP 系統的導入

ERP 系統的導入流程，往往是整個 ERP 專案成敗的關鍵，故企業本身的認知與內部溝通，會影響到導入流程是否順利。

以下是 ERP 導入時程內容，一般以一年為導入期限。

(一) 準備期（5%）0.5 個月

1. 企業未來目標

    (1) 運作組織架構。

    (2) 產品運籌發展。

2. ERP 效益、認知

    (1) ERP 前置訓練。

    (2) ERP 效益分析。

3. ERP Team 成立

    (1) 組織、角色、功能。

    (2) 專案控管 Schedule。

(二) 設計期（20%）3 個月

　　1. ERP／Leagcy 系統的差異

　　　(1) ERP 和舊有作業的重大差異點。

　　　(2) 重大差異解決方案。

　　2. BPR 分析、設計（軟硬體的安裝）

　　　(1) 標準化文件的擬定及推展。

　　　(2) IT 架構網路建置。

　　　(3) 整體及各部門模組 BPR（企業流程再造）分析。

(三) 系統建置期（50%）6 個月

　　1. 工作進度及內容擬定

　　2. 各子模組 EPC（企業流程分析圖）分析、設計

　　　(1) 舊系統作業的整理、分析。

　　　(2) 各子模組生產、業務、財務同步進行。

　　3. 整合 EPC

　　　(1) 整合各子模組的連接點。

　　　(2) 基本資料設計。

　　　(3) 落實於 BRP 的制度。

　　4. 教育訓練

　　　(1) 子模組的管理運用訓練。

　　　(2) End User 的操作訓練（手冊）。

　　5. 基本資料準備

　　　(1) 基本主檔。

　　　(2) 流程資料。

　　6. 差異分析

　　　(1) 差異分析。

　　　(2) 解決方案。

(四) 測試上線期（20%）2 個月

　　1. 測試基本資料建檔

　　2. 上線模擬測試

　　　(1) 上線模擬流程擬定。

(2) 結果分析、解決。

3. 基本資料導入正式系統內

(1) 期初資料。

(2) 流程資料。

(3) 基本資料。

4. 上線

人工及電腦並行作業。

(五) 維護期（5%）0.5 個月

1. 上線後成效及問題檢討

(1) 問題解決。

(2) 差異部分用程式開發解決。

2. 進入管理分析階段

(1) 支援計畫擬定。

(2) 作業落實 ERP 分析。

(3) 功能增加或更新（Upgrade）。

9-4　ERP 系統和企業流程再造

一、ERP 利用 BPR 導入的方法

1. 專案計畫及組織作業

因為 ERP 系統的導入，本身就是一個專案，故在開始推導時，就須訂定專案工作項目和進度，及其相關負責人員，和文件化的報告。

2. 企業流程模式作業

企業流程模式定義是在於設計能整合各部門的流程，建立流程規範並加以控制，再者提供可供稽核之架構。

3. 功能性教育訓練及參數設定作業

以系統產品的標準化功能，根據上述設計出的整合各部門的流程，來對某些功能彈性做參數設定，以便符合該企業的作業流程特性。

4.情境模擬、導入完成及檢核作業

　　當完成流程設計和規範，及參數設定和收集資料後，就必須做正式情境模擬測試和正式對導入專案做全盤性的考核，以便評估最終使用者的熟悉度與未解決的問題，和系統的運行效率。

　　其三個階段包括計畫定義階段、差異需求階段、導入應用階段。計畫定義階段包含專案計畫及組織、企業流程模式定義這二個作業，而差異需求階段包含企業流程模式定義的作業後半部、功能性教育訓練及參數設定這二個作業，而導入應用階段包含系統資料準備、轉換計畫及使用者訓練、情境模擬、導入完成及檢核這二個作業。

二、ERP 和 BPR 整合

1.評估再造流程

　　ERP 和 BPR 是要整合的，但在導入 ERP 前，會評估導入 ERP 的成效，而既然 ERP 和 BPR 是要整合的，則 BPR 的成效就必須落實於 ERP 的成效，但要如何使達到呢？這時就有一個需要思考的地方，那就是企業為何需要再造流程？因為企業知道為何要做再造流程時，就知道 BPR 的成效，當然就知道如何落實於 ERP 的成效。

　　以下是企業知道為何要做再造流程的思考：

- 顧客的趨勢：就如同上述說明的建立顧客模型方法來推動的流程再造一樣，其當顧客需求主導市場時，企業就必須發展能創造顧客價值的流程，亦即顧客滿意為導向的流程設計。

- 產業的蛻變：目前時代是變動非常快速的，產業的大環境迫使企業不得不改變，而這就是企業的組織老化現象，因此，企業過去建立的營運流程在面臨新的環境時，就必須使之重生。

- 企業營運所需：企業每日營運狀況結果，會影響到企業營業績效，因此，企業流程就是來支援營運策略。

- 資訊技術之功能：在導入資訊技術前，需以流程再造改變使用資訊技術之流程及制度，使企業能有效應用資訊技術，若缺乏有效使用資訊技術之能力，則企業流程的成效就大大打折扣，所以當企業要導入某資訊技術之功能時，就須做企業流程的設計。

- 整體最佳化效益：企業是由各功能別的部門所組成的，因此所有部門的協同合作，才能使企業發揮最大綜效，故部門最佳化並不是重點，反而會阻礙企業最佳化，因此須以流程全面性觀念，來建立企業整體最佳化之價值觀。

表 9-4　企業再造流程前的思考

企業知道為何要做改造流程的思考	重點	觀念
顧客的趨勢	發展能創造顧客價值的流程	顧客滿意為導向的流程設計
產業的蛻變	企業過去建立的營運流程，在面臨新的環境時，就必須使之重生	變動非常快速的時代
企業營運所需	支援營運策略	企業營業績效
資訊技術之功能	需以流程再改造改變使用資訊技術之流程及制度	企業流程的成效
整體最佳化效益	所有部門的協同合作	企業整體最佳化之價值觀
應如何使 ERP 和 BPR 整合的方法	1. 在於企業流程的分析，注意不是分割 2. 前者是附加價值的工作設計，後者是就不必要的工作做分割	

　　從企業為何要做再造流程的思考來看，可知道資訊科技在 BPR 的角色為核心流程自動化與企業流程執行化。透過再造流程設計後的資料技術，可以改變組織目前工作方式，包含提高員工或單位工作生產力、簡化工作流程，和增進組織的協調。從改變組織目前工作方式，就會落實到員工每日運作的程序，而這些程序是以資訊系統功能來呈現的，這就是核心流程自動化和企業流程執行化。因此，ERP 和 BPR 的整合是互有成敗關係，這也是其企業流程再造的導入案例，至於會導致不成功的主要因素，若企業流程再造不成功，更遑論 ERP 導入的成功。

2. ERP 和 BPR 的整合方式

　　重點是在於企業流程的分析，注意不是分割，就分割來看，是所謂的工作研究，亦即以往為求分工，企業往往將一個流程分割成多個較簡單的工作子項目，每個員工或部門再分別負責一至數個工作子項目，故可了解流程的分割是

將原本分成數個工作子項目的流程，合併或減少不必要的工作子項目；然而流程再造分析是在減少沒有附加價值的工作子項目，這二種是不一樣的，前者是就不必要的工作做分割，後者是附加價值的工作設計。因此 ERP 和 BPR 整合的方法是仔細衡量整個作業流程，觀察每種狀態所占的時間比，從中找出沒有附加價值的動作及其所占的時間，觀察是否可以運用剔除（Elimination）、合併（Combination）、重排（Re-arrangement）及簡化（Simplification）之技巧，使工作達到省時省力之目的，亦可與其他作業比較（這是標竿作業），藉此發現不具有附加價值的動作及所占有的時間，找出改善的著眼點。但注意這和工作研究的分割是不一樣的，就企業流程的分析來看，消除是指什麼作業會影響到另一作業的成效，若有，則消除之，合併是和哪些作業的合併可以產生附加價值？重排是指哪些作業調整後，會使各作業更有效率？簡化是指以何種方法能使作業步驟更加簡單化，以快速達到自己的價值？

表 9-5　　附加價值 IE 手法

活動 1	剔除（Elimination）	影響活動 3
活動 2	合併（Combination）	附加價值
活動 3	重排（Re-arrangement）	效率
活動 4	簡化（Simplification）	快速
活動 5	重排（Re-arrangement）	效率
活動 6	簡化（Simplification）	快速
活動 7	重排（Re-arrangement）	效率
活動 8	剔除（Elimination）	影響活動 5

3. 需求定義

　　知道了 ERP 和 BPR 整合的方法是在於企業流程的分析後，接下來是真正的需求誰來定義？一般而言都是由某部門某使用者，依照舊有的習慣提出使用者自己認知的工作內容，當作需求來提出，若是用這種方式，會造成三個問題：

- 某部門某使用者所提出來的需求，只針對該部門的成效，但企業整體最佳化之價值觀，才是真正的需求。
- 在使用者所提出來的需求，是以他的認知工作內容來表達，不會轉為軟

體呈現的表達，這時就會造成程式開發內容和當初需求分析內容有所差距。

- 就資訊系統的架構來看，其發展一個應用功能時，不只是要考慮可滿足使用者所提出來的需求外，還需滿足系統架構的需求，它含有系統擴充性、維護性、除錯性等。

故真正的需求定義，不應是從使用者角度所提出來的需求來分析，應是有一個機制管道來產生和確認需求定義的過程，其機制管道說明如下。它分成六個階段，第一階段是由懂得管理功能和資訊軟體的單位，了解使用者角度所提出來的需求後，依對管理 Know-How 的專業和整體作業最佳化，整理出需求問題形成及提出，第二階段是分析確認需求及設計作業流程機制（包含軟體系統），第三階段是和其他部門使用者確認該作業流程機制，第四階段是該作業流程機制簽核及宣告，對象是所有相關部門，此階段後，須經高級主管審核通過，才可往後發展，並同時評估分析是否軟體系統須新增或修改？若是，則進入第五階段，軟體系統修改，若不是，則進入第六階段上線運作。

其真正需求定義的機制管道說明如下圖9-5示意圖：IT和作業整合推動模式。

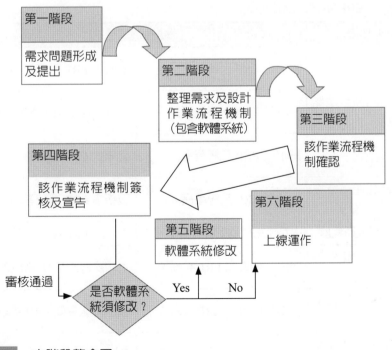

圖 9-5 六階段整合圖

🔖 9-5　ERP 系統產品

一、系統產品的影響

　　目前在市場上的 ERP 系統產品是非常多的，若以市場占有率和全球化功能程度來分類，可主要分成國際化和區域化這兩種 ERP 系統產品，國際化的 ERP 系統產品，其好處是可適用在全球化功能，例如：多個子公司財務應用，和提高公司本身全球化知名度，以便容易提升到全球化競爭能力，但它的缺點是，有些較本土化的應用功能就無法提供使用，例如：當地的應用保稅功能；而區域化的 ERP 系統產品剛好相反，可適用在本土化的應用功能，但全球化功能會較少，不過，目前因為市場上 ERP 系統產品競爭白熱化，導致所有 ERP 系統產品都宣稱會同時具備全球化和本土化的應用功能。

二、ERP 系統產品的種類

　　ERP 系統產品的種類，如表 9-6 所示。

表 9-6　ERP 系統商品比較表

分類項目	ERP 系統產品	
市場占有率和全球化功能程度	國際化 ERP 系統產品	區域化 ERP 系統產品
需求整合和應用功能範圍程度	一般基本 ERP 系統產品	E-Business ERP 系統產品
系統整合和應用功能自動化程度	基礎型 ERP 系統產品	延伸式 ERP 系統產品
企業產業和產品特性程度	製造業 ERP 系統產品	服務業 ERP 系統產品
企業規模和人員程度	大型 ERP 系統產品	中小型 ERP 系統產品
企業核心能力和外包程度	完整功能導向 ERP 系統產品	主功能導向 ERP 系統產品
企業需求變動和客製化程度	標準功能導向 ERP 系統產品	彈性功能導向 ERP 系統產品
資訊架構和程式開發過程	程式程序導向 ERP 系統產品	軟體元件導向 ERP 系統產品

　　若以需求整合和應用功能範圍程度來分類，可主要分成一般基本 ERP 系統產品、e-business ERP 系統產品，前者是較傳統的、企業內範圍為主的 ERP 系統產品，而後者是以整合性的、企業內外範圍為主的 ERP 系統產品，並且號稱是一種整合性的解決方案（Total Solution），不只是產品而已。從這個分類來看，可知 E-Business ERP 系統產品是一個趨勢，這就如同第一章所提及的 ERP 演進中，有關強調產業內相關企業和供應商、客戶的協同作業，以及整合企業外部和產業內部的資源，客戶這時不僅不再滿足於更多樣化的產品，而且更強調多產品、多功能變化與通路便利要求，這時其網際網路的軟體技術已是大量成熟盛行之際，因此，這時資訊系統的應用是以 ERP II 延伸式企業資源規劃系統；以及強調產業間相關企業和供應商、客戶的協同作業，與整合所有企業外部內部的資源，這時其網際網路的軟體技術也已是結合無線行動方案的層次，因此這時資訊系統的應用是以產業資源整合系統（E-Business Solution），面對產業鏈緊密生存及影響，其有效結合外部資源已是必備作業模式，但產業鏈生命共同體，才是競爭永續經濟關鍵之處，故如何使產業鏈所有資源在所有企業下達到最佳化，則是產業資源整合系統可使產業獲利的挑戰。

　　若以系統整合和應用功能自動化程度來分類，主要可分成基礎型 ERP 系統產品、延伸式 ERP 系統產品，前者主要是在整合企業內部和企業對外的功能整合，這裡企業對外的功能整合，是指以企業內部為中心，對外角色產生應用功能，也因為整合的內容範圍，產生自動化程度是比較著重在對外資料交換和作業連接的程度；後者是企業和另一企業的交易作業整合，及包含企業內部和企業對外的功能整合，故它的自動化程度是比較困難和複雜的。

　　若以企業產業和產品特性程度來分類，主要可分成製造業 ERP 系統產品和服務業 ERP 系統產品，前者主要是在生產製造環境下，所產生的作業流程和資料交易的 ERP 功能，故製造產業的特性和所屬產品特性，就會影響到 ERP 功能的設計，其生產製造環境是很複雜的，這對於用 ERP 系統的效益會更大（若使用得當的話），後者主要是在服務環境下，所產生的作業流程和資料交易的 ERP 功能，故服務產業的特性和非生產製造功能，就會影響到 ERP 功能的設計，其服務業 ERP 系統，包含運輸業、銀行業、其他服務性質行業等，它們的共同特點是無形的產品、產品品質難以控制、顧客會影響到產品服務過程等。不過，就現在知識經濟時代而言，製造業已愈來愈以顧客服務為導向，因為只有選擇服務策略，才能達到差異化產品的目的，以及產品生產過程所創造的價值，遠不如在

服務流程所創造的價值。這其中關鍵在於創新需求，而非產品需求。

　　若以企業規模和人員程度來分類，主要可分成大型 ERP 系統產品和中小型 ERP 系統產品，前者主要是企業規模大，則所產生的交易資料、交易種類、作業流程也都是相對的複雜和龐大，故所需的 ERP 系統，就須具備多種功能、特殊功能和彈性功能等完整性，以便因應複雜和龐大的企業需求，且由於人員眾多和資訊化程度，故大型 ERP 系統產品相對在軟體技術環境下，也須能有很大的穩定性和效能。後者主要是在中小型企業規模和人員程度，故和大型 ERP 系統產品相較，相對價格便宜和容易導入。

　　若以企業核心能力和外包程度來分類，主要可分成完整功能導向 ERP 系統產品和主功能導向 ERP 系統產品，前者主要是提供一個標準化的完整功能，不論客戶企業是要何種模組功能，一律以整個 ERP 系統產品來販賣，後者是以企業核心能力為主，來強調該核心能力的 ERP 功能是主要販賣重點，例如：若企業核心能力是在產品研發和行銷業務方面，則生產製造方面就相對不重要，但對於外包控管就變得非常重要了。

　　若以企業需求變動和客製化程度來分類，主要可分成標準功能導向 ERP 系統產品和彈性功能導向 ERP 系統產品，前者主要是企業需求變動不大，是一個固定型的企業營運，如此在標準功能的套裝軟體就可適用；但後者因為企業需求變動很大，若沒有一個彈性功能導向 ERP 系統產品，利用參數設定來因應作業流程，則就須常常新增和修改程式，如此 ERP 系統產品風險就很高。

　　若以資訊架構和程式開發過程來分類，可主要分成程式程序導向 ERP 系統產品、軟體元件導向 ERP 系統產品，前者主要是在用傳統結構化程序導向來開發 ERP 系統產品，故對於維護和擴充能力就顯得不容易，而後者是以物件導向來開發 ERP 系統產品，故可用軟體元件組合方式，來建立不同企業需求功能，以便快速改變、維護和擴充能力。

三、解決方案供應商之選擇方法

　　解決方案供應商的選擇，可從系統功能、BRP 輔導的功能作業面和套裝系統、自行開發的軟體系統面等來探討，如下表 9-7。

| 表 9-7 | 解決方案供應商的選擇表 |

軟體系統面功能作業面	系統功能		BRP 輔導	
套裝系統	系統原廠	系統廠商	系統廠商	顧問公司
自行開發	內部規劃	程式外包	顧問公司	

在系統功能上，可選擇套裝 ERP 系統，它是已經開發完畢的標準化系統，雖然是標準化，但可透過參數設定、外掛程式、連接外部資料等三種方式，來達到企業的適用性。從這樣的定義來看，可選擇系統原廠來做系統功能導入和教育訓練，但有些系統原廠為了擴充 ERP 產品系統使用量，或只想收取軟體 License，故會大量授權給軟體廠商，在經過訓練認證後，就可為客戶做導入和訓練。除了軟體的授權之外，ERP 供應商會向客戶推銷程式撰寫等，其他額外的諮詢和技術支援服務。

若是選擇自行開發，則在系統功能上，可自行培養顧問級人員，來做系統功能規劃再設計，其若規劃設計得當，則大部分程式可利用外包方式，讓外部軟體廠商撰寫，以快速增加生產力。這種選擇下，其專屬性功能會比較容易達到，但因重新程式開發，故程式錯誤風險就高，而且因 ERP 系統很複雜且龐大，不像寫程式般容易，它必須考慮到各模組之間的連接性和相關性，這需要很縝密的思考邏輯力，一般成熟的 ERP 系統，都是集合很多專家和很長時間才開發出來的。故企業必須願意改變他們習以為常的作業流程，以配合企業典範的 ERP 解決方案。

在 BPR（企業系統再造）輔導上，有些企業因不是很了解 BPR，以及 BPR 輔導本身就較困難，而導致企業客戶只做 ERP 系統功能導入。在前一章節有說明到 ERP 本身已是「企業典範」的系統，故有些公司就以 ERP 系統內的 Know-How，當作 BRP 運作的範本和標準，故企業也可選擇原本做 ERP 導入的系統廠商來做 BPR 輔導。不過，有些系統廠商並沒有 BPR 顧問人才。另一管道則可找專業的管理顧問公司，他們專精於 BPR，但如何把不同廠商的內容整合（例如：ERP 功能＋ BPR 流程），則是選擇這個方式必須注意的重點。

若是採用自行開發，就可只找專業顧問公司來做 BPR 輔導。

從上述說明的選擇方式來說，不論採取何種方式，都可就下列二個方向，探討選擇的考量因素：

1. 套裝系統

(1) 套裝系統的客戶數和成功案例。

(2) 其資訊技術是否能採用新的或穩定的技術？

(3) 是否有後續更新功能？

(4) 其 R&D 人員多少？

(5) 軟體系統世界級認證導入？例如：CMMI。

(6) 在同一套裝系統下，已使用多少年？

(7) 和企業本身產業的適用性如何？

(8) 該系統對外系統的連接技術。

(9) 系統本身的參數設定彈性化和擴充性。

2. 自行開發

(1) 開發的軟體技術是否通用且人才足夠？

(2) 應以系統設計的塑模方式來開發。

(3) 考慮軟體設計的模組化、彈性化及擴充性。

(4) 開發人員的流動性。

(5) 開發的內容務必文件化、資料庫化等。

(6) 後續維護、更新的人員及模式。

(7) 開發的需求內容定義和正確。

(8) 軟體測試環境。

(9) 整個時間控管。

四、系統產品的規劃

在上述市場上，ERP 系統產品分類影響到企業導入 ERP 的需求，其需求是對於企業發展之具體影響有資訊整合面、資訊應用面、企業營運面等，所以，在 ERP 系統產品規劃上，須以考慮企業發展之需求來設計。以下是 ERP 系統產品在企業發展之需求下的規劃架構圖。

它分成企業營運模式，內含產業分析、產業發展、企業特色；企業願景與藍圖，內含企業願景、企業藍圖；策略及解決方案；效益等。

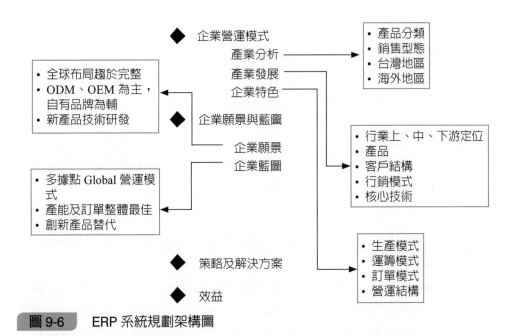

企業營運模式
　　　產業分析 ⟶
　　　產業發展
　　　企業特色

- 全球布局趨於完整
- ODM、OEM 為主，自有品牌為輔
- 新產品技術研發

- 產品分類
- 銷售型態
- 台灣地區
- 海外地區

企業願景與藍圖
　　　企業願景
　　　企業藍圖

- 多據點 Global 營運模式
- 產能及訂單整體最佳
- 創新產品替代

- 行業上、中、下游定位
- 產品
- 客戶結構
- 行銷模式
- 核心技術

策略及解決方案

效益

- 生產模式
- 運籌模式
- 訂單模式
- 營運結構

圖 9-6 ERP 系統規劃架構圖

案例研讀

問題解決創新方案→以上述案例為基礎

一、問題診斷

　　ERP 和企業管理整合有賴於企業流程再造，也就是說，通路營運和作業流程結合。面對消費者的市場需求，該公司欲掌握整個消費者的通路，從經銷代理到加盟店面，如何能快速增加公司的營業規模。而為了達到市場上的營業規模，其通路的流程再造，就是非常關鍵的因素。ERP 系統功能應該具有通路營運的作業功能，最主要的就是結合訂單功能（包含詢報價、電子下單）、出貨功能（包含出貨訂單沖銷、出貨狀況查詢等），以及售後服務（包含產品維修、維修進度、客訴等）。而這整個功能，就會改變公司作業流程。

　　ERP 系統除了具有通路營運的作業功能，員工的管理思維也須改變，因為員工的思維會影響作業功能的成效，就員工使用者而言，隨著 ERP 系統功能的規劃導入，不僅影響到新功能使用，也深入日常生活工作方法。這些作業流程改造，對於員工使用者的管理思維也造成衝擊，例如：從維修服務做為買賣銷售的行銷手法。

　　另外還須考慮到消費者需求的過程，最終消費者向客戶服務中心或零售商提出需求，然後該需求會成為製造廠的生產計畫來源，並做為產能負荷的需求，進而展開產品的材料需求，此材料需求可分成向合格供應廠購買，和新材料的尋找及評估，當然，也可向其他地方的供應廠購買。

二、管理方法論的應用

(1) 在企業流程再造的要求下，例如：下單出貨和售後服務的整合流程，ERP 系統資訊如何以彈性化的技術，快速設計符合其流程再造的功能，例如：跨多據點的庫存掌握，就必須以彈性據點和庫存型態設定，才能因應買賣流程的變化，這是 ERP 系統的功能定位，從此定位來發展企業的流程再造。

(2) 企業願景全球布局趨於完整：其優勢在於成熟的行銷通路及與客戶的關係、團隊的經營與管理。多據點 Global 營運模式：包括生產據點、行銷據點、售後服務、客戶、供應商等。產能及訂單整體最佳化：確認最佳製程方案與各生產基地之產能調配，以及降低產品運送至顧客手中所需之成本和時間。

(3) 從消費者（Consumer）透過通路商（Retail）或客服中心（Consumer Center）進行消費物品，而在消費過程中，企業可以 CRM（客戶關係管理）系統做消費行為分析，以掌握消費者的行為模式及需求。

(4) 新產品技術研發：例如：未來的研發方向將放在系統性產品與解決方案上，這部分包含了整合資訊技術，並建立醫學專業知識庫，成立社區健康發展中心，公司希望在未來建立整合型醫療保健資訊平台，例如：儀器技術朝向元件微小化、智慧化、模組化及跨領域技術合作開發，已是必然的趨勢。廠商面對加入 WTO 後關稅大幅調降，原有國內市場受衝擊，應及早因應。以創新產品替代：快速地創新產品設計，以降低成本，並刺激市場成長。

三、問題討論

　　在通路營運的作業功能下，會影響到產業供應的作業模式，首先，通路營運的消費者需求可收集整合到製造廠，製造廠根據這個需求做 APS（先進生產排程）的來源，進而產生生產工單行事曆和材料採購依據，而在生產工單內容會確認企業產能（Capacity）是否能滿足訂單需求，至於物料採購內

容，會產生採購（Procurement）需求，它會從研發需求和生產需求，分別產生 NEW RFQ（Request for Quotation），和根據 E-Catalog 的物料型錄，而在 E-Catalog 部分，會根據 AVL（Available Vendor List）的合格供應商，找出合格優先廠商，來進行採購行為。若是合格優先廠商，則採購行為就以合約方式做採購，若不是，則採 RFP（Request for Proposal）/ RFQ 方式。一旦採購行為確定後，就以 e-procurement（電子採購）做採購流程。

四、個案問題探討

企業如何規劃經營管理和資訊系統的整合？

MIS 實務專欄 （讓學員了解業界實務現況）

本章 MIS 實務，可從二個構面探討之。

構面一：ERP 專案導入方法論

在整個 ERP 專案中，其導入方法論就扮演著成敗的關鍵角色，而目前導入方法論有很多版本，其各有優劣，多數協助 ERP 導入工作的專業廠商都有一套完整的方法論（Methodology），目前較具知名度及市場占用率較高者，有三家廠商：

- SAP 公司的 ASAP 導入流程。
- 美商甲骨文公司（Oracle）所提出的 Application Implementation Method（AIM）
- 國內鼎新公司所提出的 TIM 導入論

構面二：ERP 系統產品

若以市場占有率和全球化功能程度來分類，主要分成國際化和區域化這兩種 ERP 系統產品，國際化的 ERP 系統產品，其好處是可適用在全球化功能，例如：多個子公司財務應用，和提高公司本身全球化知名度，以便容易提升全球化競爭能力，但它的缺點是有些較本土化的應用功能就無法提供使用，例如：當地的應用保稅功能；而區域化的 ERP 系統產品剛好相反，可適用在本土化的應用功能，但全球化功能會較少。

關鍵詞

1. ERP：企業資源規劃系統（Enterprise Resource Planning），為一套整合企業流程的營運管理軟體系統。

2. OLTP：（On-Line Transaction Processing）線上交易處理系統。

3. MRPII：製造資源管理系統（Manufacture Resource Planning）。

4. Closed-loop MRP：閉環式物料需求規劃。

5. 企業流程再造：是在於徹底（Radical）根本（Fundamental）、變革（Change）、關鍵流程（Critical Process）。

6. 基礎主檔：是指在 ERP 系統開始運作前，就必須先把資料建立完成，且資料內容不會經常變動，它是屬於企業基礎型的資料。

7. 交易主檔：是指在 ERP 系統開始運作後，就有可能產生記錄性資料，且其資料內容會經常變動，以及資料量會一直隨著時間而增加，它是屬於企業交易型的資料。

8. 用料結構（BOM, Bill Of Material）：是指在描述某一成品，由哪些原物料或半成品所組成的，且說明其彼此間的組合程序。它包含料件項目及其料件項目之間關聯和用料數量。

9. 企業流程模式定義是在於設計能整合各部門的流程，建立流程規範並加以控制，再者提供可供稽核之架構

習 題

一、問題討論

1. ERP 演進分成幾個階段？其重點各是什麼？

2. ERP 架構為何？和各模組功能的重點內容？資訊系統的重點內容？

3. 資訊系統的循環作業流程和內部控制制度，其相關的重點內容是什麼？

二、選擇題

( ) 1. 下列何者是 ERP 模組應用功能： (1) 銷售訂單 (2) 生產製造管理
(3) 物料庫存管理 (4) 以上皆是

( ) 2. ERP 軟體效能包括： (1) 全球環境支援的能力 (2) 客戶單層式架構
的能力 (3) 同質資料庫與平台介面整合能力 (4) 非分散式應用能力

( ) 3. 資訊系統的循環作業流程是和什麼有關： (1) 內部控制制度 (2) 管
理辦法 (3) 企業流程再造 (4) 以上皆是

( ) 4. 基礎主檔例子： (1) 客戶基礎主檔 (2) 採購主檔 (3) 訂單主檔
(4) 出貨主檔

( ) 5. 交易主檔例子： (1) 訂單主檔 (2)BOM 主檔等 (3) 客戶 (4) 以上
皆是

( ) 6. 管理資訊系統和循環作業是否有關係？ (1) 不一定 (2) 有關係
(3) 無關係 (4) 以上皆非

( ) 7. 管理資訊系統在循環作業的功效： (1) 自動稽核 (2) 擬定制度
(3) 產生決策 (4) 以上皆是

( ) 8. ERP 系統是否屬於管理資訊系統的一種？ (1) 否 (2) 是 (3) 不一定
(4) 以上皆非

( ) 9. 下列何者是 ERP 系統的功能重點？ (1) 產生報表 (2) 作業程序自動
化 (3) 資料關聯 (4) 以上皆是

( )10. ERP 系統和 CRM 系統的關係為何？ (1) 訂單作業 (2) 入庫作業 (3)
採購作業 (4) 以上皆是

( )11. 整體最佳化效益： (1) 由各功能別的部門分別運作 (2) 使企業發揮
最大綜效 (3) 部門最佳化是重點 (4) 會阻礙企業最佳化

( )12. 下列何者是真正的需求定義？ (1) 應是從使用者角度所提出來的需
求來分析 (2) 應是有一個機制管道來產生和確認需求定義的過程

（3) 以前習慣作業　(4) 老闆來訂定

（　）13. ERP、BPR、內部控制這三者須互相關聯？　(1) 對　(2) 沒有關係　(3) 不對　(4) 以上皆是

（　）14. M-BOM（Manufacture BOM）是指：　(1) 生產製造用的 BOM　(2) 研發用的 BOM　(3) 製造工單用的 BOM　(4) 成本用的 BOM

（　）15. 下列何者不是料品來源：(1) 運輸　(2) 調撥　(3) 同業　(4) 外包

（　）16. 下列何者不是 Bill of Material 重點？　(1) 是指在描述某一成品，由那些原物料或半成品所組成的　(2) 說明其彼此間的組合程序　(3) 指在描述某一成品，由那些原物料或半成品所生產的途程　(4) 物料清單

（　）17. 企業營運差異（Gap）問題是指？　(1) ERP 系統和企業需求差異　(2) 價格差異太大　(3) 進度差異太大　(4) 以上皆是

（　）18. 平行上線是指？　(1) 舊新系統不同時上線　(2) 舊新系統不同時導入　(3) 舊新系統同時上線　(4) 舊新系統不同時導入

（　）19. 企業對於導入企業資源規劃系統的期望，是從什麼觀點來看？　(1) 投資報酬率　(2) 成本　(3) 需求符合　(4) 以上皆非

（　）20. 會影響到成功的管控導入企業資源規劃的系統的因素，包括：　(1) 程式錯誤　(2) 期望太高　(3) 新軟體技術　(4) 以上皆非

（　）21. 若以系統整合和應用功能自動化程度來分類，可主要分成：　(1) 基礎型 ERP 系統產品　(2) 延伸式 ERP 系統產品　(3) 前者主要是在整合企業內部和企業對外的功能整合　(4) 以上皆是

（　）22. 下列何者是延伸式 ERP 系統產品重點？　(1) 企業和另一企業的交易作業整合　(2) 只有企業對外　(3) 只有企業內部　(4) 以上皆是

（　）23. 企業對外的功能整合，是指：　(1) 以企業外部為中心，對內角色產生應用功能　(2) 以企業內部為中心，對外角色產生應用功能　(3) 只有企業內部　(4) 只有企業對外

（　）24. 以物件導向來開發 ERP 系統產品有什麼特性？　(1) 軟體程序方式　(2) 無法模組化　(3) 快速改變、維護和擴充能力　(4) 以上皆是

（　）25. 下列何者不是資訊關聯方式重點？　(1) 結構關聯化的彙整方式　(2) 整合企業本身報表、檔案　(3) 整合不同檔案格式　(4) 整合資料庫、作業流程

（　）26. Web Services 技術的重點有：　(1) 在同質資訊平台中　(2) 整合同一作

業系統　(3) 需求服務的介面元件　(4) 以上皆是

（　）27. AVL（Available Vendor List）是指：　(1) 合格供應商　(2) Preferred 廠商　(3) 不認識供應商　(4) 高品質供應商

（　）28. 標準化的系統可透過什麼方式，來達到企業的適用性？　(1) 參數設定　(2) 修改原有程式　(3) 連接內部資料　(4) 以上皆是

（　）29. ERP 供應商的費用包含：　(1) 軟體的授權　(2) 額外的程式撰寫　(3) 諮詢和技術支援服務　(4) 以上皆是

（　）30. 下列何者不是 ERP 供應商選擇上考量因素？　(1) 套裝系統的客戶數　(2) 供應商有沒有上市上櫃　(3) 其資訊技術是否能採用新的或穩定的技術　(4) 後續更新功能是否有？

Chapter 10

供應鏈管理

學習目標

1. 說明供應鏈定義和範圍。
2. 說明 SCOR 的模式。
3. 探討供應鏈的跨企業作業。
4. 探討供應鏈的多國性作業。
5. 電子化的採購架構。
6. 分析供應鏈的需求計畫和產品模式。
7. 分析供應鏈的企業營運模式。

案例情景故事

供應鏈管理對管理資訊系統規劃的必要性？

　　　　　　家從事零售通路買賣的代理商，主要是代理各種飲料類別的產品，包含酒、茶、一般飲料等，因此產品種類很多。另外，由於產品屬於消耗性和日常性的產品，所以也須常採購和運輸，而該公司的供應商數量很多，並且採購作業次數頻繁，導致這些作業時間和成本顯著影響公司經營成效。

　　該公司行銷蔡副總說：「採購作業的即時回應性，是會影響到客戶銷售的營收，雖然這是二個不同企業功能，但就整體經營績效而言，這兩者的整合卻是息息相關的。因此期望公司應導入供應鏈管理系統，利用 IT 科技幫助提升供應商通路的作業績效。」

　　資訊部王經理說：「經過評估規劃後，引進一套 SCM 系統是很昂貴的，並在短期很難達到投資 SCM 系統的財務平衡點。」

　　採購何副總說：「由於採購作業複雜且次數頻繁，另外，供應商為數很多，若用傳統方式來溝通和運作，這些作業成本也是非常昂貴的，所以若和資訊系統的投資成本來比較，捨棄投資資訊系統並不是很好的選擇，而且最重要的是，和別家競爭者相較，競爭力是否有優勢？這才是切入思考的重點。」

　　最後，該公司陳 CEO 結論：「以長期而言，SCM 系統的投資絕對是必要的，而且購買此系統的切入觀點，應是從強化競爭力和經營績效重點來思考，而非只提供投資成本的角度來思考。」

問題 **Issue** 思考

（讀者請依據此情境個案，思考出 MIS 問題重點，來引發本章的內容研讀方向）

1. 每個企業在產業鏈中，如何扮演好供應鏈中的附加價值呢？
2. 企業如何在產業環境扮演跨據點的供應角色，以便提升在 SCM 中的定位價值呢？
3. 企業運用 SCM 系統哪些功能，才可發揮其 SCM 系統效益？
4. SCM 系統是否要導入企業，在於企業何種需求考量？
5. 企業導入 SCM 系統後，如何彰顯對上、中、下游相關廠商的效益呢？

前言

　　多國性作業和跨企業的資訊系統，是企業運作資訊化趨勢，它不僅是跨國的整合性作業，更是企業功能的延伸經營，而供應鏈就是跨企業和多國性作業。SCOR 依據各產業別的共通性，將管理活動區分為計畫、採購、製造、配送、退貨等流程，例如：電子化採購是 SCOR 定義作業流程內容之一。在供應鏈的運作下，其需求模式包含需求項目、需求計畫、需求運作、產品作業模式等。

閱讀地圖 （以地圖方式來引導學員系統性閱讀）

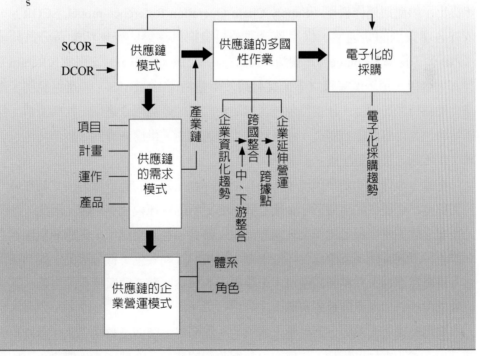

10-1　供應鏈簡介和 SCOR

一、SCOR 模式

　　多國性作業和跨企業的資訊系統是企業運作資訊化趨勢，它不僅是跨國的整合性作業，更是企業功能的延伸經營，而供應鏈就是跨企業和多國性作業。供應鏈是為跨企業之間，在不同功能部門中運作程序，也是整合協調之合作策略，供應雙方必須合作才能追求雙贏，因此供應鏈管理強調夥伴關係（Partnership），以及從供應作業來聯繫維護客戶關係，和客戶、供應商要建立的是長期關係。

　　供應鏈內容包含計畫（Planning）、採購（Sourcing）、製造（Manufacturing）、配銷（Distribution）、客戶服務（Customer Services）等資訊流和物流管理。美國供應鏈管理委員會（Supply Chain Council, SCC）在 1997年提出了供應鏈運作模型（Supply Chain Operation Reference-model, SCOR），依據各產業別的共通性，供應鏈管理委員會把供應鏈的管理活動區分為計畫（Plan）、採購（Source）、製造（Make）、配送（Deliver）、退貨（Return）等五大流程，每一個流程之下，又有績效衡量指標（Metrics）、應用範例、產業供應鏈特徵等項目。計畫特色包含預測和訂單、產品生命週期、物料清單。採購特色包含供應商提前期長、原材料的生命週期短、供應商導向。製造特色包含無生產瓶頸、按訂單配置、組裝。

　　在當今全球化的產業環境中，所有企業都會面臨新的競爭壓力，尤其在專業分工程度不斷提高的趨勢下，企業之間需要更新的營運模式與思維，因此，在體系企業之間的整合電子化作業就應運而生。其實，在產業鏈中，供應商與顧客之間的上、下游關係，就像自然界裡兩個生物體的互利共生一樣。因此，如何讓供需、研發速度等，在整個價值鏈中產生真正的效益，體系間電子化的推動，甚至協同管理的合作模式就愈形重要。

　　過去製造業大部分以區域化生產為主，因而許多製造業整合資訊化系統也大部分以區域化來加以設計；但現今由於網路經濟興起及全球產業生態變化，如中國大陸的崛起，也因此跨地域的生產環境，例如在兩岸三地的作業模式，是一種愈來愈普遍的現象，所以資訊系統如何能夠適應這種多變及多樣化的作業，將是一個企業資訊系統不可不細心考量的事情，而首當其衝的就是資訊系統必須能支援跨產業整合價值鏈所需的服務需求，而這其中最重要的關鍵，就是在於掌握決

策性的資訊，例如：如何快速研發新產品並導入市場，爲此產業未來競爭勝負之關鍵因素，爲了要達到此目的，即時且正確的掌握有關新產品和市場方面的決策性資訊，就變成是成功關鍵所在。企業可以根據自己的產業特性與需求，進一步分析或規劃出適當的供應鏈管理模式，例如：以解決方案來服務提供者爲公司定位，因整體市場競爭日益激烈，優質的產品只是基礎，已無法滿足客戶之需求，客戶要的是整體解決方案，不是單一的產品，它還包括後續維修和客戶服務作業，故須由本身產品配合整套解決方案技術，才能加強企業所提供之價值。此策略方針之訂定，是將企業由製造業自我定位，轉變爲知識創新型企業。

二、DCOR 模式

協同研發商務已是全球企業經營發展的趨勢，例如：DCOR（Design Collaboration Operation Reference Model）就是一例子，DCOR 是根據美國供應鏈管理委員會（Supply Chain Council）所揭露的研發設計管理發展藍圖，2007 年將推出 DCOR 2.0 版，它的框架所涵蓋的範圍是計畫（Plan）、研發（Research）、設計（Design）、整合（Integrate）、修正（Amend）等流程，DCOR 則是爲了協助企業整合產業的設計價值鏈所發展之模式。

茲以汽車電子產業爲例，該例利用 DCOR 架構中的修正（Amend）流程，做爲其跨產業的設計價值鏈之探討基礎，也就是說，以修正（Amend）流程來建立其客戶使用產品介面問題回饋修正的 DCOR 模式。故在 DCOR 所規範的四個協同設計層次，在此將以跨產業的不同層級客戶回饋修正流程，來分析其研究架構，茲說明如下。

第一層：設計鏈營運模式的重點範圍，是在於考慮設計鏈中的不同層級客戶成員（包含最終消費者、經銷通路商、自有品牌公司、製造公司、第一層供應商等），以及定義回饋修正設計程序，並定義各不同層級客戶關聯的設計程序，最後完成客戶使用產品介面問題回饋的設計鏈規劃之營運模式。

第二層：依據設計鏈中的不同層級客戶營運模式，定義設計鏈成員執行協同設計的協同型態，在本文以「創新策略的設計價值鏈」爲協同型態，並定義協同型態之間的協同互動關係。

第三層：延續上述設計鏈協同型態，定義設計鏈成員協同型態的設計流程，定義中包含了下列三項：流程項目（指產品介面使用問題項目）、流程輸入輸出資訊（指企業互動有價值的交易資訊）、執行流程所需資源（指創新策略手法）。

　　第四層：接續第三層展開會因產業特性（指汽車電子產業本身特性）、企業營運規劃（指汽車電子在設計價值鏈的規劃）、企業限制（指汽車電子產品介面使用問題限制）等條件而有所不同，其作業模式化方法，包含下列三種：設計鏈作業情境模式（不同層級客戶回饋修正的價值作業）、作業互動模式（跨產業的管理方法結合）、資訊流運作模式（供應間接物品資訊流）。

　　從上述對 DCOR 的說明，可知協同的合作夥伴包括供應商、客戶、製造商，以及企業內部的不同功能部門（例如：工程研發 R&D 部門、市場行銷部門、或其他需要對產品隨時掌握精確資訊的相關部門）。這樣的應用程式，一般必須是架構在網際網路的工作平台，足以提供企業內外協同合作的群體，主動且積極的參與協同機制的運作。一般來說，產品的生命週期包括概念形成、市場可行性的分析、概念設計、市場測試、細部設計、附屬配件設計、製造規劃、原物料搜尋，製程規劃、加工製造、大量生產及上市等不同階段。

10-2　供應鏈的多國性作業

　　上述是針對跨企業的供應鏈，本章節是針對多國性的供應鏈做討論，茲以下列三項來探討多國性作業的資訊系統。

1. 企業運作資訊化趨勢

　　要發展成多國性作業功能的資訊系統，必須考慮到跨國的功能、文化、執行問題，在這個功能上，須以企業為何在這個國家所欲扮演的成效角色來看，例如：企業欲發展跨國子公司經銷作業角色，則在企業功能上就須以經銷功能來規劃。在這個文化上，相對比較困難，因為國家文化差異性會造成系統規劃的困難性和複雜度。例如：某些國家在工時上有較長休息時間，如此在規劃國外人力薪資計算上就須有所不同。在這個執行上，便須考慮到當地化國家人力素質、觀念、態度和時空的差異化，會導致執行困難度不同。例如：因為國家區域和時差關係，會導致執行溝通時效有延遲及資訊取得落差。

2. 跨國的整合性作業

　　在整合性作業上，可分成跨國子系統和企業主系統整合、跨國客戶（如：供應商、經銷商）等作業整合、作業性的統計總合報告。

　　(1) 在跨國子系統部分，一般有二種方式，一是獨立的系統，二是企業主系

統的模組功能，前者可能因考慮到當地化國家文化語言的因素，而採取當地開發的獨立系統，例如：當地國家的進銷存系統，不過，這時就須考慮到如何和企業主系統做連接整合，一般可分成資料庫、作業面整合，其資料庫整合是比較容易，但失去作業稽核、流程性的控管。在後者，其和主系統的連接性較好，但易使當地國家人力不易使用，進而影響到成效。

(2) 在跨國的作業上，未必都是企業內部的延伸化作業，也有可能是和跨國的客戶、供應商、經銷商等連接。若是和國外客戶供應商連接，則可運用 EAI（Enterprise Application Integration）系統連接，因為畢竟是企業外部角色，但若是以跨國子公司經銷商方式，則須以企業主系統做更緊密的連接，因為子公司和母公司的關係是更緊密。在這樣的情況下，子公司運作應和企業主系統做資料庫或作業面的整合。

對於企業主系統而言，面對的可能是多個跨國子公司，這時，如何即時整合這些所有子公司的資訊和作業，是企業主系統的規劃重點，例如：若這些子公司是經銷作業，則產品庫存的控管就是整合的一例。

3. 企業功能的延伸經營

全球化的市場是企業所關注的，故企業會將本身營運延伸到國外，一般最主要有行銷據點、代工生產據點和維修服務據點這三個功能延伸。

(1) 行銷據點的延伸

要在當地國家內銷市場內拓展業務，就一定要考慮到當地文化因素，最直接方式就是在當地國家設立業務辦公室，直接做當地內銷業務。故在資訊系統上，須增加跨國行銷模組功能，其中主要是推銷和訂單管理、庫存管理三個功能，因為是在遠距離運作，因此資訊應和網路行銷做結合。

(2) 代工生產據點的延伸

考慮到人力成本高、內銷市場大等因素，企業往往會將生產據點移到國外，例如：企業兩岸三地模式就是一例。而在代工生產的 ERP 連接方式，因有財務稅務考量因素下，分成工單生產和委外加工二種方式，前者是企業以開工單方式來連接當地生產的安排和出貨沖銷作業，也就是以企業內的生產線看待，只不過距離較遙遠。而後者是企業開立採購委外單，向當地生產據點購買或加工，再以回廠出貨方式沖銷，也就是以母子公司方式運作。

在代工生產模式下，企業除了考慮上述當地國家文化、執行、時空因素之

外，最重要的是，如何和行銷作業結合，若是當地內銷市場，則在當地出貨運作，若是欲往其他國家行銷，則運輸和通路的運作就變得很重要，以上這些作業，都是具有多國性作業功能資訊系統須規劃的。

(3)就近服務據點的延伸

考慮到就近服務市場情報收集因素，企業會在當地國家設立售後服務據點，以便做客訴管道、零件維修、諮詢等服務。在這個服務過程中，和企業資訊系統有關的，最主要就是客訴服務作業和零組件維修存貨控管。以上這兩個重要功能，在以前資訊系統功能是比較沒有的，但隨著跨國服務需求，則就顯得更急迫了。

10-3　電子化的採購

一、供應鏈採購

供應鏈內容包含計畫、採購、製造、配銷、和客戶服務的資訊流、物流管理。其中採購管理在供應鏈過程中扮演非常重要的開啓角色，故本章節主要探討電子化的採購。

所謂採購管理是指從請購作業開始，經過採購廠商作業，而後入庫驗收至付款給廠商等一連串作業。它包含請購單轉採購單，該作業功能是指提供採購部門處理請購單資料，並決定廠商，進而提供自動結轉採購單，亦即採購部門接獲請購單後，進行供應商評估、選擇、詢價、議價及核價等程序，然後開立採購單，並發出給供應商。其採購單的確認作業功能，是指提供採購人員建立及列印採購單資料。廠商送料暫收作業功能，是指處理廠商送料暫收單資料的維護，並轉結成檢驗單等，其中還包含追蹤供應商的交期是否符合採購單的預定交期，採購部門也可能因為請購部門變更之前交期，而變更採購單上的預定交期，進而通知廠商修改。廠商進料檢驗作業功能，是指處理採購進料檢驗單資料之維護等事項，並同時配合品質檢驗作業，將資料結轉到庫存。採購驗收入庫作業功能，是指將採購驗收入庫之各項料品資料建檔入帳。採購驗收單資料確認作業功能，是指處理採購驗收單之資料建檔及自動結轉應付帳款，並將進項統一發票資料結轉到進項發票管理系統。應付憑單審核作業功能說明，是指同時核對驗收單及發票，審核後結轉至總帳。應付憑單結轉支出申請單作業功能，是指依據每月之結帳日，

將當月應支付之應付憑單資料整理好，並依照廠商別結轉為支出申請單。以上整個採購作業，就是欲藉著良好的採購管理來達到降低採購成本、提升採購品質以及交期控管的目的。

　　因應電子商務的興起，在企業和企業之間的採購行為，對於每一個企業而言，是非常重要和頻繁的，但在電子商務興起之前，限於軟體技術的能力，故在企業和企業之間的採購行為，仍無法運用資訊來快速及整合整個採購作業流程，然而在電子商務興起後，就有了「電子化採購」（E-Procurement）的資訊系統因應而生。

二、電子化的採購

　　何謂「電子化的採購」？以供應鏈協會（Supply Chain Council, SCC）所提出的供應鏈作業參考模式（Supply Chain Operation Reference Model, SCOR），將企業活動分為採購、生產、配銷以及規劃四大模組。採購是其中一環，從採購活動原則來看，它大致可分成三大方向，第一是採購依據來源，亦即是採購規劃，第二是採購作業過程，亦即是採購作業，第三是採購作業執行結果和當初採購依據來源的差異追蹤，亦即是採購回饋，其示意圖如下圖 10-1。

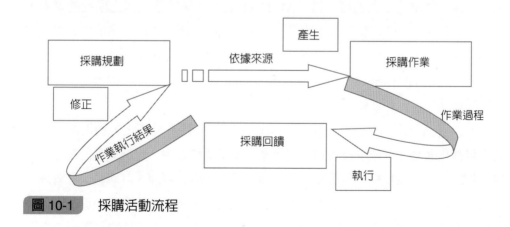

圖 10-1　採購活動流程

　　在上述三大方向內，採購規劃是最難導入的，而目前最常用的是採購作業和採購回饋這二個方向，在此，以採購規劃為基礎的採購作業和採購回饋為範圍，來探討其重點功能。其整個功能分成 Qualification、Sourcing、Collaboration、Ordering 四大模組。

　　1. Qualification 是指採購供應廠商的評鑑資格、供應物品合格作業供應廠商

認可（Supplier Identification）、供應廠商交易評鑑（Supplier Scorecard）、合格供應廠商名冊（Approved Vendor List Management）、供應物品品質確認作業（Part Approve Process）。

2. Sourcing 是指採購供應廠商的物料來源和交易種類，它可細分成供應物品的型錄管理和內容屬性呈現（Content Management）、供應廠商詢估價作業 RFP／RFQ（Request for Proposal／Request for Quotation），工程設計所需的新供應物品詢估價和規格確認作業（New RFQ），採購供應廠商合約管理（Contract Management），物料取得交易方式有拍賣／競標（Multi-Bid／Reverse Auction）、電子市場現場交易（Exchange／Spot Market）等。

3. Collaboration 是指企業和企業之間共同擬定採購計畫，它可細分成採購需求預測（Forecast Collaboration）、供應廠商庫存和產能需求協定（Inventory／Capacity Collaboration）、供應廠商再補貨供應的需求協定（Replenishment Collaboration）、採購需求實際訂單協定（Order Collaboration）。

4. Ordering 是指請購和採購的作業處理，它可細分成請購作為申請（Requisition）、採購傳送和簽核作業（PO Workflow）、採購訂單追蹤和回饋（Order Tracking）、採購物品運送追蹤和回饋（Transportation Tracking）、採購供應的應付帳款交易和追蹤回饋（AP Tracking），請注意，以上所提的需求，是指需求量、需求時期點及需求物品。其電子化的採購在不同企業的營運模式和產品製程特性，在不一樣的情況下，會依採購行為（Procurement Behavior）、物料屬性（Material Attribute）、產業背景（Industry Background）等因子，而會有不同採購功能重點和邏輯。

若以資訊化觀點來看，供應鏈作業會產生企業體系電子化，利用體系電子化，可強化產業體系競爭優勢和長期目標，在產業體系中，包括成品的需求與供應的管理、尋求原物料、製造和組裝、製造排程、庫存管理、訂單輸入和管理、運送、倉儲、通路、客戶服務等，由於牽涉到上、下游之間的各個環節，因此，整個資訊系統需要能連接其中的每一個活動。唯有每一個活動的參與廠商有利基，才能使整個產業體系有競爭優勢，如此位於產業體系內的企業才有市場利基可言，故它須考慮到長期目標。一般在企業體系電子化的主要功能有以下二項。

1. 上、下游庫存資訊

透過資訊系統將產業上、下游體系的庫存資料，包含外包廠商及所有零組件的供應廠商，做即時更新，使業務、生管、製造、資材單位能夠快速獲得正確的

供應商、協力廠庫存資訊，以利物料數量和時間能反應至訂單所需求的情況。

2. Web 線上對帳

以往對帳方式廠商必須時常至中心廠對帳，或以傳眞、電話溝通之方式，瑣碎繁雜，能透過 Internet Web 線上作業，即時查出和溝通每日交貨、驗收及付款等狀況，若中心廠再與銀行金流作業結合，一經核准，供應商可縮短取得帳款時間和大量人力投入之費用。

企業體系電子化，除了強化產業體系競爭優勢和長期目標外，還可增強客戶與產業體系之整體獲利和維持力。企業將持續以顧客的觀點，推出符合客戶需求之產品，爲顧客創造獲利。但在和客戶運作時，若有考慮到其他產業體系活動，則更能滿足客戶的需求，當然也要考慮到公司與協力體系之營運成本，以提升經營體質。

企業體系電子化，除了上述兩者的優勢外，也專注在利基市場之占有率和核心能力的產品建立。產業之市場，區分成很多專業領域市場，若要經營全部市場，則需要很多人才資源，一般企業是在有限資源下，思考如何不讓公司資源分散，使得核心技術無法累積，而導致公司營運失去方向和花費成本過大，故應投入經過評估之利基市場，期望藉由專業市場經營，能夠成爲該專業市場之領導者，並使獲利成長，而在這過程中，如何建立核心能力的產品更是重要。

10-4 供應鏈的需求模式

在供應鏈的運作下，其需求模式可就需求項目、需求計畫、需求運作、產品作業模式等四項來探討。

一、需求項目

在需求角度下，其產品物料分成獨立需求的項目和依賴需求的項目，但若從產品物料取得方式下，可分成採購方式項目和自製方式項目，這種產品物料取得方式，和產品取得後如何運用是有關係的，若以產品取得後如何運用來分類，一般可分成直接物料和間接物料，所謂的直接物料，是指物料取得後，會再和其他物品投入生產運用，所以此種直接物料會直接影響到後續其他產品物料取得方式，另外所謂的間接物料是指物料取得後，不會再和其他物品投入生產運用，只

是用來消費和消耗，因此這兩者是有很大的不同。

茲將兩者項目差異整理如表 10-1。

從表 10-1 可知，它以六個因素來看這兩者項目差異，分別說明如下。

(1) 物品種類：直接物料是以 Raw Materials、Components 為主，間接物料是 Office and Computer、MRO 為主，這裡 MRO 是指維護品、保養品、辦公用品。

(2) 物品需求：MRP 計算出該物品需求量和時間點，它需要做排程計畫，間接物料是以隨選方式，不要做排程計畫。

(3) 物品專業：就物品本身專業度來看，其直接物料是以對該物品本身專業度來運作，間接物料只是行政作業上運作，不必對該物品本身專業度有一定深入了解。

(4) 物品投入：其直接物料是指物料取得後，會再和其他物品投入生產運用，間接物料是指物料取得後，不會再和其他物品投入生產運用，只是用來消費和消耗。

(5) 自動化：其直接物料的作業流程須是高自動化的運作，如此才可解決直接物料的複雜作業，間接物料是不需要高自動化的運作，因為間接物料的取得和使用是較簡單的。

(6) 物品屬性：其直接物料的定義和搜尋須依直接物料本身的規格屬性來運作，因為直接物料的定義並不是很單純的看物品品名而已，有可能相同品名，但其規格屬性卻是不一樣的，故須用設計規格屬性（Design-Specification Driven）來驅動直接物料的定義和搜尋，間接物料則因為只是用來消費和消耗，故無須定義到規格屬性，只須以型錄來驅動（Catalog Driven）間接物料的定義和搜尋。

表 10-1　直接物料與間接物料比較法

	直接物料	間接物料
物品種類	Raw Materials, Components	Office and Computer、MRO
物品需求	Scheduled by Production Runs（MRP/BOM）	Ad Hoc, not Scheduled
物品專業	專業運作	行政運作
物品投入	No Arrival Required	Arrival Required
自動化	高自動化	無自動化
物品屬性	Design-Specification Driven	Catalog Driven

二、需求計畫

它是對獨立需求項目的數量和時間的計畫，一般可分為三種類別。

第一類別：平準化需求，是指在某段時間內較平均的需求狀態，它包含正常需求，是指在一般情況下的產品需求量。另外有循環週期需求，是指超過一年以上的循環，像曲線式的資料值變化，大多是固定政治選舉日、經濟景氣循環所引起的。尤其是某產業經濟景氣循環影響該產業相關公司的產品需求量。

第二類別：影響性需求，是指在由於其他因素或需求，在某段時間內會受到影響的需求狀態，它包含趨勢需求，是指在某一範圍內，資料值逐漸且緩慢的有跡可循上升或下降，例如：人口逐年增加，導致對醫療器材產品有趨勢需求量。另外有季節性需求，是指由於氣候或人為因素，使得資料值在短期內十分規則且有跡可循的變化。例如：冷氣機的需求量在較熱夏季會比其他季節多。

第三類別：偶發性需求，是指偶發因素所引起的，它沒有一個有跡可循的現象，也不會產生較平均的需求狀態，它包含隨機變異需求，是指在未知因素下的其他變動所造成的偶發性需求，例如：偶發的大水患因素，導致發電機在抽水需求下，增加產品需求量。另外有非經驗性需求，是指由不是經驗歷史的需求，引發和以往的需求量都不一樣，例如：因偶發的蛋塔點心流行因素，導致蛋塔點心相較於以往產生更高的產品需求量。

三、需求運作

了解需求計畫意義和類別後，接下來探討需求運作模式，它包含行銷規劃和需求規劃，其架構示意圖如下。

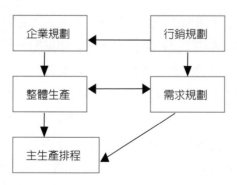

圖 10-2　需求運作模式

　　在產銷協調方面，吾人可知需求計畫和生產計畫是息息相關的，所謂生產計畫，是指生管單位依據業務單位所提出之需求計畫，和考量公司之產能規劃，並依照公司產品特性和生產政策後，提出之計畫，此生產計畫是指相似的產品成為產品族來做規劃，而後依產品族展開成為個別產品的生產需求計畫，即是主生產排程，亦即主排程（Master Scheduling），是指在特定的時間內，生產特定產品的生產計畫，然後依照需求計畫，包括預測和訂單（也有已訂未交量的預收客戶訂單）和預估庫存量，以此計算出主生產日程（MPS），亦即 MPS 是在需求規劃下所提出的生產供給計畫。主生產日程是主排程程序的結果，它列出需求在每時期要生產的產品與數量。從了解目前的 MPS，就可了解是否能滿足客戶之需求，它也提供管理階層有關公司的企業計畫與策略目標是否可達成。在供應鏈的需求作業中，產生 ATP 運作是非常重要的，這裡所謂的 ATP 是 Available to Promise，它是指未被訂單訂走，可提供下一個訂單可答交的量，有這個的數量，使營業人員能在掌握工廠產能及生產計畫下，供營業人員判斷合理交期，以回答客戶的詢問。

四、產品作業模式

　　它是指公司在產品生產過程和客戶訂單關係組合，這個組合會影響到保留存貨數量的結果。亦即產品作業模式會產生以下組合：第一種，和訂單沒有關係的生產過程成品，並事先儲存。第二種，和訂單有關係的生產過程，依照訂單裝配成成品。第三種，和訂單有一對一關係的生產過程，完全依照顧客的要求量身訂做。這些組合和顧客要求量身訂做的需求變化程度，會決定公司採取何種產品作業模式。

　　通常會影響到產品作業模式的主要因素為製造前置時間，它是指顧客從訂購開始到等待產品交貨的時間。這和關係組合須互相搭配，例如：如果顧客願意等待交貨的時間少於製造前置時間，並且是和訂單沒有關係的生產過程成品，則公司必須擁有最終產品的庫存，以應付立即的訂單。如果顧客願意忍受交貨的延遲，以獲得量身訂做的產品時，並且是和訂單有關係的生產過程，製造商會採用接單組裝或訂單生產。以下是產品作業模式種類說明。

(1) 存貨式生產（Make-to-Stock）

　　存貨式生產作業模式強調的是立即交貨、品質穩定、一般品、價格合理、標準化的產品。所謂標準化是指產品、服務或流程缺乏變化的程度，並可組成模組

化結構，標準化的產品是以大量製造方式生產出來的同性質產品，但其缺點亦是產品缺乏變化，這樣會限制客戶的多樣化選擇。因為是屬於一般標準品，故客戶容易取得，因此在這種環境裡，顧客一般是不願意等待任何的交貨延遲，所以在管理上必須事先維持一定的庫存量，以便能快速提供客戶訂單，且是在接到顧客訂單前就已經完成產品生產的生產環境。其生產是依據需求預測而非客戶訂單，是一種計畫性生產，生產的目的是為了補充存貨。

(2) 接單組裝（Assemble-to-Order）

在接到顧客訂單後，依顧客指示的規格提領組件，開始組裝最終產品的生產環境，吾人稱為這樣的環境是接單組裝。接單組裝的作業模式為提供快速、滿足不同客戶訂單特殊需求、高品質、具競爭性價格、在客戶要求交期時間內即可生產完成的最終產品。客戶期望有訂單特殊需求的好處，也可以有要求交期時間內的交貨滿足。會有這樣的效果，是因為主要組件在事前就已經做好生產工作，甚至已經建立半成品庫存，如此才可反映出客戶的合理時間，這個合理時間會使顧客得到滿意，進而提升企業競爭力。在接單組裝的環境裡，其產品 BOM 內的零組件、半成品可以自製，也可以向外採購，若要達到接單組裝的效果，則和決定何種半成品是自製還是外包有關。另外，這和工程設計的產品組合可行性也是有關係的，因為只要倉庫裡有少量的零組件與半成品，製造商可以依不同客戶訂單特殊需求，組裝出符合客戶產品需求的組合。

(3) 接單式生產（Make-or Engineer-to-Order）

接單式生產的作業模式是提供企業本身獨特技術能力，以製造特殊的產品，它可分成接單式生產和接單式設計生產。接單式生產的企業，是在接受訂單後，才知道產品規格和開始購買特殊材料。因此，顧客必須忍受一段較長的前置時間。產品的生產是依據客戶訂單而非銷售預測，生產目的是為了滿足客戶訂單的要求。接單式設計生產（Engineer-to-Order）是指在接到顧客訂單後，依顧客指定規格，由工程師開始設計產品的生產環境。每一張訂單都會產生專屬的材料編號、材料表與途程表。客戶在競爭者出現更強、更有彈性的產品時，則很容易會選擇新產品。

≋ 10-5　供應鏈的企業營運模式

一、供應鏈體系

　　供應鏈在體系下的企業營運模式（Business Model），可分別以產業鏈中供應商與顧客之間的上、下游關係來說明。

　　在全球運籌服務的潮流下，國外客戶在選擇代工廠商時，亦將代工廠商的全球運籌能力納入考量，因為該代工廠商的生產製造品質和速度，和它本身的全球運籌能力有很大關係，因此，全球運籌能力即成為代工廠商爭取訂單的競爭優勢之一。在全球運籌能力中，最重要能力之一，就是如何縮短採購前置時間並增進製造彈性，在大客戶優勢情況下，廠商對客戶的議價能力甚低，因此唯有建立自己的品牌，就是要有上、下游供應商與顧客的企業營運模式。

　　故如何在體系下，建立和供應商與顧客端的企業營運模式，就變得非常重要了。但如何建立企業營運模式呢？

　　在原來傳統作業流程和軟體技術下，與 OEM 客戶之間，大部分以 EDI 傳輸訂單、交貨通知等資訊，其建置成本高昂且反應速度慢；與客戶之間除了正式書面文件之外，完全用 Fax／Tel／E-mail 傳輸，資料零散、保存不易，無法系統式地架構層次式整合。因此，作業失誤多，影響資訊管理之彙總，管理決策較慢，品質亦受影響。這是企業營運模式在資訊系統整合須建構的。另外，在連接時間性上，又可分為離線批次和連線即時等方法，不過這些都是系統上整合，若欲做互動溝通的整合，就必須以 VPN；VOIP 視訊會議技術來運作。

　　另外，企業必須突破程式溝通作業，亦即是同步作業，例如：以往接單後才設計的作業模式，須由被動式的售後服務變成積極性的售前服務。在如此體系下，和供應商與顧客端的企業營運思維，也自然而然地由製造業調整為製造服務業。

　　在推動供應商端的體系企業間電子化系統發展，須考慮到對每個供應商的關聯度、交易頻率、本身管理制度、重要零組件、資訊化程度等不同推動因數，而有不同運作方式和資訊系統。

二、電子化體系程度

　　從以上可知，透過網際網路等資訊科技技術，架構出完整之電子化供應體

系，藉由 Web 線上作業，和共同資料交換介面，來縮短企業之間產品開發、廠商交貨付款、生產製造等作業時程和正確性，以便提供整套解決方案技術來強化企業所提供之價值，進而協助達成客戶導向之策略要求，除此之外，經由達到協同作業模式之快速回應、資料共用及成本效率三大特質，亦可強化體系之整合性及整體競爭力，以對應未來產業環境的挑戰。可將體系內電子化廠商依其企業間之電子化程度分成以下三類：

A 類供應廠商：公司內部已有建置自有的電腦管理系統和人員、設備完整，此類廠商可自行連線進入系統 Web 接收資料，並且不僅企業之間電子化程度是在於共同資料交換，也在於企業之間的作業標準化。以（應用程式）AP to AP 的方式，達成體系電子化目標。作業方式是體系廠商使用自己的系統，以現有的專線進入，連上企業 Web 系統。

B 類供應廠商：公司內部尚未建置自有的電腦管理系統，但已有資訊管理人員或相關人力，其企業之間電子化程度，是只在於共同資料交換，沒有在於企業之間的作業標準化。此類廠商可利用企業開發的軟體介面，自行連線進入系統 Web 接收資料。作業方式是使用企業開發提供的簡易管理軟體，先自行完成資料建檔，使用開發提供的軟體介面連上 Web 系統。

C 類供應廠商：公司內部沒有建置任何電腦管理系統，也沒有電腦資訊人員，其企業之間電子化程度，只在於共同資料交換，沒有企業之間的作業標準化。但有電腦或可投資電腦設備連上線進入 Web 系統。作業方式是體系廠商使用撥接或現有的專線進入網際網路，使用瀏覽器軟體連上 Web 系統。

高科技不斷突破及網路資訊的擴大，使得全球化的空間愈來愈緊密，這樣的衝擊，也使得企業朝向全球化多國性的經營運作。

案例研讀

問題解決創新方案→以上述案例爲基礎

一、問題診斷

依據 PSIS（Problem-Solving Innovation Solution）方法論中的問題形成診斷手法（過程省略），可得出以下問題項目。

問題 1. 企業導入 SCM 系統的經濟效益沒有彰顯

在本案例中是零售通路的經營模式，所以其供應商會非常眾多，而且採購單據也會非常繁雜，更重要的是，整個供應採購作業會因為上述二個原因，而造成其作業瑣碎和繁多，因此，若以人工來做控管，則將會耗資可觀，進而無法達到經濟效益。

問題 2. 導入 SCM 的投資角度不能以成本來分析

透過 SCM 系統來降低人工作業所帶來的人力成本和無效率，而這樣的成本下降所得來資金節省效益，可用來評估當初投入購買導入 SCM 系統所花費的資金成本，是否有投資報酬價值？然而，這樣評估方式，是造成因為降低成本反而失去當初導入 SCM 系統的目的。

問題 3. SCM 系統沒有產生對供應體系的效益？

在一家企業導入 SCM 系統時，所影響的不只是此企業的供應採購內部作業，更重要的是利害關係人（例如：廠商）在供應採購作業上是否也有效益？因為若供應商在此 SCM 系統運作中沒有既得利益，則反而會影響企業原有因 SCM 系統導入而得到改善作業之效益，因此，在導入 SCM 系統時，必須兼顧企業內外部的效益。

二、創新解決方案

「電子化企業聯盟」的功能，包括建立良好的顧客關係、提升企業流程的運作效率、產品與服務創新、新市場的發展、快速溝通平台、掌握技術應用能力，與合作夥伴建立互信互助的關係等。

在產業鏈中，供應商與顧客間的上、下游關係就像自然界裡兩個生物體的互利共生一樣。因此，如何讓供需、研發速度等在整個價值鏈中產生真正效益，以及執行體系間網路電子化的推動，甚至協同行銷管理的合作模式便愈形重要。

資訊網路系統如何能夠適應這種多變及多樣化的作業，將是一個企業資訊系統必須要謹慎考量的事，首當其衝的就是，資訊系統必須能支援跨產業整合價值鏈所需的網路行銷服務需求。

實務解決方案

從上述應用說明，針對本案例問題形成診斷後的問題項目，提出如何解決之方法，茲說明如下。

解決 1. 以供應鏈的產業附加價值 KPI 來評估 SCM 系統的重要性

在供應鏈的產業運作程序中，影響所及的不只是企業本身，還有它的上、中、下游相關廠商，而這些廠商在此產業供應鏈中一定要有其附加價值，才能立足於此產業供應鏈，所以，可在導入 SCM 系統後，檢視其每個相關廠商如何提升原有附加價值的 KPI（Key Performance Index），也就是以此 KPI 來評估是否導入 SCM 系統的重點。

解決 2. 投入 SCM 規劃應以提升產業競爭力為主

若以投資 SCM 系統的成本，來做為 SCM 系統評估依據，則會以降低成本為考量，如此則有可能造成投資的迷思，也就是失去投資 SCM 系統的目的和效益，因此，在成本考量上應以效率為手法來看待，真正評估依據也就是應以投資所產生的產業競爭力為主要評估準則，以做為可帶來因 SCM 系統導入後的效益和價值。

解決 3. 整體供應鏈的綜效

在產業供應鏈整個體系中，是互有相關的，且是生命共同體的繫結，所以，在導入 SCM 系統後，必須以產業供應鏈整體綜效，來分析 SCM 系統的真正效益，因此，外部企業參與是影響 SCM 系統導入是否成功的關鍵因素。

三、管理意涵

SOHO 處於現有的資訊科技環境中，在全球使用網際網路人口急速增加，及寬頻網路技術的突破下，再加上電子商務環境及技術、成本已趨漸成熟，如何運用資訊科技來建構「電子化企業聯盟」的效益就愈來愈廣泛。

中小企業在當今全球化的產業環境中，所有企業都會面臨新的競爭壓力，尤其在專業分工程度不斷提高的趨勢下，企業之間需要更新的營運模式與思維，因此，在體系企業間的整合電子化作業就應運而生。

在過去大型製造業企業大部分以區域化生產為主，因而許多製造業整合資訊化系統大多數也是以區域化來設計；現今由於網路經濟興起及全球產業生態變化，如中國大陸的崛起，改變跨地域的生產環境，在兩岸三地的作業模式是一種愈來愈普遍的現象。

四、個案問題探討

從此個案中您認為投資 SCM 系統是否必要？為什麼？

MIS 實務專欄 （讓學員了解業界實務現況）

　　本章 MIS 實務，可從二個構面探討之。

構面一：兩岸三地模式

　　在目前網際網路的時代，企業營運已從生產區域化轉變為全球運籌化生產模式，故需將資訊加以整合再利用，並滿足企業現有需求及強化服務品質，進而符合跨公司、跨廠區的資訊整合需求。尤其是中國大陸的廣大市場，更是企業欲發展的方向，這時對企業資訊系統而言，就必須考慮到台灣企業兩岸三地的企業資訊系統模式。

構面二：產業環境的推移

　　企業面對目前整體產業環境的變化，及資訊科技環境的多變，為了企業經營競爭的前提，必須擬定中長期的資訊因應策略。這個因應策略除了考慮本身所在產業環境影響外，還須考慮整體產業環境受到全球經濟市場趨緩及生產成本日益升高的影響，最重要的是，面臨顧客市場產業逐漸外移，企業本身必須要能面對及因應整體經濟環境變化。

課堂主題演練 （案例問題探討）

企業個案診斷──跨產業的供應：汽車電子業

1. 故事場景引導

　　企業價值可落實於內部組織管理和在同產業內的外部組織管理，然而高科技的興起，使得不同產業整合成為趨勢發展，也因而產生了另一種跨產業的價值，其中汽車電子產業就是一例。汽車電子產業結合電子資訊優勢於傳統汽車產品零組件內，使得汽車更具有智慧性資訊功能，同時也延伸出電子資訊產業的另一應用領域商機。在跨產業的汽車電子產業可分出汽車業和電子資訊業，它是跨領域產業，其汽車業有豐田、寶馬等，其電子資訊業包含通訊廠摩托羅拉，軟體系統包括：IBM、微軟，汽車電子系統整合有 Delphi、Rober Bosch、Visteon，半導體為 NEC、英飛凌等。其整個主體是由上游車用半導體／IC 業者、中游車用電子系統商與下游的正廠零

件（OE, Origin Equipment）及門檻較低的售後服務（AM, After Market）所組成的緊密價值鏈。汽車業的價值鏈類型是收斂型，該類型的特色是降低成本，持續改善品質，其需求計畫是以 MTS（Make to Stock）方式來生產，並且具有產品生命週期長及產品種類差異小的特色。電子資訊業的價值鏈類型是發散型，該類型的特色是大量客製化、不斷創新，其需求計畫是以 ATO（Assemble to Order）方式，和產品生命週期短及差異大。在這樣不同類型下要結合，則其管理變革和創新的問題挑戰不言而喻。

2. 企業背景說明

隨著汽車電子的崛起，機械式零組件已經慢慢被半導體所取代，半導體技術將為汽車提供更智慧化的駕駛環境。

汽車電子應用領域包括在引擎傳動系統中，其主要運用於產品，包括引擎管理等；在車身電子中，其運用的產品線包括胎壓監測器、空調控制、防撞雷達等；在安全系統中，其運用的產品線，包括 ABS 及安全氣囊控制等；在底盤懸吊系統中，其主要運用於電子懸吊系統等；在駕駛資訊系統中，其運用的產品線包括 Telematics 車用資通訊系統（由 Telecommunication 和 Informatics 縮合而成）等。

目前全球汽車電子技術主要發展國家，以美國、日本及德國為技術領先國。汽車電子產品的發展，已進入系統整合的階段，國際大廠因具有核心技術，故能有效地將眾多系統整合為一，適時滿足消費者多元化的需求。開發汽車電子控制軟件，有助於控制軟件的標準化，主要集中在電子控制的應用。微軟在 2004 年宣布成立汽車事業部，開發以視窗為核心的 Telematics 方案。IBM 的「普及運算」也積極運用在車用電子。國外汽車電子供應商已積極介入中國潛在的巨大汽車電子市場，對汽車電子產業鏈形成了壟斷。

3. 問題描述

它主要研究問題分成三大項：

(1) 兩個產業鏈的管理方法融合

在汽車業常用的管理方法有看板、JIT（Just in Time）、TQM（Total Quality Management）等 TPS（Toyota Production System）豐田生產系統，而在電子資訊業常用的有平衡計分卡、MBO（Management by Object）等。

(2) 直接和間接物品模式的轉移

　　在電子資訊業中，有些原本是最終消費使用產品，但在汽車電子業中，就成為零組件半成品特性，故其公司所面對的客戶，從消費者直接物品（Direct Material）轉移到供應間接物品（Indirect Material）模式，這二種模式在管理上有很大差異。

(3) 汽車電子產品的利潤成長

　　汽車電子因增加其電子元件的半成品，使得汽車成為更具智慧性的產品，但在整個汽車產品價格上，就必須包含電子元件成品價格，如此是否造成價格上升，使得消費者覺得太貴，若不能提升價格，則電子元件廠商是否也只能和電腦消費電子產品代工一樣，仍可能是微利。

4. 問題診斷

　　汽車電子業的產品介面依存關係很強。一部車的零件有上萬種，像這種品質問題，就是要把所有相關元件集合起來，才會知道問題出在哪裡，車用電子系統所需的 IC，在規格與可靠度上的要求特別嚴格。汽車電子產業的零組件電子產品間，就如同元件一般，其各元件之間會有關聯性，這個關聯性會影響到整個零組件電子產品之間組合，對於最終產品（汽車）的品質，它的影響有正反兩面，正面影響是指零組件產品之間的關聯可增強汽車產品功能或效用，負面影響是指零組件產品之間的關聯會造成汽車產品的失效和不穩定，例如：A 零組件的損壞，造成整個汽車產品問題，並有可能誤以為原本好的 B 零組件也是不良的。例如：馬達控制器內的零組件本身產品設計不良，導致汽車產品的不穩定，進而誤判馬達控制器設計不良，而為了使引擎傳動系統有電路設計的控制，故利用主機板設計來控制引擎傳動系統，以達到數位控制效率，但當汽車在引擎傳動運作時，可能會發現馬達無法啟動，進而判斷馬達控制器設計不良，然而深入問題分析後，才發現原來是主機板設計不良，無法驅動馬達控制器。要解決這樣負面影響的做法，就是運用耦合性和內聚力的概念，如圖 1。所謂內聚力是將產品分割成具強化本身功能效用的零組件元件，以便能快速回應產品介面的整合，但這些內聚力強的元件，其之間的關係耦合性需求要很低，如此才可因應產品多樣的變化和模組化的發展，要達到這樣的耦合性，可產生另一沒有實質效用的新元件，做為介面關聯之用，利用該介面元件來自動判斷另一零組件元件的失效性，一旦某零組件元件失效，就切換和另一零組件元件的結合。例如：強化馬達

控制器元件本身內聚力，不會因另一元件主機板設計不良，導致影響馬達控制器啓動失效，亦即馬達控制器可自動判斷主機板設計失效時，可由偵測駕駛員鑰匙啓動，進而使馬達啓動。所謂耦合性是指馬達控制器元件不會因另一元件──馬達控制器內的零組件本身產品設計不良，而牽扯影響到馬達控制器元件，進而誤判馬達控制器設計不良，故耦合性愈低愈好。從上述例子可知，廠商要克服的挑戰包括數位與類比技術的整合、品質規格於溫度、溼度、耐震等諸多嚴格標準要求。

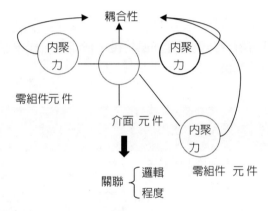

圖 1　耦合性和內聚力的示意圖

5. 管理方法論的應用

Kepner 和 Tregoe（1986）提出 KT 法，是一種理性管理的問題決策方法。所謂問題，乃是偏離標準的一種偏差，及未來問題可能發生的原因。

「情境探索」（Situation Appraisal, SA）的應用本質，是要在繁雜的問題情境中探索、辨認、分辨、排序，以找出舉足輕重的關鍵根源問題或重大而可行的機會，和大幅減少我們浪費於誤解和誤用資料上的時間及精力。

步驟 1：KT 法之情境探索的現況問題探索

問題項目種類	問題項目		重點說明
	正常	異常	
偏離標準	1. 電子元件在穩定環境運作	在不穩定下	溫度、移動、天氣
未來的威脅	2. 汽車電子業的崛起	封閉壟斷產業	安全性、品質嚴格

問題項目種類	問題項目		重點說明
	正常	異常	
可改善之處	3. 電子元件品質整合	品質互相影響	耦合性、內聚力
決策下的限制問題	4. 供應夥伴緊密	開發時程長	新進入者不易進入
行動所帶來問題	5. 台灣 IT 業可順勢結合	須更深入結合	跨領域結合
計畫性的問題	6. 供應需求計畫	市場需求轉換	MTS、ATO

步驟 2：KT 法之情境探索的分解分類

分解分類：將其分解成能夠管理的部分後，依作業流程事項加以分類，才能夠真正有效的對症下藥。

問題項目種類	問題項目	問題元件	管理項目	作業流程分類	影響項目
—	1. 電子元件	品質規格	可靠度	產品製造	製程能力提升
—		適用環境範圍	穩健設計	產品設計	設計困難度提高
—	3. 產品品質整合	品質關聯	系統設計	系統研發平台	要求系統化設計
		整合零組件	介面管理	系統研發平台	須和其他零組件廠商合作測試
	6. 需求計畫	計畫改變	MTS/ATO	生產計畫	員工作業習慣

步驟 3：KT 法之情境探索的設定優先

問題元件	成長性	重要性	急迫性	優先度
1-1	4	5	3	12 → 2
1-2	5	4	2	11 → 3
3-1	2	3	5	10 → 4
3-2	2	5	5	12 → 2
6-1	3	6	4	13 → 1

步驟 4：KT 法之情境探索的辨認特性

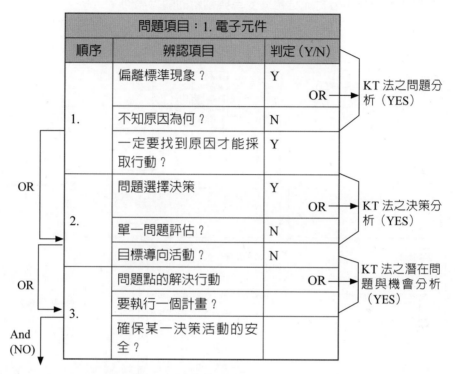

步驟 5：KT 法之情境探索的規劃管理表

問題項目：1. 電子元件			
Who（參與者）：消費者	提供者：品質工程師	執行者：研發工程師	負責者：研發工程師
What（什麼資訊及分析內容）：針對電子元件在不穩定環境中做設計，也就是擴大環境範圍			
When（何時做）R&D 環境測試			
How（如何做）Robust design		Where（何處）不穩定環境	

6. 問題討論

問題 1. 以該個案中分析流程再造變革與創新的關聯為何？

答：

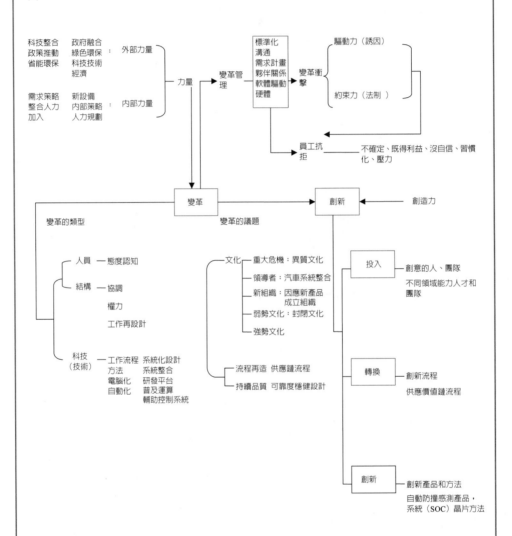

問題 2. 在本個案有哪些供應鏈管理變革方法？

答：(1) 系統整合；(2) 軟件標準；(3) 夥伴關係；(4) 長期供應；(5) 需求計畫管理（間接物品）；(6) 軟體驅動硬體。

問題 3. 就本個案，其「主要」利害關係人是誰？其和汽車電子產業供應鏈有什麼關係？

答：供應商在汽車電子業要發揮經營效益，在於緊密和長期的供應夥伴關係，如此才能使間接物品的需求計畫管理得以順利運作。

問題 4. 電子資訊產業供應鏈的原本員工，在進入汽車電子產業後，哪些管理變革會造成員工的抗拒？

答：需求計畫管理的變革，它會造成員工的抗拒，因為該變革會帶來新的管理作業技能，因此沒自信和學習壓力使得產生抗拒。

問題 5. 就步驟 3 所提出的四個特性，你認為哪一個特性最重要？並依此判斷哪個問題元件應最先做？

答：重要性大於急迫性，故雖然優先度計算是加總，但仍以重要性先執行。

問題 6. 軟體技術在汽車電子業供應鏈扮演什麼管理變革角色？

答：因汽車電子比傳統汽車更具智慧性，其能達成智慧性功能，是在於軟體的邏輯運算，進而驅動硬體產品的功能。

 關鍵詞

1. OE（Origin Equipment）：正廠零件。

2. AM（After Market）：售後服務。

3. SCOR（Supply Chain Operation Reference-Model）：供應鏈運作參考模型。

4. EAI（Enterprise Application Integration）：企業應用系統整合。

5. AVL（Approved Vendor List Management）：合格供應廠商名冊。

6. MTS（Make-to-Stock）：存貨式生產。

7. ATO（Assemble-to-Order）：接單組裝。

習 題

一、問題討論

1. 何謂 SCOR？其重點內容是什麼？

2. 說明電子化的採購定義？其模組功能的重點內容爲何？資訊系統的重點內容爲何？

3. 說明供應鏈的需求模式爲何？

二、選擇題

（　）1. 下列何者是供應鏈內容？　(1) 計畫　(2) 採購　(3) 製造　(4) 以上皆是

（　）2. 供應鏈的多國性作業包括：　(1) 某國的整合性作業　(2) 企業運作資訊化趨勢　(3) 同質資料庫　(4) 以上皆是

（　）3. 企業功能的延伸經營包含：　(1) 行銷據點　(2) 代工生產據點法　(3) 維修服務據點　(4) 以上皆是

（　）4. 電子化採購包含：　(1) Qualification、Ordering　(2) Sourcing　(3) Collaboration　(4) 以上皆是

（　）5. 偶發性需求是屬於：　(1) 獨立需求項目　(2) 依賴需求項目　(3) 兩者皆有　(4) 以上皆是

（　）6. 供應鏈作業包含哪些？　(1) 需求預測　(2) 採購執行　(3) 採購追蹤　(4) 以上皆是

（　）7. 採購計畫的系統功能是屬於何種資訊系統？　(1)ERP　(2)CRM　(3)SCM　(4) 以上皆是

（　）8. 先進生產排程的系統功能是屬於何種資訊系統？　(1)ERP　(2)CRM　(3)SCM　(4) 以上皆是

（　）9. 售後服務的系統功能是屬於何種資訊系統？　(1)ERP　(2)CRM　(3)SCM　(4) 以上皆是

（　）10. 採購執行的系統功能是屬於何種資訊系統？　(1)ERP　(2)CRM　(3)SCM　(4) 以上皆是

（　）11. 企業體系間電子化的目的是？　(1) 整合　(2) 分析　(3) 統計　(4) 以上皆是

（　）12. 資訊擷取作業，主要是？　(1) 建立一個平台　(2) 自動關聯相關跨區

域資訊 (3) 透過連線從公司資訊系統存取相關資訊 (4) 以上皆是

( )13. 企業內部的資訊系統應用功能是指： (1)Intranet (2)Extranet (3)Internet (4) 以上皆是

( )14. 電子化採購（E-Procurement）可分成哪三大方向？ (1) 採購規劃 (2) 採購作業 (3) 採購回饋 (4) 以上皆是

( )15. 何謂資訊流？ (1) 實體的流動 (2) 從資訊系統應用功能所運作的過程 (3) 指企業之間和銀行的金額來往 (4) 以上皆是

( )16. DCOR 包含多少個協同設計層次？ (1)3 (2)2 (3)4 (4) 以上皆是

( )17. 產業特性是指第幾個層次？(1)3 (2)2 (3)4 (4) 以上皆是

( )18. SCOR 包含多少個層次？(1)3 (2)2 (3)4 (4) 以上皆是

( )19. 設計鏈營運模式的重點範圍是指第幾個層次？ (1)3 (2)2 (3)4 (4) 以上皆是

( )20. 定義設計鏈成員協同型態的設計流程是指第幾個層次？ (1)3 (2)2 (3)4 (4) 以上皆是

Chapter 11

知識管理系統

學習目標

1. 探討知識資源的演變。

2. 說明資料、資訊、知識的重點差異。

3. 探討策略創新、組織創新、流程創新的重點差異。

4. 知識管理流程的定義和架構。

5. 說明知識管理價值的形成。

6. 知識管理系統的定義和架構。

7. 知識管理工具的應用。

案例情景故事

企業用的到底是知識管理系統還是資訊管理系統？

公司於 94 年成立並開始運作，目前有 15 人，是屬於小型企業。公司目前營運是偏向於代工訂單生產，有訂單才開始生產，主要產品是推桿打擊墊，是應用於室內高爾夫球的推桿最終成品。由於目前員工人數不多，屬於小規模企業，嚴格而言，是介於家庭代工和零組件加工供應商規模之間，其訂單來源往往是舊有客戶的維持，沒有新的客戶加入，從這點可知，現有顧客忠誠度很高，但拓展新客戶能力卻無。

- 公司規模 → 人數、營業額不大。
- 作業程度範圍 → 目前沒有自行銷售能力。
- 資金成本投入 → 沒有足夠資金成本。

客戶數平均是 10 幾家，目前大都坐落於北區地點，因此運送產品給客戶都利用自身花費快遞方式，因為每次訂單數量及體積不大，若運送到國外，則海空運費由客戶給付。

在營運功能上，主要是偏向生產導向，故其生產製程和品質控制為其核心能耐，在生產產品製程方式上，是以半自動機台做加工處理，故原料橡膠採購是採取半計畫、半訂單方式，以便控制資金成本和存貨流通。客戶從下訂單到交貨的前置時間平均是 7～10 天，若訂單多時，就利用假日、晚上加班，之前曾招募更多幹部級現場人員，但都因工作特性，使得往往做 1～2 個月就離職，目前主要幹部員工大都是同一家族人員，這對公司朝體制式經營來說，有更多問題要去解決。

公司產品應用在推桿練習器上，公司產品名稱：推桿打擊墊（已含草坪），尺寸不一樣，原材料自購（橡膠），材質有二、三種，製造操作沒有再外包，3 台自動、1 台手動機台。草坪材質分為三種：(1) 地毯草；(2) 尼龍草；(3)PP 塑膠草。

茲整理訪談後的生產和訂單現況如下：

- 製程穩定。
- 機台維修費用不是很高，為 9%。
- 訂單筆數 50 幾張。
- 客戶平均前置時間：1～2 週。

在組織架構上，訂單出貨作業是由 1 人負責，會計帳務是由另 1 人負責，而生產製造是其他 13 人一起操作，故整個組織作業是非常精簡的。由

於負責人希望能突破目前局面，在未來中、長期規劃上，能逐漸擴大營運範圍，但囿於資金有限和員工人力較年輕，只有 20-30 幾歲，因此需要有更多的改變。

在客戶和供應商運作上，由於客戶和供應商家數不多，其溝通作業並不複雜，然而在拓展營運規範下，其間運作勢必朝向複雜流程，因此資訊化協助成為未來關鍵規劃之一。

公司問題現況：

- 工作員工適應力和招募。
- 銷售管道的拓展。
- 產品生產力普通。
- 機台故障率有時出現。
- 半年後執行品牌銷售作業。

茲整理訪談後的制度化管理現況如下：

- 會計做帳用 EXCEL、WORD 工具。
- 舊有客戶 10 幾家（老客戶人情），用 E-mail 和客戶溝通。
- 訂單式生產，生產帳務用 EXCEL 工具。
- 報表管理分析目前沒有。
- 有少許標準品，大都是代工訂單（客戶代工訂單 95%，標準產品銷售 5%），未來走向新客戶拓展客製品和品牌。
- 同行業競爭 20 幾家。
- 本地運輸自行承擔（用貨運行）。

問題 Issue 思考

（讀者請依據此情境個案，思考出 MIS 問題重點，來引發本章的內容研讀方向）

1. 企業對 KM 在現今所扮演的經濟要素為何？
2. KM 在企業如何實施？如何融入企業日常作業的發展？
3. 企業如何在短期內能彰顯 KM 系統導入後的績效？以便企業員工能實際具體感覺到 KM 系統的效用？
4. 企業如何將 KM 認知落實於每位員工的人為智慧上，以利能將 KM 系統順利導入公司日常營運的附加價值上？
5. 企業應依公司本身特性如何做階段性的 KM 系統工具和功能導入？

前言

　　目前已是知識經濟時代，時代衝擊到企業，企業影響到個人，而時代淹沒個人，這是生存的競爭。知識的演進過程和特性，可分成資料數據（Data）、資訊（Information）、知識（Knowledge）這三層演變。知識管理流程，是指在知識管理的生命週期運作下，可產生有附加價值的流程，而擬定的一套流程制度。

閱讀地圖 （以地圖方式來引導學員系統性閱讀）

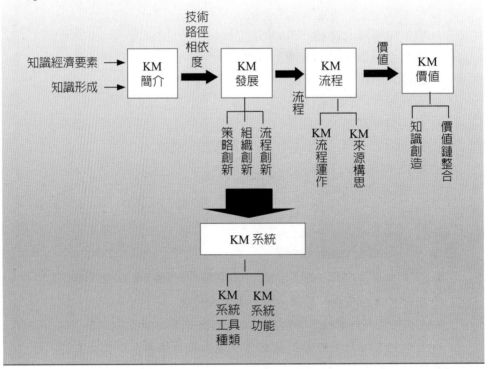

11-1 知識管理簡介

一、知識時代要素

　　每個時代都有它自己的關鍵要素，透過關鍵要素的發展，就會形成企業在該時代的經營模式和產業背景，故切入時代的動脈趨勢，對企業經營是否能成功，扮演非常重要的立足點。在時間巨輪的不斷滾動下，其不同時間階段的突破技術，造成了人類不同的活動現象，也形成不同的社會結構和企業經營運作業模式，進而對財富創造與分配的方式也有所不同。一般而言，時代的演進分類，可分成三個階層：農業時代、工業時代、知識時代。在農業時代，主要的關鍵要素是天然資源、勞動力、土地等經濟活動；在工業時代，主要的關鍵要素是有形資產（設備）、資金等經濟活動。能控制管理好上述關鍵要素，通常便能掌握權力和擁有財富。而在知識時代，就如同管理大師彼得・杜拉克所提出的，「知識」將取代土地、勞動、資本、機器設備等，因此「知識」成為最重要的關鍵要素，它是奠定財富的基石。

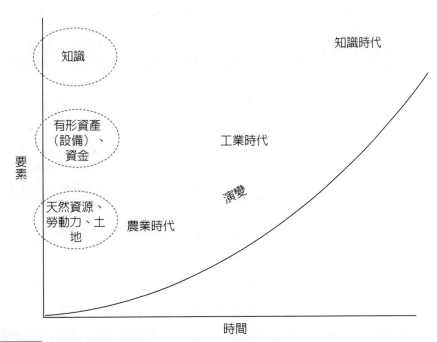

圖 11-1 時代的演進分類

　　Dunning 認爲，在經濟演化的過程中，若以時間做爲劃分基礎，將經濟演化劃分爲「農業經濟」、「工業經濟」、「知識經濟」三個時代。

資料參考來自於：Dunning, J.H, *Alliance Capitalism and Global Business London*, Capitalism Addison-Wesley (1999).

　　參考相關文獻後，整理出如表 11-1 的演變。

表 11-1　知識經濟時代的演變

	農業時代	工業時代	資訊時代	知識經濟時代
核心要素	大自然、土地、勞動	設備、資本、有形資產、勞心	資訊系統、數位、無形資產	知識、無形資產、智慧資本
作業特性	個體、手工、環境依賴	大量化、自動化、設備化	大量客製化、專業化、資訊化	網路化、虛擬化、整合化、嵌入式、
運作方式	生產	製造	製造服務	服務製造
市場定位	自給自足、封閉	區域性、供給導向、半開放	全球化、需求導向、開放	全球化、創新導向、自由開放
管理模式	無一定模式	科學管理	管理科學	整合性管理科學
產品性質	技藝品、民生品	標準品、模組化	數位化產品	個人化產品、智慧型產品、虛擬化產品
產業分布	原料材料密集	設備密集、資金密集	資本密集、技術密集	技術密集、知識密集
經濟運作	農業、畜牧、食品	加工、金融、交通	製造、金融市場、服務、資訊、物流	創投市場、製造加值、知識服務、專利商標、全運籌

　　如何掌握這個時代動脈趨勢呢？其共同重點就是須有殺手級的技術突破。在農業時代，其擁有豐沛和特有的天然資源，可以說已是立於不敗之地；在工業時代，例如蒸汽機的技術發明，或資本市場的形成等，會大大影響到不同企業的生存和發展，然而在這二個時代中，其差異點是前者會受限於大自然的環境，而後者可由人類的發明來發展其生存空間，不過這兩者和知識時代有著重大差異點，即前兩者是注重在有形資產，例如：土地、設備、資金等，而知識時代是注重在無形資產，例如：知識。這個重大的差異點，造就了知識時代的管理模式和以前

截然不同，這也正是知識管理的發展根源。

二、知識的演進

知識的演進過程和特性，可分成資料數據（Data）、資訊（Information）、知識（Knowledge）這三層演變。它們是息息相關、互相影響的。

資料數據是一種詳細、客觀、明確的交易記錄，它可形成結構化的呈現，就企業運作角度而言，資料數據是未經過整理、分析、加工處理的原料，它只是忠實的反映實際現象和原始內容，它會透過企業內各個部門的終端機輸入數據後，由 MIS 資料庫管理，並負責回應企業內管理階層與其他部門有關資料數據的需求。所有企業都需要數據，企業內的資料庫中，隨時都儲存著過去數百萬筆交易記錄，期望能透過有效地管理這些龐大數據，進而做為企業運作模式的基礎。資料數據特性是大量性、完整性、正確性、意義性、重複性、結構性等。就大量性特性而言，大量數據可能會造成負面影響，例如：所需負擔的儲存成本高、很難找出具有重點影響力的數據，以及令人難以理解運用。就完整性特性而言，是否有遺失的資料，以及相關資料是否有做關聯的更新。就正確性特性而言，錯誤的資料可否偵測出來，以及修改成正確的資料。就意義性特性而言，數據本身並不具有任何意義，無法做為任何決策與行動的有力根據。就重複性特性而言，在資料數據的產生，包含新增、修改、刪除的異動，是否會造成之前已有相同資料，使得資料忠實的反映呈現有了假象和誤導。就結構性特性而言，可以分為結構化資料及非結構化資料，非結構性資料是非以固定格式存在於企業中的資料，如傳真文件、報表等；結構性資料是以有層次邏輯存在的資料，如關聯式資料庫等。

資訊是從數據而來，和資訊相較而言，其資料數據是相對有大量的記錄內容，因此資訊是經由數據的整理、分類、計算、統計等方法，使資料數據轉換成有意義後，進而形成資訊。資訊的目的在於影響接收者對事情的看法，並做為決策與行動的參考。它可用來分析應用，例如：根據員工的年齡、學歷、專長等，分析出有資格候選人的有用資訊，或是企業獲利情況的估計分析等。資訊特性是有用的、整合過的、有意義目的、有對象角度、有時間性等。就有用的特性而言，是指資訊會用來做為某個需求的用途，不是任意產生，它是需要付出成本的。就整合過的特性而言，是指資訊來自於資料數據的整合，亦即資料數據的好壞是會影響到資訊品質。就有意義目的特性而言，資訊的存在會對企業運作活動有影響力，例如：公司重大訊息須公開的適當揭露，針對有對象角度特性而言，

係指某種資訊是和某些對象的角度看法有關的，對於其他對象，可能就沒有關係。就有時間性特性而言，是指資訊經過一段時間後，就有可能造成該資訊沒有用了，或是訊息過時，沒有影響效力了。

Nonaka 和 H.Takeuchi（1995）認為，知識是一種辨證的信念，可增加個體產生有效行動的能力。Davenport（1998）從組織的觀點認為，知識是一種流動性質的綜合體，它包括結構化的經驗、價值及經過文字化的資訊，同時也包括專家獨特的見解。Zack（1999）認為，透過經驗、溝通和推論，被相信且重視的有意義、有系統累積的資訊就是知識。知識來自於資訊，就如同資訊是從數據而來的一樣。但是知識比資訊和數據更無形、更複雜、更抽象，也因此更難以去定義以及管理。例如：以學校成績為例，成績數據輸入是資料，統計不及格成績人數比率是資訊，而提出如何降低不及格成績人數比率的經驗手法，就是知識。以企業產品研發為例，產品研發測試數據收集是資料，比較分析測試數據的差異效果是資訊，而提出測試數據如何運用的正確價值，儲存於稱為「工程知識手冊」的資料庫中，就是知識，它可對日後工作有莫大的協助。

資料是從情境（Context）中的事實觀察而得的；資訊則是在某個有意義情境之下的資料，通常以訊息（Message）的形式表現出來；而知識是在有用資訊運作之下的經驗、價值、能力。知識管理模式指的就是針對知識三個階層的運作，長時間加以組織、更新、整理、分析，並與他人分享的過程。這樣的推動運作，就是所謂的知識管理演進，而知識管理演進的最終目標就是要得到智慧。智慧對企業而言，是一種無形資產，它是企業的核心根本。

綜合以上各學者對於知識特性的探討，可以了解知識本身意味著技術的發展，故根據一些學者文獻，將技術知識特性說明如下。

Dosi（1982）提出技術軌跡（Technology Trajectory）概念，技術軌跡是指基於這些技術典範的基礎，所形成的日常解決問題之形式，他認為技術變動可分為現有軌跡內變動，以及在現有技術軌跡外的變動。

Booz-Allen 和 Hamilton（1982）提出，對產品創新程度的定義，做為技術知識路徑相依度的衡量標準，如圖 11-2。

低 ←───────────────────────────────→ 高

路徑相依度					
獨創的產品	公司的新產品	擴展公司現有產品線的嘗試	改良或修正現有的產品	現有產品的重新定位	降低產品的成本

圖 11-2　路徑相依度衡量標準

　　產業中技術的變化發現，技術進展通常是一個持續演化的過程，不過有時中途會被一些不連續的技術改變所中斷，而重新進行另一個新技術的演化。Tushman（1986）將技術的改變分成：能耐增強型（Competence Enhancing）及能耐破壞型（Competence-Destroying）兩種。能耐增強型的技術改變是在既有的知識基礎上，對於產品的功能，進行部分的改善，此種技術改變會改進現有的技術，並增強產品現有能力；能耐破壞型的技術改變，則會出現新的產品種類，並改變原有產業競爭生態，此種改變將會使個人技術知識、組織競爭能耐與生產流程產生重大變革，並重組公司營運模式機制。Teece（1996；1997）提出技術發展通常具有某種特定的路徑相依度，且會受到特定技術典範（Technology Paradigm）的影響，亦即在某些特定問題上，基於現有的科學原理及方法選擇所推導出的解決方式。這也使組織在發展新的產品或程序時，通常會依循過去在特定技術軌跡所累積的成功經驗。

　　Dougherty（1990）發現技術知識路徑相依程度，會影響組織進行知識創造的團隊類型。Fleming 和 Koppeman（1997）指出，當技術知識路徑相程度低（即組織進行突破型創新時），組織傾向於使用重型團隊，賦予較大的自主性來進行產品開發，也會比較有效率。O'Dell 和 Grayson（1998）定義「知識管理」（Knowledge Management）為：「適時地將正確的知識給予所需的成員，以幫助成員採取正確行動，來增進組織績效的持續性過程。」Quintas（1997）指出，所謂「知識管理（Knowledge Management）就是要持續管理所有知識，以達成各種需要，並標示及運用現有、先驗的資訊來產生新機會。」因此，知識管理必須是運用現有知識來創造更多元的價值。Roberts（2000）認為，視知識管理為創造組織競爭力的工具：「知識管理就是在正確的時間，得到正確的資訊，並傳遞給正確員工，以提供競爭的優勢。」

　　Gartner Group（1999）認為：「知識管理為一種流程，藉由收集並分享智慧

資產來獲得生產力和創新上的突破；它涉及創新、萃取及組合知識，以產出更聰明、更富競爭力的組織。」Lotus 總裁 Jeff Papows（1998）認爲，「眞正的知識管理，是把存放在每個人腦袋裡的資訊取出，成爲清楚又有用的知識，可以爲大家共用，並可付諸行動。」

　　知識管理對於公司的經營非常重要，但並不容易實施，一般實施知識管理失敗原因如下：

✓ 要實施知識管理的配套措施不完整。

✓ 知識無法有效分享，造成知識的壟斷和無法流通。

✓ 知識因企業組織文化障礙而無法進行知識傳承。

✓ 受限於企業區域性，和一些有關人力資源的活動，例如：不當和變相裁員造成某些知識流失。

✓ 規模過小的公司，有需要實施知識管理嗎？錯誤的認知，導致觀念誤導執行的方向。

✓ 知識的儲存容量，和企業所有資訊的數量、品質是有關的，無法將知識的轉換和儲存，在穩定的資訊系統上運作，就會造成知識的處理無效率。

✓ 內隱性知識的運作，通常屬於個人經驗的累積及在公司內部價值的衡量指標，如果沒有一定的承諾和誘因，將無法累積和傳遞。

✓ 缺乏衡量標準和過濾時效性，過期的知識沒有加以轉換處理，則將成爲一堆垃圾，毫無所用，或是過多未經整理的資訊，也是一無所用。

11-2　知識管理發展

　　知識須經過流程運作，才會產生創新和網絡的效果。首先，企業會先有交易動作，使其將資料轉移成資訊，有了資訊後，就必須經過知識管理生命週期，從產生→傳播→應用→儲存→價值→創造→再重新產生的循環，而在這循環過程中，會在客戶、廠商、競爭者、產業環境互動衝擊下，使企業產生整合和轉型。知識管理模式來自於知識價值的延伸，一是在體制上的管理面構思（知識管理），再延伸到經濟面分析（知識經濟）；另一是在本體上的知識轉移（技術知識），再延伸到知識成果（智慧資本），這樣脈絡的就會影響組織文化，最後整個脈絡觀念就會成爲知識管理的模式，如圖 11-3。

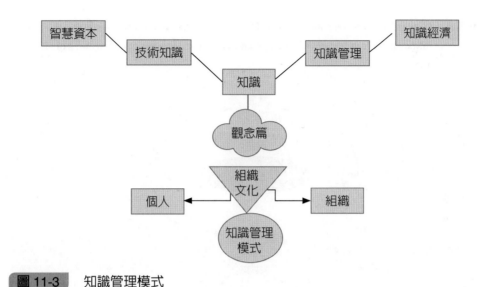

圖 11-3　知識管理模式

　　知識管理模式是知識管理架構的基礎，從此模式的展開和運作，才會形成知識管理的架構存在，它主要是分成體制上和本體上的探討。在體制上，指的是管理制度體系，也就是說，必須把知識管理融入企業體系，亦即企業員工和流程及設備資產等，都有知識的加入。這對於企業而言，就是管理面構思─知識管理，但對於產業而言，影響更大，而成為經濟體系─知識經濟。在本體上，指的是知識本身，知識是從企業資源的資料、資訊轉移而來，故知識本身也會成為知識資源，知識資源對企業主體而言，就可能成為知識資產，知識資產加以運用發揮就會成為智慧。因此知識本身如何轉移成為技術知識，再延伸到知識成果的智慧資本，就是知識本身的存在價值。

　　以上所提的體制和本體上的，必須深植於個人和組織，才會真正發揮成效，也就是成為習慣性的脈絡，以便可自然地融入組織文化。其知識管理模式的細節內容，將分別於下面章節介紹。

　　知識管理的架構有很多學者提出來，但架構重點不一致，茲整理 Dorothy Leonard-Barton 意見如下。

　　Dorothy 教授認為，組織若要建立一個創新平台，應該將主要的創新活動落實於平時，從共同解決問題、執行並整合新技術及工具、實驗和原型試製、輸入和吸收外部知識與向市場學習等四個的構面切入，如圖 11-4。

資料來源：Leonard-Barton, Dorothy (1992), Core Capabilities and Core Rigidities: A Paradox inManaging New Product Development, *Strategic Management Journal*, vol. 13, 111-125.

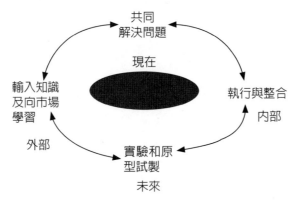

圖 11-4　Dorothy 知識創新活動四構面

1. 共同解決問題（Shared Problem Solving）

　　隨著問題複雜度增加、專業教育的興盛與國際化的步伐加快，愈來愈多的新產品發展需要跨越專業、認知、地理與文化的隔閡，以共用的方式解決問題。影響個人解決問題的心智組合（Mind-Set）稱為偏好技能（Signature Skills），造成偏好技能的原因如下：(1) 個人偏好的任務類型。(2) 個人偏好的問題認知方式。(3) 個人偏好的執行工具。為了使偏好技能轉換成創造性摩擦（Creative Abrasion），必須管理個人的心智組合（Mind-Set），以促進整合。而技術的採用是一般企業最常用的方式；T 型人、A 型人的存在，則能兼顧技術的深度與廣度。在技術有基礎後，進而建立共同解決問題的管理風格，進而塑造公司的企業願景。

　　以下整理出一些做法：(1) 管理專業技能：透過組織內 T 型人（通才，具全方位的多樣才能）、A 型人（專才，具特定領域的專業技能）與多領域管理者的存在來管理專業技能；(2) 管理認知形式的多元化：了解認知形式的差異，利用甄選與僱用以減低不同認知形式的人員，或是保有組織外部的非正式員工來管理認知差異；(3) 管理有不同工具與方法：採用完全不同的方法進行專案。亦即在專案中使用不同學科方法，可以避免解決問題時所產生的盲點。故妥善管理組織中成員的個別差異，可增加組織的知識創造力。

2. 執行與整合（Implementing & Integrating）

在落實執行工作的過程中，常可找到創新的來源，舉凡從企業內部的營運活動到市場面的顧客活動，都可以有許多創新。透過使用者參與（User Involvement）和相互調適（Mutual Adaptation）的方式，可以促進跨越組織之間的知識流通，整合與實行創新流程與工具，包括：(1) 所謂的使用者參與（User Involvement），就是使用者參與專案或是參與新技術系統的開發，透過此種方式，可以將使用者的專屬知識融入其中，使用者也較能夠接受改變，更進一步而言，由使用者參與的程度可分為三類：交付模式、諮詢模式、共同開發模式與學徒式；(2) 相互調適（Mutual Adaptation）：就是指當引進新技術時，新科技與使用者工作環境兩者必須相互調適，這種調適必須注意是否有小的或是大的變革螺旋出現，另外，也必須兼顧核心能耐四個構面。

故妥善管理組織的技術，可整合出新的知識技術。

3. 實驗與建立原型（Experimenting & Prototyping）

實驗的精神在於：「做中學、從失敗中學習。」透過實驗與建立原型的組織學習方式，公司可以朝既定的方向改善其核心能力，為了達到此項目的，管理者有下列三項任務：(1) 塑造一個允許與鼓勵實驗的風氣：正視失敗所帶來的幫助，鼓勵「智慧性失敗」（Intelligent Failure）的產生。(2) 實驗與原型試製：以快速原型的方式進行實驗。(3) 設立組織學習的機制：透過專案審查及流程檢修的方式進行組織學習。

故激發組織學習的活動，可追求核心能力。

4. 輸入和吸收外部科技知識及向市場學習

當公司無法提供重要的科技知識時，不應該找專人負責，要求暫時性地解決問題，這對一個組織而言，並沒有達到累積的功效。而是應該在眾多知識來源與公司體質間衡量，在管理學習性投資的前提下，取得一個平衡點。

當公司發現重要的策略性資產沒有或是不能從內部獲取時，「能耐落差」（Capability Gaps）即出現，這時，公司就必須從外面獲取知識。外部的科技知識來源很多，公司須培養吸收知識的機制，判別知識的可轉移性與可用性，且必須有管理此類活動的能力。

故公司成功地吸收外界科技的重要訊息，並加以同化應用於商業目的上的能力，對公司的知識創造具有關鍵性影響力。

以下將其四構面關係整理如表 11-2。

表 11-2　Dorothy Leonard-Barton 研發創新活動四個構面關係表

共同解決問題	知識創新行為
• 選擇的任務 • 設定任務和解答的方式 • 執行任務的方法	• 招牌技巧 • 創造性的摩擦 • 管理專業化 • 多樣化的認知和偏好方法
執行並整合新技術程序及工具	知識創新行為
• 使用者參與 • 相互調整 • 調整腳步與慶祝	• 創造買進氣氛 • 表現知識 • 使用者參與
實驗和原型試製	知識創新行為
• 進行重大實驗 • 創造實驗風氣 • 實驗和原型試製	• 從實驗中建立創新的有效循環
輸入和吸收外部科技知識	知識創新行為
• 科技知識的外部來源 • 利用外部來源建立核心能耐 • 管理知識的吸收 • 新產品定義的狀況 • 由市場上輸入知識	• 產 • 官 • 學 • 研

Nonaka 知識創造以知識論（Epistemology）為主軸。

茲將以上兩者學說比較，整理如表 11-3。

表 11-3　Dorothy Leonard-Barton 和 Nonaka 兩者學說比較表

	Dorothy Leonard-Barton	Nonaka
知識創造的知識內涵	1. 內部和外部的知識 2. 未來和現在的知識	內隱性和外顯的知識
知識創造的活動過程	1. 共同解決問題 2. 執行並整合新技術程序及工具 3. 實驗和原型試製 4. 輸入和吸收外部科技知識	共同化 外化 結合 內化
知識創造的方式	建立知識創新活動平台	建立知識螺旋轉換模式
學說的國家來源	美國	日本

資料來源：本研究整理

11-3 知識管理流程

一、知識的源頭構面

知識來源須做整理、分類、過濾，故知識的獲取循環過程包含三個模組的 Close Loop。分別是知識來源 Identify、知識介面、知識擷取等三個模組，見圖 11-5。

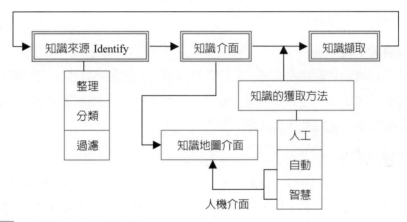

圖 11-5 知識的源頭循環過程

在知識來源 Identify 和知識擷取這二個模組已於上面說明，接下來針對知識介面這個模組做說明。

知識介面是個人或組織透過觀察與了解的方式，收集組織外在環境與內部產生的資料及資訊；它提供一個介面，而為了能有效率的觀察與了解，故該介面必須能夠很清楚結構化的表達知識來源，要達到這樣的技術成效，知識地圖是技術方法之一，知識地圖也是一種工具，可幫助使用者在很短的時間內，找到所需知識的來源，知識地圖是其中使用者介面的一部分，也是知識管理整合前端的一系列產品及知識入口的一個元件，做為使用者的介面服務。

那麼知識來源如何做整理、分類、過濾？這和知識來源是在何種管道的環境特性有關。

一般有以下知識來源管道環境：

1. 資料的路徑

有直接資料和間接資料來源，它的特性是資料來源的掌握性；它的整理是靠資料重要優先程度來處理；它的分類是靠資料收集難易程度決定；它的過濾是靠資料分類的相關性來篩選。

2. 資料的專業

有領域專家和經驗累積來源，它的特性是資料來源的嚴謹性；它的整理是靠資料專業程度來處理，它的分類是靠資料嚴謹程度來決定，它的過濾是靠資料嚴謹的專業程度來篩選。

3. 資料的系統

有資料庫和知識庫的來源，它的特性是資料來源的系統性；它的整理是靠資料軟體程式來處理；它的分類是靠資料和知識差異程度來決定；它的過濾是靠資料庫和知識庫系統自動化來篩選。

4. 資料的範圍

有個人及組織的來源，它的特性是資料來源的多元化；它的整理是靠個人型資料來處理，它的分類是靠組織的群組程度來決定；它的過濾是靠個人型資料是否在組織的群組內來篩選。

5. 資料的形成

有口耳相傳和學習訓練的來源，它的特性是資料來源的結構完整性；它的整理是靠資料是否結構化來處理；它的分類是靠結構化的程度來決定；它的過濾是靠結構化的完整程度來篩選。

6. 資料的型態

有師徒傳承和書本文獻的來源，它的特性是資料來源的理論實務性；它的整理是靠資料是否成為可儲存型態化來處理；它的分類是靠理論實務的差異程度來決定；它的過濾是靠理論實務的兼顧程度來篩選。

Grant 認為，當知識是為競爭優勢的核心資源時，與其價值有直接關係的是：耐久性（Durability）、透通性（Transparency）、移轉性（Transferability）與重複性（Reliability）。

資料來源：Grant, R.M. 1991, The resource-based theory of competitive advantage: implications for strategy formulation, *Califormia Management Review*, Spring, p.114-135.

　　從 Grant 學者的文獻，可以知道知識來源必須有耐久性、透通性、移轉性與重複性，因為它才會產生知識價值，否則知識來源只是一堆資料而已，故知識的獲取必須以知識的源頭構面來思考和擷取。

　　所有知識的源頭構面，是指知識來源的發展構面，必須具有耐久性、透通性、移轉性與重複性等特性的資料來源，才可做為知識獲取的資料對象，知識的源頭構面分成三種構面：個人有分成內部和外部的構面、企業內部和外部的構面、企業和個人整體性的構面，見圖 11-6。

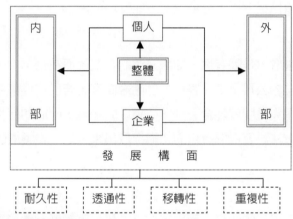

圖 11-6　知識的源頭構面

　　在知識的源頭構面中，其個人有分成內部和外部的構面，它的重點在於有些無法以正式文件形式儲存的個人核心專長，例如：經驗、技能、文化、習慣等內隱性知識，可將這些內隱性知識轉為個人的外顯知識。

　　在知識的源頭構面中，其企業有分成內部和外部的構面，它的重點在於企業內部專業經驗的師徒傳承，例如：高階主管、資深員工、專業人員的技能與 Know-How，可將這些企業內部專業和外部產官學專家團隊的知識做結合。

　　在知識的源頭構面中，其企業和個人整體性的構面，它的重點在於透過個人核心專長，能和企業所規劃的競爭優勢做整體性的思考和建構。

　　知識的獲取不僅成為決策的依據，企業還必須以文件化、記憶等保留方式來儲存知識，以便達成組織知識擴散與知識利用的目標。這是知識獲取後，知識管理往下發展的重點。

二、知識管理流程運作

　　企業運作的流程，和知識管理流程是有很大的關係，實際上，知識管理的流程是從企業運作流程而來的，並且這些流程是須有附加價值的活動，故所謂知識管理流程，是指在知識管理的生命週期運作下，為了可產生附加價值的流程，而擬定的一套流程制度。知識管理的流程制度，必須和之前已擬定的流程制度融合，不可再重新擬定，因為會造成大費周章的無效率。

　　知識管理流程包含知識的獲取、知識創造、知識的流通、知識做儲存蓄積、知識學習、知識價值鏈，以下分項說明，並整理如圖 11-7。

1. 知識的獲取

　　個人知識的獲取，是因有個人知識來源的存在，而在企業中，知識來源是很多且分散，有來自於公司員工、客戶、供應廠商等，若已成為集中式和電子檔案來源，則公司的個人電腦就隱含著許多待獲取的知識，因此如何從個人電腦檔案中，利用有效的方法將資料間有用的知識提取出來，是知識獲取的方向。

2. 知識創造

　　在知識型個人中，想要達到個人突破的目標，個人知識的持續創造是首要條件。當個人無法取得新的知識，而既有知識亦難以因應既有環境需求和未來變化時，個人就必須克服當前所處格局與困境，這時創造新知識的創造就變得非常重

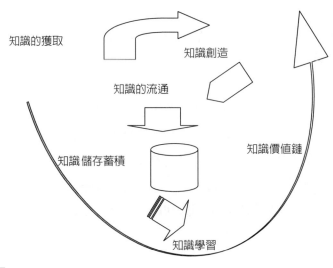

圖 11-7　知識管理流程

要，個人知識本身在知識管理的運作下，就會產生個人知識的創造。

在競爭激烈的多變環境下，個人知識創造已經成為個人競爭優勢的來源。唯有擁有不斷快速創新知識的能力，才可使個人有競爭力。知識創造型的個人會持續地創造出知識，廣泛地將知識再利用於個人之中，例如：將這些知識應用於個人才能，並且不斷地有新想法（Idea）產生。

3. 知識的流通

個人在管理知識時，除了知識創造的能力與效率外，其知識並不一定是由個人內部自行創造出來，而是由外部引進的。若欲外部引進，則須有知識的流通，也就是知識必須經由在個人之間分享，才能在知識管理流程中，彰顯出知識的能力與價值，並在相互溝通與轉換的過程中，創造出更多元化的知識，因此知識的創造和知識的流通是互為關係的。

4. 知識做儲存蓄積

將個人內隱性知識以重現原來意義的方式，將知識記錄起來，這就是一種個人知識蓄積。知識做儲存蓄積，就變成知識存量，它是擁有個人專屬且獨特的知識。

知識再利用對於個人知識的儲存而言，是可造成知識的創造，而個人知識的累積使得知識再利用，進而產生個人知識蓄積，最後透過知識的累積，將個人知識做儲存。

5. 知識學習

組織是由個人所組成，故個人學習為組織學習的必要條件。

Marquardt（1996）提出，個人學習係指藉由自我學習、觀察和專家的指導，來改變其習慣、態度、價值與技能的過程。

6. 知識價值鏈

個人知識管理的循環作業，產生了知識的過程，在這個過程中，若能產生有附加價值的個人活動，就可形成一連串的價值活動組合，這就是個人知識價值鏈，從這個價值鏈中，可儲存和分析知識，進而產生個人知識創新。並不是每個人都是知識工作者，知識程度或者深淺不一，因此在知識價值鏈中，應有知識代理人的角色，來使每個人都可運用和分享知識。

11-4　知識管理價值

一、Nonaka 知識創造

　　將資訊轉化為知識，並非純粹依賴資訊系統，若沒有技術與經驗的方法，則技術知識就無法產生效益，並且相對的人沒有技術知識，就無法產生更多和更新的價值。

　　Nonaka 知識創造以知識論（Epistemology）為主軸，如圖 11-8。Nonaka 和 Takeuchi（1995）定義內隱性知識為：無法用文字或句子表達的、主觀且有形的知識，包括認知技能和透過經驗衍生的技術技能。Nonaka 和 Takeuchi 並綜合學者對於內隱性與外顯知識的研究，其區分如表 11-4 所示。

表 11-4　內隱性與外顯知識的比較表

內隱性知識	外顯知識
經驗的知識—實質的 同步的知識—此時此地 類比知識—實務	理性的知識—心智的 連續的知識—非此時此地 數位知識—理論

資料來源：Nonaka & Takeuchi (1995).

　　知識論主張知識分成內隱性知識與外顯知識。Nonaka 認為，個人知識創造建立在互動的知識轉換模式。知識的轉換，包括共同化、外化、結合與內化四種模式。共同化是個人的內隱性知識透過分享過程，轉換成另一個（群）人的內隱性知識的過程。外化是將內隱性知識透過暗喻或比喻的方式，而表達外顯知識的過程。結合是將外顯知識整合成一套系統化知識的過程。內化是個人透過接觸結合而來的系統化知識，並且加以內化為個人內隱性知識的過程。如果把知識轉換的四種模式加上時間這一構面，便形成知識螺旋。

資料來源：Nonaka,I. & Takeuchi, H., *The Knowledge-Creating* Company Oxford University, 1995.

1. 共同化階段

　　共同化，是藉由分享經驗及工作中訓練達到創造內隱性知識，這必須有共享的知識（配搭相關情緒與意境），方能促進交流。例如：師徒制是藉由觀察、模仿及練習、本田公司的「腦力激盪營」、NEC 個人電腦利用產品開發人員與顧

客之間的經驗共享與持續聯絡。

2. 外化階段

外化是內隱性知識透過隱喻（Metaphor）、類推（Analogy）、觀念、假設或模式將意念表達出來，或透過演繹及歸納方法創造觀念，這個階段應用在觀念創造。例如：本田公司的 Honda City 車型由汽車進化（Automobile Evolution）及圓形車體隱喻創造了「人性空間最大化，機器空間最小化」的觀念。一般包括顧問專家團隊、客戶回饋、合作夥伴、專業書籍、學術研討。

3. 結合階段

結合是將外顯知識或模式系統化，在此過程需要透過文件、會議、電話會談及網路結合不同的外顯知識，形成整合的外顯知識，學校知識教育重點多屬於此階段。網路及大型資料庫有助於本階段的知識創造。一般包括知識社群、企業智庫、文件管理、專案管理、計畫管理。

4. 內化階段

內化是將外顯知識予以內顯化，這時知識將深植個人的心中。當經驗形成個人心智模式，才是珍貴的資產，由做中學習與標準化都是內化的方式。將知識口語化與文件化，有助於個人內隱性知識外顯化，進而促進他人知識內化。由做中學習也是好方法。擴展經驗的界限有助於組織內化，Honda City 計畫利用跨功能的發展及快速雛形系統（Rapid Prototyping），促進組織個人知識內化。一般有內隱性知識、核心專長、經驗文化、競爭優勢、文件檔案。

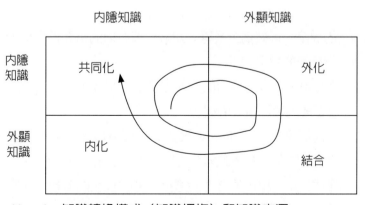

圖 11-8　Nonaka 知識轉換模式（知識螺旋）和知識內涵

二、知識價值鏈

　　知識和資訊科技整合創造出新的契機，它包含著商品如何知識化而產生商業價值、及知識經濟環境影響延伸出新的市場模式。

　　商品如何知識化而產生商業價值？

　　知識轉移數位化形式在經濟體系中，從整個產業鏈創造價值，這個過程稱為「價值鏈整合」（Value Chain Integration），而這個「價值鏈整合」正是資訊科技和知識管理的整合，並且也驅動了知識經濟的機制。例如：將人力資源依專才和能力年資，建構成人力知識庫，並轉移以網頁資料庫數位化形式，在企業和個人的人力供需作業中，產生對產業鏈的人力資源效益，進而影響到經濟環境的勞資生態。

　　在資訊科技和知識管理的價值鏈整合下，網際網路的經濟活動特性是無阻力、無摩擦的。換句話說，生產製造、配銷和後勤支援的成本，都遠比過去舊式經濟要少很多，而成本的大規模下降，改變了一切遊戲規則。學者史瓦茲（Schwartz, 1997）將以上現象稱為網路經濟學。他認為網路經濟學具有新的經濟規則、新的貨幣形式以及新的消費行為。企業只要將知識轉移數位化形式後，都會產生創新技術模式。例如，銀行業傳統上是個報酬遞減的產業，可是當銀行業導入電子商務後，處理客戶的工作就能從過去昂貴的人工處理，轉而藉助方便快速的電腦應用，如此看來，一家擁有廣大客戶基礎資料，同時能將固定成本平均分攤於廣大客戶群的銀行，便能提供最好的資金需求及個人化服務，因而可吸引更多客戶上門，進而進入報酬遞增的階段。

　　知識經濟時代的趨勢動脈，突顯出知識經濟發展的關鍵，關鍵在於知識經濟的標竿。

　　知識經濟的標竿，可做為企業導入知識管理方向的重要性指標。

　　茲整理知識經濟的標竿如下：

標竿 1：終身學習：核心技術的知識程度需求提高，其循環速度很快，終身學習成為職場重要的觀念。

標竿 2：「創新容量」：Thurow 論述一個經濟體能容納多少快速成長的企業，意味著該經濟體能夠容納多少「創新」。

標竿 3：彈性自足：增加消費者的選擇，愈彈性化的公司，愈容易在競爭市場中取得競爭利基。

標竿 4：合作競爭共存：產業和大專院校之間的合作，目前台灣產學研發合作機制大都集中在育成中心或委託研發。無論是哪一種類型的研發聯盟，都是涉及知識的流動，並且成爲我國推動知識經濟的核心主體之一。

標竿 5：能力轉換：知識經濟時代的企業經營特徵，主要顯現在知識取代傳統的有形產品，因此，知識管理將成爲企業管理的核心。下一世紀企業的經營管理模式與競爭力表現，將有以下的變化：企業的知識形成能力將取代傳統的生產管理能力、知識學習能力將取代傳統的人事管理能力、知識創新能力將取代傳統的行銷管理能力、知識資產保護能力將取代傳統的財務管理能力，同時知識網絡的虛擬企業與全球運籌，也將取代規模經濟與垂直整合的傳統企業經營策略。

11-5 知識管理系統

一、知識管理的資訊科技

資訊科技對於知識管理的推動，是非常重要的關鍵，故資訊科技顯然是企業知識管理最佳的平台。

知識管理系統的功能是幫助企業內的員工，在運作企業流程的過程中，能藉由此知識管理系統，來引導其擷取所要的知識和累積的經驗，並經過個人內化知識的過程，來結合本身所擁有的知識，進而以快速的回應，達到對企業的目標。所以，知識管理系統被企業使用在知識取得、儲存與分享上，使知識管理更有效率。目前在經濟部中小企業處也有推廣知識管理的活動。

知識管理運用之資訊科技，分成硬體技術、軟體及資料庫工具。前者包含資訊科技系統建置、網路架構、企業內部網路。後者包含知識管理入口網站、學習知識庫、資料倉儲、知識庫之分類編碼、企業知識文件資料庫、協同電子會議系統、群組軟體。

實施知識管理，除了以上技術和經驗方法之外，在知識管理的智慧特性下，它會使用到智慧型工具，包含：決策支援工具、虛擬實境、作業流程管理、智慧代理人、知識搜尋分類引擎、知識地圖等，如表 11-5。

表 11-5　資訊科技工具

資訊科技	工具
硬體技術	資訊科技系統建置、網路架構、企業內部網路
軟體及資料庫工具	知識管理入口網站、學習知識庫、資料倉儲、知識庫之分類編碼、企業知識文件資料庫、協同電子會議系統、群組軟體
資訊科技	工具
智慧型	決策支援工具、虛擬實境、作業流程管理、智慧代理人、知識搜尋分類引擎、知識地圖

資料來源：Audrey S. Bollinger and Robert D. Smith (2001), Managing organization knowledge as a strategic asset, *Journal of Knowledge Management*, Vol.5, No.1, 2001, p.12.

二、知識管理工具

　　知識管理系統的建構，與一般資訊系統的最大不同點，在於系統本身主要是應用於知識與資訊上的處理，而非資料或交易的處理，知識本身與資料或資訊的最大不同點，在於知識經常是蘊含在日常工作、過程、執行與規範或員工的經驗與洞察力中，因此，系統建構時必須考量到許多與策略、組織文化及人員有關的層面，而非單純只是科技上的建置與應用。根據 Gregoris Mentzas（2001）提出的知識管理工具，如圖 11-9。

　　Timothy G. Kotnour（1996）認為，知識管理系統最主要的功能是整合個人和組織學習的過程，使不同專業領域的個人和組織能快速分享知識。故他認為知識管理系統需要具備三項功能：知識的創造（Creation）、知識的同化（Assimilation）與知識的傳播（Dissemination）。有效的知識管理系統，可以將無形的知識和有形的知識系統化整合。

　　故知識管理系統必須能雙向溝通，以達到內隱性移轉的目的。雙向溝通的機制中，期望以存在於個人習慣、經驗當中，轉換成技術報告、操作手冊、電子檔案所呈現的形式。

　　以上功能是以網際網路的資訊系統來建置，不僅擁有低成本和網路安全的雙向溝通環境，其使用者介面也容易操作及使用。

　　目前知識管理系統是以群組軟體、工作流程、訊息交換、電子郵件和資料庫技術為主要系統。它同時強調個人化、人性化的介面，以便建立員工個人化的使

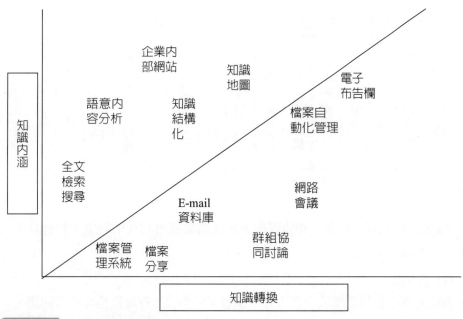

圖 11-9　知識管理工具

資料來源：Gregoris Mentzas, Dimitris Apostolou, Ronald Young and Andreas Abecker (2001),
　　　　　Knowledge networking：A holistic solution for leveraging corporate knowledge,
　　　　　Journal of Knowledge Management, Vol.5, No.1, 2001, p.96.

用環境與工作平台。

　　目前企業在知識管理系統的建構，都是以功能性導向來進行，因為功能性比較能達到企業提升營運績效的目的，並且也比較可行和容易理解，故管理階層和執行人員都期望用功能性導向的知識管理系統。

　　另外，知識管理系統的建構也大部分都配合現有資訊系統更新，或引用套裝軟體系統和系統外包的方式，來縮短開發時程和導入時效，並且是以循序的方式，以現階段建置完成的部分來延伸更多或是更完整的功能。在此舉經濟部的「技術服務機構服務能量登錄作業流程」為例，如圖 11-10，來說明目前企業在知識管理系統的功能。

　　在軟體技術上，目前國內常用的知識管理相關應用工具，是以 IBM Lotus 和 Microsoft 兩大軟體為主，包含 Notes Domino 和 Exchange Server、SQL Server、Office 等。IBM Lotus：知識管理應用工具是以資訊共享、群組討論、文件管理及流程控管為主。Microsoft：知識管理應用工具是以制度管理、團隊運用、商業智慧為主。

M3A 管理技術服務項目							M3B 資訊技術服務項目							
知識管理流程	知識文件管理	知識分享環境塑造	知識地圖	社群經營	組織學習	隱性知識外顯化	顧客知識管理	資料檢索系統	文件管理系統	入口網站系統	群組軟體	數位學習環境建置	自動分類系統	資料採礦	文字採礦	企業智慧系統

圖 11-10　知識管理系統的功能

Wayne Applehan 認為，知識管理系統其所需運用的技術架構，包含以下六個層次，如圖 11-11。

(1) 介面層

建立企業一致性的瀏覽介面方式，讓員工能夠快速存取及搜尋所需知識。

(2) 存取層

存取層的目的是保護資訊及安全的控管，它包含防火牆，並且兼顧資訊存取的效率。

(3) 智慧層

以智慧型的方法論來建構代理人、全文檢索等。

(4) 應用層

它包括文件管理、知識庫等應用。

(5) 傳輸層

提供網路連結能力與資料傳輸的管道，例如：LAN、WAN 的連接，以便達到知識的傳遞與分享。

(6) 儲存層

提供知識管理系統用來儲存企業長期所累積的資料倉儲、檔案系統、文件等。

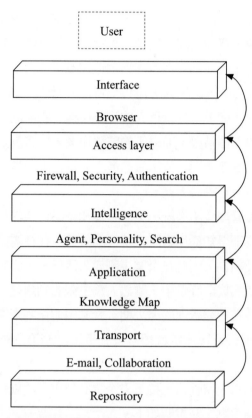

```
                          ┌ ─ ─ ─ ─ ─ ┐
                          │   User    │
                          └ ─ ─ ─ ─ ─ ┘

                          Interface

                     Browser

                          Access layer

            Firewall, Security, Authentication

                          Intelligence

                Agent, Personality, Search

                          Application

                     Knowledge Map

                          Transport

                   E-mail, Collaboration

                          Repository

        Legacy, Data Warehouse, Document Fiolder
```

圖 11-11　知識管理系統技術架構

資料來源：Wayne Applehan, Alden Globe & Greg Laugero, *Managing Knowledge: A Practical Web-Based Approach*, Addison Wesley, 1999.

三、知識管理系統的導入概論

知識管理的解決方案，於實施公司的不同來說，須以不同的方式來衡量成功。就如同第 8 章知識衡量與回饋所探討的，知識管理成效不在於你到底做了什麼，而是你應善用知識衡量方式，來充分表達知識管理的成效。

知識管理的導入和一般系統方法論的導入，是有其相同和差異之處，其會有差異，是因為知識管理的導入有以下特性：

1. 知識管理的定義和認知是很難的，沒有一致性的定義。

2. 知識管理重點不在於作業程序，而是在於累積知識做為決策所需。

3. 知識管理的導入須考慮到不同公司環境條件和其階段性的成熟程度。

4. 知識管理的導入，從表面上來看，似乎和日常作業程序難以融合。

5. 知識管理的導入牽涉到商業機密、獨特的知識資產。

6. 知識管理的導入牽涉到人為內在的隱性知識。

因此，在導入知識管理時，須考慮以上特性。對依企業實施知識管理系統的過程來說，若就直覺角度上，其過程大約可分為導入的前置作業、導入中運作的實施與導入後維護等三個階段。而導入的前置作業，其實就是知識管理的事先準備，該內容已於前面章節說明，故本章節最主要是在說明導入中運作的實施和導入後維護，統稱知識管理的導入期。

企業在導入知識管理資訊系統，由於它是和企業作業流程與人員作業模式息息相關，故並不能立即得知採用資訊系統後的效益，往往需系統運作一段時間之後，才能產生效益及結果，因此在企業規劃導入運作時，必須將此可能效益及結果，考慮在導入系統的成敗評量中，雖然人為主觀的判斷是不可避免的，但為了能更客觀的分析，故在知識管理的導入期，就必須避免判斷導入系統成功與否判斷的混淆，這時其導入系統效益就須考量分析，已於第八章知識衡量與回饋說明。

了解知識管理的導入特性後，接下來企業必須思考的就是在導入知識管理系統前，須思考的方向重點，茲說明如下。

1. 導入知識管理系統時，其導入的範圍和順序及時間

因為導入知識管理系統是動員到公司大部分員工作業時，故是很複雜和繁瑣的，因此必須分析應優先導入的是哪些功能模組，及要花多少時間，這還包括整個導入知識管理系統的時間預計要多久，是一年內、一年半或兩年內？如何去分析評估時間長短和落在那些期間月分，須視導入的範圍多大、此次導入知識管理重點、是否有其他重大作業要進行等影響因子。

2. 企業對於導入知識管理系統的期望

一般而言，企業對於導入知識管理系統的期望，最主是在於公司未來願景為何或是帶來何種管理、經營方面的效益，亦即企業資源規劃系統可否協助公司達成這些願景和經營管理效益，例如：公司營運規模要擴大，須有新產品開發，如何因為新產品開發，使得銷售額是否成長，生產率、市場占有率是否可提高？當然這些期望，是要付出代價的，故有關投資於購置知識管理系統和未來系統升級、維護的成本、預算等，就必須思考，一般是以公司未來多少年的營業收入做

為基礎計算，來推估購買及導入知識管理系統之成本應為多少才合理？這個牽涉到稅款和分攤的計算。其期望和成本的綜合分析，就是為了有一個好的投資報酬率，故這時就須思考知識管理系統導入後之績效評估，做為用以確定知識管理導入是否成功的判斷，一般評估的項目主要有下列幾項：知識學習曲線，例如：透過知識學習，使得員工工作績效成長等；知識資產的活用，例如：有關部門資料取得安全性與否等；知識管理融入各部門作業後的績效，例如：累積設計錯誤的經驗，使得下次設計時不再發生同樣的錯誤等。

3. 企業是屬於何種產業產品和營運模式

企業的經營型態是屬於哪一種模式，會和知識管理系統是否適用有關，其實現在套裝知識管理系統都標榜適合於大部分不同環境運作，不過由於知識管理系統產品競爭白熱化，故已有一些廠商開發出專屬某產業適用的知識管理系統，但企業客戶競爭也是白熱化，故企業有可能經營型態不止一種，這些思考都會大大影響到知識管理系統成功與否，從這個觀點延伸出知識管理系統應如何取得，亦即應採取何種方式較有利？一般約有下列三種選擇：購置套裝軟體、自行開發、委外設計開發，各有其優劣。不過，由於知識管理系統需求功能和軟體技術是非常複雜和龐大的，非一般客戶企業可做到，故大都採取購置套裝軟體方式，再加上局部客製化修改。企業的經營型態決議是屬於哪一種模式後，接下來就是作業細節的展開，而這就牽涉到對企業流程執行改造，及將知識管理系統提供怎樣的功能與管理理念帶進來。

以上有關導入時須思考的方向重點，會影響到後續導入作業的成敗與否，亦即這些思考方向重點必須明確、正確的訂定，以便導入作業有依據，才不會毫無章法，以及成功管控導入知識管理系統的因素，而有那些因素呢？說明如下。

首先，最重要的就是要讓使用者能真正了解知識管理系統為何？能對本身工作內容有什麼幫助？因為人是一種習慣性動物，會認為舊系統較熟練、較好，如欄位及報表作業模式都很習慣，一旦改採新的知識管理系統，需重新學習，覺得浪費時間，因此消極抗拒新系統，雖然表面上配合。同樣的，高階主管員工因為並非是每天作業的執行者，只不過知道公司要導入知識管理系統，身為高階主管理當支持，但其實大部分都是口頭上的支持，實際上行動卻是完全不知，例如：於知識管理會議時甚少出席，或列席指導而與底下的執行作業人員脫節。這些若無法解決，其知識管理系統的導入一定失敗，而這一切主要是由於對知識管理系

統認知也有限，和對知識管理系統的期望態度觀念無法正確地落實，只知其然，不知其所以然，只見局部功能，缺乏整合系統之宏觀認識。知識管理使用資訊科技之主要目的，係在創造有利於知識交流之整合環境，以利於人員間、人員與組織間，及人員與資訊系統間外顯性與內隱性知識相互之間的運作。

接著，同樣會影響到成功管控導入知識管理系統的因素，就是對知識管理系統的期望太高和期望觀念錯誤，一般而言，所有使用者都會認為，花了那麼多金錢和人力、時間，這個知識管理系統應是萬能的，這是一個很大的錯誤，就如同第七章至第十一章所說明的，其知識管理系統是和知識管理、作業流程成為一個不可分割的整體，亦即，企業購買的是軟體系統和顧問導入，並非只是軟體系統，而顧問導入就是幫助知識管理及作業流程做最佳化規劃，故知識管理系統是不是萬能的，端看軟體系統設計好壞和知識管理及作業流程是否融入員工工作內容中，絕不是只有購買一套知名的軟體系統那麼簡單，從這個思想也引申出所謂的對知識管理系統的期望重點，一般都會誤認為就是電腦自動化，只要有該電腦自動化的期望重點，就什麼都是萬能的。從上述可知，在導入知識管理系統時，一定要先做好知識管理系統認知的教育訓練。

簡而言之，在導入知識管理時，知識須經由分享、創造、整合、加值，而在此循環中，必須透過策略的設計、組織文化建立、資訊科技的整合、績效的衡量回饋，才能充分的發揮知識管理導入後的成效。

Mentzas 等學者認為，企業導入知識管理系統必須歷經下列各階段，如圖11-12。

圖 11-12　企業導入知識管理系統的階段

資料來源：Gregoris Mentzas, Dimitris Apostolou, Ronald Young and Andreas Abecker (2001), Knowledge networking: A holistic solution for leveraging corporate knowledge, *Journal of Knowledge Management*, Vol.5 No.1, 2001, p.103.

1. 認知覺悟

企業於推動知識管理前，宜先藉由研討會、上課、訪談或問卷之方式，讓員工對組織作業程序與知識管理之策略、效益及相關議題等均有所學習、認知與了解，以確認企業之現況及未來目標，並建立員工對知識管理之共識。這個階段應可善用資訊系統建構一個學習共同平台，來推廣知識管理的認知覺悟。

2. 策略評估規劃

研擬具體可行策略，經由企業對現況及未來目標之掌握，再根據企業目標之重要性、資源限制條件，設定解決方案實施之優先順序，來決定知識管理之願景、方案、實施範圍，然後詳列其間之差距及差異原因分析，提供解決方案與措施，於此階段，企業須確認所欲增進之知識資產為何，以評估組織推動知識管理之可行性。知識管理的目的，就是達成企業策略目的。

3. 組織變革階段

根據知識管理策略，規劃設計知識資產之藍圖及機制，並建置適合組織發揮知識槓桿作用之流程，以便建構涵蓋流程、人員、科技全方位之解決方案。它訂定詳盡之行動計畫，包括企業流程分析、組成知識社群、建置知識學習平台機制、設計組織結構、實施教育訓練、訂定績效評估準則等方法，也就是在這階段須建構一個知識型組織，先行審視作業流程、知識網絡及科技運用現況，使之自然融入於現行組織環境中，目的在於創造一個分享及鼓勵創新的組織環境。

4. 導入執行階段

組織導入知識管理初期，宜選擇策略性單位或核心業務進行初步計畫，當知識創造、取得、儲存、移轉、運用之評估制度建立後，即可進一步全面推動知識管理計畫，甚至其範圍更可延伸至外部顧客。

5. 績效評估

企業導入知識管理後，仍須持續不斷地以定性或定量方法評估實施成效，例如：評估組織運用知識資產之成效，並檢討系統缺失與不足，定期予以維護與更新，以便使知識管理機制得以持續有效進行。

6. 教育訓練

對知識工作者和一般重點員工施以因材施教的教育訓練，使之得以運用資訊科技及適應新的作業流程，並培育知識管理相關種子人才，例如：知識長、知識

工程師等。

　　從上述企業導入知識管理系統必須歷經各階段來看，Mentzas 等學者認為知識管理之推動，絕非僅止於資訊科技之運用而已，它應避免陷入科技之迷思。

　　近年來，知識管理已成為熱門的話題。就如同其他系統盛行一樣，需要相關技術的搭配，以知識管理系統而言，與資訊科技的發展息息相關。因為資訊科技的進展，資訊與知識儲存、傳遞或交換的成本和技術變得更可行，人們因而可以接收前所未有的豐富資訊與知識，故如何有效管理這些豐富的資訊或知識，也就成為重要的議題。

　　在目前軟體公司中，微軟在《實踐知識管理白皮書》中，曾提出知識管理運作的四大要素：

　　1. 企業策略：知識管理必須和企業策略及長期目標整合，並依不同企業的策略目的，進行不同規劃。

　　2. 組織：知識管理必須配合企業組織結構及條件特性，考慮公司文化及員工的狀況，予以規劃。

　　3. 流程：透過知識管理來改善公司的作業流程，使之成為附加價值的流程，進而提供更好的服務或產品給顧客。

　　4. 科技：在知識管理的過程中，藉由資訊科技使用，讓企業的運作知識管理更有效率和效益。

案例研讀

問題解決創新方案→以上述案例為基礎

一、問題診斷

　　依據 PSIS（Problem-Solving Innovation Solution）方法論中的問題形成診斷手法（過程省略），可得出以下問題項目。

問題 1. 資訊系統規模

　　由於公司本身特性因素，主要是規模太小、代工生產導向等，使得公司內部沒有制度化管理和資訊系統，僅就 WORD 和 EXCEL 軟體做會計資料、訂單出貨資料和單據編輯等半自動化應用，並且員工大都對資訊的認知和專業非常欠缺。

問題 2. KM 在企業營運中沒有助益

　　在本案例，企業營運中有很多問題的挑戰，而企業員工就是要解決這些挑戰，然而他們並不知道 KM 是如何應用此營運挑戰解決？甚至 KM 的定義認知也不清楚或是不一致，如此導致公司欽點以 KM 系統來輔助企業營運將是天方夜譚。

問題 3. 知識管理資訊化系統

　　該公司要導入知識管理資訊化系統，主要面臨的問題有二大項，一是目前公司規模太小，使得資訊化成效難以短期上有顯著呈現。二是資訊化背後的管理制度化就該公司來說是欠缺的，導致資訊化在經營管理上協助效益難以發揮。

二、創新解決方案

　　根據上述問題診斷，接下來探討其如何解決的創新方案。它包含方法論論述和依此方法論（指內文）規劃出的實務解決方案二大部分。

　　在資訊科技環境上，全球上網人口急速增加，且由於寬頻網路技術的突破，電子商務環境及技術和成本已漸趨成熟。所以企業運用資訊科技來建構「電子化企業」的效益就愈來愈廣泛了，包括建立良好的客戶關係、提升企業流程的運作效率、產品與服務創新、新市場的發展、快速溝通平台、掌握技術應用能力、與合作夥伴建立互信互助的關係等。因此知識經濟市場不再只是買、賣雙方價值交換的場所，市場更是合作網路各成員多元交流，知識流通與加值的網際網路效應。

　　在網際網路效應中，最明顯的就是數位化產品產生，及其傳播媒介快速便宜。此效應影響在知識經濟時代的企業經營特徵，就是結合顯現知識數位產品取代傳統的有形產品，因此網際網路不斷成長創新，也相對衝擊知識經濟時代的發展。

實務解決方案

　　從上述的應用說明後，針對本案例問題形成診斷後的問題項目，提出如何解決之方法，茲說明如下。

解決 1.

　　目前資訊化環境只有數台個人電腦（已有 5 年歷史），其上網環境是利用 Hinet 的個人帳號和 E-mail。可說是屬於小型的資訊環境。因此往後若要

應用資訊化系統，則將產生相對程度的資金投入，這對公司規模而言，是比較大的負擔。這個負擔包含資金成本和導入後效益。尤其導入後效益負擔更是關鍵，因為資金投入是必然的費用，其回饋報酬是在於導入後效益。

解決 2.

　　因此輔導應從管理制度化切入，再來探討知識管理系統功能架構。

　　除了上述的問題思考外，接下來就是公司員工對知識管理的認知，上述問題往往並不是本身專業問題，而是人為認知問題，因為認知有差異，就會造成期望很高、失望很大。故在知識管理資訊化規劃的過程中，應考量人為認知訓練。另外，應從公司員工所提出的問題，再診斷出整個相關問題。

解決 3.

　　在知識管理資訊化規劃策略上，須考量階段性、功能導向特色。就第一項而言，應從目前公司最急迫重點來切入，即是利用知識管理來提升銷售層面。就第二項而言，應加強中小企業經營管理輔導，進而切入知識管理資訊化的系統設計和應用。

三、管理意涵

　　時代關鍵要素的演進，所展開的企業資源運用，使得資料整理成資訊，再轉換成為知識，進而萃取成為智慧，這樣的過程中，無非就是要使企業能隨著時代的變化，掌握核心能力。故知識管理對企業能帶來什麼效益，就影響到企業是否要導入知識管理系統。要談知識管理效益之前，必須先明白企業為何要導入知識管理系統。

　　在企業中會有制度產生，一般有透過內部控制制度之法令所展開的循環作業、ISO 9000 系列的品質認證制度，和一些管理辦法制定，這些制度是融入企業運作中，而當企業融入知識管理時，就必須把知識管理的要素加入企業制度內，例如：就知識分享要素而言，在企業制度內擬定時，就必須考慮如何在權限控管下，達到分享傳播的機制。

四、個案問題探討

　　您認為此個案是在做知識管理還是資訊管理的導入？

MIS 實務專欄（讓學員了解業界實務現況）

　　本章 MIS 實務，可從二個構面探討之。

構面一：企業知識入口網站實務

　　企業在資訊化發展過程中，常累積許多內外部重要的資訊，但都是分散在公司各部門電腦或是個人身上，或是雖然儲存在同一個伺服器上，但無法依權限來對員工、客戶、企業夥伴之間做資訊分享及資源流通，另外，企業在資訊化系統發展過程中，常因系統建置階段、參與人員及專案功能不同，而造成開發出許多不同的操作平台及介面，使得公司員工使用不便，造成及新人導入上的困難，以上這些問題，在規模較大企業中是最常會發生的，故如何解決這些問題，就必須往整合成一個單一入口來思考，不過整合功能必須落實在個人員工的執行力上，因為以往企業資訊化太強調在資訊整合的功能，往往忽略了企業個人化角色使用的需求，若能讓個人化角色功能落實，就可提升資訊化附加價值。故該單一入口整合平台須具有方便彈性的客製化和個人化功能，這就是所謂的企業知識入口網站。

構面二：學習型組織的實務

　　組織成員從過去的學習經驗中得到失敗的教訓後，便會尋找正確的學習方法，此時會使得個人和組織再學習。因此學習型組織的精神和關鍵，就是在於不斷持續再學習。而要達到不斷持續再學習，就需要一個可累積教學學習的成果，和人性化、個人化的介面系統，它就是數位網路教學（E-Learning）。透過 E-Learning 系統平台的整合性和方便性，來實施再學習，使得再學習具有自我轉換的能力。

課堂主題演練（案例問題探討）

企業個案診斷 —— 企業知識在客戶服務的應用

FF 公司創立於 1999 年，主要致力於電腦伺服器硬體設計和軟體系統的硬體介面產品工具之研發及銷售。總公司設於台北，為一專業軟體、電腦機構研發、行銷公司。FF 公司於 2001 年 1 月發表自行研發設計的控制 CPU 運算處理軟體產品，它可以在 Windows／UNIX 平台上執行快速大量資料運算處理的軟體，而目前公司所開發的軟體和電腦機構設計行銷全球，在整個電腦市場上占有一席之地。

FF 公司在全球多處設置行銷據點，包括台灣、大陸、日本、德國、美國等都設立了分公司及客戶服務處，希望運用當地市場的資源，來加強產品的研發與銷售。

FF 公司於 2003 年為了作業效率和滿足客戶需求，特別開發了一套企業知識入口網站系統，該公司的知識管理策略，是以系統化策略為主軸，希望透過資訊科技，將公司內部的知識做有效管理，這些知識包括顧客知識、產品領域知識、技術知識、相關電腦知識等。因該公司從事電腦軟硬體設計，其產品本身、經營方式等特性，會和此企業知識入口網站系統的功能運作有很大相關性，例如：必須能依全球行銷據點使用者所處地區的不同作業，來做差異性的功能修改，以符合當地據點使用者需求。

企業 e 化現況：

FF 公司的企業知識入口網站系統，主要包含客戶服務和技術資料庫子系統功能，客戶服務子系統主要是提供公司客戶群使用，其中技術資料庫子系統則主要是提供內部員工存取相關的技術資料，該系統以 Hyper Link 方式來充分運用現有的系統功能。

客戶服務子系統內容，涵蓋客戶基本資料、合約資訊、問題回饋、產品軟硬體記錄，也包括維修記錄，讓客戶可以透過簡單的 Web 介面，即時查詢和存取所有服務記錄。

技術資料庫子系統內容提供一個研發和技術交流和分享論壇，包括產品企劃提案、技術訓練教材、產品規格資料、產品問題解決等系統功能的技術論壇。

FF 公司的企業知識入口網站系統運作的目標如下：

1. 讓組織成員和客戶能很方便的提供個人的知識，以及搜尋其他的知識，產生易於分享及創造知識的系統。
2. 根據公司的業務需求，將知識活動融入日常作業中，以便創造出企業的價值。
3. 讓每位成員都成為知識工作者，以成就組織知識。

企業個案診斷──知識檢索系統應用於 IP 分析

1. 故事場景引導

因為專利權（IP）知識檢索系統的應用得當，使得 W 公司在對抗對手侵權控告時能得以解決。W 公司是以產品設計為核心，透過產品設計的改良和創新，使得公司的產品優勢能在該產業中取得領導地位，並且由於該產業競爭激烈，使得在產品新穎度上須不斷推陳出新，才能在市場上占得先機。但也因為如此，產品設計的不斷研發，是很不容易的。因此挖角研發工程師和購買 IP 就成為最快達到研發創新的手法，然而在這種手法運作過程中，卻也惹來不小心侵犯到別家公司智慧財產權的事情，這時，陳執行長才明瞭要應付 IP 的事，仍要依賴 IP，也就是以 IP 來保護公司產品設計，故如何快速和完整的檢索查詢 IP 種類及內容，就變得非常重要。

2. 企業背景說明

知識檢索系統最主要組成，包含知識庫、檢索演算方法、人機介面三種。知識庫是儲存 IP 的資料庫，IP 是一種知識，而知識儲存和資料儲存是不一樣的，知識儲存的重點在於知識內涵的複雜性，它不是如同資料結構一樣，知識結構包含了屬性描述，也包含了模式（Model）方法，因此知識是一種知識物件，它也包含了模式庫，模式庫內表達呈現了 IP 知識的內涵。檢索演算方法主要包含演算邏輯和關聯邏輯。演算邏輯主要是針對 IP 知識在檢索查詢時所用的邏輯，它是一種數學演算法。但演算邏輯須依賴關聯邏輯，才能在人機介面輸入查詢關鍵字時，可檢索到需求答案，關聯邏輯主要是表達呈現 IP 知識物件之間的關聯，IP 知識物件之間關聯是複雜的，因此關聯邏輯也是一種數學演算方法。人機介面在知識檢索系統使用成效中，是扮演入門關鍵的重點，也就是說，人機介面須考慮到人性化和彈性化。人性化的重點在於使用人機介面時，可友善地引導出查詢所需求的答案，彈性化的重點在於使用人機介面時，可動態地和知識模式庫溝通，以便擷取所需求

的答案。對於知識檢索系統，人機介面、知識模式庫、檢索邏輯這三個組成方法是一個整體的系統，缺一不可，而且會互相影響干擾。

3. 問題描述

(1) IP 知識內隱。

(2) 知識檢索。

(3) IP 資產。

4. 問題診斷

陳執行長利用知識檢索系統來運作 IP 防範功能，故 IP 來源必須是全球化的，這就牽涉到知識檢索系統必須能擷取全球 IP。要達到這樣功效，有賴於全球化 IP 資料庫平台，而且是 Web-based 的網際網路資料庫，其平台一般是由政府或協會來運作，因為其中牽涉到 IP 機密和來源獲得。於是，陳執行長利用公司的知識檢索系統，連上全球 IP 交易平台來檢索搜尋所需要的 IP。而為了要連接使用能自動化，進而提高 IP 檢索的效率，故利用了 EAI 軟體技術，將這二個不同的獨立系統連接。

5. 管理方法論的應用

IP 知識檢索系統是知識管理系統的子系統，知識管理系統的運作重大效益之一就是知識創造，它透過不斷學習和自我學習成長，來達到知識創造。而知識檢索系統就具有這種成效，故如何利用知識檢索系統的使用分享，來創造另一 IP 知識，也是除了做 IP 防範之外的另一目的。

6.問題討論

知識檢索系統的導入並不是很容易的事，雖然使用的人並不多，亦即導入使用者範圍不大，但主要困難的是 IP 知識的使用，因為 IP 知識是非常專業的，它橫跨法律和 IP 本身專業知識，故如何突破此點就是導入的重點。知識檢索系統的推導，還是在於企業經營的需求，也就是說，利用該系統的效益，來加速產品研發設計的效益。

從上述說明可知知識是有價值的，知識是可產生創新和網絡，但如何應用到本身公司產業呢？若只用到公司本身，那麼會不會因資訊有限，造成創新和網絡的效果有限？但若和其他公司結合，是否會造成資訊太透明化，而使公司機密洩漏？

關鍵詞

1. 資料數據：是未經過整理、分析、加工處理的原料，它只是忠實的反映實際現象和原始內容。

2. 資訊：是經由數據的整理、分類、計算、統計等方法，使資料數據轉換成有意義和有目的。

3. 知識：一種有意義、有系統累積的經驗和推論。

4. 技術軌跡：是指基於這些技術典範的基礎，所形成的日常解決問題的形式。

5. 知識管理流程：包含知識的獲取、知識創造、知識的流通、知識做儲存蓄積、知識學習、知識價值鏈。

6. 知識的轉換：包括共同化、外化、結合與內化四種模式。

7. 知識的源頭構面，是指知識來源的發展構面，必須是具有耐久性、透通性、移轉性與重複性等特性的資料來源，才可做為知識獲取的資料對象。

習 題

一、問題討論

1. 何謂知識管理系統？

2. 說明知識經濟的標竿？

3. 何謂知識螺旋？

二、選擇題

( ) 1. 下列何者不是知識螺旋的重點？ (1) 共同化與內化 (2) 外化 (3) 結合 (4) 以上皆非

( ) 2. 下列何者不是知識管理流程內容？ (1) 知識獲取 (2) 知識創造 (3) 物品流通 (4) 以上皆是

( ) 3. 在網絡組織結構下，由相互聯結的上、下游「層」單元所組成的企業組織模式，請問這是什麼組織？ (1) 超聯結組織 (2) 虛擬組織 (3) 扁平組織 (4) 以上皆非

( ) 4. 資訊是： (1) 原始事實 (2) 意義的事實 (3) 價值的內容 (4) 以上皆是

（　）5. 下列何者不是知識管理系統例子？　(1) 協同電子會議系統　(2) 群組軟體　(3) 交易處理系統　(4) 以上皆非

（　）6. 下列何者是知識螺旋的內涵？　(1) 內化　(2) 外化　(3) 結合　(4) 以上皆是

（　）7. 下列何者是知識管理生命週期的重點？　(1) 知識蓄集　(2) 資料儲存　(3) 檔案共享　(4) 以上皆是

（　）8. 資訊檢索功能是何種資訊系統？　(1)ERP　(2) KM　(3)CRM　(4)SCM

（　）9. e-learning 功能是何種資訊系統？　(1)ERP　(2) KM　(3)CRM　(4)SCM

（　）10. 知識庫功能是何種資訊系統？　(1)ERP　(2)KM　(3)CRM　(4)SCM

（　）11. 下列何者不是 Wayne Applehan 知識管理系統的重點？　(1) 介面層　(2) 存取層　(3) 結合層　(4) 智慧層

（　）12. 下列何者不是資訊科技工具？　(1) 知識庫之分類編碼　(2) 企業文件資料庫　(3) 資料倉儲　(4) 以上皆是

（　）13. 下列何者是知識經濟的標竿？　(1) 終身學習　(2) 彈性自足　(3) 創新容量　(4) 以上皆非

（　）14. 在知識的源頭構面中，其企業分成之構面為？　(1) 內部和外部　(2) 內部　(3) 外部　(4) 以上皆是

（　）15. 下列何者不是知識來源管道環境？　(1) 資料的路徑　(2) 資料的專業　(3) 資料的系統　(4) 以上皆是

（　）16. 下列何者不是知識螺旋的內涵？　(1) 內化　(2) 外化　(3) 外部　(4) 以上皆是

（　）17. 基於技術典範基礎所形成的日常解決問題形式是指？　(1) 知識蓄集　(2) 技術軌跡　(3) 檔案共享　(4) 以上皆是

（　）18. 下列何者不是技術進展的內涵？　(1) 持續演化的過程　(2) 不會中斷　(3) 不連續的技術改變所中斷　(4) 重新進行另一個新技術的演化

（　）19. 「建構一個網路組織平台、有彈性變動的變形蟲組織和組織性學習」是何種創新？　(1) 流程創新　(2) 策略創新　(3) 組織創新　(4) 以上皆是

（　）20. 知識的獲取循環過程包含模組為何？　(1) 知識來源 Identify　(2) 知識擷取　(3) 知識介面　(4) 以上皆是

電子商務和電子化企業

1. 電子商務、消費者服務的層次定義。
2. 探討電子商務種類。
3. 如何運作 e 化策略？
4. 探討資訊服務供應商的評估。
5. 說明企業資訊系統的整合架構。
6. 探討電子化企業範圍和運作。

案例情景故事

電子商務對於傳統行銷演變到網路行銷的衝擊？

　　一家從事於網際網路的軟體公司，主要是經營一個整合零售廠商商品促銷活動和訊息的平台。初期運作時，是免費提供商家在此平台內上傳自己產品促銷活動和訊息，目的是為了此平台先有一定廠商數量基礎，如此才可吸引消費者登入此網站平台，進而能吸引更多廠商的加入。等到整個平台有一定的廠商和消費者數量後，就採取會員制方式，收取加入會員的費用，以維持此平台的後續經營。

　　該網站平台是經一般實體傳統行銷轉換成網路行銷方式，這樣的網路行銷，使得零售廠商和消費者都可受益，就零售廠商而言，此平台提供可能的潛在消費者，如此就可省下高於會員費用的行銷成本。而就消費者而言，它提供一個聚集大量產品促銷平台，而可省下到處尋找的成本和困擾，此平台除了使廠商和消費者受益外，也創造了新的仲介廠商，也就是經營該網站平台的軟體服務公司，也是一種新的經營模式，透過此創新的經營模式，使得傳統行銷轉換成網路行銷。

　　該軟體公司執行長就說：「這是一種行銷的變革，對於企業在規劃行銷活動時，必須也規劃如何運用網路行銷，這是結合實體和虛擬作業的方式，也就是將實體店面和網站之間互相關聯運作。」

　　該軟體公司的客戶說：「以前的行銷方式必須有所改變，這是一種必須性的競爭，因此公司內部加強網路行銷的人才是非常重要的。」

　　另外一個客戶說：「就我們公司而言，常常會做促銷活動，但往往受限於很多消費者不知道這些促銷活動，進而造成促銷成效不佳。」針對經營網站平台的軟體公司而言，這是一種創新經營模式，如何持續經營是重大挑戰。

問題 Issue 思考

（讀者請依據此情境個案，思考出 MIS 問題重點，來引發本章的內容研讀方向）

1. 企業如何實施電子商務？可從 12-1 內容了解。
2. 當企業策略展開，如何和 e 化做結合？可從 12-2 內容了解。
3. 當有更多網際網路資訊系統時，如何做整合？可從 12-3 內容了解。

前言

　　網際網路之產業網絡，將會造成市場需求或供給變動對市場均衡影響的模式，而在這模式下，產生電子商務和電子化企業，進而有了 2.0 技術和應用這二種解決方案，而提供這些技術的供應商是很重要，因此企業須對資訊服務供應商做評估，此後可能會有更多網際網路系統，故如何整合所有企業資訊系統的架構是關鍵所在，其中知識型的網路行銷系統是在知識數位化中很重要的一環。

（以地圖方式來引導學員系統性閱讀）

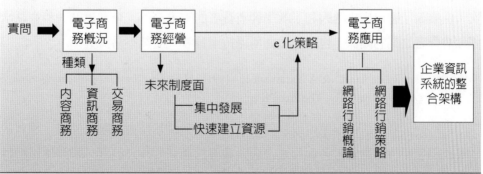

📚 12-1　電子商務概論和範疇

一、電子商務現況

電子商務指透過網際網路的技術，建立與上、中、下游廠商或消費者進行商務與採購行爲的電子交易平台，故網站技術對顧客滿意度的影響很重要。它可藉由某一特定產業的網上目錄，並將目錄資料庫化，以於查詢、分析及交易，亦即利用大量的網上目錄資料，來整合買方與供應商交易，節省交易成本，加速作業效率，進而創造價值。網際網路之產業網絡，將會造成市場需求或供給變動對市場均衡影響的模式，而在這模式下，其企業將會面對不同於傳統知識經濟的市場交易模式，進而改變市場需求者和供給者面對知識經濟的交易行爲機制。這樣的機制，就個人消費者而言，是反映在購物行爲習慣改變，和對產品價值觀多重認知，尤其是數位產品。就企業而言，是反映在產業上、下游各交易環節中，企業與其顧客或供應商將透過競爭性、策略性、議價性市場交易相互連結，而與產業體系成員整合成互補生產、協同作業，共創價值、共享資源等，爲促成交易資訊流通的網際網路平台。

Berry 和 Parasuraman（1991）認爲，在探討企業應如何面對現有消費者電子商務時，可將消費者服務定義爲三個層次。

第一個層次：企業以價格誘因方式來鼓勵消費者他們多消費公司的產品。第二個層次：企業除了運用價格誘因之外，還更進一步了解學習消費者的需求。在這個層次，行銷者和消費者保持密切關聯，嘗試發展消費者化的服務。第三個層次：企業除了運用價格誘因和了解學習消費者的需求之外，企業更進一步嘗試鞏固和消費者之間的關係，也就是說如何保持消費者，使其不易流失。

資料來源：Berry, Leonard L. & A. Parasuraman (1991), *Marketing Services-Competing through Quality*, New York：The Free Press.

網路使用者在網路上使用或購買動機，會受到網站技術、服務品質、購買成本等網路使用特性影響，進而反映在網路顧客的滿意度及忠誠度，網路使用特性包含網站技術、網站設計、交易安全性、服務品質、購物便利性、服務可靠性、個人化服務等，這些特性程度高，則網路顧客滿意度和忠誠度就高，若是購買成本高、商品價格高、系統反應時間長，則網路顧客滿意度就低，因此顧客滿意度對於其忠誠度有正向影響。

二、電子商務種類

　　電子商務可區分為企業對企業（B2B）、企業對個人（B2C）以及個人對個人（C2C）。在不同的電子商務模式下，其網站技術、服務品質及購買成本對顧客滿意度的影響會有所差異。以下針對不同模式的電子商務，對於其在網路使用特性的影響做說明。

1. 內容商務

　　採用「內容商務」的電子商務，它是藉發展出內容網站，以「內容」吸引顧客，它會以各種方式來設計和編排有用或吸引人的內容主題，進而再推銷公司產品或服務，如此做法可先得到顧客對公司的信心和認同，以便在做電子商務時，比較容易切入，不致讓顧客產生排斥。故服務品質對顧客滿意度的影響很重要。例如：amazon.com。

2. 資訊商務

　　採用「資訊商務」的電子商務，它是藉由收集整理來自於企業營運或其他方面的資料，進行彙整統計與分類等加值處理運用，包含客戶資料、商機媒介、投資諮詢、顧問諮詢服務、有價資訊以及產品情報等，如此做法，可吸引對該主題有興趣的顧客使用該情報資訊網站，進而按照訂閱或是使用次數來收費。故服務品質對顧客滿意度的影響很重要。例如：產業技術知識服務計畫。

3. 交易商務

　　採用「交易商務」的電子商務，它是藉由買賣雙方的需求面與供應面進行快速配對來創造價值。例如：買方主要是向具有商譽的大型供應商購買，買賣雙方很分散，交易頻繁但是每次交易量卻很小。其產品主要是民生用品或標準化商品，故購買成本對顧客滿意度的影響很重要。例如：ariba.com。一般此電子商務系統功能有：

- 須符合安全電子交易標準，應具動態網頁效果，具後台整合功能。
- 具運作測試功能、資料驗證功能、多重購物方式選擇功能。
- 可建立客戶聯絡資料，具自動訂購功能、交易資料處理功能。
- 具顧客族群分類、購物車設計、運費計算功能。

　　就企業應用方面來看電子商務種類，可分成三種層次：企業內（Intranet）、企業外（Extranet）、企業之間（Internet），所謂企業內（Intranet），是指企業

內部的資訊系統應用功能；企業外（Extranet）是指企業對外部的資訊系統應用功能；企業之間（Internet）是指企業和外部之間的資訊系統應用功能，這三種最大差異是，企業內（Intranet）是以企業內部爲中心，對外角色產生應用功能，而企業之間（Internet）是企業和另一企業的交易作業，沒有以哪一個企業內部爲中心。若就流程方面來看電子商務種類，分成資訊流、物流、金流，所謂的資訊流，是指從資訊系統應用功能運作的過程，並在運作下每一個步驟會有資料產生，這些資料在資訊系統中就成爲資訊的流動，而物流是指通路廠商在運輸過程中的流動，金流則是指企業之間和銀行的金額來往，後兩者相較之下，是實體的流動，但金流也和前者一樣都有資訊的流動。企業的成效是建立在整體的作業流程，而不是某個功能作業效率，故就軟體系統而言，企業應結合所有其他軟體系統，如此才能達到整體的自動化綜效，因此，企業的電子商務也應和其他系統及功能做整合。電子商務是藉由提供產品與服務給顧客的整個價值創造過程，包括支援性活動和主要服務活動所組成的作業，例如：提供產品與服務的推廣行銷方式。

12-2　電子商務的經營

電子商務經營主要是指制度管理面結合資訊能力提升的整合。

從一般公司特性說明，就未來制度管理面與資訊能力提升的整合，建議從「集中發展」、「快速建立資源基礎」的經營策略，來整合其結合電子商務策略的經營模式，進而分析其經營者價值，以利透過經營者價值在此經營模式下發揮，使得公司得以成功。

茲說明未來制度管理面的經營策略如下。

(一) 集中發展

在初期階段，應以建立一個中心平台來驅動和管理整個營業作業，其營業作業可分成營業項目、作業流程、行銷企劃。營業項目包含設備租賃使用、產品銷售、流程服務三大重點。設備租賃應多拓展使用層面（除了公司本身服務使用，應再拓展其他銷售店面）和提升使用率（分析同樣設備可用在不同功效上）。產品銷售應建構少量多樣的高毛利、高品質產品，以提升產品邊際利潤。公司流程服務可和連鎖大型店面結盟，以及相關協會共同發展經營活動。根據上述營業項

目來規劃其作業流程，作業流程包含新產品或服務的教育訓練、銷售下單運作和控管、員工工作控管、加盟作業、客戶管理等。在教育訓練方面，參與中小企業網路大學所提供的免費學習。在銷售下單方面，運用低成本多管道下單方式，包含電話訂購、網頁下單以及加入相關產品的電子市集。在工作控管方面，以制式合約加上績效獎金誘因，及公司後勤管理的強力支援機制，來進行加盟。在客戶管理方面，建構客戶基本資料和購買經過資料。依照上述營業項目和作業流程，來規劃行銷企劃的方向。行銷企劃主要包含優惠產品組合方案、老顧客的回饋方案、新顧客的促銷方案等。在組合方案方面，是結合產品和服務課程不同搭配套餐。在回饋方案方面，以累積式回饋方式，強調消費愈多愈便宜等企劃。在促銷方案方面，針對第一次顧客消費，有優惠及介紹獎金等。

說明完營業作業後，接下來如何去控管這些作業，就須依賴一個中心制的平台，利用此中心平台，來協調、監管這些作業的運作情況。因為公司規模關係，其可運用資源也少，因此資源運用都須花費在刀口上，不可無效率和浪費，因此所有營業作業所運用的資源，都須回報此中心平台，以便集中控管，以達到事半功倍之成效。

(二) 快速建立資源基礎

企業資源運用可分成「公司擁有資源」和「透過關係連接而得資源」這二種方式。因公司小，其公司擁有資源相對就少，因此仰賴關係連接所帶來的資源就顯得更重要。在此主要說明如何做關係連接的資源運用，它可分為三大部分。

(1) 產品產業聚落

產品產業也具有上、中、下游的網路關係，包含公會、協會、產品原料材料、連鎖店面等，透過這些網路關係建立某些資源，它包含人脈資源、潛在顧客資源、產品來源資源等。

(2) 結合專業發展綜效

和相關產品產業結合，主要是達到顧客消費者對產品的綜合成效，從此成效的資源發展，主要在於得取通路資源。

(3) 政府資源的運用

包含產學合作，技術取得等，例如：SBIR 計畫，該資源運用重點，主要是透過政府所提供的低費用輔導方案，可相對得到更多有形資源，例如：經費、人才的資源輔助，另一個重點是，可運用政府的獎勵方案，來提高公司本身的形

象，以取得顧客認同感。

同樣的，要達到上述快速建立資源基礎的成效，也須依賴 e 化策略的結合。就該公司而言，之前並沒有規劃擬定經營策略和 e 化策略的結合，唯有如此結合，才可真正達到數位落差縮減的效益。然而要落實這二個策略結合，除了依賴 e 化系統的價值所在外，還須經營者的人為智慧發揮，才可使經營成功。

經營者之前已有數年工作經歷，尤其本身也是攻讀企管領域，這對於經營者的經營價值而言，絕對是正面的。然而在公司規模小、可運用資源少情況下，如何發揮經營者的價值，對於公司成長是非常關鍵的重大因素。綜合上述經營策略說明，可知經營者的價值就在於如何發揮管理的功能，在此所謂的管理功能，是指如何以管理機能來規劃、監控整個營業作業，包含營業項目、作業流程、行銷企劃。因此，管理得當就成為經營成效的樞紐。綜觀一般中小型公司的產品和作業，本身其實並不具競爭優勢，例如：產品本身是其他同業也可代理販賣的，因此以差異化競爭策略而言，主要就在於發揮管理功能至極致。

當然，管理功能的極致發揮，除了人為智慧外，就是 e 化系統的運用，利用 e 化系統功能來達到管理的機制和效益。就經營者而言，經營者的管理是價值須發揮出來之觀點，在以往是沒有的，以前主要在於如何推銷、找顧客及執行服務客戶的業務，造成資源分散無效率，因此，如何以管理功能價值來達到槓桿效果的經營模式，是經營者本身心理須轉換的個人再造。在此建議的管理功能經營模式，在於 Web 2.0 技術和應用，結合產品知識的經營模式，也就是利用 Web 2.0 經營公司，不是只從實體經營產品市場而已。

上述章節是針對未來制度管理面的經營策略做說明，接下來將在此經營策略下說明 e 化策略。

主要包含「套裝軟體功能」、「免費低成本」、「e 化策略聯盟」。在套裝軟體的功能方面，利用現有網路服務的應用軟體，例如：iGoogle、Blog 等，如此可快速上手，並可無遠弗屆的跨時跨地應用。在免費低成本方面，利用 Google、Yam 等公司所提供的免費軟體，對於資金運用有很大幫助。在 e 化策略聯盟方面，加入產品的知識社群、產業電子市集，及透過互聯超連結方式，例如：企業簡介網站 URL 放在相關產品公會的首頁等。

上述 e 化策略是符合中小型公司資金不足下 e 化投資的特色。在此 e 化策略下，考量結合上述章節所提出的經營策略，來發展 Web 2.0 技術和應用，進而發展出屬於中小型公司的經營模式。這個經營模式是運用 Web 2.0 網路服務於美容

保養知識的營運。例如：有些經營者之前也已規劃出企業簡介網站，但他把形象文化的認同塑造和管理功能結合，使得造成第一價錢太貴（相對於該公司規模而言），第二網站執行複雜，這二個原因使得之前網站進度停滯不前，在此建議把它們分開，除了上述原因考量外，另一考量是前者目的在於形象塑造，因此視覺化美工設計是關鍵技術，而後者強調管理功能，因此程式邏輯和管理功能呈現是關鍵技術。當然，時間也是考量因素之一，因此，在此 e 化策略考量下，首先是建立企業形象網站，來快速增強消費者、加盟者在加盟時的認同效益。至於管理功能應以最優先功能先做，並盡量在低成本考量下運作，因為軟體管理功能的主要消耗成本，其實是因為擴充功能和後續維護作業所帶來的。因此，建議最優先功能有：新產品和課程教育訓練、員工工作進度安排和控管、客戶資料庫建立。而為了達到容易擴充和維護，顧問建議用較普遍的公用套裝軟體，例如：Dreamweaver 和 Access，來自行彈性設計所需要的功能，因為管理功能重點在於機能的效用達成，而非完美軟體技巧，因此快速上手是規劃重點，然後再透過循序漸進的回饋修改，如此不僅資金花費不大，最重要的是，可自行控管和達成管理機能效用。

經過以上 e 化策略建議，接下來就是規劃如何利用 Web 2.0 技術和應用來運作上述所提及的經營模式。Web 2.0 技術和應用，是中小型公司的最佳經營模式，它不只是有軟體先進技術，更是低成本和豐沛資源的運用。在中小型公司，知道其經營者對軟體技術不甚了解，然而當經營者扮演管理者價值的角色時，e 化管理就不得不去了解。

在此，規劃 2.0 技術和應用二種解決方案，茲說明如下（分二階段建議）。

1. Web 2.0 技術

主要包含 RSS 電子報、網路書籤、地圖式呈現三種。技術功能主要在運作網路行銷。當然，這些技術取得是近乎免費（指基本技術功能），茲分別建議規劃如下：

- RSS 電子報（階段一）。
- 網路書籤（階段二）。
- 地圖式呈現（階段三）：產品地圖型網站→消費者分享地圖。

2. Web 2.0 應用

Web 2.0 應用主要在於分享、互動、參與等三種機制，並以服務導向流程，

來快速有效率的整合企業經營管理活動。在此建議規劃部落格行銷（階段一）、知識型 EIP（Enterprise Information Portal）（階段二）。

- 部落格行銷（階段一）。
- 知識型 EIP（階段二）。

透過 Web 2.0 技術和應用，可達到 e 化結合經營策略的目的，至於如何以 e 化系統來達到中心式平台的控管，建議規劃利用個人化 Google 網頁，Google 功能說明如下。

個人化 Google 網頁可以將網路上的資訊、工具功能、網站和各種內容加入。因此 Google 可有效整理常用的網路功能，隨時新增各式小工具，將常用網路資訊整合在您的首頁，而這就是公司的中心平台，只要任何有關公司運作和資訊，都是統一回饋在平台，例如：可在此平台規劃上述所提及的互聯超連結到企業簡介網站、員工工作進度行事曆，以及利用 Dreamweaver 所做的最優先管理功能（例如：下載新產品訓練教材）。對於中小型企業的經營 e 化診斷輔導，最忌諱的就是規劃大而無當及花費不貲，這對於資源少的公司是不切實際的，因此，建議應採取循序漸進和符合公司特色、低成本免費的經費策略。在此中小型公司結合 Web 2.0 的經營模式，是最適當不過，且這也符合之前所提及的管理價值，也就是利用 Web 2.0 來管理，然而要管理得當，除了經營者本身須加強管理技能外，再來就是對 Web 2.0 的網路環境敏銳度和熟悉度，透過 Web 2.0，除了免費低成本外，還可透過網路服務達到拓展網路消費者，進而在產品市場上，增加實體消費者的購買，以利公司營收成長。運用 Web 2.0 技術，就是在實現之前所提及的中心式平台，及以 e 化系統來經營，如此可使經營者更能專注於發展管理功能的價值。

接下來說明其選擇資訊服務供應商的原則建議，說明如下。

評估和選擇的方法因為牽涉到方案選擇，故將以決策上的分析來評估和選擇，一般而言，方案選擇的決策，將會有參與者、選擇標的和範圍、現實實際限制條件及效益成本的平衡考量。參與者主要是系統選購決策小組，它是由高級主管和專案主管負責，根據企業全體員工、軟體顧問公司、導入小組等意見和相關文件，做為選購決策的參考依據，其中所謂的軟體顧問公司，主要區分為兩大類，一是套裝軟體提供廠商，二是系統導入的顧問服務提供的廠商。其選擇標的是選購最符合該企業使用之系統，根據這個標的展開細節範圍，分別包括在軟體系統方面是系統支援平台及系統配置環境，使用者介面及系統安全管理，資料庫

績效性、穩定性、擴充性，以及文件、檔案備份部分，這部分會因不同軟體廠商的產品，而有不同的影響考量，雖然對使用者而言，他要的是功能，但軟體系統卻會深深影響到功能效用，因為好的軟體技術可使功能具自動化、智慧化、整合化等，故不可忽視軟體技術的評估和選擇之重要性。

　　茲就製作企業形象的軟體廠商應注意事項說明如下。

✓ 事先 Demo 軟體公司產品。

✓ 期限完成加註在合約上。

✓ 軟體公司 CNMI 認證。

✓ 軟體人員→(1)Web 人員；(2)美工人員經驗年資，以及在公司年資、得獎。

✓ 以文件做溝通。

✓ 測試要分不同環境測試＋大量測試。

✓ 軟體網路環境→解析度 Mode → Flash 或 HTML 版本。

✓ 軟體確保無病毒。

　　茲附上對於資訊服務供應商的評估，如表 12-1。

表 12-1　資訊服務供應商評估表

規劃和選擇項目	工作細項	說明	評分
(一) 公司背景	1. 財務狀況		
	2. 其產品及產業品質		
	3. 客戶廣度及地點		
	4. 組織的大小及地點		
	5. 資訊化經驗		
	6. 認證		
(二) 系統功能	1. 目前系統功能是否符合公司的需求		
	2. 介面的資料驗證		
	3. 介面 User Friendly		
	4. 預警／提醒功能		
	5. On-Line Help 文件		
	6. 支援中 - 英文版本		
	7. 提供多種形式交換： (1) 檔案可以上傳下載 (2) File FTP		

續表 12-1

規劃和選擇項目	工作細項	說明	評分
	(3) XML Enable (4) 線上報表 / 套表列印 (5) 內外部系統做整合		
	8. 存取及畫面呈現速度		
	9. 使用簡易性		
(三) 成本	1. 單次成本		
	2. 循環成本		
(四) 技術能力	1. 軟體技術能力		
	2. On-Site Support		
	3. 系統功能擴充		
	4. 參數設定的彈性		
	5. 後續維護人力有多少及地點		
	6. 不同的系統介面連接		
	7. 外接程式的擴充		
	8. 使用者教育		
	9. 不同系統的整合		
	10. 舊系統的資料移轉服務		
	11. 回應速度		
	12. 海外據點支援		
	13. 產業導入經驗方向論		
	14. 對目前規劃系統功能熟悉程度 • 訂單 • 採購 • 財務會計 • 生管		
	15. 如何整合金流		
	16. 如何整合物流		
	17. 如何整合網路行銷		
	18. 外部資料整合問題		
	19. 不同資料轉換格式		

續表 12-1

規劃和選擇項目	工作細項	說明	評分
(五) 資料安全性及軟體品質	1. 數位簽章及加密？		
	2. 如何處理資料安全認證？		
	3. 資料在網路上之傳輸安全？		
	4. 資料 Backup 計畫？		
	5. 資料遺失或網路斷線會如何處理？		
	6. 軟體模組是自行開發或使用國外軟體？		
	7. 客戶憑證 / 安全密碼？		
(六) 使用者管理	1. 權限管理		
	2. 個人化功能管理		
	3. 使用者 Check In / Out 管理		
(七) 輔導管理	1. 計畫概論		
	2. 建議行動方法		
	3. 計畫範圍：單位影響 / 其他系統互動 / 系統能力界限		
	3. 里程碑時間工作計畫表		
	4. 計畫標準和程序		

12-3　企業資訊系統的整合架構

一、企業資訊系統的整合

　　就企業資源規劃其他系統的關聯性，及整個資訊系統的環境、技術也相對變得複雜和困難的說明下，吾人可知過去是以產品（Product）為核心的思考模式，目前已轉換到由解決方案（Solution）與服務（Services）為重點的新趨勢。所有有關網際網路資料的調查都顯示，全世界企業主未來五年最關注的話題，就是如何讓企業建置一個完整的 Internet、Intranet 與 Extranet，這就是整合架構。Internet、Intranet 與 Extranet 的定義和整合，請參考第二章的經營管理和 ERP 整合章節部分內容，亦即在複雜資訊系統的環境下，建構出企業資源規劃其他系統的關聯性，其整體架構如圖 12-1 所示。

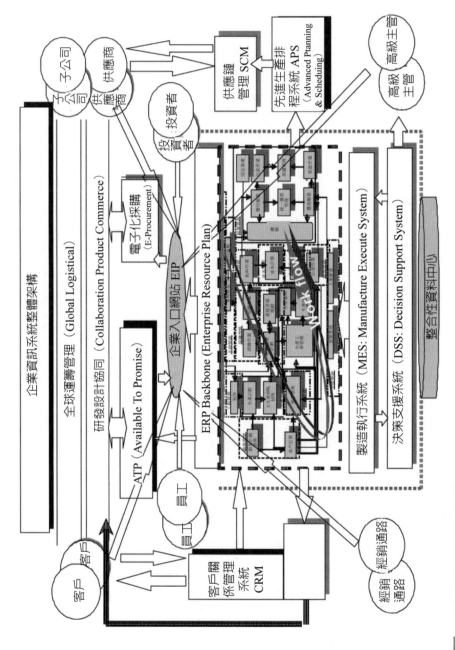

圖 12-1　企業資訊系統整體架構圖

　　從整體架構圖來看，可知 ERP 是一個基礎骨幹，它包含企業內部的運作功能，有六大模組應用功能：銷售訂單、生產製造管理、物料庫存管理、成本會計、一般財務總帳會計、行政支援（包含人事薪資、品質管理等），而在企業內部的運作須依賴 Work Flow 工作流程自動化，它是一種流程控管的引擎（Engine），從此引擎開發出有關其企業整個流程步驟的平台，該平台上可建構出不同簽核流程、流通表單、組織人員、電子表單、文件管理等，這個流程控管的引擎，可使企業有效落實資訊化的規劃及執行，並透過不斷的檢討、協調及改善，才能在最短時間內分享資訊科技的效益。因此，快速有效的建置系統，方能達到此目標。這就是 Work Flow 工作流程自動化的成效。有了 ERP 和 Work Flow 流程控管後，在接近現場製造環境中，會有製造執行系統 MES（Manufacturing Execution System），它是用來輔助生管人員收集現場資料及製造人員控制現場製造流程的應用軟體。MES 系統最主要是一個快速且即時的監控現場的活動。它包含工廠現場資訊取得與連結系統，以及生產執行活動效率化。若要嚴格定義企業內部的 ERP 系統，應也需要包含製造執行系統，另外在工程設計環境中，會有產品資料管理（PDM），它是用來管理新產品或是產品工程變更從研發到量產之產品生命週期裡，所產生的一切資訊和流程，其所謂的資料是指工程資料管理，它是以資料庫結構化的方法，從業務和工程同步分析、模型與再造工程等一連串之步驟，透過系統設計與模型化，來達到系統化、真實化的運作。

　　因為這四個系統幾乎涵蓋大部分日常企業的營運資料，有了這四個系統所產生的營運資料後，其企業就可利用這些重要的資料資產，來產生更有用的資訊，那就是決策支援系統的功用，決策支援系統與管理資訊系統最大的不同點，在於決策支援系統著眼於組織的更高階層，強調高階管理者與決策者的決策、彈性與快速反應和調適性、使用者能控制整個決策支援系統的進行、針對不同的管理者支援不同的決策風格，這和以管理資訊為導向的 ERP 系統、Workflow 系統、製造執行系統、PDM 系統是不一樣的。有了管理資訊和決策資訊後，就可成為整合性資料中心，這個整合性資料中心是非常龐大的，若硬體技術的儲存系統若無同步的成長，就無法儲存這些龐大的資料。

　　從以上說明，可知在整合性資料中心建構決策支援系統，並回應到管理資訊為導向的 ERP 系統、Workflow 系統、製造執行系統、PDM 系統，而這些系統可透過企業入口網站，來讓相關企業角色互相溝通互動，其溝通互動的資料和流程，就是分別建構在整合性資料中心、ERP 系統、Workflow 系統、製造執行

系統、PDM 系統，並經過決策支援系統分析後做出判斷，故吾人可了解企業入口網站不但能夠迅速、直接性的讓企業與其內部員工，以及外部顧客、供應商和企業夥伴之間做溝通互動外，更能夠提供管理者制定決策的相關支援。但企業入口網站除了企業相關角色溝通互動和決策相關支援外，另外最重要的是，企業相關角色可透過企業入口網站，來執行企業之間的運作功能，它主要是包含電子化採購和供應鏈管理、研發協同設計等，這些系統可說是企業對企業的整合（B2B Integration），它們是著重在研發和供應這二個角度，並且延伸到企業外部的角色互動，其中研發協同設計是由產品資料管理（PDM）所擴大的，它是將 PDM 的範圍、角色和功能擴大到產業，其實這就是產業資源的最佳化。

二、電子化企業範圍和運作

　　電子化企業主要指企業對外營運支援作業，以網際網路資訊科技來發展其資訊化系統。它是屬於 E-Business 應用範疇，而不是電子商務 E-Commerce，這兩者的差異，前者是企業所有管理功能在對外營運作業時，都會以 E-Business 方式來執行，例如：員工薪資銀行撥款作業，就利用和銀行在網際網路上的資訊科技來進行。而後者是指企業在銷售客戶作業中，所發展的商務買賣軟體功能。因此，電子化企業範圍，是針對產業利害關係人之間的管理作業，故以供應商、客戶這二個產業利害關係人所需管理功能為主。在供應商方面，以採購、物料、廠商的軟體功能為主，故分別以電子化採購物料來源搜尋廠商品質管理等三大模組功能。而在客戶方面，以訂單、服務、物流等三大模組功能為主，茲分別說明如下。

　　供應商採購作業：包括採購入庫，是由其企業採購單連接轉移至廠商訂單，進而對應入庫驗收單，並勾稽至帳款對帳單。另包括 VMI 廠商存貨管理，是指供應商依照企業生產投入排程需求，相對應廠商入庫物料種類數量的及時化，也就是適當時間提供適當物料數量，進而控管存貨績效。

　　供應商物料作業：包括物料來源搜尋（是指企業研發設計和銷售周轉所需的經常性或一次性物料採購規格的符合性，也須考慮相對性產能承諾之能力因素）、物料比價（當對物料有大量的需求，或為特殊較昂貴的來源時，則可就整個產業所有此物料供應商，做價格即時搜尋比價作業，以降低其物料和相關成本，同時也需考量其他供貨能力因素，例如：運送條件品質條件、管理條件等）、呆物料存貨分享（當企業因新舊產品交接或市場銷售狀況等因素，導致有

呆物料存貨發生時，可將此存貨數據分享至網際網路平台，讓其他需要者可有效率的得到此資訊，以達到雙贏）、新物料開發設計（當企業發展新產品開發時，其所對於產品所需的新材料也就因應而生，也就是須尋找有開發新材料規格設計的供應商）等。

供應商廠商作業：包括合格廠商清單（企業對於物料供應的廠商，已建立其資料庫，以便在平時或緊急時，有其多個合格廠商可供其物料所需）、廠商輔導機制（對於生命共同體的夥伴廠商，強調長期合作關係的結盟，對於企業營運績效有其關鍵所在，故應對這些廠商加以輔導管理，也就是推動廠商輔導機制）、廠商評鑑管理（企業為了營運順暢所需，會有很多不同廠商，故必須對廠商做定期或不定期評鑑考核，以便留住好的供應商和淘汰不適合廠商）等。

客戶訂單作業：包括訂單詢報價作業（在客戶欲購買商品時，往往會對其商品種類、規格、價格等條件先詢價，並要求廠商提供報價單，如此前置作業，可有利於後續訂單的創建和進行）、訂單計畫案作業（對於大量訂單或特殊昂貴訂單，必須要有其企劃案撰寫規劃，以利客戶了解產品品質、應用、價格、規格、用途、保固、維修、服務、更新等內容，如此有利於後續訂單合約的快速順利簽訂）、訂單流程管理作業（一旦訂單創建成立後，其訂單流程就開始運作，包含訂單輸入、審查、備貨、包裝、出貨、發票、海關、退貨、換貨、收款等訂單生命週期功能）等。

客戶服務作業：包括售後服務作業（當客戶訂單成交和其流程作業完成時，交貨給客戶後服務需求就產生，包含產品登錄、保固、退換貨、再次促銷、回購、產品使用問題、產品使用購買問卷調查等）、客戶關係服務作業（成為既有客戶時，如何去管理這些顧客和關心客戶，以及了解客戶未來或其他需求，讓客戶覺得有被重視感覺等，這些關係服務是有利於留住舊客戶，以維持客戶忠誠度）等。

客戶物流作業：包括物流答交作業（運輸出貨的物流功能，包含物流設施條件、運輸交貨準確和及時運輸溝通資訊，這對於達成客戶答交成效是很重要的，因為此作業是跨不同企業作業，故整合彼此利害關係攸關客戶權益）、物流服務作業（當客戶對於物流服務需求產生時，如何讓客戶訂單需求和物流服務結合是很重要的，包含物流服務條件和規格、物流公司配合狀況、物流作業回報掌控）等。

12-4　知識型的網路行銷系統導入

知識型的網路行銷系統可帶來價值鏈，價值鏈是指企業創造有價值的產品或勞務，以及與顧客的一連串「價值創造活動」，由於每一個價值活動都包含了知識的取得、創新、保護、整合和擴散過程，因此，其直接受到知識管理績效的影響，提高知識管理流程的效率，可以同時帶來企業主要價值活動效率，以及所創造價值的增加。例如：麥當勞舉辦一些和客戶生活有關的活動：如畫畫比賽拿獎品、配合節慶所辦的比賽活動、新產品促銷活動等，知識型的網路行銷價值鏈，可能創造綜效的關係型態有兩種：(1) 企業在相似價值鏈之間技術和專業移轉的能力；(2) 共享的能力。

知識價值鏈是和企業價值鏈有關的，它可分成四個主要方向：

1. 研發與創新價值鏈

為保持在激烈競爭下的優勢地位，企業必須藉助產業整合的研發與創新，以因應市場變化的趨勢；也由於相互競爭的壓力，使企業把生產、行銷活動接近市場，以免產品因為形成及使用週期中，價值隨著企業活動變化而逐漸消失。

2. 供應存貨管理價值鏈

從庫存與風險管理以整體性思考的角度，將存貨成本適當的移轉至上游或上上游廠商，更加深整合包含從研發、生產、運輸、存貨管理、採購與售後服務等過程，使供應鏈管理逐漸從功能性的立場轉變為策略性的思考。

3. 消費者的需求價值鏈

市場需要更快速地反映出消費者的需求，以有效掌握商機，隨之變動的是，生產者將產品模組化、標準化，藉此因應市場的變化與客製化的要求，使得整體性供應鏈的設計與策略必須考量產品的特性。

4. 網路行銷系統功能運作

(1) 利用現有客戶產品資源，例如：補教管理軟體，它可關聯到其他新產品，例如：補教經營決策支援軟體，如此不僅可擴充產品線，也可藉此和海外競爭者的產品做出差異化和完整性。

(2) 行銷服務據點擴充，增加線上行銷功能來達到進軍海外的方法，發展另一市場新客戶，善用客戶資源做行銷。

(3) 透過知識網路行銷入口網站，來做線上行銷和服務功能。

(4) 其線上行銷和服務擴充到體系內經銷商，包含：

    a. 允許被授權之經銷商依不同的授權狀況，透過網站執行訂單處理作業，了解出貨狀況或訂單內容。

    b. 依經銷商不同等級，提供線上線上報議價系統。

    c. 提供經銷商完整之產品資訊教育訓練。

    d. 透過 Q&A 拉近需求者與供給者對產品需求度之距離，皆可進一步與經銷商，甚至消費者建立長期且密切之合作關係。

    e. 導入時，配合既有體系之經銷商教育制度、發揮業務人員與經銷商緊密之互動，使業務人員成為此商務電子化專案之「種子人員」，系統之設計亦考量其使用性及親和性。客戶關係行銷（Customer Relationship Marketing）為經銷商及客戶提供高效率、無障礙的行銷通路，它著重於消費行為未發生的動態資料，如客戶的消費行為。

(5) 網站經營者整合 Web 上的行為資料，針對 Web 上的消費行為、訂單交易及產品資料等，進行各種不同的整合性行銷分析，包含購買過程及購買結果資料、客戶會員資料及產品訂單資料等，如此可做為知識型 Web 行銷系統的發展依據。

(6) 消費者購買行為分析：消費者是透過瀏覽器至購物網站從事消費行為，因此會與網站的資料庫，包含會員、網頁屬性、交易記錄、產品型錄、訂單等產生互動，而消費者在網站上的使用流程，也會被網站伺服器記錄於資料庫中。

(7) 線上收集資料的方式：主要是透過交易 Log 檔和 Cookie 之機制，也就是當消費者瀏覽網站時，網站伺服器分配一個 Session ID 給消費者，以分類出不同的使用者，並連同相關行銷訊息寫入 Cookie 中，然後利用消費者瀏覽器記錄 Cookie 的功能，以網頁表單的方式，收集到相關行銷的訊息，例如：會員登入、購物資料及訂單資料，這樣網站管理人員就可從網站日誌檔所記錄的資料中做顧客消費分析。

案例研讀

問題解決創新方案→以上述案例為基礎

一、問題診斷

依據 PSIS（Problem-Solving Innovation Solution）方法論中的問題形成診斷手法（過程省略），可得出以下問題項目。

問題 1. 網站平台的初始發展不易

在網際網路盛行下，各個網站如雨後春筍般出現，因此，欲建立一個有流量經濟規模的網站，在初始運作時是很不容易的事，因此，好不容易建立的網站，若廠商和消費者不來上此網站，則就可能變成「呆網」。

問題 2. 網路行銷對企業角色扮演的改變

在本案例中，廠商透過此網站平台來做生意，而消費者則可透過此網站平台來購買本身需求的產品，另外，建構此廠商的第三中介者，可說是新產生的企業角色，如此運作使得各企業角色從以往傳統方式，轉換為網路產業的角色，這樣的角色改變，使得營收模式和附加價值、利潤模式都為之改變。

問題 3. 企業因應網路行銷的作業習慣改變

企業在導入網路行銷模式後，將會衝擊到原本傳統的舊有作業習慣，這使得會有一段學習摩擦期間，而造成作業流程不順暢，因為網路網路行銷模式改變了員工的操作程序，這對於已習慣傳統做法的員工而言，會是一項阻礙，甚至無法適應，如此會造成因作業不順暢而使得營業績效下降。所以，這樣的轉換改變，不只是軟體技術的改變因應而已，更需要考量如何設計出可讓員工適應的作業程序和制度。

二、創新解決方案

根據上述問題診斷，接下來探討其如何解決的創新方案。它包含方法論論述和依此方法論（指內文）規劃出的實務解決方案二大部分。

中小企業受限於人力有限，因此業務訂單控管不易，這是其生意無法拓展到全世界的原因之一。故客戶信用控制相關資料，應以信用額度控管之依據，做為客戶訂單確認重點；因其會牽涉到後續收款維護的成效。

大企業由於多據點的拓展，使得行銷管道能拓展到全球，但對於客戶而

言，其無法得知企業的產能狀況，只期望所提出的數量和交期，可如期交貨，然而對於企業而言，企業必須考慮所有客戶訂單的資料，再依據企業的產能狀況，做好生產排程，另外還須考慮實際生產狀況的回饋，它會影響當初生產排程的結果，而使生產排程須隨之調整變更，如此當然就會影響到客戶訂單的交期。

實務解決方案

　　從上述的應用說明後，針對本案例問題形成診斷後的問題項目，提出如何解決之方法，茲說明如下。

解決 1. 以免費和借力使力為誘因

　　在一個新的網站產生時，一定要做宣傳，別人才會知道其存在，但重點是消費者和廠商知道以後，為何他們要參加此網站平台呢？這就需要有誘因，也就是他們的加入可得到什麼效益呢？而且這個效益是否需要付出代價成本呢？另外一個重點是，此網站平台的競爭誘因，也就是誰是先前參與利益者，若沒有足夠的先前參與者，那麼，其競爭誘因就會減弱，所以，除了以免費和效益外，還需加上借力使力，先和知名網站聯盟，來吸引先前參與者。

解決 2. 以生命共同體和策略聯盟方式

　　各企業參與同一個網路行銷模式，則他們必須有生命共同體的結合，如此才可使他們互相扶持和幫忙，這樣才可以使整個網站有共同的利基所在，一旦有整體利基存在時，就必須有共享利益的模式產生，否則，某一企業沒有得到相當利潤，則可能會失去生命共同體的基礎，進而退出此網站平台，如此，整體利基就會受到影響。

解決 3. 同時整合資訊系統和作業制度

　　在研發設計網站平台時，除了考量軟體技術和開發策略外，還需同時發展其網站平台的作業制度，因為其利益是在引導網站平台運作的機制和規則，如此有了機制和規則後，才能使此網站平台得以順利運作，而不會使平台只是呈現工具的功能，但沒辦法發揮出其網站平台的作業效益。

三、管理意涵

　　要透過網路行銷策略的規劃來控管客戶信用，有二個條件須滿足，一是透過管理客戶訂單的資料，從中得出何種產品對何種客戶是有利潤的，及何

種客戶對企業是忠誠的，當然，最重要的是客戶信用，二是從客戶訂單統計表的歷史記錄，來分析客戶對產品種類的偏好度、客戶信用狀況、客戶的營業額貢獻度。於網路行銷策略的規劃上，必須考慮網路上客戶訂單交期的查詢。網路行銷策略的規劃須考慮到，商品由經銷通路送達客戶後，客戶對問題產品的退回維修等一連串的作業。

四、個案問題探討

您認為此個案網路平台對於網路行銷有何啟發？

 MIS 實務專欄 （讓學員了解業界實務現況）

行銷社群實務

因為網路行銷的技術，使其打破傳統行銷的限制，傳統行銷不可行的方式，在網路行銷就有可能執行。其中行銷社群的策略模式就是一例。

企業可運用「行銷社群」的功能，來達到快速成長、降低風險、提升顧客忠誠度的方法目標。

 課堂主題演練 （案例問題探討）

企業個案診斷──線上詢報價和人為設定的衝突

線上詢報價功能是用來達成詢／報價作業，詢／報價作業是為了銷售訂單的後續作業，在這個過程中會有三個問題：一是詢／報價的產品價格組合定義，會牽涉到產品成本及產品利潤的計算，這是不容易的事；二是詢／報價的統計記錄可做為產品種類的選擇和日後價格參考；三是詢／報價作業會花費很多的人力及時間，且不一定會轉成真正的銷售訂單。

我們可以運用網路資訊系統來自動化產生詢／報價作業，將有利於企業和顧客顧客之間的活動，但若因人為設定疏忽，也可能帶來莫大的危機。例如：員工在網路購物系統上做自動化價格設定時，可能一時疏忽，將某物品原本價格 8,000 元誤輸入成 80 元，導致顧客看到時以為是優惠大拍賣而上網搶購，這種錯誤將造成企業營業損失，也增加了顧客對網路購物系統的不信任。

企業個案診斷──電子商店規劃案例：家具服務業

一、公司現有狀況

該公司成立已 8 年多。是以家具服務等產品為主，公司定位是中盤代理商，客戶主要來源是小盤經銷商（約 70%），有部分是公司行號店面（約 30%），前者是以批發價，後者是以市價來銷售。公司人數及組織架構如下：公司人數有 18 人，組裝生產直接人力：5 人，間接：3 人，3 人負責開發、採購。公司主要營業項目：從上游製造廠供應半成品和零組件，再經由組合加工成為產品，包括辦公設備、家用家具（進口）。該公司的客戶來源可擴充至同行調貨、門市訂購、消費者（個人、企業），其價格介於市價和批發價之間。產品區分市場經銷、消費者（可能店面、個人、企業）。

二、軟體使用現況

因該進銷存軟體是套裝軟體，其功能都已是固定，但因仍偶爾有程式問題，故會由該開發者的廠商來維護。目前，該公司有運用資訊科技策略來架構企業經營，但最重要的是，將 IT（Information Technology）融入企業工作型態，每日的運作和稽核評估都運用 IT 來落實。目前有進銷存軟體來做內部訂單和出貨單處理，該軟體已使用 7 年，其系統穩定和基本功能夠用。但目前進銷存軟體是依公司營運模式所發展的，若欲往新的營運模式發展，例如：電子商店，則其系統功能就不敷使用。舊的營運模式受限於市場的規模，無法突破營業額。人員資訊能力方面，僅在於進銷存軟體的交易操作，無法做統計資料來達到行銷分析。

三、電子商務系統功能問題

電子商務系統功能希望能改善現行問題，但在執行階段須考慮由小而大循序漸進運作，並且簡單化、有效果；然後從最急的問題先解決。除了考慮執行狀況外，規劃的整體性也須一併考慮，否則，因應新的變化或功能增加將無法完整性，甚至無法建置。至於結果，期待成本降低、效率提升、營收增加。目前問題有：(1) 缺少資料分析、客戶 Web 化功能。(2) 目前公司產品主力是物品家具，故主要是在進貨、銷貨、存貨流程。所以比較沒有軟體系統架構模式的彈性，因此在擴充上有很大困難。(3) 行政人員上網習慣性、企業資訊功能的推動和維護問題。

　　根據這些問題，說明電子商店的經營規劃重點如下：

1. 商家對電子商店之涉入重點：店面之網頁設計、商品陳列、商品的上架與管理、完整的銷售流程、上線後的維護及後端管理。

2. 消費者對電子商店之涉入重點：確認問題、收集情報、評估可行方案、購買決策、交易及售後服務。

3. 在公司推動電子商務計畫：網站及首頁設計的表現、網站內容、宣傳活動、促銷活動、建立完整的後台支援軟體。

4. 依該公司的條件和特性，可設計為單一商店的購物網站。另外，可在原有經營模式增加建置經銷服務網站，它是針對合作關係良好經銷商，做企業網站經銷服務和客戶產品推廣，該網站會員有等級之分和入會資格（分區域化）。

5. 在該購物網站，可針對消費者和業務經銷的企業功能，將該網站和原有進銷存軟體整合，實體通路出貨作業須和該網站整合，另外，在該購物網站可設計一些分析功能，如主動 E-mail 行銷。

6. 網站內容之設計：公司的網域名稱、網站畫面要有合理層次和主題、商品型錄分類、人性化介面、強大的內部搜尋功能、完整充分的產品關聯資料、圖片輔助說明、個人化客製化、內容時常更新和正確、高效率的行銷作業流程設計、售後服務、宣傳並推廣網站。

7. 電子商店的主要功能：

   (1) 會員管理系統

       於此系統中，使用者可以輸入本身基本資料，輸入資料完畢後，成為該網站之會員；而已成為會員之使用者，可直接輸入會員帳號與密碼以登入此系統，這些資本資料包含姓名、帳號、密碼、電子郵件信箱、住址、聯絡電話等，可做為顧客後續交易分析。

   (2) 商品分類搜尋系統

       使用者可經由分類目錄中搜尋商品，使用者也可經由搜尋和分類系統中，選擇所需查詢條件，並輸入想查詢之關鍵字，以及搜尋商品名稱與廠牌內容，以快速查詢想要之產品。

   (3) 商品交易流程系統

       使用者在找到需求之產品後，可將產品放入購物車功能中，也可找到所有想買之產品後，再放入購物車功能中，接下來使用者必須以會員

身分登入此網站，再將購物資訊送出以完成購買流程。

企業個案診斷──電子商務系統應用人際溝通

1. 故事場景引導

房屋交易市場原是一個資訊不對稱的市場，因此房屋仲介業者存在的目的，即是提供買賣雙方訊息的流通，也就是說，透過透明化收費及房屋交易制度，打破從前房屋仲介業者行之多年的賺差價、假買賣行為，該公司也推出成屋履約保證制度，保障買賣雙方之價金及產權安全，以降低買賣雙方的資訊不對稱風險。為了提供消費者更專業的房屋仲介服務，國內一家大型房屋仲介公司領先創新經營，擁有數十位大專以上學歷、專業的營業幹部，在市場第一線上，為業主及顧客提供最新、最精確的市場資訊，使得客戶及物件資料案源流通，進而累積龐大的買賣方資料庫，增加速配成功性。並將服務精緻化、區隔化，例如：以「代銷」經營預售屋及新成屋的企劃與銷售為主要業務、「商務仲介」專營商業不動產買賣租賃仲介市場、「高品質」專營精英住宅買賣仲介市場。台灣地區金融資產及就業市場大多集中在台北市，該公司看好成屋交易市場，及總價低和產品設計豪華的十來坪小套房，為了更貼近市場客戶，就於台北市人口匯聚的地區，開設更多專賣店面，來提供精英和上班族在屋買賣方面更專業的服務。

2. 企業背景說明

該公司集團的服務據點遍及全台，分布北、中、南、桃竹等地區，超過數十家分店，為國內數一數二的不動產經紀業者，其房屋仲介業績是來自房屋成交件數與每件房屋的平均佣金收入，若市場交易量沒有持續增加，房仲家數大幅增加，市場空間將會被相對稀釋。因此透過跨區聯銷和提供最舒適的待客空間，有系統地擴大客源與客層，並透過產品區隔化的分級，對於客戶群分類，不同客戶群有不同屋況需求，如此才可以在最短時間內促成交易，唯有顧客滿意，才是房屋仲介服務的價值。

該公司集團也增加加盟連鎖系統，從既有的直營體系，跨足加盟體系，延伸固有市場之外的第二個房屋仲介運作管道。

3. 問題描述

(1) 人際溝通。

(2) 電子商務人性化。

(3) 資訊不對稱。

4. 問題診斷

　　該公司集團發揮關係企業資源、建構出延伸服務觸角的通路，並透過資訊技術應用與多媒體行銷資訊的整合，將更能快速回應市場變動，掌握更多商機。提升仲介物件、看屋資訊，甚至行銷廣告的傳播能力，做為統一的多媒體訊息整合傳遞窗口，以消費者為主體，增加網路隨選的資訊應用，購屋者不受颱風、大雨影響，仍可透過網路看屋，事先了解房屋物件，充分將看屋的自主權回歸到消費者身上。透過「網路 3D 互動看屋系統」，可自行設定購屋條件，例如：學區、購買價格能力等，及依自己的區域條件，利用電子地圖點選您想查看的範圍。該公司的房屋網上 3D 互動看屋能由使用者自主決定想要觀賞的房屋空間，例如：從客廳到廚房，也可在手機或 PDA 瀏覽各式房屋。接下來將網上 3D 互動看屋後的重點內容，以圖片的資料形式，透過藍牙技術，馬上將全貌傳送到手機或 PDA 中，以便到現場時可就這些重點向銷售員提出問題。這是藍牙技術聯盟（Bluetooth Special Internet Group）新推的「TransSend」功能，只要在網站上，輕輕按下「TransSend」標誌，立即把網頁內容、地圖傳送到手機或 PDA 中。

　　「配對系統」：充分運用累積客戶及物件資料庫資源，並配合全面 e 化的即時配對系統，提供便利的個人化服務和發掘潛在客戶群，有效創造成交的機會。

5. 管理方法論的應用

　　運用「個案問診分析法」來分析電子商務應用於人際關係的溝通，人際關係架構圖請參看圖 1，「個案問診分析法」是利用中藥的望、聞、問、切手法來分析，其個案問診分析法步驟說明如下。

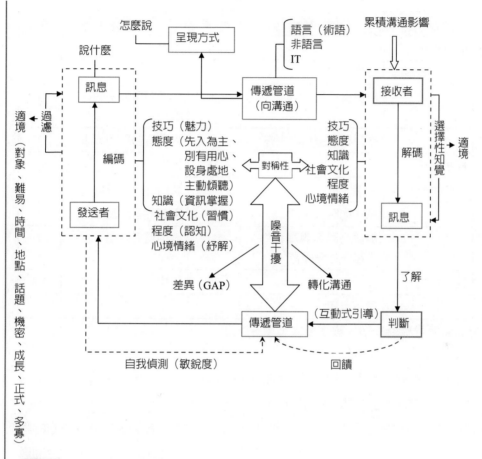

圖1 人際關係架構圖

個案問診分析法

步驟1：請以個案主題為基礎

諸內必形諸外	問題的表象症狀	權重	了解整體的問題	權重
望	買賣雙方資訊不對稱	8	房仲家數大幅增加	5
	收費和交易過程不透明	8		
權重總和		21		7
虛實緩急	環境呈現反應		了解內在	
聞	天氣影響看屋心情	6	市場上第一線	7
			市場交易量	5

諸內必形諸外	問題的表象症狀	權重	了解整體的問題	權重
權重總和		18	平均	6
遠因近因過程	發生狀況		企業回饋	
問	假買賣行為	8	客戶回應無法個人化服務	5
	客戶看屋沒有自主性	5	太多直營門市成本	3
權重總和		21	平均	5.1
商機所在	企業流程		體內外一切變動	
切	系統地擴大客源	8	與豪宅客戶為鄰	7
	房屋交易是專業程序，人為溝通有噪音	8	客戶層群區隔	7
權重總和		30	平均	7.3
診斷藥方	見下步驟			

ps. 權重等級：1～9，數字愈大愈重要。

步驟2：就此個案中，以上述步驟的個案問診分析法分析後，請提出診斷藥方之一的主題？並說明為何？

答：從問診分析法可得知，在權重7分以上的項目，都和客戶交易雙方的程序有關。診斷藥方的主題：以標準化的流程平台來運作組織與客戶的溝通。因為人為溝通有很多（噪音）差異干擾，例如：認知（程度）知識等，故應減少人為溝通，改以標準化系統取代，做為溝通橋梁，這就是一種轉化溝通。

步驟3：就上述的診斷藥方主題，請說明如何做？（以人際關係和組織關係架構圖為基礎）

答：

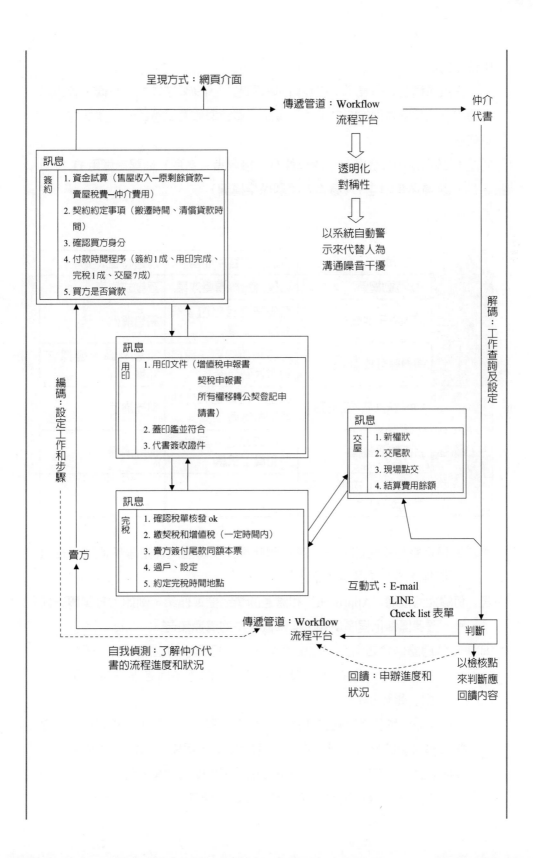

6. 問題討論

　　有效溝通並不是表示接收者對訊息同意，因受限制性能力影響，會造成處理的資訊超過處理的能力，並且資訊過載會導致資訊意義性和重要性無法有效運用。

問題 1. 該個案中（發送者：房屋仲介，接收者：客戶）你認為應用 IT 技術來溝通有哪些？（參看人際關係架構圖）

答：

	IT 工具	效益（對客戶而言）	溝通特性（接收者）
人際溝通	3D 互動網頁	可模擬實際看屋效果	互動式引導
	案源電子地圖	可先快速且整體了解房屋的周遭	訊息解碼
	網頁藍牙技術	可將網頁內容快速自動傳送到手機上	訊息判斷、選擇性知覺
組織溝通	VPN 跨據點（各分點）	員工可在當地和外地員工做溝通	斜向溝通
	店面視訊螢幕	可即時掌握、呈現客戶和員工訊息	橫向溝通
	資料庫（物件、客戶、成交）		

問題 2. 就問診分析法的例子，請說明此個案中哪些溝通是屬於標準化資訊流程溝通？並且有什麼好處？

答：有關如何接觸（Approach）和溝通的豪宅標準作業，例如：打高爾夫球等。透過標準化程序溝通，可降低人為的溝通噪音。

問題 3. 就房屋仲介如何完成此個案中賣主交易程序的主題，若以問診分析法來分析之，則在人際溝通架構上，你認為何者溝通特性可用在「切」問診上？

答：轉化溝通，也就是以建立「賣方交易標準程序」，減少銷售員和客戶之間人為可能的噪音干擾，以便快速完成交易程序。這樣的做法是用在「切」上，因為它可提供「商機所在」，也就是企業流程。

問題 4. 在買賣房屋雙方之間的溝通最大問題是什麼？

答：不透明化，也就是說買賣房屋雙方不知在何處，及仲介費用黑箱作業
等。

問題 5. 在個案中有提及豐富的資料庫做為 IT 應用，請問它帶來客戶什麼效
益？

答：即時快速準確的配對交易。

習 題

一、問題討論

1. 何謂電子商務？
2. 何謂 Blog 行銷？
3. 說明電子商務與企業電子化在管理上不同之處？

二、選擇題

（　）1. Extranet、Internet、Intranet 這三者最大差異是？　(1) Internet 以企業內
部為中心　(2) Intranet 對外角色產生應用功能　(3) Internet 是企業和
另一企業的交易作業　(4) 以上皆非

（　）2. 電子商務與企業電子化在管理上不同之處？　(1) 企業電子化僅包含了
電子商務　(2) 企業電子化改變了企業與企業、顧客甚至供應商間之經
營運作模式　(3) 企業電子化僅包含買賣之商業行為　(4) 以上皆是

（　）3. 電子化企業主要指企業對外營運支援作業，以網際網路資訊科技來發
展其資訊化系統。它是屬於哪個應用範疇？　(1) E-Business
(2) E-Commerce　(3) M-Commerce　(4) 以上皆是

（　）4. 行銷的過程時期：　(1) 生產導向　(2) 銷售導向　(3) 行銷導向
(4) 以上皆是

（　）5. 下列何者是一種新的網路行銷例子？　(1) Blog 行銷　(2) 資料庫行銷
(3) One to One 行銷　(4) 以上皆非

（　）6. 電子商務是採取何種資訊技術？　(1) 主從架構　(2) 2-Tier　(3) Internet
(4) 以上皆是

（　）7. Web Service 是指什麼？　(1) 軟體產品　(2) 應用功能　(3) 網路服務
(4) 以上皆是

（　）　8. 購物網站是屬於何種資訊系統？　(1) ERP　(2) KM　(3) 電子商務　(4)SCM

（　）　9. E-payment 是屬於何種資訊系統？　(1) ERP　(2) KM　(3) 電子商務　(4)SCM

（　）10. 電子市集是屬於何種資訊系統？　(1) ERP　(2) KM　(3) 電子商務　(4)SCM

（　）11. 網路行銷是指：　(1) 電子化行銷　(2) E-Marketing　(3) 泛指運用任何整合性科技來達到行銷目的　(4) 以上皆是

（　）12.「有意願經常性購買」的消費者，對於什麼效果是非常重視的？　(1) 電子郵件　(2) 網站感覺與整合程度　(3) 展開的網站功能與互動溝通　(4) 以上皆是

（　）13. 直效行銷是指：　(1) Indirect Marketing　(2) 針對大眾化的需求　(3) 間接與特定的消費者溝通　(4) 以期能獲得直接和立即的回應

（　）14. 整個資訊系統的環境，目前已轉換到什麼重點的新趨勢？　(1) 產品（Product）為核心的思考模式　(2) 推銷為方法的手段模式　(3) 解決方案（Solution）與服務（Services）　(4) 以上皆非

（　）15. 網路行銷重點？　(1) 只是在網際網路上做行銷　(2) 在企業經營模式的另一延伸　(3) 取代實體行銷　(4) 以上皆非

（　）16. 對企業而言，網路行銷分析是用來分析什麼的功能？　(1) 滿足企業廠商需要　(2) 滿足消費者需要　(3) 滿足行銷者需要　(4) 以上皆非

（　）17. 網路行銷系統應如何取得？有哪些選擇？　(1) 購置套裝軟體　(2) 自行開發　(3) 委外設計開發　(4) 以上皆是

（　）18. 網際網路行銷與傳統行銷有很大的差異：　(1) 傳統行銷是在於大量行銷　(2) 傳統行銷是在於個人化行銷　(3) 傳統行銷是在於高互動行銷　(4) 傳統行銷是在於少量行銷

（　）19. 網際網路市場對消費者來說具有哪種特性？　(1) 極大化　(2) 無縫隙的介面　(3) 獨立性　(4) 以上皆是

Chapter 13

資訊安全與資訊倫理

學習目標

1. 資訊安全項目的探討。

2. 說明企業資料交換的安全做法。

3. 探討資訊安全加解密的機制。

4. 資訊安全對購物交易影響。

5. 網路病毒的定義和種類。

案例情景故事

網路安全是否造成對企業經營的影響？

　　一家從事企業資訊安全軟體開發的公司，是屬於中小企業規模，主要產品在於監控員工在公司使用電腦上網的情況，這樣的產品對於企業而言，並不是必須的功能，但由於考量人為因素，往往企業老闆為了解甚至控管員工上網行為，反而會去購買這類型資訊安全產品。

　　曾有一家經營數位學習服務的公司，由於員工本身工作關係，須常常上網，因此有些員工假借工作上網之名，行偷懶之實，例如：瀏覽到一些和工作無關的網站，如此使得工作績效沒達成，反而浪費電力和時間，這對於企業老闆而言是不允許的，所以對於這種員工，就需要去監控上網行為。

　　該資訊安全軟體公司的總經理，就針對上述老闆對員工的心理現象，找出商機，使得公司有生存之路。然而，雖然資訊安全產品對於資訊安全有其必要性和重要性，但也造成對企業影響，包含員工、工作績效、文化等。

　　曾有一位客戶抱怨說：「自從用了這個產品後，員工上網行為的確有所自律，但工作績效卻沒有提升，反而帶來員工不滿的聲音。」

　　另一位客戶也抱怨說：「這類資訊安全產品是重要的，但如何實施，卻是影響企業使用資訊安全的成效。」

　　上述這樣的客戶抱怨聲音，對於該資訊安全軟體公司的總經理而言，也是一種商機，也就是如何把資訊安全對企業之影響，轉換成滿足客戶需求。

問題 Issue 思考

　（讀者請依據此情境個案，思考出 MIS 問題重點，來引發本章的內容研讀方向）

1. 資安對企業或個人在使用軟體上所帶來的意義？可參考 13-1

2. 資安如何在企業應用上發生影響力？可參考 13-2

3. 網路病毒對使用者電腦會產生什麼風險？可參考 13-3

4. 資安技術管理對 MIS 系統發展會有什麼考量問題？可參考 13-4

5. 資訊倫理如何衝擊消費者在社會、文化面的現況？可參考 13-5

前言

　　資訊安全對於企業資訊化是非常重要的，它具有一體兩面的意義，也就是說，資訊安全帶來企業資訊化的成效，但也相對的會帶來企業資訊化的失敗，要解決這種資訊安全，可從資訊技術上來運作，但資訊應用的安全，除了資訊安全技術外，還須配合個人防範行為及企業服務的作業配套，才可降低這些資訊安全的危害。

閱讀地圖（以地圖方式來引導學員系統性閱讀）

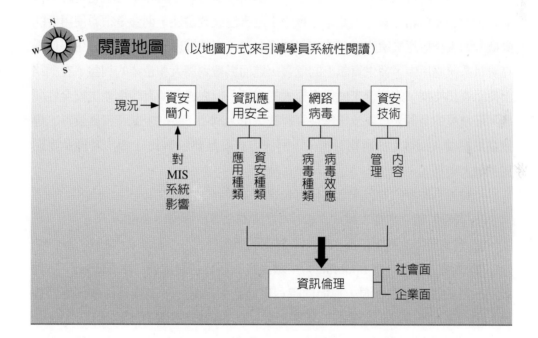

📚 13-1　資訊安全簡介

一、資訊安全概論

1. 資訊安全定義

　　網路技術帶來個人生活、企業經營上很多的便利性和效率性的效益，但相對的，它也可能帶來危害性。因為，畢竟網路技術是個工具和平台，它是經過個人和企業的使用、經營，才會成為生活上的使用和營運上的經營。

　　何謂資訊安全？因人為故意的行為或資訊技術漏洞、管理不當等事件產生，使得在資訊系統應用中，發生資訊上的危害，進而影響到個人和企業的利益。在使用資訊的好處時，不要忽略電腦可能發生的傷害，因此多種防護措施及管理好資訊環境，是非常重要的。資訊安全牽涉到的作業系統、網路程式、應用程式等相關技術，是一個非常專業的學科。

　　microsoft.com 是提供應用軟體的產品和服務，包含資訊安全的產品和服務。

　　網路技術帶來了個人生活上和企業經營上很多便利性和效率性的效益，但相對的，它也可能帶來危害性。因為，畢竟網路技術是個工具和平台，它是經過個人和企業的使用和經營，因此是否會帶來危害性或效益性，則都是須看使用者的動機。因人為惡意破壞的行為或資訊技術漏洞、經營管理不當等事件產生，使得在資訊系統應用中，發生資訊上的危害，進而影響到個人和企業的利益。在網路上使用資訊交換，的確帶來使用者極大的方便，但太過方便有時卻產生安全性問題，最常見的是個人重要及機密性資料被盜用。例如：金融帳號和密碼資料，導致盜用帳號，而被不法購物等損失，解決方式就是要用 Web 上掛失功能及定期更新個人資料。

　　一般惡意破壞的資訊安全項目可包含：

　　(1) 網路監聽：取得攻擊或入侵目標的相關資訊，例如：Sinffer。

　　(2) 網路掃描：取得目標主機的系統漏洞而入侵。

　　(3) 偽裝式攻擊（IP Spoofing）：藉由修改原發送端位址（IP address），偽裝混入目的端來存取資源，進而同時利用傳送大量封包，造成網路或伺服器癱瘓。因為各式各樣的互動模式，當然也產生各式各樣的攻擊事件。

　　(4) 密碼破解：利用暴力密碼猜測法等破解程式，來破解使用者密碼，進而取得使用者密碼而入侵該主機。

　　(5) 惡意程式植入：執行木馬程式到 IE Brrowser。

　　(6) 電子郵件攻擊：大量地散發垃圾郵件（Spam），也就是說散發很多客戶沒有興趣的電子廣告郵件。

　　(7) 入侵 Cookies：非自主性的暴露上網路徑和流出個人資料。

　　(8) DoS（Denial of Service）攻擊：是一種阻絕服務攻擊，它會占用系統資源，使得系統無法提供正常服務。

二、資安對企業影響

　　資訊安全牽涉到的作業系統、網路程式、應用程式等相關技術，是一個非常專業的學科，如圖 13-1，資訊安全學會就是研究資訊安全學科的組織。資訊安全對於企業資訊化是非常重要的，它具有一體兩面的意義，也就是說，資訊帶來企業資訊化的成效，但也相對的會帶來企業資訊化的失敗，故在規劃企業資訊化時，一定要做到資訊安全防範和擬定安全災害復原計畫。不過往往這些規劃卻常是被疏忽的，以及覺得很麻煩而不做，這就好比人員保險、公共風險一樣，都是發生事情後，才來緊急處理，但是為時已晚或成本太高。

　　在不同企業間，因為生意來往關係，彼此之間需要有資料的傳輸交換，而在網路技術興起之後，其企業之間資料交換，就使用 FTP 或 internet XML。FTP（File Transfer Protocol）是針對檔案傳輸，程式會將檔案自動切分成封包（Packet），透過 FTP 協定在網路上傳送，然後由接收端程式將檔案重新組合起來。而 XML（Extensible Markup Language，可擴充式標記語言）是針對結構化資料傳輸，它是由 WWW（World Wide Web Consortium）協會於 1994 年審核制定出來的，是負責審核、制定 WWW 相關技術規格的一個組織。這些傳輸須依賴傳輸協定，例如：SNMP（Simple Network Management Protocol）是一種簡易網路管理協定，它是建立在管理端和代理端的關係架構上。在上述資料傳輸交換的方法，對於安全機制上，資料封包是否完整地傳送，它會影響到企業之間作業的順利性，另外尚須考慮資料傳輸是否會被截取，這會牽涉到機密資料的外洩性。

　　就網路架構而言，企業之間資料交換一般都以分散式系統來傳輸，所謂分散式是指將資料分散於各地子系統，並且透過主系統做連接整合，如圖 13-1。

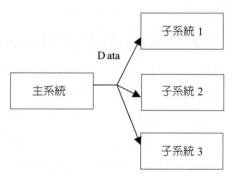

圖 13-1　分散式系統

在每個子系統中會產生更新的資料，其更新的資料會和主系統以連線同步或離線非同步方式，來控管資料的完整性和一致性。在這樣分散式網路系統中，會因連線同步或離線非同步機制管理不當，使得分散性資料產生安全性的錯誤，例如：不同步更新資料錯誤、遺失錯誤、資料計算錯誤等。從上述說明可知，如何建立安全的網路交易環境，以確保重要機密資料在網路傳輸過程中不遭受偽造、竄改，同時保障個人隱私權利等，都是資訊安全須規劃的重點。在網路上傳送的資料，是以壓縮後的封包（Packet）方式來進行交換或寄送，若在傳送過程中有發生異常，就可能導致資料封包變成亂碼，也就是說，接收者無法開啟資料檔案，或是開啟後變成亂碼，解決方法就是再重傳一次，但若再重傳一次仍是亂碼，則就必須考慮本身檔案是否已損壞。

要解決這種資訊交換安全，可從資訊技術上來運作，包含：(1) 企業之間建立私有的網路平台，並建有防火牆的機制，防火牆的運作是先建立一個資料集，它會事先記載可通往的網址，故每當有訊息要送出時，防火牆會將訊息的目的網址記錄在資料集中；相對的，當有訊息送來時，則防火牆會檢查訊息來源的網址是否資料集中，若是才允許通過，否則立刻阻擋。(2) 將欲傳送的資料加以加密及利用 Web 上的金鑰，而到了接收者時，再解密即可。加密（Encryption）與解密（Decryption）技術學問稱為「密碼學」。它的方法有位移法或邏輯運算法，在運用加密與解密時，會用到私密金鑰和公開金鑰，其之間的關係是：公開金鑰就是可開放讓大眾使用的 key，但公開金鑰解密，只能用自己的私密金鑰才能解開。加密與解密的種類，可分成對稱式加密法和非對稱式加密法二種。

對稱式加密法：這是傳統的加密方式，以使用者自訂單一特殊字串（私密金鑰），然後以上述的加密演算法，將此 Key 與文件的內容編成一些無法查看其內容的文字、數字。

非對稱式加密法：加密和解密是分別使用不同的 Public key（公開金鑰）和 Private Key（私密金鑰）來做的。SSL（Secure Sockets Layer）安全協定，是要達到連線具隱密性、身分鑑別、連線具可保障性，它採用非對稱式密碼法。openssl.org 是提供 SSL（Secure Sockets Layer）安全協定的技術服務。

上述解決方式須透過第三者的公正認證，TWCA 是台灣網路認證公司（Taiwan-CA.COM Inc.），主要提供安全可靠的電子商務信用卡交易服務平台。

資訊交易都是以數位方式來儲存和執行，而數位特性就是很容易複製，故在數位簽名上應防範被複製。要解決方式就是做加解密及第三者公正的驗證，一

般會以數位識別碼方式,它相當於個人的「數位身分證」。數位簽章的文件,是要達到識別傳送端、資料完整性、不可否認性等效果,使用者可利用 Outlook Express 來傳送安全電腦郵件以及數位簽章,另外在使用電腦郵件時,請關閉電子郵件軟體的預覽郵件功能,可避免因閱讀郵件而感染病毒。但要使用數位識別碼,必須先向一些網路上的數位認證中心(Certificate Authority, CA)申請,以取得自己的數位識別碼。cacert.org 是提供數位認證中心的服務,也包含提供 Public Key Infrastructure(PKI)的環境。

　　資訊交換安全除了會受到上述資訊技術本身影響外,也可能會受到因網路技術管理不當或有漏洞,而遭到人為疏失或破壞,例如:網路斷線因素,當企業應用網路平台做資料的傳輸交換時,正好發生網路斷線,此時就會產生交易錯誤或未完成。而會造成網路斷線的原因,有很多狀況,例如:伺服器當機、網路不通、突然停電等,至於解決方法,就是針對發生問題的原因做處理即可。

三、資安對管理資訊系統影響

　　資訊安全對企業管理資訊系統影響主要在於三方面,包括:區域檔案安全、功能機密權限、體系資料整合安全等,如圖 13-2,茲分別說明如下。

圖 13-2 資訊安全對企業管理資訊系統影響

1. 區域檔案安全

　　在企業內的資料是屬於企業區域內部的領域,因此企業員工才能使用區域內的檔案。在企業內的各大部門運作,都會有各部門人員工作後的檔案文件,例如:研發部門人員經過設計繪圖工作運作後,就會產生圖檔檔案,這時檔案就會存在企業的伺服器硬碟內,而這個硬碟檔案,是以檔案總管分類方式來存取,所以必須以企業區域內(Intranet)的結構方式保護其資訊安全,其示意圖如圖 13-3。

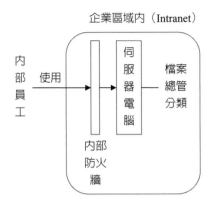

圖 13-3　企業區域內資訊安全 (一)

上述是針對內部員工存取企業區域內的資訊安全，若是外部員工從企業實體區域外存取檔案時，則需加入帳號密碼和固定 IP（Internet Protocal）位址來控管，其示意圖如圖 13-4。

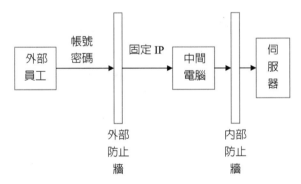

圖 13-4　企業區域內資訊安全 (二)

2. 功能機密權限

由於企業各部門有各自要存取檔案或資料，因此這其中牽涉到各部門人員不可跨部門的存取其他部門資料，以及各部門職位等級不同，對於不同欄位資料有不同權限，例如：成本欄位資料並不是每個員工都可存取，因此需對各部門人員角色在功能欄位上有不同編輯權限，所謂編輯權限是指新增、修改、刪除、查詢等功能權限，其示意圖如圖 13-5。

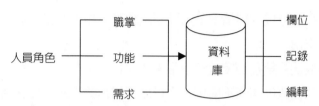

圖 13-5 人員角色的資訊安全

3. 體系資料整合安全

以下是體系間電子化運作的資料整合示意圖（見圖 13-6）：提供 XML 資料交換標準及傳遞模式，以及內部 ERP 的資料庫整合介面，因為此解決方案能夠與供應廠商後端的系統充分整合。例如：客戶下採購單給該企業，該企業則將採購單轉成訂單，並經過該訂單的產品，在物料需求作業上得知，轉為對供應商的採購單，這是一個客戶（採購單）到企業（訂單）；企業（採購單）到供應商（訂單）的資料交換路徑，另外一個反向路徑是供應商（出貨單）到企業（入庫單）；企業（交貨單）到客戶（入庫單）。

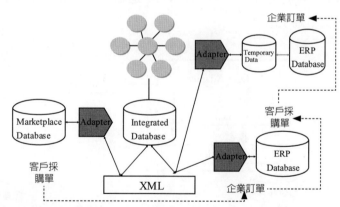

圖 13-6 資料整合示意圖

從以上說明可知，企業間體系作業在資料交換模式如下。

建置 Web 資訊系統以共同交換企業之間的資訊：

它是訂定共同資料格式，亦即參照產業所製訂的交換格式標準（XML），例如：EB-XML，以提供高開放性、易整合之介面，可適用在所有相關企業資料之整合；並對應出企業之間資料項目共同溝通的名稱定義，亦即是 Mapping，以便完成「客戶到中心廠到供應商」間之相關資訊流的完整資訊傳輸平台。

　　以電子化程度分成三類情況下，就資訊化素質和電腦化環境因數，分成四種不同角色資料交換。

　　它是以分散式系統及簡單式用戶端架構，再加上 Turnkey 程式的輔助，來快速建置中心廠和相關供應商不同電子化程度下的相關系統，以達到容易、快速且彈性的資料交換可行性和執行落實。

　　推行體系企業間電子化，預先規劃體系資料交換功能：

　　在建立雙方互助互信的基礎下，預先規劃體系資料交換功能，並強化彼此的安全機制，以便透過 Internet，簡化及改善與廠商間資訊流、金流等作業流程，以達成預先規劃體系資料交換功能。例如：在關鍵性零組件供應時所面對的三大問題：(1) 前置期過長；(2) 訂單生產進度掌握不足；(3) 需多次協調交期，如何透過共同產能及庫存資料分享，以簡化資料交換介面，和確認縮短廠商交貨時程。

　　以下是資料交換技術進行軟體技術的實作案例。

　　以 VB.NET 的 ADO.NET，做為應用程式介面，來擷取 SQL 資料庫，並將 SQL 轉為 XML，再透過 XSLT 轉為 HTML，這是一個企業間資料交換流程，也可反向移轉，如下圖 13-7。

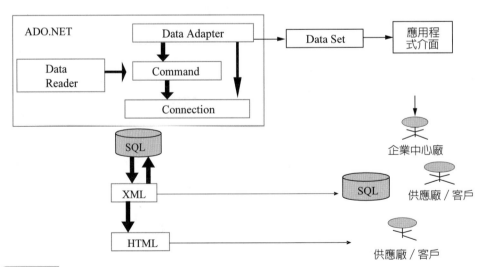

圖 13-7　企業資訊交換流程圖

步驟 1 中心廠移轉資料查詢：運用 VB.NET 的 ADO.NET 來呈現資料移轉介面。
步驟 2 中心廠移轉資料給供應廠：運用 SQL 將資料移轉成 XML 資料。

步驟 3 供應廠移轉資料至本身的 SQL：運用 SQL 指令將資料移轉從 SQL 成為 XML 資料。

步驟 4 客戶移轉資料至本身的 SQL：運用 SQL 指令將資料移轉從 SQL 成為 XML 資料。

步驟 5 XML 移轉資料至 Web 上：運用 XSLT 指令將 XML 資料移轉成 HTML。

13-2　資訊應用的安全

　　網路購物是資訊應用常見的例子，因為網路購物不僅下單方便，甚至可有優惠和個人議價的空間，對於適合在網路購物的產品，的確是有利基的市場，但相對的它也會對個人造成危害，其企業也是一樣，前者包括網站對瀏覽者使用 Cookie 的問題、非法販賣會員資料、電子郵件內容被攔截偷窺、竊取錢財為主要目的等，但後者不同的是企業本身會架設很多安全防範的設施，例如：防火牆、防範病毒軟體等，不過雖然有嚴密的管控，但最怕的就是內部員工用合法方式做安全上的風險，其中最常見的就是員工帳號和密碼外洩，因為帳號是屬於合法的途徑，故在管控和防範上就顯得困難多了。

一、資訊應用安全種類

　　在應用資訊安全考量上，又可細分成資訊交換應用、金融消費應用等二種應用，在這些資訊安全考量上，會因人為故意的行為，又可分成惡意型和一般型的安全問題。

1. 資訊交換應用

　　在不同企業之間，因為生意來往關係，彼此之間需有資料的傳輸交換，而在網路技術興起之後，其企業之間資料交換，就使用 FTP 或 internet XML 的交換。FTP 是檔案傳輸，而 XML 是可擴充式標記語言（Extensible Markup Language），它是由 WWW（World Wide Web Consortium）協會審核制定出來的，它創立於 1994 年，是負責審核、制定 WWW 相關技術規格（包括 HTML、CSS、XML 等）的一個組織。

　　上述資料傳輸交換的方法，對於安全機制上，包括資料封包是否完整地傳送和其資料傳輸是否會被截取，前者會影響到企業之間作業的順利性，而後者是機

密資料的外洩性。這二個狀況都是屬於資訊安全的領域。

要解決這種資訊交換安全，可使用 (1) 企業之間建立私有的網路平台，並建有防火牆的機制。(2) 將欲傳送的資料加以加密及利用 web 上金鑰，而到了接收者時，再解密即可。

2. 金融消費應用

目前信用卡和金融卡盛行的環境中，使得這些卡片也可應用在網路消費或網路查詢上。

icbc.com 是提供銀行相關業務的產品和服務，包含利用網路上提供金融服務。

在網路上使用金融消費，的確帶來使用者極大的方便，但太過方便有時卻引來安全性問題，在這個應用上，安全性問題有三個：

(1) 個人重要及代表性資料被盜用。例如：金融帳號和密碼洩漏，導致被盜用帳號，而被竊取不法購物等損失，解決方式就是要用 Web 上掛失功能及定期更新個人資料。

(2) 交易過程可能直接在 web 上被竄改，導致數據資料有異，進而影響金融客戶的權益。解決方式就是透過第三者的公正認證，TWCA 是台灣網路認證公司（Taiwan-CA.COM Inc.），主要提供安全可靠的電子商務信用卡交易服務平台。

(3) 太過容易使用及容易被複製。例如：若想要做轉帳或信用卡購物的消費行為，只要在舒適的家裡，很方便的按下幾個鍵，就可立即完成交易，像這種太過容易和方便的操作，使得一旦消費者想要反悔就必須大費周章的操作，才能更正回來，故很容易受到情境式行銷的誘惑，或許廠商會將這些更正功能設計得也很容易，但對於重要昂貴的物品，也許須謹慎考量。解決方式就是在介面上多設定一些考量用的按鍵功能。

另外，整個交易都是以數位方式來儲存和執行，而數位特性之一就是很容易複製，故在數位簽名上應防範被複製。解決方式就是做加解密及第三者公正的驗證，一般會以數位識別碼方式，它相當於個人的「數位身分證」。但要使用數位識別碼，必須先向一些網路上的數位認證中心（Certificate Authority, CA）申請，以取得自己的數位識別碼。cacert.org 是提供數位認證中心（Certificate Authority, CA）的服務，也包含提供 Public Key Infrastructure（PKI）的環境。

二、資訊應用安全問題

購物交易雖是在網路上完成，可是運輸物品和品質保證，卻是在實體環境中運作，如此現象就可能造成以下安全性問題。

1. 網路交易問題

第一個是購物帳號可能被竊取，實際上購物的是別人，使得購買者和賣者兩方各蒙其害。要解決這個問題，就是消費者本身須管好自己帳號，多用長的密碼，不要用生日或容易猜的資料，另外，盡量不要在不熟悉的地方或公用電腦上網購物，因為有些電腦會有偷取鍵盤輸入資料和擷取 Web 資料的軟體。另一個是購物交易資料輸入太過容易使用及容易被複製。

2. 運輸物品安全問題

貨沒收到或運輸中貨品遭到損壞，如此的結果，使得消費者反而後續須花費更多時間精力來解決，失去了網路購物原有的好處──便利性。要解決這個安全問題，須確保廠商有貨品運輸保障機制。

3. 運輸物品品質保證

物品品質使用發生瑕疵時，對於如何退貨和換貨之作業不熟悉或麻煩，例如：要自己去郵局辦退貨郵寄，而郵寄費用該誰負擔。另外，有些物品在網路視覺化效果下，消費者感覺非常喜歡，但真正收到後，發現和在網路上看的有差異，這時候，就產生了認知上的紛爭。解決方式是購買前，還是先了解該廠商的信譽，及多購買有品牌或品質保證的廠商產品。

從上述的安全性問題，可知資訊應用的安全，除了資訊安全技術外，還須配合個人防範行為及企業服務的作業配套，才可降低這些資訊安全的危害。

三、資訊應用安全稽核

像這種安全問題的類型，就不是只有用網路技術來防範那麼單純，最重要的是做好制度上的管理，也就是說，除了技術面之因應考量外，相關法令規範、作業流程等內容皆須嚴謹的制定、評估與探討。故在上市上櫃公司，都必須提出電腦內部稽核控管管理辦法，而且會以定期或不定期方式做稽核和抽查，因為公司的資訊安全問題，會影響到大眾股票的投資權益。電腦稽核師協會（ISACA, Information Systems Audit and Control Association）是提供資訊管理、控制、安全

和稽核專業設定規範的全球性組織。

　　資訊安全的稽核程序，是指期望以制度化的方式，來達到資訊安全稽核的防範。一般在稽核程序制度的安全性運作下，有下列六個步驟：身分確認、授權、交易保密、交易正確、交易完成和交易過帳。

步驟 1.身分確認：進入電子交易網站，首先必須確認在電子市集交易者的雙方真正身分。

步驟 2.授權：身分確認沒問題後，這時須針對存取之權限控制，也就是說使用者必須有權限，才可加以存取交易，若使用者沒有被授權，則無法對交易做存取出的功能。

步驟 3.交易保密：確認交易資料傳輸的私密性。

步驟 4.交易正確：確保在交易的過程中，資料可完整傳送和沒有被擷取。

步驟 5.交易完成：在交易保密和正確性無誤後，這時可確認雙方交易是否已完成。

步驟 6.交易過帳：在交易完成後，對於雙方的資料可做同步過帳。

　　資訊應用的安全管理辦法應因事制宜，來設定不同嚴格等級的控管，例如：在研發技術的項目，就必須很嚴格的控管，故一般會採用 Cheek In / Cheek Out 方式。所謂 Cheek In / Cheek Out 方式，是指員工在進入重要的軟體系統時，例如：R&D（研究與發展）軟體系統，就必須記載追蹤什麼時候進入和離開、看過或存取什麼檔案資料、時間多長、做什麼工作等 Log 和內容，這好比銀行保險箱一樣。R&D 管理的 Cheek In / Cheek Out 方式須花費較大的人力時間成本，但因它太重要了，故這是值得的，因為在 R&D 領域有很多是攸關公司命脈的專利權、智慧財產權等。尤其是在高科技公司，因其新產品開發週期短，技術新突破都須依賴智慧財產權的保護，故若不小心被人竊取，則可能會造成公司很大的損失。這種例子，在國際上和國內是非常多的，例如：IC 晶片設計的專利權就常在同業中產生互相競爭。

　　資訊安全在產業鏈的過程中，會因為產業鏈的其中一環管控不當，使得產業鏈的資訊應用出現不安全的漏洞。例如：有一些銀行信用卡將某些業務委外，使得外包廠商有可能會得到客戶相關資料。故企業致力於提供更便利網路交易的同時，其消費者對於更安全的需求程度亦逐漸提升。

　　綜合上述可知，資訊應用的安全必須同時考慮技術面和管理面，前者就是多架設防範的設施，例如：防火牆，防毒軟體等。而後者就是設定一些管理辦法和

程序表單，針對人事做管理，例如：帳號密碼管理、IP 管理等。

📚 13-3 網路病毒

一、網路病毒定義和種類

網路病毒是一種惡意破壞的軟體程式。網路病毒要發作徵兆有：執行程式的速度變慢、特別日期、當機、畫面出現不明訊息、檔案大小異常、記憶體突然被占滿、不明程式被執行等。網路病毒可藉由網路來散布，例如：電子郵件病毒、網頁瀏覽、不明來源軟體、區域網路共享功能等散布的病毒。網路病毒可以自我複製或感染電腦中其他正常程式，進而破壞電腦系統，導致電腦資料流失或是一些合法軟體無法正常運作。

一些病毒藉由部落格、交友網站來擴散，主要是透過圖片或廣告訊息，或是利用連結導引到惡意網站，來大量散布惡意程式。

一般網路病毒種類可分成三種：

(1) 開機型病毒：它利用已感染病毒的磁碟開機後，會潛伏在磁碟啟動區中，進而常駐到記憶體內，亦可稱為系統型病毒，例如：米開朗基羅病毒。

(2) 檔案型病毒：當使用者執行已中毒的檔案，病毒就會開始破壞並感染其他檔案程式，它是潛伏在可執行的檔案中。例如：特洛依木馬病毒先以安全檔案方式進入使用者的電腦中，接下來駭客可能會藉此病毒來盜用使用者的帳號、密碼等機密資料、進行刪除檔案、格式化硬碟等，是極具破壞性的網路病毒。

(3) 混合型病毒：混合型病毒包含開機型病毒與檔案型病毒的作用。

目前防毒軟體可抑制病毒，例如：symantec.com 提供了防毒軟體的產品和服務。

另外還有如下電腦攻擊的現象：

1. 駭客

電腦駭客是專門尋找網路的漏洞或弱點來做攻擊，它是屬於人為惡意，駭客可藉由網路入侵電腦，或攔截網路上傳送的重要資料，網路技術本身並無法辨認惡意或善意的動機，故此種技術在安全會造成很大危害，若駭客只是好玩的話，則損失不大，但若是報復的話，則損失就很大了。

解決的方式就是做更好的防範，例如：防火牆等。不過一般駭客在網路技術

上能力很強，才有辦法突破，因此防火牆有時是無法完全阻擋的。

2. 亂碼

在網路上傳送的資料，是以壓縮後的封包（Packet）方式來進行交換或寄送，若在傳送過程中有發生異常，就可能導致資料封包變成亂碼，也就是說，接收者無法開啓資料檔案，或是開啓後變成亂碼，解決方法就是再重傳一次，但若再重傳一次仍是亂碼，則就必須考慮本身檔案是否已損壞。

13-4　資訊安全技術

一、資訊安全技術管理

在上述的技術上安全性問題，就必須以技術面和管理面同時下手，前者就是多架設防範的設施，例如：防火牆，防毒軟體等。而後者就是設定一些管理辦法和程序表單，針對人、事做管理，例如：帳號密碼管理、IP 管理等，管理面對於安全性防範是非常重要的。

在技術安全上，對於人爲惡意破壞，可分成下列種類：病毒、攻擊、擷取、僞裝、盜用等。

網路上的資訊安全問題，是和網路技術突破有關的，也就是說，新技術使得安全上有了防範，但相對的也可能造成安全上的危害。故雖然網路技術的突破會帶來更好、更新的便利和功能，但若讓有心人士做爲非法工具，則它帶來的就是損失。因此，因應這些資訊安全的防範，目前有資訊安全防範和組織已儼然成形，例如：行政院國家資通安全會報技術服務中心（ICST），icst.org.tw 提供資通安全作業、技術諮詢、資安資訊、人才培訓等服務。

網路上資訊安全會對個人造成危害，對企業也是一樣，前者是網站對瀏覽者使用 Cookie 的問題、非法販賣會員資料、電子郵件內容被攔截偷窺等，但後者不同的是，企業本身會架設很多安全防範設施，例如：防火牆、防毒軟體等，不過雖然有嚴密的管控，但最怕的就是內部員工用合法方式做安全上的風險，其中最常見的就是員工帳號和密碼外洩，因爲帳號是屬於合法的途徑，故在管控和防範上就顯得困難多了。故網站會在使用者電腦上建立 Cookie 以確認會員身分，所以若您封鎖了 Cookie，則會無法瀏覽該網站。

像這種安全問題的類型，就不是只有用網路技術來防範那麼單純，最重要的

是做好制度上的管理，也就是說，除了技術面之因應考量外，相關法令規範、作業流程等內容皆須嚴謹的制定、評估與探討。

從上述說明可知，如何建立安全的網路交易環境，以確保重要機密資料在網路傳輸過程中不遭受偽造、竄改，同時保障個人隱私權利等，都是網路行銷在資訊安全須規劃的重點。

二、資訊安全技術機制

1. 資訊安全措施

為了確保資訊安全的措施，須採用下列的方法：

- 存取使用權限控制：設定不同使用者有不同程度的使用權限。
- 使用者認證：使用者須經過登錄、審核等的認證程序。
- 資料備份：每日做資料的確認和備份。
- 資料加密：重要資料再加上加密技術，使得須經過解密，才可以打開。
- 安全人員的管理：資訊存取使用的過程，須經過另一安全人員的控管，才可使用。
- 擬定安全災害復原計畫：一旦發生安全災害時，就須依照復原計畫來立即處理。

就資訊安全範圍可分成：硬體安全的防護、軟體安全的防護、網路安全的防護、個人電腦安全防護等。

綜合整理資訊安全措施手法如下：

- 定期備份資料。
- 防止儲存媒體的傷害。
- 防止軟體被盜用。
- 硬體保護。
- 加密與密碼。
- 安裝應用軟體修補程式。
- 電腦病毒的防範訊息。
- 常掃毒且更新病毒碼。
- 使用數位簽章。
- 使用 SSL（Secure Sockets Layer）安全協定。

2. 資訊安全的制度

資訊安全的制度，是指期望以制度化的方式，來達到資訊安全的防範。

目前資訊安全的制度有：電子交易程序、安全災害復原計畫，因為「網站安全性」因素對於顧客滿意度與忠誠度皆有顯著的正向影響。

在安全災害復原計畫方面，可以下列步驟來規劃：

(1) 列出重要的資訊安全清單。

(2) 支援資訊安全所需要的設備以及人員清單。

(3) 訂定不同等級資訊安全的措施。

(4) 資料定期備份方案。

(5) 災害復原的處理步驟。

(6)Client 端的事先防範。

例如：Microsoft IE 共提供了四種安全區域：網際網路、近端內部網路、受信任站台區域、受限制站台區域，如下圖 13-8。

圖 13-8　Microsoft IE 安全區域

三、資訊安全設施

資訊安全設施的種類很多，茲整理常用設施如下。

1. 防火牆

防火牆的運作是先建立一個資料集，它會事先記載可通往的網址，故每當有訊息要送出時，防火牆會將訊息的目的網址記錄在資料集中；相對的，當有訊息送來時，則防火牆會檢查訊息來源的網址是否資料集中，若是才允許通過，否則立刻阻擋。

2. FTP

FTP 它是 File Transfer Protocol（檔案傳輸協定）的縮寫。程式會將檔案自動切分成封包（Packet），透過 FTP 協定在 Internet 上傳送，然後由接收端程式將檔案重新組合起來。

3. NAS

NAS（Network Attached Storage）附加式網路儲存裝置，它透過網路來達到儲存目的。它提供各異質作業系統平台（包含 Unix、Windows、Linux、Netware）的客戶端及伺服端達到檔案共享的儲存裝置。它適用於對大量用戶需要同時讀取資料的環境。

4. SAN

SAN（Storage Area Network）儲存區域網路是將主機與儲存空間放在不同的地區，並經由一個主伺服器向外整合連線。它適用於資料在固定時間之內，只需被少數人同時讀取使用的環境。

NAS 和 SAN 之差異：NAS 和 SAN 的關係是互補的。一般而言，多平台和大量用戶的網路環境，適於採用 NAS，而單一平台 Mainframe 和減輕伺服器負擔的環境，則適於採用 SAN。emc.com 提供了資訊管理與資訊儲存的產品服務，以及資訊解決方案的全球領導廠商。

5. IDC

IDC（Internet Data Center）網路資料中心，它提供使用者租用網路硬碟空間以儲存資料、網路環境和管理，以及資訊安全，CBN 公司是提供網際網路的使用服務，強調一次完整足夠服務（One-Stop Internet Service），包含網路資料中心的服務。

6. SSP

　　SSP（Storage Service Provider）儲存服務提供者，它提供資料委外存取管理服務，和檔案資料管理與保全。

7. 企業資訊整合的異地備援

　　SAN 和 NAS 一樣，在備援上可分成「本地備援」和「異地備援」。

　　另外備援依連線狀況，又可分為連線及離線二種模式。

　　異地備援的建置，可細分為六個步驟：

　　(1) 將資訊系統分類和整合。

　　(2) 評估資訊備援環境和條件

　　(3) 規劃網路儲存系統。

　　(4) 設定資訊備份與回存功能。

　　(5) 資訊存取管道的建立。

　　(6) 擬定備援的災害回復計畫。

8. 資訊安全組織和標準

　　安全宣告標記語言（Security Assertion Markup Language, SAML）是 OASIS（Organization for the Advancement of Structured Information Standards）組織在 XML 架構下，提供給買賣雙方在交易時，可透過 Web Services 來授權（Authorization）及確認（Authentication）的機制，利用這些方法來提高 XML 架構的安全性。OASIS（Organization for the Advancement of Structured Information Standards）是提供有關資訊安全技術的組織，和擬定有關安全資訊的標準。

　　SAML 它定義了多個不同目的之安全確認方式：

　　(1) Authentication Assertion：認證聲明。

　　(2) Attribute Assertion：使用者之屬性聲明。

　　(3) Decision Assertion：使用者之決策聲明。

　　(4) Authorization Assertion：使用者之授權聲明。

　　透過上述的安全確認的方式，SAML 就可提供雙方在商業交易時的交換授權（Authorization）及認證（Authentication）機制。

13-5 資訊倫理

一、資訊倫理定義

根據 Frankena（1963）的定義，倫理是一個社會的道德規範系統，賦予人們在動機或行為上是非善惡判斷之基準。資訊倫理是指使用者在使用軟體系統產品或服務時，因為過度使用和人為疏失或故意，而造成資訊使用的負面現象，此現象引發倫理道德上的爭議，進而衝擊到對社會、文化、國家層面的可能影響局面。Paradice 與 Dejoie（1991）曾探討資訊系統與社會倫理的關係；一些學者也探討到資訊時代的重要倫理議題（Shim & Taylor, 1988; Massion, 1986）。Masson（1995）、Conger 與 Loch（1995）從倫理理論的闡述出發，希望資訊人員能從基本的倫理理論認識起，也就是應該了解及遵守現存專業相關的法令，並接受個人工作上的責任。從此定義，可知資訊倫理在企業運用軟體系統發展時，必須考量資訊倫理所帶來的衝擊，也就是說，必須考量資訊倫理因素，否則，反而會影響企業運用軟體系統的績效，甚至帶來負面影響。Mason 於 1986 年提出了資訊倫理相關的四大議題，分別是隱私權（Privacy）、正確性（Accuracy）、所有權（Property Rights）、取用權（Accessibility），合稱為 PAPA。「資訊所有權」泛指個人對於資訊可控制及支配的權力。

Loudon 和 Laudon（2001）提出資訊倫理準則如下：

- 黃金準則（Golden Rule）：本著「己所不欲，勿施於人」的原則。
- 迪卡兒的變遷原則（Descartes' Rule of Change）：在進行資訊倫理原則判斷時，應該考量其長期後果。
- 坎特的絕對性原則（Immanuel Kant's Categorical Imperative）：其標準應該以大家的普遍性認知為基礎。

資訊倫理在企業導入 MIS 系統上，必須考量的因素有「倫理灰色地帶爭議」、「防範倫理的阻礙」、「轉換倫理的正面形象」等三種，說明如下。

(1) 倫理灰色地帶爭議

資訊專業人有專業知識與技能來設計產品或提供服務，因此在倫理議題上須考量某些議題，例如：個資隱私、智慧財產權等議題，將不容易界定的議題轉換明確的宣告，例如：個資使用保密宣言。在隱私權的議題上，哪些資訊可以公開？在什麼條件之下可以被揭露？哪些必須受到嚴格的保護？例如：網路謠言通

常以日常生活的某些觀念為背景，透過一些似是而非的推論或根據來加以扭曲，

(2) 防範倫理的阻礙

預想倫理可能帶來的阻礙結果，並設計可預防和解決這些阻礙結果的方法。例如：消費者太過沉迷上網使用軟體服務，則可採取使用年齡分級或時段控制等方法。資訊人員對於電腦系統的衝擊，應有完整的了解及詳細評估，特別是風險上的分析。資訊專業人具有權力，若權力使用不當，會引起利害衝突（Anderson et al, 1993; Paradice & Dejoie,1991; Bommer et al, 1987）。例如：消費者若是利用刷卡付費，那麼必須負擔信用卡卡號被盜用的風險。

(3) 轉換倫理的正面形象

透過資訊的交換、傳遞、分析、整合，便能夠創造價值，因此可以掌握資訊的人，等於掌握了權力。故須將資訊倫理的道德風險問題，以正面形象方式主動推出具有倫理的正面宣傳。例如：不時提醒上網的軟體使用者在使用電腦時應考量的健康現象，並主動傳達給使用者。網路上針對特定對象的不實傳言，加上許多網友寧可信其有的心態，會造成商家不小的損失，所以保證做為是很重要的，例如：TRUSTe（www.truste.org）乃是 1996 年成立的一個非營利團體，以張貼標章（Seals）方式，向消費者保證不會濫用其個人資料。

二、資訊倫理對 MIS 影響

從上述資訊倫理定義，可知資訊雖帶來企業和人類社會的效率和效益，但水可載舟亦可覆舟，因此，原本資訊對企業和人類社會的正面意義，會因為使用過度和人為疏失及故意行為情況發生下，而使得這些因素導致負面意義，例如：假借名義所發出的聲明，在網路上發表看法、提出聲明。也就是資訊倫理的產生，如此反而反向影響原有效率和效益，因此資訊人員在收集、儲存、處理及傳送資訊時，應該重視資訊所有權人之隱私權。所以，資訊倫理的形成影響了企業運用 MIS 系統的效率和效益，其影響主要可分成「資訊本身議題」、「資訊使用效應」、「企業營運發展」等三項，茲分別說明如下。

1. 資訊本身議題

其議題主要包含「個資隱私」、「軟體版權」、「資訊衝擊」等三方面議題，分別說明如下。

(1) 個資隱私

隱私權是對個人資訊的一種保密，該資訊之所有權為當事人所有。從個人資訊工作中尋找與道德有關的層面，對於消費者在運用企業所提供的軟體系統時，會將消費者本身個人資料做輸入或提供，才能確保運用此軟體系統的正常運作，然而當個資置入企業軟體系統內，則企業有其保密的責任，否則，一旦洩漏出去，就會侵犯到個人隱私權，利用個人的倫理基準決定相關的道德水準，如此就會影響到消費者使用此企業的軟體系統，進而無法達到企業運作軟體系統的目的。因此，電子監聽、偷窺別人電子郵件或販賣客戶資訊等行為，都可能構成侵犯隱私權（Sipior & Ward, 1994; Miller, 1991）。

(2) 軟體版權

企業或消費者在使用正版軟體時，應該就使用者付費觀念來使用軟體，有形的財產如軟體、硬體、文件等，無形的財產如設計理念、開發方法等（Conger & Loch, 1995）。非授權地複製軟體，或稱為軟體侵權或軟體海盜（Software Piracy）。而這也就是軟體版權觀念，若客戶不願以正版智慧財產權來使用軟體，就會造成企業軟體授權的利潤遭到侵蝕，如此企業沒有利潤，則就不會再銷售或研發新的軟體，不僅企業發展受阻，客戶也會無法享受高品質的軟體效用。

(3) 資訊衝擊

倫理議題的界定有賴於個人資訊的收集及判斷，客戶或消費者使用軟體系統和服務時，會因過度使用或人為疏忽故意，而造成對個人、社會、文化的衝擊，例如：過度上網查看資訊，會造成身體健康有害。繁重地使用電腦將引發健康上的問題，如工作壓力、手臂與頸部肌肉損傷、眼睛疲勞。再如：過度依賴相信電腦軟體，而疏忽人和人之間的生活互動層面，包含人際關係疏離、不食人間煙火等悖離社會正常運作現象。員工、工會及政府官員批評電腦監控會帶給員工過多壓力，並造成健康上的問題。再例如過度長久使用鍵盤輸入，而忘記如何手寫文字等現象。

2. 資訊使用效應

資訊倫理是在客戶使用軟體系統過程所引發的不道德層面情況，資訊財產權（Property Rights），如智慧財產權、專利權等，是指資訊資源之擁有者具有對該資訊資源持有、處置及使用之權利（Conger & Loch, 1995）。因此在使用資訊系統的服務時，若發生倫理道德議題時，到底是以企業目的利潤為優先考量？還

是倫理道德正義優先呢？這就是一種資訊使用後所產生的倫理效應，例如：企業運用 CRM 軟體分析消費者需求偏好，因此掌握消費者的隱私，但若沒有這些隱私資料，就無法有消費者需求分析，可是，個資隱私若使用不當就會產生資訊倫理議題。所以在資訊倫理議題下，企業必須小心運用，以防資訊使用效應產生，進而對企業造成不利影響。點對點（Peer to Peer, P2P）網路，如 Napster，使得數位化的版權物更禁不起未授權的使用。

3. 企業營運發展

　　資訊倫理所引發的道德問題，會在資訊本身議題下造成隱私權、智慧財產權等風險，並進而造成資訊使用效應，也就是企業使用 MIS 軟體和資訊議題倫理的衝突矛盾，最後影響到企業營運發展。所謂「企業營運發展」是指企業利用 MIS 軟體系統來輔助本身營運績效，但當因為倫理在資訊使用的效應產生時，企業就面對兩難的抉擇，若抉擇不當，將會迫使資訊倫理影響到原有企業營運發展。也就是說企業原本利用 MIS 軟體系統來輔助企業營運，但因為資訊倫理風險，使得企業營運不利發展，茲整理上述對資訊倫理的示意圖如下圖 13-9：

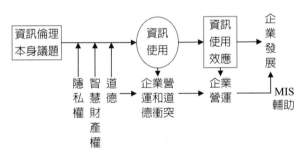

圖 13-9　資訊倫理對 MIS 影響

　案例研讀

問題解決創新方案→以上述案例為基礎

一、問題診斷

　　依據 PSIS（Problem-Solving Innovation Solution）方法論中的問題形成診斷手法（過程省略），可得出以下問題項目。

問題 1. 資訊監控和員工倫理衝突

　　當軟體技術愈創新和普遍存在之際，企業使用資訊服務就更加便捷和有

用，但也可能造成員工利用軟體系統行個人私事之用，這時，企業如何管理員工自制呢？最簡單方式就是以其人之道還治其人之身，也就是以監控軟體來監督員工上網情況，雖然這是技術上有效，但對於員工生產力是否提升卻難以置評！反而是可能造成員工心裡不舒服，進而消極抵抗，影響工作士氣。

問題 2. 資安軟體的導入適切性

根據本案例，可知監控軟體的資安產品，是在消極反向對員工上網個人行為的反制作用，這對於員工心理和工作都有影響，而受其影響的是資安軟體到底是在監控上網內容，還是員工道德？若實施下去，得到的反應反而是不信任員工道德，則將會引來員工們不滿。因此可知資安軟體產品本身並不是不好，而是如何實施方法和機制方式？以便能真正達到員工自制和提升工作生產力的效用。

二、創新解決方案

根據上述問題診斷，接下來探討其如何解決的創新方案。它包含方法論論述和依此方法論（指內文）規劃出的實務解決方案二大部分。

從事各行各業的 SOHO 型服務業，期望以網路行銷方式來突破顧客市場的範圍，但同樣也有網路上資訊安全的問題。從事零組件製造的中小企業，期望以網路行銷方式來打入全球化的廣大市場，但面對網路上的資訊安全卻覺得不安。從事傳統保險和投資相關金融產品業務已久的大型企業，期望以網路行銷方式來切入全球金融趨勢發展，但同樣也有網路資訊安全的問題。

實務解決方案

從上述的應用說明，針對本案例問題形成診斷後的問題項目，提出如何解決之方法，茲說明如下。

解決 1. 以資訊倫理觀點實施資安管理

實施資安軟體措施，並不是在於要造成企業和員工的對立，更不是要監督員工道德，而是要透過公開資安軟體運作，讓員工知道資安監控軟體，是在於防範外來侵略和內部不當行為產生，並以倫理道德來讓員工發起自律活動，加強員工在工作生產力提升和績效回饋的正面思考，這些運作過程就是以資訊倫理觀點，來讓員工能正面思考資安管理的必要性和重要性，而非針對特定個人員工行為。

解決 2. 結合工作績效的導入方式

　　資安軟體的實施重點不在於資安軟體本身功能性，而是在於如何實施的適切性，其適切性就是以結合工作績效導入方式，其方式是利用資安軟體來輔助工作績效，也就是將監控軟體做為工作流程的控制作業，例如：監控員工上網的網站，哪一個網站最受員工造訪，並且公布其網站，和此網站的效用，如此就可引導員工到此網站做更有效利用，如此做法也會自然而然抵制員工到處理個人私事的網站，因為會不好意思，而且從監控軟體也可知員工到上述網站的次數，這樣可激勵員工良性競爭。

三、管理意涵

　　SOHO 型服務業可利用防毒軟體、防火牆軟體、客戶會員登錄及數位識別碼確認個人身分等方法來保障網站上交易。該中小企業可利用企業之間建立私有的網路平台，並建有防火牆的機制；以及將欲傳送的資料加密及利用網站上的金鑰，讓接收者收到時，再解密即可。該大型企業可規劃資訊安全防範和擬定安全災害復原計畫來應對。

四、個案問題探討

　　您認為此個案在資訊安全上，對企業運作產生了什麼影響？

 MIS 實務專欄（讓學員了解業界實務現況）

　　本章 MIS 實務，可從二個構面探討之。

構面一：企業普遍實施監控軟體

　　一般監控軟體有三種效用：

- 監控工作現場員工的勞動，以及現場安全性和防止不明人士打擾。
- 監控員工上網的行為，例如：上網到不正當網站或處理個人私事。
- 監控設備環境運作的進度和安全性。

構面二：企業普遍建構資安環境

　　一般資安環境分成三個模組：

- 內部資安：有檔案文件、存取權限、版本控管。
- 外部過濾：有防火牆、特定 IP + Password
- 資訊系統：針對企業資訊系統做資料庫、軟體系統的資安環境。

課堂主題演練（案例問題探討）

企業個案診斷 —— 贖金軟體木馬病毒

老王擔任公司研發工程師多年，對於整理和儲存研發資料文件已有自己的習慣方法，不過都放在自己電腦的硬碟中，且認為這樣才是最保險。但有一天老王照常上網查詢有關研發方面的資訊，並開始從電腦硬碟中打開研發檔案來工作時，突然發現檔案已遭加密無法開啟，同時也收到一封電子郵件訊息，一開啟赫然發現內容是說檔案中毒等字眼，這時老王心想那這些研發資料文件怎麼辦呢，這可是重要的資產。

由於之前這些研發資料有做備份和雙重硬碟備援，故經過硬碟資料復原後，終於救回這些研發資料文件。在遭遇這件事之後，老王深刻體驗到資訊安全的重要性，後來從網站新聞得知有一種叫做贖金軟體（Ransom Ware）的木馬病毒，即當電腦感染到這種病毒時會收到一封電子郵件，告訴使用者檔案已遭加密，必須付費才能解開，所以病毒有可能是透過電子郵件或因為瀏覽某網站而感染的。

企業個案診斷 —— 資訊安全做法的演變

1. 故事場景引導

XYZ 是一家日本所授權的生產製造光學材料公司，其生產過程和技術方法等 Know-How，都是由其日本總公司派人來指導和訓練，XYZ 公司就從授權代工生產方式來取得利潤。因為光學材料製程是機密資料，故日本總公司要求 XYZ 公司確保資訊的安全。

資訊安全的軟硬體系統規劃，仍應在系統的設計上，不可以技術複雜和價格昂貴為其首要考量條件，例如：若以最高加密等級技術來控管，雖然技術複雜，但這也使得作業上的資料存取很麻煩，須有相對性的解密過程，而且最重要的是不一定有效，因為資訊人員監守自盜就是一例。另外，價格昂貴的資訊安全產品並不一定好用，因為有太多其他管道可竊取文件資料，例如：重要密碼的盜取，進而存取文件資料，即使用了很昂貴的資訊安全產品，也於事無補，雖然不是這個昂貴產品的問題，但既然如此，何不用合理價格且實用的產品即可。

2. 企業背景說明

由於光學材料製程是具有專利，故其授權過程，其 XYZ 公司都須保證不能洩密，但也因為該製程技術是非常專業的，所以在學習訓練、知識分享上都變得非常不容易，另外，最重要的是，在製造過程中所產生的資料和文件，也都是很重要的機密，並且也須不斷存取，因此建構這些資料和文件的資料庫就變得非常重要。

3. 問題描述

(1) 機密資訊安全性。

(2) 授權模式下的獲利。

(3) 知識安全限制下的分享。

4. 問題診斷

在機密資料安全上，由於受限於日本總公司的權限模式下，如何能同時做到保密安全和使用分享的效用，是陳總經理對資訊部門許經理的要求，當然許經理就以資訊安全技術來規劃其控管系統，他依照使用者權限、文件資料等級權限、時間使用權限和使用記錄限制控管等原則，來設計資料存取系統，並加上防火牆等硬體技術來嚴格控管。但經過一段時間運作後，就發生三大事件。

(1) 資訊安全出了漏洞：有資訊人員監守自盜，就其職務之便，將重要製程資料傳輸出去。

(2) 資訊安全限制作業方便性：因為嚴格資訊存取系統，使得在作業進行中很不方便，導致作業效率低落，影響到作業進度。

(3) 資訊安全投資成本高：由於許經理用了軟體和硬體安全機制雙管齊下的方法，使得投資成本占了 XYZ 公司的授權代工利潤，幾乎是 30% 的成本費用，這也是因為陳總經理要求一定要達到資訊安全的保證性。

5. 管理方法論的應用

資訊安全的實施不應只在軟硬體技術考量上，它應融入人員制度管理和作業價值等級。人員和制度上管理，可克服軟硬體技術上的非人性化盲點。透過制度化規劃來加強人員合理性的自我約束，可達到事半功倍效用。另外在作業價值等級上，將文件資料依重要性、機密性大小分類，愈重要且機密性大的文件資料，就須控管得更嚴格，而其重要程度愈小者，應不可限制太多。

6. 問題討論

　　經過一年和日本總公司的權限合作後，XYZ 公司陳總經理發現其光學材料製程的研發技術仍是無法學習到，這對公司的未來成長是有其負面影響，因此當授權合約結束後，陳總經理毅然地走向自我公司研發，於是聘請一些學有專精的研發工程師，開始做其研判發展。

　　同樣地，XYZ 公司在研發過程中，也會有重要機密的文件資料，這時，陳總經理鑑於上述失敗教訓，不再只是以資訊安全的軟硬體技術為其考量，他加入了一些資訊安全管理制度，並召集資訊部門許經理、研發吳經理為其專案成員，自己成為總召集人，親自監督來追蹤。

　　果然，一套完整資訊安全機制奏效，對於作業效率和安全機密都達到成效。但經過半年後，陳總經理卻發現另一經營上重大問題，那就是研發產品的成效並不彰，這到底是怎麼回事呢？

　　經過一段時間思考和請教專家下，這時，陳總經理才領悟到，原來問題出在研發知識的傳遞和學習分享，由於之前只考慮文件資料安全和研發作業效率，但並沒有考慮到研發作業是個知識性應用，並不能像操作性應用一樣，也就是說，資訊安全系統規劃必須考慮到知識性管理。

 關鍵詞

1. 偽裝式攻擊（IP Spoofing）：藉由修改原發送端位址（IP Address），偽裝混入目的端，來存取資源。

2. DoS（Denial of Service）攻擊：是一種阻絕服務攻擊，它會占用系統資源，使得系統無法提供正常服務。

3. FTP（File Transfer Protocol）：是針對檔案傳輸，程式會將檔案自動切分成封包。

4. XML（Extensible Markup Language，可擴充式標記語言）：是針對結構化資料傳輸。

5. ISACA：電腦稽核師協會（Information Systems Audit and Control Association）。

6. 網路病毒：是一種惡意破壞的軟體程式。

7. 混合型病毒：混合型病毒包含開機型病毒與檔案型病毒。

習 題

一、問題討論

1. 何謂電腦駭客？

2. 何謂資訊交換安全？其重點是什麼？

3. 試說明在網路購物上運輸物品安全問題？

二、選擇題

( ) 1. 下列何者不是網路病毒要發作的微兆內容？　(1) 當機　(2) 執行程式的速度變慢　(3) 執行程式的速度變快　(4) 以上皆是

( ) 2. 下列何者不是資訊安全的技術？　(1) 作業系統　(2) 應用程式　(3) 網路程式供　(4) 以上皆非

( ) 3. 下列何者不是分散式系統內容？　(1) 資料分散於各地子系統　(2) 透過子系統做連接整合　(3) 二個子系統以上　(4) 以上皆是

( ) 4. 下列何者是 IP Spoofing 內容？　(1) 小量地散發　(2) 網路不通　(3) 伺服器癱瘓　(4) 以上皆是

( ) 5. 下列何者是數位簽章的效果？　(1) 識別傳送端　(2) 資料完整性　(3) 不可否認性　(4) 以上皆是

( ) 6. 資訊安全和 MIS 系統是否有關係？　(1) 不一定　(2) 是　(3) 不是　(4) 以上皆是

( ) 7. 造成資訊安全威脅的因素有哪些？　(1) 病毒　(2) 駭客　(3) 兩者皆是　(4) 以上皆非

( ) 8. 防火牆功能是屬於何種議題內容？　(1) 企業流程自動化　(2) 協同分享　(3) 資訊安全　(4) 客戶關係

( ) 9. 防毒軟體功能是屬於何種議題內容？　(1) 企業流程自動化　(2) 協同分享　(3) 資訊安全　(4) 客戶關係

( )10. 定期更新病毒碼功能是屬於何種議題內容？　(1) 企業流程自動化　(2) 協同分享　(3) 資訊安全　(4) 客戶關係

( )11. 何謂資訊安全？　(1) 人為故意的行為或資訊技術漏洞　(2) 管理不當　(3) 資訊上的危害，進而影響到個人和企業的利益　(4) 以上皆是

( )12. 在技術安全上是指？　(1) 網路技術管理不當或有漏洞　(2) 人為管理不當　(3) 人為破壞　(4) 以上皆是

（　）13. 電腦病毒要發作徵兆有：　(1) 執行程式的速度變慢　(2) 當機　(3) 畫面出現不明訊息　(4) 以上皆是

（　）14. 因應安全措施有：　(1) 預防　(2) 偵測　(3) 限制　(4) 以上皆是

（　）15. 偽裝式攻擊（IP Spoofing）：　(1) 取得攻擊或入侵目標的相關資訊　(2) 大量地散發垃圾郵件　(3) 造成網路或伺服器癱瘓　(4) 以上皆是

（　）16. 資訊倫理的形成，影響了企業運用 MIS 系統的效率和效益，其影響主要可分成？　(1)「資訊本身議題」　(2)「企業研究發展」　(3)「資訊系統效應」　(4) 以上皆是

（　）17. PAPA 有哪些？　(1) 所有權　(2) 人格權　(3)Non-Privacy　(4) 以上皆非

（　）18. 以下何者是 TRUSTe（www.truste.org）的重點？　(1) 一個營利團體　(2) 標章（Seals）　(3) 資訊主席　(4) 不保證會濫用其個人資料

（　）19. 對個人資訊的一種保密是指？　(1) 隱私權　(2) 人格權　(3)Non-Privacy　(4) 客戶關係

（　）20.「道德問題會在資訊本身議題下造成隱私權、智慧財產權等風險」，是屬於何種議題內容？　(1) 資訊倫理　(2) 協同分享　(3) 資訊安全　(4) 客戶關係

Chapter 14

MIS 部門的建構

學習目標

1. 說明管理資訊系統部門的定義和範圍。
2. 說明管理資訊系統部門的組織結構。
3. 說明管理資訊系統部門的人員角色。
4. 探討管理資訊系統部門和其他部門的關聯。
5. 探討管理資訊系統部門對循環作業的影響。
6. 探討管理資訊系統部門和內部稽核的關聯。
7. 分析管理資訊系統部門的管理制度。

案例情景故事

MIS 部門人員的價值

　　　　位已在軟體開發工作職涯上做了十餘年，也經歷管理資訊系統部門大大小小工作歷練，此時他也已年紀不小，進入中老年階段，然而就在上次公司人事升遷公開名單後，他仍是維持停留在經理層級上，相對於同年紀或甚至年紀比他小的員工，其職位卻比他高，他自己推論認為，一切原因皆在於這些升遷員工是在其他部門工作，而他是在管理資訊系統部門工作，所以當了幾年管理資訊系統部門經理，目前仍是留在原地不動，仍是經理層級。

　　他常想：「混了半輩子，為何仍是經理，難道管理資訊系統部門人員就沒有更高的價值嗎？」有一天，他找上司主管老總抱怨：「為何仍是經理職位？」老總丟了一句話：「因為管理資訊系統部門是支援性部門，而非公司核心能力。」他心中想著：「話雖說的對，但沒有功勞也有苦勞啊！」

　　經過多次反覆抱怨和掙扎，他已經對升遷一事不抱任何奢想，直到有一天，在某場演講中，他聽到一位主講者說了一句話：「管理資訊系統部門人員的價值不在於管理資訊系統本身知識和歷練，而在於如何以管理資訊系統知識和歷練來經營公司的核心營運。」

　　如同當頭棒喝，他心中一震，突然茅塞頓開，知道了升遷關鍵在何處，他心中不由得敬佩那位主講者，雖然主講者年紀必定他小很多。

　　經過 1 年多後，果然他已升遷成為公司的營運副總，他由衷感謝那位主講者，並更體會到「境由心生」之再創生機認知。

問題 Issue 思考

（讀者請依據此情境個案，思考出 MIS 問題重點，來引發本章的內容研讀方向）

1. MIS 部門在企業所扮演角色和其意義？→可參考 14-1。

2. MIS 部門是屬於企業整體的一分子，它是如何和其他部門關聯，進而發展企業整體綜效？→可參考 14-2。

3. MIS 制度如何擬定和規劃，以輔助企業經營發展→可參考 14-3。

4. MIS 系統如何融入企業經營內部稽核作業？→可參考 14-4。

前言

　　從管理資訊系統部門定義，可延伸出管理資訊系統部門的範圍，一般管理資訊系統部門範圍，包含部門結構、人員角色、工作職掌、設施環境、管理制度、技術知識、作業步驟等七大項目，從這些範圍可知管理資訊系統部門和其他部門就會產生關聯，所以管理資訊系統部門的定位是在於支援性功能，因此必須擬定管理資訊系統部門的管理制度來支援其他部門運作。最後，以內部控制制度為基礎，來探討分析可強化營運體質的管理資訊系統循環作業流程。

閱讀地圖 （以地圖方式來引導學員系統性閱讀）

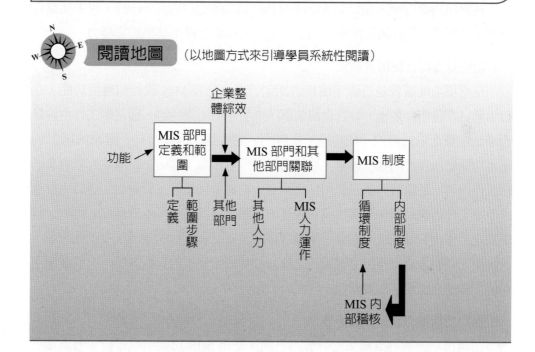

14-1　管理資訊系統部門的定義和範圍

一、管理資訊系統部門的定義和功能

　　所謂管理資訊部門的定義如下：「就企業使用資訊技術的環境、功能、作業等內容，成立一個支援性定位的部門來管理上述內容，並透過管理運作，來達到

企業日常營運作業績效。」從上述定義，可知管理資訊系統部門非公司的主要功能部門，而是支援性部門，雖然如此，若沒有此支援，就會造成作業效率不佳等結果，茲將管理資訊系統部門支援性功能整理如表 14-1。

表 14-1　管理資訊系統部門支援影響

管理資訊系統功能	作業流程	人員組織	資料資訊	內部稽核	管理分析
管理資訊系統	效率效益	工作習慣	整合連接	自動化	快速產生報表
管理資訊系統環境	作業平台	溝通管道	存取介面	稽核檢驗	需求規格

在應用功能方面，是針對 MIS 所有應用功能做使用狀況分析，它主要是在於應用功能成效是否滿足使用者期望，和應用功能所得出結果的影響力。

1. 功能是否符合使用者期望

在應用功能成效是否滿足使用者期望方面，是指 MIS 設計的應用功能，在使用者日常運作作業後，會對企業某部門產生一個工作內容，而這個工作內容是否滿足主管認知的績效，和功能所呈現的目的效益，例如：有一個 MIS 設計的應用功能是指自動開立請購單，並轉為採購單的作業，這時在採購部門就會有一個工作內容，是請購作業確認和採購開立，它必須呈報給主管簽核，這時主管會去看該工作內容是否有請購物品和數量的錯誤，這就是一種主管認知的績效，接下來是工作內容做完後，就會呈現採購廠商預期交貨的目的效益。故就此方面，其解決問題的方法是運用主管認知之績效和功能所呈現的目的效益，來看該應用功能成效是否滿足使用者期望。

2. 應用功能所得出結果的影響力

在應用功能所得出結果的影響力方面，是指 MIS 功能所執行後，會對接下來的另一功能造成什麼影響，若是正面影響，則這個 MIS 功能導入是成功的，但還須考慮它的正面影響程度是如何，若是負面影響，則這個 MIS 功能導入是失敗的，因為一個功能成敗是和另一個功能成敗息息相關的，這就是為何企業追求的是整體作業最佳化，而不是某部門功能的成效。例如：就上述例子做說明，當請購確認和採購開立作業完成後，這時就會有下一個功能，那就是廠商交貨和給製造單位來生產安排，若當初在請購確認和採購開立作業中，並沒有某期間欲生產安排的零組件時，就會造成生產線的斷料現象，這是負面影響，雖然請購確

認和採購開立作業的功能有達到它的目的效益，但卻造成下一個功能無法作業，這樣的結果，就該請購確認和採購開立作業的功能而言，仍是失敗的。故就此方面，其解決問題的方法是關聯出應用功能之間的影響因子，讓影響因子產生的結果是正面的。

在做完上線後成效及問題檢討，和應用功能的管理分析後，對於企業的營運變化而言，接下來會有功能增加或更新作業，一般包含以下三個項目：

- 之前規劃功能沒有考慮。
- 企業作業改變而需增加。
- 企業使用者改變而需更新。

1. 之前規劃功能沒有考慮

在規劃 MIS 功能時，由於 MIS 所有功能非常多，就算是很有經驗的資深顧問，也可能會百密一疏，但主要有設計到重要性的功能即可，因此在設計 MIS 功能時，須將功能分成重要權數等級，若當初沒有考慮到，則大致上就是相對不重要的，這就是運用 80% / 20% 原則的思考，但若事後分析得出應是重要性功能時，則就有問題了。故就此方面，其解決問題的方法是將功能分成重要權數等級。

2. 企業作業改變而需增加

企業是追求成長的，它的產品、客戶是要成長的，進而影響到訂單生產的作業增加，最後呈現在營業額的成長，但這種成長並不是都會影響到企業作業改變，它分成二種，第一是資料量增加而需增加 MIS 功能；第二是企業作業模式增加或修改，例如：增加一種和以前不一樣的產品，其訂單量增加，而這種產品訂單銷售方式是外銷作業模式，以前只有內銷作業模式，這時就須因企業作業改變而需增加 MIS 功能。故就此方面，其解決問題方法是判斷是否有企業作業模式增加或修改。

3. 企業使用者改變而需更新

在當初導入 MIS 功能時，可能某些主要的使用者員工有參與，但也許過了一段時間後，某些部門主要的使用者離職或調動單位，而換成另外一位員工，這時這位員工可能有他自己想法，先暫且不論是否正確，但不可否認的是，他自己想法會影響到 MIS 功能是否要更新，若他的思考是正確的，則 MIS 功能更新是有需要的，若他的思考是不正確的話，就會影響到 MIS 功能成效，因此主要的

使用者員工想法，必須轉換成一個有整體性且制度化的機制，而不會因為主要使用者員工的人事異動，使得 MIS 功能需求分析內容無法知悉，也就是以作業制度化機制為中心，來審議 MIS 功能是否要更新，也許有新的使用者員工參與，能使 MIS 功能更加完整。故就此方面，其解決問題方法是設計作業平台機制。

二、MIS 部門範圍

從管理資訊系統部門定義，可延伸出管理資訊系統部門的範圍，一般管理資訊系統部門範圍，包含部門結構、人員角色、工作職掌、設施環境、管理制度、技術知識、作業步驟等七大項目，茲分別說明如下。

1. 部門結構，如圖 14-1。

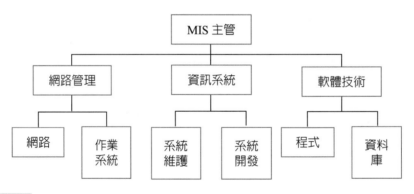

圖 14-1　MIS 部門結構

2. 人員角色，如圖 14-2。

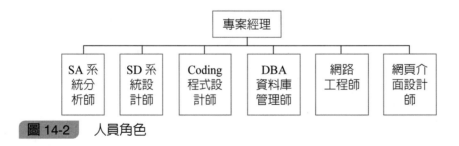

圖 14-2　人員角色

3. 工作職掌，如表 14-2。

表 14-2 工作職掌

人員角色	工作職掌
專案經理	專案管理，計畫擬定
SA 系統分析師	需求分析、系統開發規劃
SD 系統設計師	系統架構、程式架構
Coding 程式設計師	程式規格和撰寫
DBA 資料庫管理師	資料庫規劃和管理備份
網路工程師	網路設定和安全控管
網頁介面設計師	介面表單和使用者介面設計

4. 設施環境，如圖 14-3，包含電腦機房。

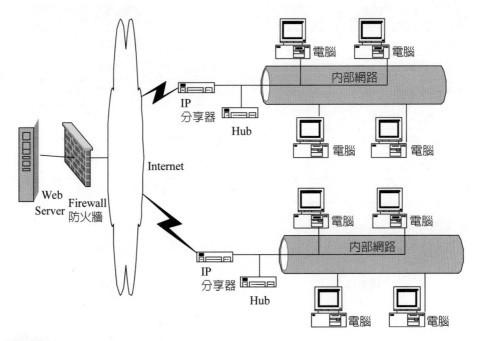

圖 14-3 電腦機房架構圖

5. 管理制度，如表 14-3。

表 14-3　管理制度表

	管理辦法
1	使用人員帳號管理辦法
2	電腦機房進出管理辦法
3	程式開發管理辦法
4	資料庫存取管理辦法
5	需求規格申請管理辦法
……	（舉例如上）

6. 技術知識，如表 14-4。

表 14-4　技術知識表

人員角色	技術知識
專案經理	軟體專案管理、開發模式
SA 系統分析師	物件導向分析方法（UML）
SD 系統設計師	物件導向設計方法、軟體工程
Coding 程式設計師	程式語言（Java）、函式庫
DBA 資料庫管理師	DBMS、備份
網路工程師	網路工程和病毒安全
網頁介面設計師	動畫 Flash、網頁 Dreamweaver

7. 作業步驟，如圖 14-4。

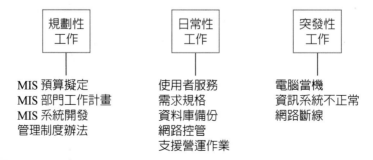

圖 14-4　MIS 部門作業步驟

14-2 管理資訊系統部門和其他部門的關聯

一、和其他部門的關聯

　　管理資訊系統設計是為了應用於企業作業的需求，因此管理資訊系統部門也是為了支援其他部門的運作，所以管理資訊系統部門和其他部門就會產生關聯，所謂其他部門，是指企業主要功能部門，包含研發部、業務部、財會部、人資部、採購部等部門，這些部門會因企業型態和規模不同而不同，茲將其關聯整理如圖 14-5。

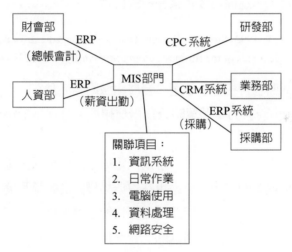

圖 14-5 管理資訊系統部門和其他部門的關聯

　　從圖 14-5 中可知，管理資訊系統部門和其他部門是息息相關的，也就是管理資訊系統部門組織運作績效也會影響其他部門運作績效，進而影響企業整體營收績效。所以管理資訊系統部門雖然是支援性定位的部門組織，但卻扮演舉足輕重的角色。管理資訊系統和其他部門關聯，也影響到管理資訊系統的功能規劃。也就是當關聯程度愈強，愈需要管理資訊系統功能的存在。例如：業務部門和管理資訊系統部門之間運作溝通良好，使得業務人員懂得如何應用資訊系統來幫忙業務作業的效率和效益，進而使得業務人員對於相關於業務作業資訊化的資訊系統，就會要求有很多系統功能，也就是業務作業的管理資訊系統就會存在於公司管理資訊系統環境內。

二、MIS 部門人力運作

人力資源在傳統的管理方法來看，企業是視為資源投入，而非企業的資源資產，而在知識經濟時代中，人力資源已成為企業獲取競爭優勢的重要來源之一。企業可透過策略性的觀點來從事人力資源管理，以獲取競爭優勢。

從上述的人力資源觀點來看，人力資源管理就不再只是人事薪資出勤的功能。

Schuler（1992）認為，策略性人力資源管理之主要目的，在於協調與整合組織的策略性需求。也就是透過人力資源的活動，以規劃和協調出適合公司所需要的技能、知識的員工，進而達成企業經營的目標。

資料來源：Schuler, R. S. 1992. Strategic Human Resource Management: Linking the People with the Strategic Needs of the Business. *Organizational Dynamic*, 21: 18-32.

人力資源的活動包含招募、甄選、發展和激勵等活動。

Arthur（1992）將人力資源策略分為兩種類型，分別為最小成本型與最大資源型。

最小成本型的人力資源是將員工視為固定成本的一種「設備」，可透過任何節約方法，以降低成本的支出。它適用在古典集權式的組織型態，其所界定的工作範圍狹窄，且為例行性作業，因此僅需要技能水準較低的員工，這樣的類型，造成須嚴密地監督與控制，和相對低的工資水準。

最大資源型的人力資源，是將員工視為資源資產的一種「寶藏」，可透過任何激勵方法，以開發知識的潛力。它適用在創新式的組織型態，其所界定的工作範圍寬鬆和作業具自主性，因此需要技能水準較高的員工，這樣的類型，使得員工可自行解決問題，和相對高的工資水準。

最大資源型的人力資源，比最小成本型的人力資源來得重視員工的發展與教育訓練。

資料來源：Arthur, J. B. 1992. The Link Between Business Strategy & Industrial Relations Systems in American Steel Minimills. *Industrial & Labor Relations Review*, 45(3): 488-506.

人力資源管理從系統上的發展來看，就成為人力資源資訊系統（Human Resource Information System；簡稱 HRIS），在人力管理機構（Institute of People Management）的組織中，可了解到更多人力資源的內容，Kavanagh（1990）認

爲，人力資源資訊系統爲用來發展在組織人力資源的活動，是包含人力招募、甄選、教育和激勵等活動的一種資訊系統。

Cerillo 和 Freeman（1991）認爲，人力資源資訊系統就是人力資源管理與軟體系統之結合。其中，人力資源管理主要包含系統使用者、政策與程序、人事作業等，軟體系統則包含員工、工作職位、應徵、軟硬體設備與其他相關資料和應用功能等，如下圖 14-6。

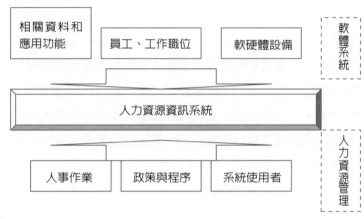

圖 14-6 人力資源資訊系統

資料來源：Cerillo, V.R. and Freeman, C. Human, *Resource Management System: Strategies, Tactics and Techniques*, N.Y.: Lexington Books, 1991.

14-3 管理資訊系統部門制度

茲以個案診斷手法，從企業經營功能來探討管理資訊系統制度的過程，可分成四大項，分別是公司營運及組織架構描述、資訊化現況與遭遇的問題、提供資訊化的解決方案、預期效益。

一、公司營運及組織架構描述

該公司屬於微型企業，公司成立 2-3 年，員工有 3 人，前幾年主要經銷保養品，目前積極運作營養師保養服務業務，但經營思考整個公司方向，都落在經營者上，嚴格而言，該公司仍屬創業初期。但雖屬創業初期，但其實經營也已有幾年，探究其原因，在於沒有集中發展和快速建立資源基礎。這個牽涉到該公司的

經營模式，以及在這樣的經營模式下，經營者所扮演的價值何在。經營者雖然以前是學企管領域的，但因尚屬年輕（約 25～30 歲），其職場經驗，尤其是經營能力仍須大幅加強。茲簡略介紹該公司目前狀況如下：

(1) 公司規模 → 人數、營業額不大。

(2) 作業程度範圍 → 目前自行銷售能力不足。

(3) 資金成本投入 → 沒有足夠資金成本。

客戶來源對象是消費者，目前大都坐落於台北市地點，因此運送產品給客戶或服務，都利用快遞或到府服務方式，若每次訂單數量不大，則運費用由客戶給付。在到府服務方式上，是以營養師執行保養服務為主，但須考慮其安全性。

在營運功能上，主要是偏向代理保養品、設備租賃和保養課程，故其通路服務和客戶關係為其核心能耐，在通路服務方式上，是以代理做銷售，因此保養品採購是採取半計畫、半訂單方式，以便控制資金成本和存貨流通。在設備租賃方式上，是由營養師為消費者執行保養服務，其設備租賃費用包含其中，再從中消費者付款部分給該公司，因此營養師是以加盟方式，一起合作經營養生保養市場。在保養課程方式上，是由營養師為消費者執行保養服務，再和該公司分擔利潤。

在組織架構上，客戶來源和管理作業是由經營者負責，會計帳務也是由經營者負責，而在銷售和執行保養服務上，則是由營養師以加盟方式來執行，故整個組織作業是非常精簡的。由於經營者希望能突破目前局面，在未來中長期規劃上能逐漸擴大營運範圍，但因資金有限和營養師並非公司員工，因此需要有更多的改變。

在客戶和供應商運作上，由於客戶和供應商家數不多，其溝通作業並不複雜，然而在拓展營運規範下，其之間運作務必朝向複雜流程，因此資訊化協助成為未來關鍵規劃之一。

二、資訊化現況與遭遇的問題

1. 制度管理面與人員資訊能力問題

由於公司本身特性因素，主要是規模太小、代理銷售導向等因素，使得公司內部沒有制度化管理和資訊系統，僅就 WORD 和 EXCEL 軟體做會計資料、客戶資料和單據編輯等半自動化應用。並且員工只有 3 位，但實際運作只有 1-2

人，且對資訊的認知和專業非常欠缺。

目前資訊化環境只有 2 台個人電腦（已有 1 年歷史），其上網環境是利用 Hinet 的個人帳號和 E-mail，可說是屬於家庭式的資訊環境。因此往後若要應用資訊化系統，例如：建構一個企業簡介網站，則會產生相對程度的資金投入，這對公司微型規模而言，是比較大的負擔。這個負擔包含資金成本和導入後效益。尤其導入後效益負擔更是關鍵，因為資金投入是必然的費用，其回饋報酬在於導入後效益。

公司問題現況：

(1) 營養師加盟和招募。

(2) 銷售管道的拓展。

(3) 保養品產品經銷來源。

(4) 消費者客源不穩。

(5) 公司曝光形象不足。

茲整理訪談後的制度化管理現況如下：

(1) 用 EXCEL、WORD 工具做會計帳。

(2) 用 E-mail、手機和營養師做工作上溝通。

(3) 養生保養課程規劃→用紙本記載。

(4) 和營養師用分享利潤方式→現金。

(5) 報表管理分析目前沒有。

(6) 客戶忠誠無法累積。

(7) 有少許自有品牌，大都是代理，未來走向新客戶拓展客製品和品牌。

(8) 同行業競爭激烈。

(9) 經營者負責招募營養師新人的工作分配。

(10) 管理單據→用 WORD 編輯。

該公司要導入資訊化系統，主要面臨的問題有二大項，一是目前公司規模太小，以及實際業務作業量太少，使得資訊化成效難以短期間有顯著呈現。二是資訊化背後的管理制度化就該公司來說是欠缺的，導致資訊化在經營管理上協助效益難以發揮。因此，在資訊化規劃策略上須考量階段性、功能導向特色。就第一項而言，應從目前公司最急迫重點來切入，即是公司曝光形象和銷售層面。就第二項而言，應加強經營者經營管理輔導，進而切入資訊化的系統設計和應用。

除了上述問題思考外，接下來就是經營者的資訊化認知，往往上述問題並不

是本身專業問題，而是人為認知問題，因為認知有差異，就會造成期望很高、失望很大。故在資訊化規劃的過程中應考量人為認知訓練。另外，應從公司員工提出問題，再診斷出整個相關問題。目前該公司員工因為只有 2 位，對於人為認知訓練成效比較容易，因此該公司資訊化規劃應加入人為認知訓練的輔導。

2. 系統功能架構與資訊服務供應商的問題

該公司 e 化過程，曾遭遇以下困難：

(1) 經費不足。

(2) 不知如何選擇搭配之資訊廠商。

(3) 無專業資訊技術人員。

該公司目前並沒有資訊系統，因此也沒有資訊服務供應商，若放寬範圍而言，則勉強 Hinet ISP 業者為其資料服務供應商。其公司資訊化現況如下：一人一部電腦，部分員工擁有電腦，無伺服器管理的 PC 網路，透過寬頻（ADSL、DSL、Cable）或數據專線上網，簡單型防火牆，ISP 租用信箱（如 Hinet 信箱），沒有資料庫，一年內計畫建置，沒有網站，預計一年內建置，僅建置防毒軟體。

因此在系統架構功能上的問題，主要在於功能不明確，例如：重要客戶圖檔資料放硬碟，但沒有分類、備份，而功能不明確來自於公司沒有管理制度化內容，故輔導應從管理制度化切入，再來探討系統功能架構。

在資訊服務供應商的問題上，主要是發生在未來資訊化規劃的廠商配合，目前是指企業簡介網站，因此軟體廠商配合主要是指軟體技術、公司形象視覺和系統功能，但往往軟體廠商的能力是在於軟體技術，對於其公司行業 Domain 和公司形象視覺並不了解，這使得往往開發後企業簡介網站視覺形象、系統功能並不完全符合需求，進而會造成資金投入和時間成本浪費，並造成後續再次導入的障礙。從上述問題探討後，就該公司的特色和限制，其系統功能和資訊服務供應商的規劃，應採用逐步漸進和經營者親自參與的方式，如此可降低問題發生，和資訊化執行及可行性落實。

三、提供資訊化的解決方案

1. 未來制度管理面與人員資訊能力提升的建議

未來制度管理面的建議，主要是在於企業簡介網站的制度規劃，可包含如下：

(1) 公司形象視覺內容輔導
- 建置步驟。
- 形象視覺內容設計考量。
- 形象視覺內容範圍。

(2) 基本管理運作輔導
- 系統功能。
- 前後端整合。
- 軟體廠商配合注意事項。

人員資訊能力提升的建議，主要是在於客戶資料庫的建置和企業簡介網站應用於營養師加盟、消費者拓展等，包含三大重點：

(1) 如何做企業簡介網站的建置步驟。

(2) 透過企業簡介網站，來執行工作管理和營養師加盟、消費者拓展的運作。

(3) 資料庫規劃和實際應用在客戶資料分類。

四、預期效益

以該公司目前規模太小及幾無資訊化應用的情況下，只要有基本的資訊系統應用，就可得到很大的預期效益，其企業網站中的形象視覺和基本管理功能、企業曝光運作的效益，主要有：(1) 拓展公司知名度；(2) 從各地網路訂閱電子報；(3) 消費者會員管理。目前該公司現階段資訊化重點，在於建構資訊化基礎環境和資訊管理人員的認知訓練、企業曝光。因此，資訊化效益就在於完成這三個重點。在建構資訊化基礎環境重點中，顧問建議短期以建構企業簡介網站、客戶資料分類的資料庫、企業曝光運作這三項。但在經營者的管理價值發揮效益，則是在於 Google 中心式平台和用 Dreamweaver 自行設計的工作管理功能上。

茲說明這個重點預期效益如下：

(一) 就建構企業簡介網站和企業曝光運作

在非量化的效益上：

1. 為該公司在無資源下拓展知名度。

2. 將公司原有舊客戶的有限來源，拓展出新客戶來源。

3. 在公司原有代工訂單營運方式下，增加品牌產品的獨立銷售管道。

4. 可透過此網站，將公司新訊息發布。

5. 利用網站超連接方式，達到網網相連效應。

6. 可做為和客戶簡單溝通的平台。

7. 可做為和營養師簡單溝通的平台。

8. 透過此網站的建構過程，可做為公司資訊化的重要發展里程碑。

9. 可在任何時間、任何地點使用此企業簡介網站。

10. 利用此網站做簡單的網路行銷。

11. 可建立會員管理，來保持現有客戶管理。

在量化的預估效益上，如表 14-5。

表 14-5　量化的預估效益（一）

效益項目	資訊化實施前	實施後
營養師加盟數	1／月	15／月
保養品產品訂單單數	3／日	15／日
公司知名度（瀏覽網站次數）	0	25 次／日
營養師工作回應時間	1 天	30 分鐘

上述的預期效益，是依建構企業網站重點而評估的，但若要真正達到這些效益，是需要企業後端作業和經營策略的搭配，這也是資訊化的精髓，也就是資訊化成效仍須回歸企業經營作業。

(二) 就公司資料分類的資料庫而言

在非量化的效益上：

1. 公司檔案存取更有效率。

2. 對公司檔案有機密安全的保障。

3. 可快速分享公司和個人資料。

4. 公司重要資料備份。

5. 公司經營運作資料可儲存成資產。

6. 透過資料分類，可快速做關聯性的資料查詢追蹤。

7. 透過資料庫，可即時產生管理性報表。

8. 有了資料庫，可做為未來企業內部資訊系統的基礎。

9. 透過資料庫的建構，可整合公司所有重要資料。

10. 利用資料庫，做爲和其他公司交換資料基礎。

在量化的預估效益上，如表 14-6。

表 14-6 量化的預估效益（二）

有效項目	實施前	實施後
客戶資料掌握程度	30%	70%
存取資料速度	0.5 天	1 小時
文件找到速度	30 分鐘	3 分鐘
資料儲存量	30%	100%
客戶資料分類	無	有

14-4 管理資訊系統部門對內部稽核的實務影響

一、管理資訊系統部門內部稽核

經營管理和 MIS 能密切整合，才能眞正發揮 MIS 資訊系統的成效，關於這一點，這裡再補充說明，以目前知識經濟時代而言，企業已不再是單獨一個公司，企業的生存必須在產業鏈環境中來看企業的定位、發展、管理，因爲，企業的問題和經營挑戰都是和產業鏈環境息息相關，例如：短的產品生命週期、多種少量／標準化產品、現場生產狀況難控制、市場需求的不確定、高存貨、快速應變能力、全球供應與分工等問題挑戰，而這些問題挑戰當然就成爲企業在產業鏈的需求藍圖。

該需求藍圖可以 Plan → Source → Make → Deliver 這四個階段來分析，所謂 Plan 是指原物料採購計畫、生產計畫、出貨計畫等。

而 Source 是指原物料供應的料件和廠商，它會牽涉到有第二層供應商的關係；Make 是指生產製造過程；Deliver 是指運輸通路到客戶的過程，它會牽涉到有第二層客戶的關係，前述三者是在 Plan 情況下控管的。

但在製造過程中，可能會有委外供應商，亦即若在一個最終產品的產品結構下，來看其該產品的產業鏈，這時就會在該最終產品的生產製造下，其產品結構的零組件供應和製造，就有委外供應商，若是在通路品牌公司的最終產品下，可

能就會有 ODM 客戶，對該最終產品生產製造的製造廠，例如：IBM 品牌公司，以 ODM／OEM 方式對生產製造最終產品的製造廠下訂單，接著該製造廠依最終產品的產品結構向原物料廠商購買，或半成品委外給外包廠商加工等，如此的作業流程，就會產生前述的問題挑戰，也就是企業在產業鏈的需求，故若以資訊系統來看，就是以 MIS 功能來解決，包含銷售管理、生產管理、工程管理等。

因此，從上述對經營管理和 MIS 能密切整合，才能真正發揮 MIS 資訊系統的成效的說明，吾人可了解關鍵點是在於資訊系統的循環作業流程，若該流程能達到各相關的部門角色，都可快速正確的運作，就可使經營管理和 MIS 整合，故接下來將介紹資訊系統的循環作業流程。

茲將企業在產業鏈的需求藍圖，整理成以下示意圖（見圖 14-7）。

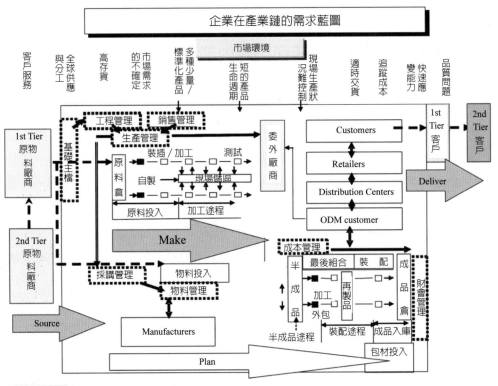

圖 14-7 企業在產業鏈的需求藍圖

資訊系統的循環作業流程是和內部控制制度、企業流程再造是有相關的，在此會先說明內部控制制度下的循環作業流程。企業的運作，對於相關對象角色而言，會有股東、員工廠商、投資者、董事、經營團隊、社會大眾等角色，其企業

的成敗，會影響上述各個角色利害關係，所以企業經營必須兼顧上述各個角色利益和觀點，故在企業運作的循環作業流程中，就必須有一套作業機制來解決這些角色的利益衝突，和避免產生偏向某個角色的不當利益，這時就須訂有相關法規，以規範企業來加強內部控制的執行與稽核，而這就是內部控制制度。

不過，若以資訊系統的精神來看內部控制制度，就不是純粹的稽核而已，它必須有透過企業落實內控的執行，以來強化企業體質，進而提升企業利潤和競爭力，一般企業為了通過上市、上櫃程序，花了不少時間和金錢來編製書面內部控制制度，但對營運實質上卻沒有太多影響，就如同 ISO 9000 系列的品質認證制度一樣，往往都是表面紙上談兵的制度，這是很可惜的。所以，就有一些 MIS 廠商宣稱，其 MIS 產品具有符合內部控制制度，和 ISO 9000 系列的品質認證制度，並且真正落實到營運體質的強化，故 MIS 資訊系統的循環作業流程必須以內部控制制度，來達成經營管理和 MIS 整合。

📚 14-5　MIS 系統導入實務

一、上線後成效及問題檢討

依據 ERP 導入時程表，可知道系統導入後，接下來就是後續維護作業，但這是在假設系統導入成功的情況下。首先，必須馬上做的事就是上線後的成效及問題檢討，這個項目又分成以下二點，如表 14-7。

- 問題解決。
- 差異部分用程式開發解決。

(一) 問題解決

在問題解決方面上，就是針對上線後成效做檢討，若發現有問題點存在，就必須思考如何解決，一般問題有下列三種：資料不完整、功能使用情況不理想、和導入前期望功能有所差距。

1. 資料不完整

其資料不完整，是指各責任單位所提供原始基礎資料有所遺失和某部分交易資料無法順利產生，前者是在第四章所提的基礎主檔，例如：客戶主檔、料件主檔等，因為資料準備有誤或不夠，或舊新系統的定義資料欄位不同，導致資料不

表 14-7　上線後成效檢討表

上線後成效及問題檢討	重點	觀念
問題解決	1. 資料不完整	指各責任單位所提供原始基礎資料有所遺失和某部分交易資料無法順利產生
	2. 功能使用情況不理想	對於新系統的介面欄位不知如何輸入，這個包含欄位是以前舊系統沒有的
		可能是一些新系統所帶進來的新功能，是比較複雜的邏輯，並不是輸入一些欄位就可
	3. 和導入前期望功能有所差距	在導入後，才發現無法達到原來的期望功能
差異部分用程式開發解決	ERP 系統的後續作業，仍會發生有所差異	1. 當初有規劃，但導入後發現問題 2. 當初沒想到或以為有想到，但導入後有需要 3. 當初都有規劃到，導入後本身功能沒有問題，但卻影響到對其他功能的問題

完整，這個問題解決是比較容易的，只要立即補充資料即可。但在後者，有關某部分交易資料無法順利產生的問題，就相對比較難解決，因為你很難找出是什麼原因使得某部分交易資料無法順利產生，依筆者經驗，可從資料導入正式系統中的那個階段去思索，一般而言，某部分交易資料無法順利產生，可能是在舊新系統轉換交易性資料時有所遺失。以採購單交易資料為例，在舊系統時有一筆已開立，但物料廠商已先部分數量進貨，並產生驗收單，故會有尚餘數量未繳，若這筆採購單資料只將採購已進貨的數量轉移到新系統，而沒有將驗收單一併轉移，這時在新系統中，當物料廠商補繳尚餘數量時，發現並無舊系統中的那筆驗收單，導致這筆採購單永遠無法結案。

2. 使用情況不理想

另外，其功能使用情況不理想，是指在最終使用者對於新系統的功能有所不習慣，而會造成不習慣原因，主要是對於新系統的介面欄位不知如何輸入，這個包含欄位是以前舊系統沒有的，導致對於該欄位意義不了解，或者不熟悉介面欄位的操作。另一方面，可能是一些新系統所帶進來的新功能，是比較複雜的邏輯，並不是輸入一些欄位即可，甚至有些欄位是不在同一個介面或畫面，它須對於該功能邏輯有所清楚明白，才有辦法使用該功能，例如：新系統帶進來的新功

能是主生產排程（MPS）功能，這時你對於所謂的主生產排程邏輯，需很清楚明白的了解，才知道須在物料基本主檔內的 MPS 欄位，設定為該料件是獨立需求項目，是做為主生產排程計算的料件。

3. 導入後期望功能的落差

另外，其導入前期望功能有所差距，主要是指在 ERP 系統導入時，對於導入的期望功能，在導入後，才發現無法達到原來的期望功能，例如：在新系統原本期望達到有所謂的未來某一時期之可承諾數（ATP, Available-to-Promise）機制，計算出對於提供營業人員判斷合理交期，以回答客戶的詢問和使生管人員能預計掌握工廠產能及生產計畫。但導入後發現，由於缺少庫存料帳資料的一致正確性，和主生產排程數據一直不穩定這二個重大原因，導致可承諾數計算結果是不可行的，這就是導入前期望功能有所差距，要解決這樣的問題，須在規劃時就有相關配套作業同時運作。另外一個導入前期望功能有所差距的內容是，原本以為在新系統導入後，其該功能就可使用，但在導入後，才發現事實不是如此，會造成這個原因是當初在規劃新系統流程功能時，以為應該沒有問題，就沒有很具體細節的思考，這就是一種差不多的規劃態度，這對於 ERP 系統導入是很大的失敗原因點，例如：人事薪資功能中，在製造業有所謂的直接人員排班工時，它會影響到薪資計算結構，原本以為 ERP 新系統有彈性設定直接人員的排班工時作用，可隨著企業不同需求而改變，但導入後發現，這個彈性的設定結構，仍是無法彈性符合該企業特有的直接人員排班工時法。這時就必須依賴程式客製化的開發來解決，也就是下面內容將探討的主題。

(二) 差異部分用程式開發解決

在談 ERP 新系統導入時，就會因企業特有專屬特性所產生的功能，來做程式客製化的開發修改，這就是企業需求和 ERP 新系統標準功能的差異部分，當然，這部分在 ERP 新系統導入規劃時，就須包含在客製化的開發修改工作項目內，但在導入後，其 ERP 系統的後續作業，仍會發生有所差異，這時就必須用程式開發來解決。一般而言，在後續作業中，會有三種差異部分種類，須用程式開發來解決，茲說明如下。

1. 當初有規劃，但導入後發現問題

由於 ERP 系統牽涉到很多不同部門，因此導入企業資源規劃系統是動員到公司大部分員工作業，它是很複雜和繁瑣的，所以，即便是當初非常仔細的規劃

評估，仍有可能發生意想不到的問題，這時就必須依賴程式客製化的開發修改，不過這種問題是一種風險，至於風險大不大，端看所造成的問題大小來決定，但不可否認的是，也可能造成很大的風險，所以，要解決這樣的問題，須在軟體程式技術上著手，即是用軟體元件化的彈性，來克服降低其企業需求作業的複雜變化性，這是一種軟體工程技術方法論，若軟體程式技術可達到這樣的元件化彈性，則該風險就可降到最低。

2. **當初沒想到或以為有想到，但導入後有需要**

這個現象問題就如同上述，與導入前期望功能有所差距之內容所描述的第二個原因是一樣的，所以，要解決這樣的問題，須在 ERP 認知的態度上著手，不過，若認知的態度上沒有問題後，仍有可能轉變成上述小節情況，即當初有規劃，但導入後卻發現問題。

3. **當初都有規劃到，導入後本身功能沒有問題，但卻影響到對其他功能的問題**

這個現象問題就很棘手，因為在 ERP 系統導入，最難的莫過於跨部門功能的整合作業流程，所以，這也就是為何在專案組織單位裡，需要模組功能的關鍵（Key）使用者主管原因所在，這位模組功能的關鍵使用者主管，要能了解跨部門功能的整合作業流程，因為一般功能別的使用者，只會看到本身部門的功能需求所在，但對於整個企業而言，講究的是整體流程最佳化，要做到最佳化是很不容易的事，要解決這樣的問題，就須有模組功能的關鍵使用者主管和經驗老道的顧問同時深入規劃，才有可能將該問題風險降到最低。另外，若在 ERP 導入時程中的設計期，有關 ERP 和舊有作業的重大差異點分析，有真正落實分析出關鍵的差異點，並有重大差異的解決方案，則其他比較不重要的作業，就不是那麼有風險了。

二、軟硬體技術使用分析

(一) 硬體使用分析

主要是指軟硬體使用分析，在 ERP 系統導入後，其整個公司的電腦和軟體使用會大大增加，而對於最終使用者而言，他們是不了解電腦和軟體使用的問題和解決方案，故一旦發生問題後，就會來找資訊部人員求救，就資訊部人員而言，在 ERP 系統導入後，他們的工作負荷愈來愈重，當又遇到最終使用者有關電腦和軟體使用的問題求救時，就會顯得應付不來，導致處理工作無法馬上

解決，這對於最終使用者而言將會造成不便，進而抱怨，當然，最後就影響到 ERP 系統導入後使用狀況，不是很理想，而要解決這樣的問題，必須找出發生該電腦和軟體使用問題之原因，一般而言，有些是最終使用者自己不了解所造成的。

另外，加上對每個部門找出電腦和軟體使用的關鍵使用者，這個關鍵使用者必須對電腦和軟體使用有興趣，最好有經驗，由他來面對最終使用者和資訊部人員，如此一來，對於最終使用者其解決回應時間就會比較快，而資訊部人員工作負荷也不會那麼重。另外，再加上一些電腦和軟體使用的管理制度，例如：簡易的問題排除手冊，放在公司共同分享空間，每個最終使用者都可自行參考，進而自行解決，或是引進電腦和軟體使用問題診斷解決的軟體工具，供資訊部人員快速解決之用。以上有關電腦和軟體使用問題內容，整理如圖 14-8。

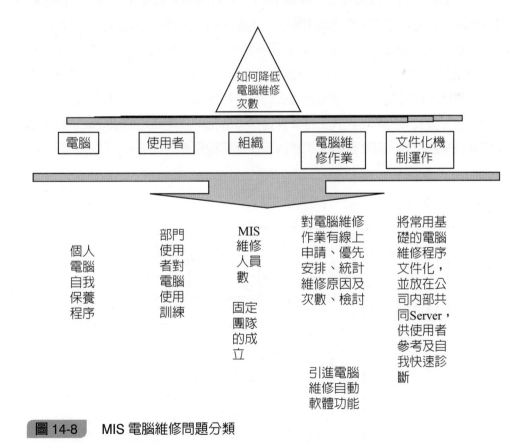

圖 14-8 MIS 電腦維修問題分類

以下將說明電腦和軟體使用問題內容：電腦維修次數是否太多？在跨據點工

廠的電腦維修如何有效運作？這些問題會發生在各部門使用者電腦地點，這時會有 MIS 維修小組的人，來執行公司內部的電腦使用維修作業，其實它是一個無價值的活動，故應該降低它的次數，其解決方案有部門使用者對電腦使用訓練、個人電腦自我保養程序、電腦維修程序文件化、電腦維修作業運作、固定小組的成立、引進電腦維修自動軟體功能等，如此就可達成降低它的次數，可將多餘時間花在其他更有價值的活動上。而對 MIS 人員而言，可去做更有技術的作業，如此可使 MIS 人員成長及提高工作興趣、降低流動率。至於對使用者在使用電腦時，會更有效率及快速解決問題，並且不會因此而重大影響到使用者作業。

(二) 資訊人員工作排程及負荷

　　另外，軟硬體技術方面，其次是指資訊部人員後續維護工作排程和負荷，及維護工作的程式修改負荷分析，如圖 14-9。就資訊部人員後續維護工作排程和負荷來看，它是和程式工作內容困難度、範圍、期望完成時程有關的，若程式工作內容很多，多到比現有資訊部人員還多時，以及若程式工作內容無法分割給不同資訊部人員，以便進度同步發展時，就會產生 ERP 系統導入後使用狀況問題，而要解決這樣的問題，必須將程式元件化和模組化，這樣不但可分發資訊部人員去同步發展，也可在程式工作負荷達到平準化，以便滿足期望完成時程和工作容易公平的指派。以下是個人工作排程及負荷檢視表的例子。

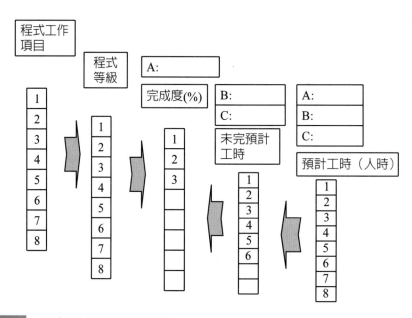

圖 14-9　個人程式工作負荷控管

(三) 維護工作的程式修改負荷分析

接下來有維護工作的程式修改負荷分析，如圖 14-10，它在 ERP 系統導入後，使用狀況重點是會影響到總共有多少程式修改工作內容，因為有些內容是比較急的，這個就牽涉到程式修改工作內容優先順序，當然也就影響到 ERP 系統導入後使用優先順序，這裡牽涉到優先順序的安排和人力資源負荷的投入，這個項目必須和資訊部人員後續維護工作排程及負荷一起來討論，它們兩者是有關聯的，亦即在人員工作排程和人力資源負荷的投入，必須是相對應的，而優先順序的安排需和人員工作進度排程是相對應的，如此一來，才可使 ERP 系統導入後，使用狀況可持續推展下去。以下是維護工作的程式修改負荷分析檢視表的例子。

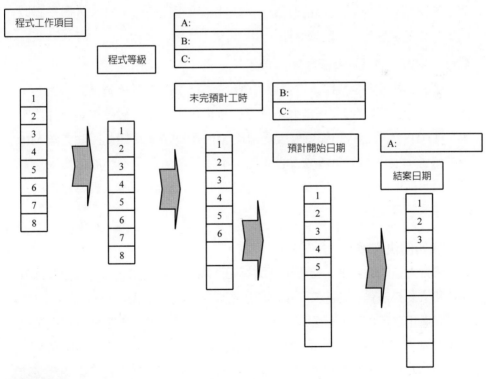

圖 14-10 程式工作負荷控管

案例研讀
問題解決創新方案→以上述案例爲基礎

一、問題診斷

依據 PSIS（Problem-Solving Innovation Solution）方法論中的問題形成診斷手法（過程省略），可得出以下問題項目。

問題 1. MIS 人員升遷不易

由於 MIS 部門在企業的定位是支援性作業，因此在最高職稱上，傳統做法是經理層級的定位，除非是很大的公司和集團，才會有協理級和副總級的層次，所以 MIS 部門在整個企業高層主管的重視程度是較 Weak 的，這也間接影響到 MIS 相關人員的升遷，若以此重視程度來看，MIS 人員是難以成為企業未來重量級的經營幹部。

問題 2. MIS 人力資源發展障礙

MIS 部門在企業整體人力資源發展計畫中，由於其原本傳統定位因素，使得 MIS 人力資源發展只能侷限於資訊技術層次，如此發展會產生兩個影響：(1)MIS 人員的人力資源發展受限於 MIS 部門層級，如此將使這些 MIS 人力資源發展不易，而造成人心浮動，不易留才，這是不利於企業人力資源發展策略。(2) 企業人力資源發展的整體制度會受到 MIS 人員本身技術限制，使得公司輪調、擴大工作職能等機制難以施展。

二、創新解決方案

根據上述問題診斷，接下來探討其如何解決的創新方案。它包含方法論論述和依此方法論（指內文）規劃出的實務解決方案二大部分。

可適用於各企業、多公司、多營業據點企業的組織人力型態。可在系統上自動做作業稽核，它是依據企業內部制度及流程，來設定各稽核點，例如：部門簽呈對象及權限等稽核。另外，可提供作業稽核追蹤到某個單據功能，以了解整個資料的過程。可在系統上自動設定群組化權限控管，並可依欄位不同，做不同權限控管等，及依部門主管或人員權限查詢資料。

實務解決方案

從上述應用說明，針對本案例問題形成診斷後的問題項目，提出如何解

決之方法，茲說明如下：

解決 1. MIS 人員價值提升和轉換

　　針對上述問題造成的原因，就是在於 MIS 人員的價值，以往傳統上，MIS 人員的價值是在於 MIS 資訊技術管理層次，但也因為此價值，反而造成上述問題形成，因此，解決方案就是提升和轉換 MIS 人員價值，其新的價值就是將 MIS 技術用來輔助、甚至主導企業經營的發展。

解決 2. MIS 人員價值的人力資源發展

　　從 MIS 人員傳統價值提升到新的價值，如此可引導企業在 MIS 部門的人力資源發展計畫基礎。MIS 人員的創新價值就在於企業經營資訊化，因此，以此價值來規劃 MIS 人力的培訓、留才、育才，如此 MIS 人力就可輪調，甚至提升為企業的經營團隊。

三、管理意涵

　　人力資源策略分為兩種類型，分別為最小成本型與最大資源型。最小成本型的人力資源，是將員工視為固定成本的一種「設備」，可透過任何節約方法，以降低成本的支出。它適用在古典集權式的組織型態，其所界定的工作範圍是屬於例行性作業，因此僅需技能水準較低的員工，這樣的類型，造成需嚴密地監督與控制，和相對低的工資水準。最大資源型的人力資源，是將員工視為資源、資產的一種「寶藏」，可透過任何激勵方法，以開發知識的潛力。它適用在創新式的組織型態中，其所界定的工作範圍寬鬆，且作業具自主性，因此需要技能水準較高的員工，這樣的類型，使得員工可自行解決問題，和獲得相對高的工資水準。

四、個案問題探討

　　從此個案中，您認為管理資訊系統人員的價值何在？

 MIS 實務專欄（讓學員了解業界實務現況）

　　本章 MIS 實務，可從二個構面探討之。

構面一：MIS 系統的人力角色

　　從事於 MIS 系統的人力角色，在專案運作時，須評估人力資源和分

派，進而擬定一些資源方案，來達到人力平準化，所謂人力平準化是指在專案運作時，每日用人數量的平均程度。網路行銷的人力都是比較偏向於創意性人才，故專業技能和不斷學習就變得非常重要。除了人事的管理之外，更應該朝著積極發掘人才、著重教育訓練及累積公司重要人力資產等目標。如群組化人才控管，它採用嚴密而具彈性的管理功能，可依角色或人員權限查詢資料。

構面二：MIS 系統現況問題分析

關鍵	項目	現況問題	影響新系統時間建議點
✓	製造業管理機制	很多沒做	大影響
	USER 使用介面及軟體方便性	因軟體是很舊的技術，故其使用效益差	不大影響
✓	軟體系統功能	不足	不影響
✓	資料	不是真正資料庫，故在安全、正確及存取效果上會有問題，目前因人數和資料流量大，已有資料更新錯誤問題產生	影響
	License	已不敷使用人數	不影響
	決策分析	None	不大影響
	大陸廠用 ERP	暫用 Legacy ERP（但仍須詳細評估）	影響
	資料容量儲存	移除去年以前的資料	不大影響
✓	舊新系統資料移轉	考慮政府主管單位所需財會報表資料及系統並行	影響
	整體模式	兩岸三地／母子公司	大影響
	軟體平台	Windows 作業系統，無法 Web 化	不大影響

 課堂主題演練（案例問題探討）

企業個案診斷──MIS 的人力資源功能

公司目前正值業務上升之際，其所需人力正是供不應求，各部門都向人事吳經理要人，這時，吳經理就覺得很難一下子找到那麼多人，況且人事部

門有很多作業要做,例如:薪資、投保、出勤等行政作業,故沒有多餘人力再去找人。

　　以往 ERP 的人事功能,比較注重於人事作業,它是屬於行政上的資料處理,但隨著人力資源的策略發展,公司愈來愈重視人力資源的規劃,例如:培訓招募、目標績效等。但這樣的變化,對於傳統的人事主管是一個新的挑戰。

　　「一個好的人力資源系統,必須引導和符合本土化的公司所需。」陳顧問提出上述觀念,因此很多公司都採取另外採買獨立的人力資源系統,當然,這也牽涉到和 MIS 的整合。

　　整合的地方主要有二個,分別包含人事行政作業所需的基礎資料,和人力資源分析所需的基礎資料。資料收集的完整性和效率性,有賴於二個系統的流程是否能緊密連接,和資料欄位及格式的一致性,不過,最重要的還是人事部門員工對人力資源的觀念和方法,也就是人為專業價值的發揮,會使得整合上更有效益。

　　員工是人力資源的核心,它包含現有員工和即將招募的員工,如何使招募員工作業也能併入公司人力資源系統內,亦可容易達到人力資源的規劃,但因招募員工仍在企業外部,故如何利用網路基礎來運作人力資源功能,則就變得非常重要。

 關鍵詞

1. 循環作業的流程:它包含八大循環作業,是透過內部控制制度之法令所展開的。
2. 管理資訊部門:就企業使用資訊技術的環境、功能、作業等內容,成立一個支援性定位的部門來管理上述內容。
3. 人員角色:專案經理、SA 系統分析師、SD 系統設計師、Coding 程式設計師、DBA 資料庫管理師、網路工程師、網頁介面設計師。

習題

一、問題討論

1. 請說明 MIS 部門和內部稽核的關聯？

2. 請說明 MIS 部門的組織結構？

二、選擇題

( ) 1. 若以資訊系統的精神來看內部控制制度，它的重點是： (1) 純粹的稽核 (2) 企業落實內控的執行力 (3) 文件化 (4) 以上皆是

( ) 2. 下列何者不是庫存數量檢核的重點： (1) 接單時查詢庫存可用量 (2) 以掌控對客戶的回應 (3) 產品的詢價 (4) 確保可如期交貨

( ) 3. 每一個循環作業的檢核邏輯結果，是否會影響下一個檢核邏輯步驟？ (1) 不會 (2) 沒有關係 (3) 會 (4) 以上皆是

( ) 4. 一般管理資訊系統部門範圍包含： (1) 部門結構 (2) 人員角色 (3) 工作職掌 (4) 以上皆是

( ) 5. 請問管理資訊系統部門是什麼定位的部門組織？ (1) 支援性定位 (2) 營利性 (3) 主要性 (4) 以上皆是

( ) 6. 是否所有企業都需要類似 MIS 單位組織？ (1) 是 (2) 否 (3) 可有可無 (4) 以上皆是

( ) 7. MIS 部門人員的價值在於： (1) 管理電腦 (2)IT 技術 (3) 利用 IT 技術支援企業經營作業 (4) 以上皆是

( ) 8. 電腦機房管理作業是屬於何種部門作業？ (1) 研發部門 (2) 業務部門 (3)MIS 部門 (4) 財務部門

( ) 9. 企業需求分析作業是屬於何種部門作業？ (1) 研發部門 (2) 業務部門 (3)MIS 部門 (4) 財務部門

( )10. 預算作業是屬於何種部門作業？ (1) 研發部門 (2) 業務部門 (3)MIS 部門 (4) 財務部門

( )11. 企業資訊可分成： (1) 內部資訊 (2) 外部資訊 (3) 前兩者都有 (4) 以上皆是

( )12. 影響決策的主要因素： (1) 目標的定義和澄清 (2) 決策行為模式 (3) 個人情緒和企業文化 (4) 以上皆是

( )13. 下列何者不是設計階段的重點？ (1) 決定決策準則、設計滿足限制條

件的方案 (2) 分析各個方案的影響 (3) 歸納成邏輯規則 (4) 開發替
代方案

( )14. 人力資源的運作是: (1) 將員工視為成本 (2) 例行程序的作業
(3) 創新式的的組織型態 (4) 無法自行解決問題

( )15. 下列何者不是人力資源系統的廠商評估因素? (1) 系統功能 (2) 價
格 (3) 資訊趨勢 (4) 後續維護服務、系統風險評估等

( )16. 上線後成效及問題檢討,包含哪些? (1) 問題解決 (2) 差異部分不
解決 (3) 導入時程 (4) 以上皆是

( )17. 上線後成效做檢討,一般其問題點有: (1) 資料不完整 (2) 功能使
用情況不理想 (3) 和導入前期望功能有所差距 (4) 以上皆是

( )18. 在談 ERP 新系統導入時,會因企業特有專屬特性所產生的功能,這就
是: (1) 標準化修改 (2) 企業需求和 ERP 新系統標準功能的差異部
分 (3) 差異部分不解決 (4) 以上皆是

( )19. 用軟體元件化的彈性: (1) 可克服降低其企業需求作業的複雜變化性
(2) 這是一種軟體工程技術方法論 (3) 風險就可降到最低 (4) 以上皆
是

( )20. 下列何者不是導入後的可能問題現象? (1) 當初有規劃,但導入後沒
有問題 (2) 當初沒想到或以為有想到,但導入後有需要 (3) 當初都
有規劃到,導入後本身功能沒有問題,但卻影響到對其他功能的問題
(4) 以上皆是

Chapter 15

智慧數位化營運

🎯 **學習目標**

1. 探討智慧資本意義和種類。

2. 說明顧客資本和關係資本定義。

3. 探討智慧資本的轉換內涵。

4. 說明智慧資本的衡量有哪些？

5. 探討智慧數位化五個階段步驟。

案例情景故事

智慧資產評鑑——軟體開發公司

「技術知識為公司的技術資源」，這段話使 CEO 開始重視研發部門的技術儲存和再使用，但有時直接人員提出方法真的對提升作業效率是有幫助的，那麼這個是技術知識嗎？它會為公司帶來利潤嗎？知識概念在古老時代早已存在，隨著時代的轉變，其中知識涵義內容會有所不同，但它的重點是一樣的：就是會帶來力量、價值。因為它是一種資本，可讓企業產生利潤的資本。資本分成無形資本和有形資本，有形資本的基礎也是來自於背後知識的形成，試想機器設備會為企業帶來生產利潤，但背後基礎支撐是機器設備的設計和操作知識，只不過有形機器使用蓋過無形知識的運用，因為機器的使用對於人員比較容易理解和溝通，這也就是為何知識具有內隱性的不易理解和溝通。在目前知識管理時代，就是要將無形知識的內隱性，轉換成如同有形機器使用般的容易理解和溝通，故知識轉換成智慧資本，是企業重視知識的開始，也是企業獲利和掌握趨勢的關鍵。

　　YY 公司是一家開發企業資訊系統的軟體公司，主要發展 ERP、CRM 等系統整合，因為就企業客戶本身有一些基本資訊系統，如 ERP、CRM 等，若將這些系統整合起來，則對企業客戶更有經營上的綜效。同樣的，企業網站系統也不例外，也須將企業網站（前端頁面）和後端系統做連接。YY 公司就是一家做系統整合的新公司，成立約 5 年，但對於軟體業來講，這已是老舊的公司，其中理由在於軟體技術不斷的突破改變。

問題 Issue 思考

（讀者請依據此情境個案，思考出 MIS 問題重點，來引發本章的內容研讀方向）

1. 企業如何開發智慧資本？參考 15-1。

2. 知識如何發展出智慧資本？參考 15-2。

3. 智慧數位化對於企業資訊管理有何影響？參考 15-3。

前言

　　企業組織的智慧資本分為三大類，包括人力資本、結構資本與顧客資本。在目前知識管理時代，就是要將無形知識的內隱性，轉換成如同有形機器使用般的容易理解和溝通，故知識轉換成智慧資本，是企業重視知識的開始，也是企業獲利和掌握趨勢的關鍵。資訊管理是指企業運用資訊系統來管理營運流程的整個作業，而如此資訊化作業就會滲透到消費生活型態，也進而擴大到社會層面的形勢局面，亦即可知資訊系統是從資料處理資訊分析知識決策等演化，而漸漸成為不同進化層次資訊系統應用，而在此時，它即將邁入智慧預知的應用階段。

閱讀地圖 （以地圖方式來引導學員系統性閱讀）

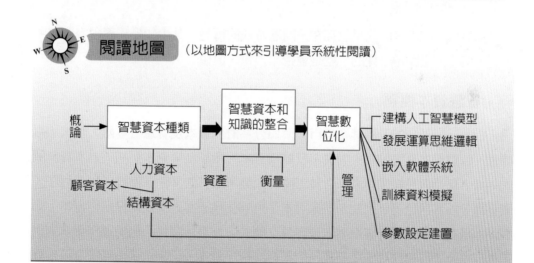

📚 15-1　智慧資本概論

　　「資本」在經濟學領域的定義為「能夠創造新價值的價值」。因此，貨幣是資本，因為我們可以用它來交換別的價值，也就為我們帶來了投資再賺取的價值。所以有符合這樣的特性，就是資本，知識是符合這樣的特性，故它是資本，例如：新產品開發知識，我們可以使用它推出更符合顧客需求的產品以獲得新價值；人際通路關係知識，它亦是資本，因為它也可以為我們創造忠誠的顧客以帶來穩定持續的收入。

智慧資本最早是由 Galbraith（1969）所提出，認為智慧資本是創造公司差異性優勢的來源。Stewark（1997）對智慧資本之看法為：凡是能夠用來創造財富的知識、資訊、智慧財產、經驗等，就都是智慧資本。

那麼智慧資本到底有哪些？

Hubert（1996）將企業組織的智慧資本分為三大類，包括人力資本、結構資本與顧客資本。Stewart（1997）認為，智慧資本可分為人力資本、結構資本與顧客資本，並提出解釋。Edvinsson（1997）認為內部組織的流程、創新與外部組織的顧客，都是智慧資本評量的重要結果，因為這代表一個組織在處理內部與外部組織協調性的能力，而這種能力正是企業存在的重要意義。

資料來源：Edvinsson, L. (1997), Developing intellectual capital at Skandia, *Long Range Planning* 30(3), pp.366.

知識概念在古老時代早已存在，隨著時代的轉變，其中知識涵義內容會有所不同，但它的重點是一樣的：就是會帶來力量、價值。

一、智慧資本種類

Edvinsson（1998）將其企業市場價值分為財務資本及智慧資本兩大類來加以評量。智慧資本又可分為人力資本及結構資本。所謂結構資本是和人力本身無關的知識，係指假設企業範圍不含員工時，企業所擁有的文件、商標、生產程序、資料庫、外部角色等。因此，結構資本又可細分為顧客資本及組織運作資本；顧客資本是指企業和現有客戶、未來客戶之間的合作夥伴關係，組織運作資本則由創新資本及運作程序資本所組成。所謂運作程序資本，係指企業內部本身運作程序的技術知識，包括：標準操作手冊、經驗案例、企業內部資源及部門文件等；所謂創新資本，係指能使企業在未來以創新手法發展核心能力的知識，例如：專利及智慧財產權，這些係指企業對內或對外資訊整合所創造出來之智慧資本，Brooking（1998）認為，創新資本是指屬於公司以法律形式保護的智慧財產。包括專利、著作權、設計權、營業密祕、商標等。吳思華（2000）提出創新資本為附著在企業主體與創造未來競爭優勢的相關項目。

資料來源：吳思華、黃宛華、賴鈺晶，智慧資本衡量因素之研究—以我國軟體業為例，國立政治大學科技管理研究所，民國 89 年 12 月。

茲將 Edvinsson 的文獻整理如圖 15-1。

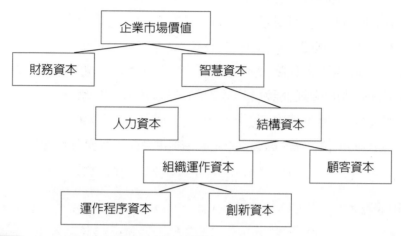

圖 15-1 Edvinsson 的企業資本結構圖

資料來源：Johan Roos, Goran Roos, Leif Edvinsson and Nicola Carlo Dragonetti (1998). *Intellectual Capital-Navigating in the New Business Landscape*, New York: New York University Press, p.29.

二、顧客資本

根據文獻整理如下，Davenport（2001）認為，以專業經理人、客戶及供應商之間合作與互動為基礎所產生的內隱性知識，是企業最重要知識的智慧資本。Rowley（2002）認為，對所有企業而言，顧客知識是一項重要的無形智慧資本，因為企業能運用顧客知識，增加新顧客或舊顧客的銷售量擴大，進而創造出新價值。Gibbert（2002）認為，企業現在開始了解到「只有我們知道我們所知道的」這句諺語的意思，其實是在說明「只有我們知道我們的顧客所知道的」，亦即顧客知識才是公司所有知識的來源。

根據上述文獻，定義出顧客資本（Customer Capital）：係指企業和現有客戶、未來客戶之間的合作夥伴關係，在這個關係中產生客戶抱怨、客戶對新產品意見、客戶使用產品經驗、客戶訂單收貨流程等客戶知識，這些知識會轉換成顧客資本，進而利用這些顧客資本，以便增加新顧客和保有舊顧客。顧客資本的內容會有下列幾個重點：

(1) 顧客滿意度。

(2) 顧客再購率。

(3) 和顧客一起開發新產品創新的能力。

(4) 客戶使用產品資訊回饋。

(5) 顧客參與的程度。

(6) 合作夥伴關係的程度。

(7) 提供客製化服務的能力。

(8) 解決客戶問題的能力。

整合顧客的價值，在於顧客資本是經由提供產品或服務而形成價值的認知和資產。

三、關係資本

關係資本是指企業和外部角色的相關性程度，一般外部角色有供應商、顧客合作夥伴、銀行、物流業者、資訊業者等，因此有些學者定義為顧客資本，著重的是組織與顧客的關係；也有些學者定義的關係資本，著重的是供應商的關係或是組織對外的一切關係，包括供應商、顧客、合作夥伴、銀行、物流業者、資訊業者與相關非利益團體的關係。從上述說明可知，關係資本定義是指「企業組織和外部角色的關鍵關係，這個關鍵關係會產生附加價值的知識」，例如：顧客滿意度、顧客忠誠度等。

從運作關係資本中，會讓企業和外部角色建立起長期、忠誠之關係，使得企業擁有高度合作、生命共同體之夥伴，以便為企業創造更長久的價值。

四、人力組織資本

就如同上述所說明的，智慧資本和知識的整合就是在於個人與組織的知識平台運作。因此人力組織所產生的資本，說明其在整個智慧資本中可是扮演著關鍵基礎的角色，一般人力組織資本主要包括：

1. 人力組織資源是一切資源中最主要的基礎資源，企業因人力組織的存在而生存。

2. 人力組織資源在企業獲取利潤中，人力組織資本扮演的程度大於其他資本的效用。

3. 人力組織資本的核心重點是在於教育投資的活動。人力組織資本不是視為一種消耗品或設備資產，而應視為一種價值，這種投資的價值效益，遠大於其

他投資的價值效益。

 15-2　智慧資本和知識的整合

在目前知識管理時代，就是要將無形知識的內隱性，轉換成如同有形機器使用般的容易理解和溝通，故知識轉換成智慧資本，是企業重視知識的開始，也是企業獲利和掌握趨勢的關鍵。

一、智慧資本的資產

知識是一種智慧資本，它可成為企業資產。

Wiig 等學者（1997）亦認為，員工之專業為組織知識構成要素之一，並為組織關鍵性之策略資源。Michalisin 等學者（1997）認為，員工之專業及企業文化，係組織之策略性資產。Bollinger 和 Smith（2001）則認為，知識為組織策略性資產，必須具有以下四項特點：

1. 獨特性

知識係由在不同企業環境的特有條件限制下，員工個人與組織本身之經驗及技能累積而得，故每一個企業所具有之知識內涵及資產是和其他企業不同。

2. 稀有性

知識係整合員工個人與組織之經驗、專業、案例等智慧，此核心能力之智慧資產得來不易，以及都是少數的知識。

3. 價值性

知識有助於增進企業產品、流程、顧客及服務之價值活動，可為企業創造有價值之策略效益。

4. 不可替代性

知識中均具有難以被替代之能力，其所產生之方法和結果無法複製和模仿。

如同第一章所說明的知識特性，它有「不具實體」，是指知識無法成為實體，故本身無法傳播，故須以人為知識最根本與首要的載具；而知識的「累積性」，是指知識可循前人及自己的成就而加以增加知識的效益，從上述的知識特性，意味著個人與組織的知識平台（Knowledge Platform），將影響其應用與吸

收知識的能力，進而影響到知識轉換成智慧資本的可行性。智慧資本和知識的整合，就是在於個人與組織的知識平台運作。

　　智慧資本不是只有指高深的技術知識，一般在企業流程所產生的互動知識，只要能有價值存在，就是智慧資本，因此智慧資本是無所不在的。也就是說，智慧資本是從知識的形成所轉換而來的，如圖 15-2。

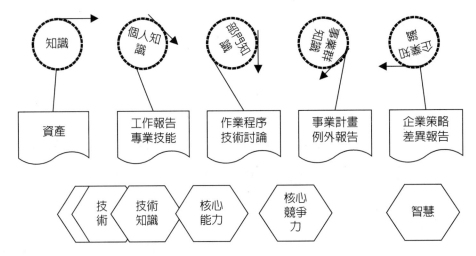

圖 15-2　智慧資本的轉換

　　智慧資本是由知識所產生，凡舉企業文化形象、員工專業技能、行銷通路網絡、研發創新能力、關鍵技術報告、著作權專利權、管理流程模式、智慧財產權、企業產品品牌、顧客人脈關係、與供應商的緊密關係、與策略夥伴合作關係等，都能創造企業的價值及利潤。因此評估一個企業的價值，不能僅考慮有形資產，亦須同時考慮在會計財務報表上所看不到的無形資產項目。

　　茲將上述智慧資本範圍內容整理如圖 15-3。

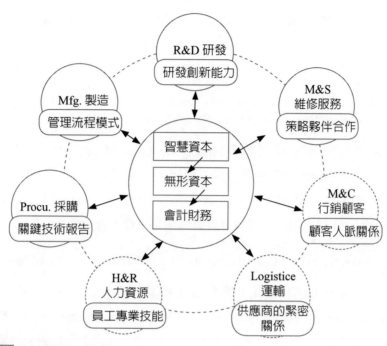

圖 15-3　智慧資本範圍

二、智慧資本的衡量

　　從智慧資本的範圍，可知智慧資本目前很難有一個客觀一致的衡量標準及評價方法，因此也很難呈現於會計財務報表上，最主要的原因是智慧資本項目在不同企業特性環境下的內容會有所差異，以及智慧資本項目並沒有標準可符合會計上無形資產的定義和表達，亦即會受限於會計準則對於資產認列及評價之規定，導致無可辨認性、可衡量性及影響性程度等，因此對智慧資本無法具有效益的控制權和管理權，這些會影響到智慧資本的投資無法認列在會計財務報表上。

　　不過，目前已有人嘗試提出智慧資本的衡量方法。Edvinsson 和 Malone（1997）認為，智慧資本是一種對知識、實務經驗、組織技術、顧客關係及專業技術的掌握，能讓企業在市場上具競爭優勢的能力。Johnson（1999）以軟體產業為例，列出智慧資本中定性與定量的項目，並以系統方法建構流量的測量，比較一般衡量指標與軟體產業的衡量指標。軟體公司是知識基礎成分較多的公司，因此，大部分衡量指標都是定性的表達，定性的表達本就是很難量化，故例如：軟體程式的生產量、產品的獲利、投資報酬率、專案完成時間、銷售數量、產品功能範圍等，都是可量化的指標；至於不可量化的部分，主要是以流量來衡量，

所謂流量是指在智慧資本項目彼此之間的互動關係，例如：顧客使用於產品的次數。

資料來源：Johnson, W. H. A. An integrative taxonomy of intellectual capital: measuring the stock and flow of intellectual capital components in the firm, *International Journal of Technology Management*, Vol. 18, No. 5/6/7/8, 1999, pp. 562-575.

Sveiby 提出無形資產監測系統（Intangible Assets Monitor, IAM）來衡量企業的智慧資本，該系統將一個企業分成三模組：(1) 外部顧客；(2) 內部組織；(3) 員工能力，再就這三個模組，從另一個三項功能指標維度：(1) 成長 / 革新指標；(2) 效率指標；(3) 穩定指標，來將智慧資本衡量指標更細分為 31 項。

資料來源：Sveiby, K., *The new Organizational Wealth*, San Francisco: Berrett Koehler, 1997.

另外一個非常著名和常用的智慧資本衡量就是平衡計分卡。平衡計分卡（Balanced Scorecard）起源於 1990 年，由 Nolan Norton Institute 贊助一個長達一年、十二家來自製造、服務、重工業和高科技產業所共同合作的研究計畫「未來的組織績效衡量方法」，平衡計分卡包含財務、顧客、企業內部流程、學習與成長四構面，它考慮到財務、客戶、內部和成長方面的評量標準，並且兼顧現在和未來、內部和外部的觀點。

三、智慧資本管理

有了智慧資本衡量後，就必須做智慧資本管理。

Thomas A. Stewart（1997）認為，企業在智慧資本的管理上，有以下原則需要注意：

1. 智慧資本擁有權

智慧資本擁有權是相關角色所共同擁有的。在人力資本方面，企業員工也共同擁有這些資產；在顧客資本方面，顧客也共同擁有這些資產。唯有透過智慧資本共享，企業才能管理這些資產，並從中獲利，因為智慧資本的產生，本就是在不同角色的知識形成互動下轉換而來的。

2. 智慧資本組織運作

企業若要管理他們可以運用的智慧資本，就必須在企業內建立共同認知的環境、知識社群以及學習型組織。如此可將個人的知識經過知識管理運作，而轉換成可再創新的智慧資本。

3. **智慧資本的特性**

必須認清智慧資本的特性，才能在管理中運用智慧資本。例如：人力資本的特性就是人力會流動和老化，故企業應該撇開人為因素，將這些組織人力的資本，以某些技術、報告為資產，而這些技術和報告必須具備的條件為：(1) 專屬的，也就是沒有別人做得比他們更好；(2) 具策略價值，也就是他們創造出來的價值，是顧客願意花錢買的。

4. **智慧資本的企業內部資產**

根據上述結構性資本定義來看，可知是企業的內部無形資產，此部分的資產是可以有權加以管理的，但這和顧客資本是否有很大的關聯，端看企業如何運用內部資產來有效管理顧客資本。

5. **結構性資本有兩大運用方法**

一是將顧客重視的工作背後所需知識集合起來，二是加快顧客知識在公司內部流動的速度。

6. **智慧資本之客製化企業的智慧資本管理，首先就要從知識工作者的管理來著手，它是客製化成果，故智慧資本是可以取代昂貴的實物和財務資產。**

7. **智慧資本的價值鏈**

企業應該將自己定位在產業裡具有價值的其中一環，也針對分析產業鏈，從最初的原科到終端的使用者，一路檢視其中什麼資訊是有價值的。

8. **智慧資本的資訊流**

智慧資本中有人力資本、結構資本、顧客資本這三者，它們是相輔相成的。也就是這三者須在資訊流上做互動，如此才可利用資訊流的效益，來達成智慧資本的綜效。

資料來源：Thomas A. Stewart, 2001. *The Wealth of Knowledge*. Utopia Limited, New York.

15-3 智慧數位化

資訊管理是指企業運用資訊系統來管理營運流程的整個作業，而如此資訊化作業就會滲透到消費生活型態，進而擴大到社會層面，故也衝擊到政府公家服務

作業，因此資訊管理發展是全面影響整個產業，這從以往軟體系統演化過程可窺其一二，亦即可知資訊系統是從資料處理、資訊分析、知識決策等演化，而漸漸成為不同進化層次資訊系統應用，而在此時，它即將邁入智慧預知的應用階段。

　　從上述可知，企業資訊系統在開發設計時，就必須把智慧元素融入於系統開發內，亦即如何把智慧運作過程轉化成數位化，如此才可進一步利用軟體數位技術，把智慧應用於企業經營流程，以達智慧管理成效。上述做法有五個階段步驟：建構人工智慧模型、發展運算思維邏輯、嵌入軟體系統、訓練資料模擬、參數設定建置，茲分別說明如下。

1. 建構人工智慧模型

　　在資訊系統的軟體工程設計內，會有各種不同軟體元件功能，例如：資料表單元件，而在以前資訊管理發展就是從資料轉換成資訊統計，例如：承上述元件，就會有資訊彙總元件功能，但在發展成為知識數位化時，其元件就會有預存程序邏輯功能，從此邏輯它可發展成為知識邏輯，例如：採購權限內控方案之邏輯運算的一種知識解決方案，但若發展成為智慧數位化，則就有智慧元素在此軟體元件內，例如：預知採購舞弊行為模型在此資料表單元件內，一般智慧元件都是以一種模型方式呈現，也就是人工智慧模型，它是用人工智慧演算法來建構一種運算模型。

2. 發展運算思維邏輯

　　有了上述模型後，將進行模型實例化，也就是把原本模型，建構某企業應用實際管理方法，例如：採購審核管理方法，此方法是以人工智慧模型來建立其管理運作，故此實例方法將套用於模型演算法，例如：模糊決策演算法，上述如此做法就是模型實例化，而透過此實例化，就可接著發展運算思維邏輯，也就是將實際執行運算模型演算法，而一旦執行後，就可發揮智慧型的管理，這也正是智慧數位化的關鍵重點。故可知智慧數位化是將企業營運管理發展為運算思維的資訊系統應用。

3. 嵌入軟體系統

　　有了上述運算思維的資訊系統應用後，則在使用者實際執行此應用時，需將上述智慧元件嵌入軟體系統，也就是在開發設計軟體系統時，把具有物件導向的設計概念融入軟體元件內，故此智慧元件是一種物件導向軟體元件，而此類元件是具有獨立性和模組化特色，這種特性使得智慧數位化能更彈性化和客製化運

作，因此嵌入軟體系統機制，是知識型資訊管理邁入智慧型資訊管理的重要里程碑，而更關鍵的是在此「嵌入」意義，不只在於軟體嵌入，也包括硬體嵌入，這正是物聯網結合資訊管理的創新時代來臨，因為物聯網感測感知技術可結合軟體系統，這正是虛實整合的創新做法。

4. 訓練資料模擬

經過上述階段運作後，整個智慧型資訊管理系統可說是準備完成，這時在上線前，須先做訓練資料模擬，因為在人工智慧模型的運作，須發展訓練資料，目的是為驗證修正其建構模型的正確性、適合性，故如何收集適合訓練的資料，則是攸關模型後續執行成效，一般以企業管理角度，都會收集之前已營運過的合理性資料，以便未來正式上線前，模擬其未來經營狀況，以使正式企業營運具有智慧預知功能。上述訓練資料模擬，主要指模型正式運作前所模擬的作業，但在模型正式運作期間，其所創建之資料也會再次回饋到該模型，並進而再修正此模型，這正是人工智慧模型的特點，也是智慧數位化的資訊管理精髓所在。

5. 參數設定建置

經過上述四階段運作後，接下來就是對各自企業作業流程設計能客製化，達到每家企業專屬軟體功能。這對於將人工智慧模型套用於不同企業，以便可擴大運用成效是很重要的。故軟體系統模型將利用參數設定建置方式，來達成客製化專屬性的功能。所謂參數設定功能，是指以事先設計好的管理功能參數，依照不同企業專屬需求，帶入其某功能參數設定，例如：在企業存貨移動有很多型態，包括入庫、出庫、調撥、退貨、暫收等不同作業型態。而這些型態資料就是參數資料，故同樣的，上述運算模型也可用類似參數設定方式，來適用於不同企業專屬需求。例如：上述預知採購舞弊行為模型，利用不同採購權限和人員職責參數設定，來符合不同企業舞弊行為預知需求。

人工智慧模型演算法

上述人工智慧模型，茲以下述演算法應用來做說明。

決策樹在分類和預測方面已經成功，通過從樹根到葉節點對樹進行排序，來對數據進行分類，之後，定義用於構建樹的模糊項的模糊集，也被應用在決策樹上，故模糊決策樹是經典決策樹算法的擴展，並允許數據同時追蹤具有不同滿意度的節點的多個分支，範圍為 [0.1]。模糊決策樹是清晰案例的概括。為了表示

模糊和非分類數據的能力，模糊決策樹（Fuzzy Decision Tree, FDT）將模糊集與決策樹相結合。根據文獻之前大都是使用專家的知識來收集因素的模糊數值，他們很少考慮利用模糊決策樹來收集模糊數據。故基於模糊數據的決策樹歸納決策是至關重要的，因爲模糊決策樹可以通過模糊隸屬函數產生實現優化效率的推理。模糊決策樹歸納的主要目標之一，是爲 Quinlan（Quinlan, 1986）生成 ID3 等未知案例的高精度分類樹。有許多研究試圖提高分類效率，Chang 和 Liu（2008）以及 Carvalho 等（2004），提出了決策樹集成的其他方法，例如 K-mean、模糊 C 均值等。Chandra 和 Varghese（2008）提出了一種二元決策樹算法，使用 Gini 指數做爲分裂度量。因此，鑑於理論發展呈現模糊概念，決策樹分類系統被稱爲模糊決策樹算法。

Kosko（1986）提出模糊認知圖（Fuzzy Cognitive Maps, FCM）的建模方法，它用於使用複雜決策系統的隨機連接資訊來制定鄰接矩陣，它以圖形說明來相互連接，它利用符號方向圖來達到進一步鄰接矩陣使用模糊程度的因果關係度。FCM 由問題的概念節點（C），以帶符號的有向箭頭和因果值（C_{ij}）組成，節點表示以變量 V_i 爲特徵的概念，其 C_{ij} 表示對概念節點之間的因果關係，其 C_{ij} 由因果概念節點 V_i 對概念節點 V_j 的影響形成。C_{ij} 在模糊區間 [–1，1] 中定義其數值。$C_{ij} = 0$ 解釋爲沒有關係，$C_{ij} > 0$ 表示正因果關係（增加），$C_{ij} < 0$ 表示負因果關係（減少）。爲了描述節點之間關係的程度，可以使用模糊語言術語，例如：「大」、「中」和「小」。在本計畫中，選擇 FCM 方法，是因爲它可允許追蹤區塊鏈中的不同區塊，並量化交易之間相關數據中的模糊程度。因此，FCM 可以用來表示使用總效應 $T(I, V)$ 的狀態轉換機制，以表示狀態轉換鏈中的最佳因果效應。若以最小—最大策略（Min-Max Strategy）方式，藉由 {a little ≦ often ≦ some ≦ much ≦ a lot} 比較，在計算 $T(I, V)$ 值時，我們使用模糊數值，例如："a little" [0~0.2]、"often" (0.2~0.4]、"some" (0.4~0.6]、"much" (0.6~0.8]、"a lot" (0.8~1] 等，來表示節點之間的相關程度。總效應 $T(I, V)$ 是所有間接效應 (I, V) 的總和，以運算出其因果關係從連接 I 到 V 的所有可能路徑連接。其總效應 $T(I, V)$ 描述路徑（k）等式的計算如下：

$$T(I, V) = \max\{\sum_1^i E_1(I, V)，\sum_1^i E_2(I, V)，\cdots\cdots，\sum_1^i E_k(I, V)\} \tag{1}$$

例如：路徑是 $E_1(I, V)$：(I, III, IV, V) 和 $E_2(I, V)$：(I, IV, V)。

則計算出 $E_1(I, V) = \min\{\text{a little, some, often, a little}\} = \text{a little}$

$E_2(I, V) = \min\{\text{some, often, much}\} = \text{often}$

$T(I, V) = \max\{E_1(I, V)，E_2(I, V)\} = \max\{\text{a little, often}\} = \text{often}$

Glykas（2010）提出整理 FCM 建模之應用和發展的文獻回顧，FCM 已經廣泛應用於工業應用領域，Jose 等人（2012）提出了模糊灰色認知圖，應用於其具有變壓器部件的可靠性分析，以幫助電力系統決策。Lee 等人（2013）提出了基於反饋的 FCM 用於產品問題的反饋設計，並指出應用於 FCM 評估的回饋作業。Wooi 等人（2011）提出了 FCM 構造函數來驗證產品設計決策問題，以及用於建模和推理因果設計知識（Gopnik 等，2004）。Lee 等人（2012）提出了一種基於使用模糊認知圖和模糊隸屬函數的偏好數據，來發展專家對這些受試者的知識和經驗，以便建構基於 Web 的決策系統方法。

利用人工智慧方法論於商業領域例如：案例式推理法（Case-Based Reasoning），案例式推理系統是模擬人類推理方法。案例描述了使用以前的經驗和過去的解決方案案例，來解決當前問題。基於案例的推理（CBR）是通過類似案例的檢索方法，從過去的經驗中獲得解決問題的能力。相似性方法的問題提出了很多研究課題。相似性方法由各種算法執行，例如：加權 k- 最近鄰（Dietrich, 1997）、基於模糊規則（Xiong, 2013）。CBR 是一種推理範例，它通過閉環程序應用類似機制，來匹配基於案例的數據庫中之大多數情況。因此，CBR 也是一種新的解決問題的決策方法，通過識別其與特定已知問題的相似性（Bareis 等 , 1989）。如果與語句中要解決的問題存在相同情況，則 CBR 過程可以快速探索用作新問題的解決方案。CBR 的一般過程可以用 CBR 程序表示，如圖 15-4 所示（Aamodt 等 , 1994）。CBR 程序可以描述一個緊密的循環，包括檢索、重用、修正、保留和解決五種類型的案例，例如：新案例、相似案例、解決案例、測試案例和學習案例等。

案例式推理的循環運作步驟：包括擷取（Retrieve）：擷取相似度最接近的案例；重複使用（Reuse）：重複使用案例；修正（Revise）：修正解決方案；保留（Retain）：保留修正後的方案；案例儲存（Case Storage）：儲存新的案例至案例庫中。案例式推理系統結合模糊集合理論將案例分類（Classify）、類別（Types）、群集（Clusters），擷取技術包含相似度測量（Similarity Measure）與案例索引（Case Indexing）技術。相似性程度正規化（Normalized），是指模糊相似性方法主要是將案例給予模糊度的資訊。索引目的是將案例資料進行分

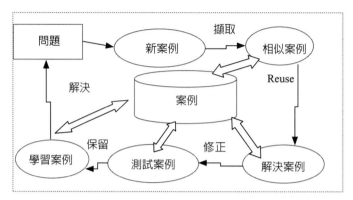

圖 15-4　案例式推理的循環運作（Aamodt 等，1994）

類，並指定到其標籤。當一個新的案例擷取時，CBR 系統便會進行相似度演算法的案例，此時會對應到某索引的標籤，如此每次在索引時，即可依其標籤來進行，而不需要無效率的搜尋整個資料集。

　　然而，CBR 技術可能只能使用基於模糊算法的決策過程，但它可能不適用於解決可追溯性問題，例如：使用直覺模糊集的智慧預測機制，因此本研究採用基於直覺模糊的案例加權算法 CBR，將數據庫分類爲一組較小的數據庫，通過較小的數據庫形成，該算法可以產生預測行爲。本計畫將直觀模糊 CBR 技術應用於供應鏈中主要追蹤效率的預測。這是一種新穎的方法，可用於供應鏈，以控制他們需要執行的可追蹤事件，實現供應鏈營運績效。基於直覺模糊 CBR 方法的特點是追蹤對象與追蹤績效基準之間的相關性，然後我們將這些相關性轉換爲定量指標，以評估追蹤性能的相似性，預測未來行爲。這裡追蹤績效基準是指以供應鏈作業參考模式來發展經營能力指標的特徵變項。另外，對於基於直覺模糊 CBR 數據庫，可將案例進行比較。這種具有直覺模糊規則的 CBR 數據庫，可用於通過搜索具有最相似特徵的案例來分類新案例，以找到類似的追蹤性能。它可以使用 IF-THEN 語句生成：語句如下：IF（與基於直覺模糊隸屬函數的定量指標之相關性）THEN（類似的追蹤性能）。根據基於直覺模糊規則，我們可以通過類似的追蹤行爲，進一步預測追蹤績效。其相似性運算可採取歐幾里得距離，方式如下：

$$\text{總相似度 Total similarity} = \sum_{i=1}^{n} W_i \times Sim_i(x_i, y_i) \qquad (2)$$

x_i 及 y_i 分別代表新案例 x 及舊案例 y 的第 i 個特徵值，共有 n 個案例特徵，而 w_i 為第 i 個特徵之權重值，其特徵可再分多個屬性。

$$Sim_i(x_i, y_i) = \begin{bmatrix} k_{11} & k_{12} & \ldots & \ldots & k_{1(l+n)} \\ k_{21} & k_{22} & \ldots & \ldots & k_{2(l+n)} \\ \vdots & \vdots & & & \\ \vdots & \vdots & & & \\ k_{m1} & k_{m2} & \ldots & \ldots & k_{m(l+n)} \end{bmatrix}$$

歐幾里得距離（Euclidean Distance）：$D(\vec{k}_i, \vec{k}_j) = \left\| \vec{k}_i - \vec{k}_j \right\| = \sqrt{\sum_{v=1}^{n+l} \left| \vec{k}_{iv} - \vec{k}_{jv} \right|^2}$ (3)

MIS 實務專欄（讓學員了解業界實務現況）

本章 MIS 實務，可從二個構面探討之。

構面一：全球產業生態

過去企業大部分以區域化營運為主，因此許多企業整合資訊化系統也大部分以區域化來加以設計；但現今由於網路經濟興起及全球產業生態變化，使得目前市場上的 MIS 系統產品須因應在全球化的需求，例如：中國大陸的崛起。也因此跨地域的運籌環境，例如：在企業兩岸三地的作業模式是一種愈來愈普遍的現象，所以資訊系統如何能夠適應這種分散式及多樣化的作業，而且須從電子數據處理階段提升到管理上的運用，乃至資料結果期望能在做決策判斷時有所輔助之用，亦即決策資訊等，將是一個企業資訊系統不可不細心考量的事情。

構面二：和其他外部企業的整合系統

整個企業資訊系統和其他外部企業的整合相關資訊系統應用，也隨之導入許多企業內，這樣的結果會影響傳統的企業資源規劃整合。這時，在 ERP 系統建構就必須有軟體系統控管方法和建構模式，來面對複雜的企業需求，進而發展出適合的 MIS 系統產品。

個案簡介：智慧資產評鑑——軟體開發公司

1. 目的

　　企業有了知識，就可產生經營能力，因此知識增長了企業的經營智慧，知識的可貴在於能醞釀出企業經營能力的智慧，若智慧運作得當，則可產生價值，企業因價值存在而能立足和獲利。因此，這些使得企業獲利的知識，就是資產，它有別於一般有形或無形資產，它是一種具有價值存在的智慧資產。

　　企業必須要有資產才能繼續成長茁壯。然而智慧資產價值貢獻程度不一，故必須去評鑑衡量智慧資產，就如同一般資產評估一樣，但不一樣的是，智慧資產評鑑必須以知識為其智慧資本來衡量，也就是以此智慧資本來看有多少知識成分，並且以價值指標來量化。

　　它的意義是指以具有價值性能力指標來做評鑑，一般價值性能力指標，可以平衡計分卡的四大構面來看，包含顧客的價值、內部傳遞顧客所需價值的程序和效率，以及內部的學習和成長等構面，進而以構面展開可量化公式指標，做為評鑑的依據。

2. 管理意涵

　　企業有了知識，並不代表會產生價值，因若不使用知識或運用不當，都不會造成價值顯現，而唯有知識能轉換為智慧，則知識就會產生價值，因智慧就是價值存在，並且也因為有智慧的價值存在，而使得知識成為企業的寶貴資產，資產可換成現金或有同等價值的內容。因此，企業一定要有智慧資產才能永續經營。

　　然而資產的價值必須透過評鑑，來彰顯和衡量其價值的程度，也就是說，各個知識本身比較並沒有差異，主要在於知識轉化智慧，進而成為資產，此時才會以價值評鑑來衡量各個知識的價值程度差異。

3. 方法

　　其導入方法分成三大步驟：建立價值構面、設定價值 KPI、計算 KPI 和衡量。

步驟 1：建立價值構面

個案表 1 價值構面表

	顧客構面		
項目	知識	智慧	價值所在
名稱			
引用次數			

步驟 2：設定價值 KPI

個案表 2 KPI 表

	本身	成長力	競爭力	適用何種構面
KPI1				
KPI2				

步驟 3：計算 KPI 和衡量

個案表 3 衡量表

知識	KPI1	計算結果	評鑑說明

個案診斷：軟體開發公司

一、公司基本資料：公司人數及組織架構圖：依照產品服務，該公司將組織分成：

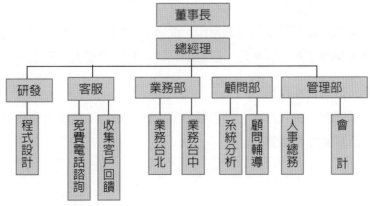

圖 1 組織架構圖

公司主要營業項目：

• ERP、CRM 管理軟體開發。

• 企業網站及電子商務設計。

• 代理 ERP、CRM 管理軟體行銷。

目前公司產品主力是客製化管理軟體開發，因此軟體開發方法就很重要，目前公司以 UML 為軟體開發方法。所謂 UML 是一種圖形語言，用以設想、制定、開發、記錄軟體密集系統（Software-Intensive System）的方法。UML 提供一種描述系統藍圖的標準方式，如企業流程、系統功能、某特定語言、資料庫結構及可再使用的軟體元件等。

二、企業 e 化現況

在此以軟體開發過程來說明該企業對 e 化產品的了解。在軟體開發專案是以漸進式系統上線模式來發展的，因此會有第一個版本，並且經過循環修改後，可得出第二個版本，而消費者經過程式功能初步測試後，發現所設計出來的需求功能和當初有很大出入時，發現其問題出在需求功能應用於實際的軟體設計時，它們之間的轉換溝通有了差異，使得設計編輯內容是一件事，需求功能內容又是另一件事。但該如何解決這個問題呢？應該在不同領域之間（如：需求功能和設計編輯兩個領域）透過共同介面做整合，而在軟體開發方面，則是以 UML（標準塑模語言）為其方法。因此，依據該方法，專案經理整理運用下列三個重點：「使用案例導向」為了清楚地表示功能需求，「塑模（Modeling）圖示」為了表達從流程分析、需求、物件塑模到物件設計的各種結果，「漸進式流程」是分析、設計和執行一些，也就是將整個開發流程切割成數個週期，每個週期都是一個較小型的直線式流程，並且強調週期結束時都有可以執行的結果；而每個週期都是以前一週期的結果為基礎，再新增需求的方式進行，直到所有的軟體需求都滿足為止。

個案應用：智慧資產評鑑

就該個案應用於此方案，其主要分成三大步驟：建立價值構面、設定價值 KPI、計算 KPI 和衡量。

步驟 1：建立價值構面

項目	顧客構面		
	知識	智慧	價值所在
名稱	顧客導向的需求規格設計塑模	使用案例建立	軟體設計大都符合客戶的需求規格
引用次數	21		

步驟 2：設定價值 KPI

	本身	成長力	競爭力	適用何種構面
KPI1	程式錯誤率	程式執行速度	程式符合度	顧客構面

步驟 3：計算 KPI 和衡量

知識	KPI1	計算結果	評鑑說明
顧客導向的需求規格設計塑模	程式錯誤率	3%	經過 UML 運作，程式錯誤率已到 3%，但仍是高比率，因此評鑑結果仍未達到顧客構面的智慧資產評鑑

課堂主題演練（案例問題探討）

企業個案診斷 —— 流程創新是雲端商務之價值所在：創造具產業基礎的保單客服流程

一、企業實務情境案例

　　在一個炎熱的早上，小陳如同往日一般趕去搭公車上班，然而今日好像和往日有點不一樣，小陳自己也說不上來的感覺，而正在疑惑時，手機突然響起來了，由於是在安靜的公車空間內，其鈴聲聽起來額外刺耳和突兀，難道這就是剛才和往日不一樣的地方？到底是誰打來的呢？

　　做為人身保險業務的小張，期望自己手上有更多的客戶保單，除了開拓新客戶外，如何使現有客戶保單繼續繳款，也是小張要努力的方向。然而偏

偏今日收到公司客服人員通知某客戶的保單已過繳款期限，不知為何沒繳？據說是該客戶信用卡換卡，使原有授權扣款的信用卡無效。

「此刻的小張該如何處理這個案例？」

小陳很快的就接起手機，回答：「喂？」手機的另一方傳來：「是陳先生嗎？我是你的保單營業人員張先生，打擾您，想告知您因信用卡扣款無效，所以這期保費尚未繳納？！」小陳這時想起原來不一樣的事就是這檔事。此時，小陳這時回想起前 10 日有收到保險公司來信通知：「你的保單繳納方式已轉為營業人員親自到府收取。」因不習慣有人親自到府和希望信用卡累積點數，於是小陳打了免費客服電話，詢問如何處理。客服人員說會寄繳款方式申請的表單，填完後再寄回保險公司即可。於是，小陳收到此表單後趕緊填妥用掛號寄回（因怕會寄丟）。2 日後回 Call 客服人員是否收到此掛號信？但得到的回應是：「目前不知道是否有收到，因為在此客服 Call Center 須經過一些程序，才會輸入並反映，因此有可能有收到，但尚在處理中。」小陳說：「但若沒收到，須數日後才能反映，是否影響當期保費繳納期限而影響保單效力？」客服人員說：「從電腦中可看出你的保單最晚繳費期限是在下個月底前，應該不會影響，但信用卡繳款是否能當期扣款，則就須看程序處理是否來得及，否則，仍須請業務人員親自到府收款。」

「此時，小陳突然覺得做為顧客的需求滿意，並沒有被保險公司所理解和處理。」

小張為了維持陳先生這位顧客保單，於是在電話中使出渾身解數來說服：「陳先生，我可配合您的任何適當時間，也可順便到府為您解說保單內容的修改建議。」然而當此句話後半段一講出後，電話另一端就傳來不高興的語氣說：「我不需要保單推銷，我仍要以信用卡方式繳款，之前已向你們公司客服人員講過了。」一聽到顧客陳先生的回應，小張心頭一涼，自知可能說錯話了……。

「但小張在想那裡說錯了？」

　　小陳接到這通電話後，就很生氣的回答業務人員張先生，並且心中抱怨嘀咕說：「為何已和客服人員講過，且客服人員也確認 OK，還發生……。」小陳在嘀咕之際，也在電話中回答說：「就這樣子，我還有事，Bye~Bye!」便掛斷電話，並馬上 Call 給保險公司客服人員。當打通客服系統電話後，和之前一樣，仍經過一段對小陳而言是無意義的語音說明後，終於有客服人員回應，於是小陳就把之前個人需求再向此客服人員說明，結果，該客服人員說：「我不是很清楚，從電腦中看出上次你有打電話來索取信用卡繳款申請書。至於是否收到您寄回的申請書和處理程序狀況，並不清楚，若處理有結果後，您可再來電詢問或請業務人員跟您聯絡。」聽到此回應後，小陳才發覺到，因為每次打電話去，可能接電話的客服人員不一樣，使得有些事情必須重複說，且令人疑惑的是，客服人員竟無法說明目前寄回的申請書處理程序情況。

　　「上述小陳的發覺內容，對於整個事情流程有何影響？」

　　小張被客戶陳先生掛電話後，心裡很不是滋味，為何陳先生堅持用信用卡繳款？另外，保險公司也沒有告知，陳先生已有向公司索取信用卡扣款申請表。由於上述對顧客陳先生需求狀況的資訊掌握不是很充足，使得小張覺得在和顧客陳先生談話對應中，處處顯得捉襟見肘。然而，小張站在公司代表立場來看，自覺在顧客對應上並無失禮，當然小張也會考慮到自己本身業務績效，只是客戶陳先生似乎不是如此想。

　　「小張和顧客陳先生、公司之間，到底發生了什麼問題？」

二、問題定義和診斷

　　經過 PSIS 的問題形成診斷，可列出以下問題：

　　問題 1. 顧客、業務員、公司（客服人員）彼此認知的目前處理狀況步調不一致，且資訊掌握也不一樣。

　　問題 2. 從電腦系統上無法看出整個保單繳款處理流程的細節。且電腦資訊流和實體作業流程並沒有同步更新。

　　問題 3. Call Center 每次接聽客服人員可能都不一樣，而只能照電腦畫面上訊息來回答客戶，但電腦內容記錄不夠符合個人化需求，且和實體作業步調有更新上的落差，導致顧客難以了解實際最新進度狀況。

　　問題 4. 顧客的偏好是不喜好業務員登門拜訪，但公司和業務員無法掌握顧客偏好？

　　問題 5. 顧客所需求的是保單效力，但公司和業務員並沒有掌握重點？

三、創新解決方案

　　根據上述問題探討，接下來探討其如何解決的創新方案。它包含方法論論述和依此方法論規劃出的實務解決方案二大部分。

　　其方法論包含 BPR（Business Process Reengineering）、TRIZ 和雲端運算三個內容，茲說明 TRIZ 法如下：

　　TRIZ 理論是俄文（Theoria Resheneyva Isobretatelskehuh Zadach，創意問題解決理論）的字首縮寫。由前蘇聯海軍專利局專利審核員 Genrich Altshuller 於 1946 年提出，再由前蘇聯大學等共同研究，發展完成 TRIZ 理論體系。

　　TRIZ 理論方式之一：矛盾矩陣法，它就是嘗試為解決「矛盾」問題。每一個發明或創新，基本上都是在尋求解決或改善問題的方法。而在解決或改善的過程中，會遭遇「矛盾衝突」的問題，也就是當試圖改善一個系統、產品服務或是工程特性時，會導致另一個系統、產品、服務或是工程特性惡化，即所謂的「矛盾」。例如：手機產品在選用鋁鎂合金機殼當作產品的外觀設計時，其主要是想呈現與突顯產品的高質感表面，所以通常不會有顏色設計上的多變化設計，但若在鋁鎂合金機殼表面上增加「表面鍍色／電鍍」處理，則可解決此技術衝突，不過，會增加鋁鎂合金機殼材料的表面加工成本。（資料來源：TRIZ 網站）

　　TRIZ 矛盾矩陣法係將發明、創新中經常遭遇到的「需求衝突」問題，將其問題特徵整理為 39 個工程參數（Engineering Parameter）（如表 1），包含欲改善參數及惡化參數，利用對應解決的法則，整理成內含 1,263 個元素的 39*39 矩陣，當遭遇「需求衝突」問題時，利用矛盾矩陣表（如表 2），交叉尋找欲改善參數及惡化參數的關聯性，並利用歸納整理的 40 個解決法則（Inventive Principles）（如表 3），之後進行萃取，選出適用的解決法

則，最終進行類比分析，以提供一個快速解決問題的應用工具。

表1 TRIZ 39 個工程參數（資料來源：TRIZ 網站）

01 移動件重量	14 強度	27 可靠度
02 固定件重量	15 移動件耐久性	28 量測精確度
03 移動件長度	16 固定件耐久性	29 製造精確度
04 固定件長度	17 溫度	30 作用於物體上的有害因素
05 移動件面積	18 亮度	31 有害副作用
06 固定件面積	19 移動件消耗能量	32 製造性
07 移動件體積	20 固定件消耗能量	33 使用方便性
08 固定件體積	21 動力	34 可修理性
09 速度	22 能源浪費	35 適合性
10 力量	23 物質浪費	36 機構複雜性
11 張力、壓力	24 資訊損失	37 控制複雜性
12 形狀	25 時間浪費	38 自動化程度
13 物體穩定性	26 物料數量	39 生產性

表2 TRIZ 矛盾矩陣法（資料來源：TRIZ 網站）

	1. 移動物體的重量	2. 靜止物體的重量	……	39. 生產力
1. 移動物體的重量	（解決法則）			35, 03, 24, 37
2. 靜止物體的重量				01, 28, 15, 35
⋮				
39. 生產力	35, 26, 24, 37	28, 27, 15, 03		

表 3　RIZ 40 個解決法則（資料來源：TRIZ 網站）

01 分割	11 預先緩衝	21 急速通過	31 多孔性材料
02 萃取	12 等位性	22 害處轉為益處	32 改變顏色
03 局部品質	13 反面處理	23 回饋	33 同質性
04 非對稱性	14 球體化	24 媒介物	34 拋棄及再生零件
05 組合	15 動態性	25 自助	35 物理及化學狀態變化
06 通用性	16 局部或過量動作	26 複製	36 相變化
07 重疊放置	17 移至新的維度	27 以便宜的短期用物取代	37 熱膨脹
08 平衡力	18 機械振動	28 替代機構	38 使用強氧化劑
09 預先的反作用	19 週期性動作	29 氣壓或液壓構造	39 置入環境
10 預先動作	20 有效動作的連續性	30 可撓性薄板或薄膜	40 複合材料

本文個案的實務解決方案

　　根據問題形成的診斷結果，以上述提及的企業流程再造（BPR）、TRIZ 和雲端商務等方法論，提出本案例之實務創新解決方案。

一、BPR 分析

　　首先，針對 BPR 方法，將保單繳款流程以 BPR 中的徹底根本、改革、關鍵流程三項目做分析，茲說明如下。

　　就商業活動中，公司和顧客是兩個須互動良好的主體，才能使商業活動產生價值，而要產生價值就須依賴商業活動中的過程是否可滿足公司和顧客需求，其過程指的也就是公司和顧客之間互動流程，因此流程的設計和執行就會影響這二個主體是否互動良好，進而影響價值是否產生。然而由於這二個主體各有其本身立場和利益，往往可能造成彼此之間衝突，因此要降低這些衝突，首先就須依賴第一線的公司代表，例如：客服或業務人員，透過這些公司代表的優秀服務，就可化解一些可避免的衝突。但一個優秀代表如何透析公司和顧客之間的衝突，進而迎刃而解？這可從重新審視其保單繳款作

業,亦即徹底根本方法,它將分成 3 個重點來看:

1. 二個主體之間的不透通。

2. 主體的抽象擬人化和實體個人化。

3. 主體之間的共同雙贏價值。

　　茲分別說明如下,其整個流程創新設計——徹底根本方法,說明如圖 1 所示:

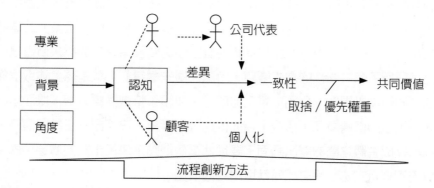

圖 1 流程創新設計——徹底根本方法

1. 所謂主體之間不透通,就是指各個主體因專業、背景、角度等因素影響干擾下,而對同一事情認知會產生如同折射般的不一樣想法,如此造成彼此之間想法無法透明化和溝通,進而造成同一事情處理方式和期望效果無法達到,就可能產生截然不同的內容,這對顧客而言,就是無法達到顧客滿意度;對公司而言,就是無法令顧客滿意。從以上所述,可知要使商業活動產生價值,就必須將彼此之間認知想法,以流程創新方法,使其可透明化和良好溝通,進而達到一致性。

2. 就公司主體而言,它是一種法人,也就是抽象擬人化,因為它無法具體和唯一的指出誰是公司?公司的任何員工都可能是公司主體代表,所以一般會有公司發言人,然而在處理顧客行為作業時,除非是重大事件,否則,第一線業務人員就是代表公司主體本身。

　　就顧客主體而言,他是一種個體,也就是實體個人化,他所呈現的是獨一無二的主體,因此相對於法人而言,其個人化特性就顯得重要,也就是不可將所有顧客主體,都認為只是顧客角色,而忽略了每位顧客其實都有不同的差異化需求。了解上述所言之後,可知公司代表在進行商業活動時,

必須針對每位顧客個人化需求來服務，以達到顧客滿意，顧客滿意度就是價值，那麼如何做個人化需求服務呢？這就須以流程創新方法，來探討分析在服務流程中的作業動作有考量到個人化需求。

3. 誠如第 1 項對主體之間不透通的探討，若就主體本身存在意義來看，可衍伸出二個主體是各有其本身立場和利益，再加上專業、背景、角度的認知差異，這使得二個主體的各自期望價值會有所不同，這會造成彼此之間的互相不滿意，因此，唯有找出共同的價值所在，才可滿足各個主體的需求，那麼如何找出共同的價值呢？這可從「取捨」和「優先權重」二個觀點探討之。所謂「取捨」即是指將各個主體之間沒有交集的需求價值捨棄之，只留下有共同性的需求價值。所謂「優先權重」，就是將上述取捨後的共同性需求價值，分割成單元的部分，並給予特徵權重分散，據而排出優先順序的價值單元，最後，進而依此優先權重，決策出真正共同價值，以利達成主體之間的雙贏局面。要從此二個觀點來決策出共同價值，就須以流程創新方法，使之如何萃取出共同價值。

　　從上述流程創新設計──徹底根本方法解決的運作程序結果，接下來將針對本案例的情境問題，提出如何以此程序來解析這個問題案例，為了能結構化的解析，茲整理出解析步驟和相關表單如下。

步驟 1. 主體的基本項目

主體 項目	保險公司	顧客	認知差異
專業	1. 保單營業項目 2. 精算知識	1. 可能非保險專業 2. 對保險產品有概念	1. 把保險專業視為客戶需求 2. 以保險專業術語和客戶溝通
背景	1. 有一套服務客戶機制 2. 有大量營業員支援 3. 建構 Call Center 系統	1. 工作忙碌的上班族 2. 年輕人（約 33 歲）	1. 回應客戶只能從 Call Center 系統電腦來處理 2. 只依公司設定的服務客戶機制，以機械化方式來服務客戶
角度	1. 以線上工作處理角度	1. 扣款方式角度	1. 角度不同對同一事情造成雙方處理上差異

主體 項目	保險公司	顧客	認知差異
本位需求	1. 保單產品販售 2. 營業績效達成	1. 綜合所得稅抵稅 2. 人身保險規劃	1. 因為本位需求不同，可能會造成溝通上雞同鴨講

步驟 2. 主體的個人化需求

顧客	個人化需求
小陳	1. 不喜歡業務人員親自到訪 2. 想累積信用卡點數 3. 上班工作時間忙 4. 討厭繁瑣的程序處理 5. 很關心保單的存續期間

業務人員	個人化需求
小張	1. 關心自己客戶的業績達成 2. 想自己親身推銷新的業務

步驟 3. 主體的共同價值

顧客價值	共同價值	保險公司價值
1. 節省保費，增加保單效用	保單效力的貢獻度（B）	保費費率精算，以達公司經營利潤
2. 綜合所得稅抵稅	依所有以往銷售情況和客戶分布，來規劃適合的抵稅方案	提供保單產品有利於銷售業績的方案
3. 人身生命保險規劃／適當的保單產品組合	提供個人化需求的保單產品客製化組合（A）	依公司產品種類和項目的定義分類

　　根據上述結果，就保單繳款實例以重新建構流程步驟（亦即變革方法）做分析說明，其分析結果如圖 2：舉保單扣款失敗處理流程為例子。

　　經過變革分析後，接下來由此結果去找出流程瓶頸和附加價值步驟（亦即關鍵流程分析方法），其顧客附加價值是「保單效力不受影響」和「個人

化流程需求」，而業務員和公司則是「保費已如期繳清」，所以，他們的共同價值是「依個人化流程來如期繳費擁有保單效力」。而其流程瓶頸就是「保單扣款失敗處理時間」，因為它會影響繳款日期和保單效果。

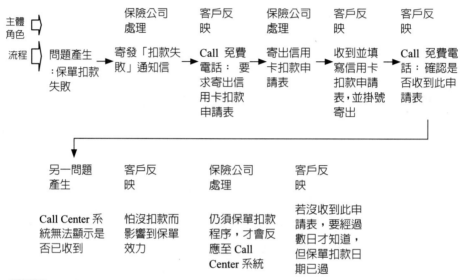

圖2　保單扣款失敗處理流程

　　上述是針對 BPR 分析部分，接下來，以 BPR 分析出的流程瓶頸，用 TRIZ 方法來找出如何解決。茲說明如下。

二、TRIZ 分析

　　從圖 2 保單扣款失敗處理流程中，吾人可了解到保險公司在執行「保單扣款失敗」處理流程時，除立即寄發「扣款失敗」通知信給客戶，來催促用別的繳款方式盡快繳款外，另也會啟用若超過繳款期限就會影響保單效力的條約，此條約除了影響保單效力外，也間接影響到繳款期限，此為保單效力影響繳款期限的矛盾現象。依上所敘述，引用 TRIZ 矛盾矩陣（見表 3）及其定義進行分析：TRIZ 的欲改善參數為：#10 力量──增長保單的緩衝期限效力，則就會改善保單繳款的成效。TRIZ 的惡化參數為：#25 時間浪費──因「保單扣款失敗」處理流程的時間浪費，導致繳款期限已過，所以處理流程時間花費愈長，就會惡化保單繳款的成效。接下來依矛盾矩陣來交叉尋找欲改善參數（#10）及惡化參數（#25），則可得到 10、36、37 等

三項解決法則，如表 3。排除不適用的解決法則（36、37），得到本案適用的解決法則為 #10 預先動作——將信用卡扣款申請處理動作事先反映至 Call Center 資訊系統內，如此就可加速確認「已寄出」、「收到客戶回信」、「再次扣款成功」等事件，進而預防若沒收到此申請表，要經過數日才知道，但保單扣款日期已過的問題。這樣的做法，就是將原本 Call Center 事件記錄功能轉為具有流程自動化控管的功能。

表 3　TRIZ 矛盾矩陣表

解決法則　　惡化參數 欲改善參數	#25 時間浪費：繳款期限
#10 力量： 保單效力	10, 36, 37

說明完流程瓶頸的解決方案後，接下來就此解決方式來說明共同價值的取捨，茲說明如下。

在 TRIZ 矛盾矩陣分析下，就欲改善參數及惡化參數可能會影響部分的客戶價值要素（該價值是屬於共同價值），列出 TRIZ 參數與客戶價值各要素間之相關聯性。經由相關分析，可得到 TRIZ 參數（#10、#25）與客戶價值之「A—符合客戶個人化需求」（符合程度）及「B—增強保單效力的貢獻度」（增強程度）要素存有關聯性，如表 4。

表 4　TRIZ 參數與客戶價值對應表

TRIZ 參數	客戶價值各要素	
	A 符合客戶個人化需求	B- 增強保單效力的貢獻度
#10	M	H
#25		

續導入企業的客戶價值權重分析（依經驗值），就 TRIZ 參數之 #10、#25 與客戶價值各要素之間的權重進行分析，並按權重高低分別列為 H（High）、M（Middle）及 L（Low）等三種等級。經過權重分析後結果，#10

保單效力相對於符合客戶個人化需求（A）有中度相關，而相對於增強保單效力的貢獻度有高度相關，因此在 #10 保單效力的工程參數和客戶價值各要素 A—符合客戶個人化需求與 B—增強保單效力的貢獻度中，應優先考量 B 要素（H＞M）。

三、雲端商務分析

　　從上述對雲端運算的說明，可知雲端商務是建構在產業基礎上，所謂產業基礎是指「以前企業、消費者都是考量單體的營運，然而在產業價值鏈趨勢下，企業競爭和營運已轉至產業競爭和營運，所以雲端商務須考量整個產業基礎利基來運作，例如：產業聚群行銷。」因此就本案例而言，其流程運作應是站在產業基礎上，也就是同時考量公司、業務人員、顧客、郵局運輸等跨企業的產業資源，所以，在雲端商務建置上，應開發雲端服務的 Call Center。其中可讓顧客自行上網查詢進度，也可讓業務人員輸入處理保單扣款記錄，更可讓郵局輸入運輸信件狀況等。

　　從以上 BPR、TRIZ 和雲端商務分析後，可經過類比思考，得出流程創新的解決方案：將原本 Call Center 資訊系統內只有事件記錄輸入查詢功能，修改成具有流程自動化控管功能。有了流程創新考量產業基礎而發展的雲端商務平台──Cloud Call Center，就可解決上述問題，更可發揮產業資源最佳化、人力精簡化，以及客戶可得到更個人化需求和快速服務。

　　說明完創新解決方案後，接下來就針對上述問題說明解決結果如下。

　　問題 1 和 2：通過流程自動化功能，可能顧客、業務員、公司所需的資訊整合在此軟體平台內，如此就可同步掌握相同資訊。

　　問題 3 和 4：將顧客需求偏好記錄在此流程自動化軟體平台內，並包含每次客戶打來的處理記錄，如此，就算不是同一個客服或是同一個客服人員，也不會因上次不是這位客服人員處理，或時間久了，同一位客服人員也會忘記的情況產生，如此也可使顧客覺得有個人化需求滿足的服務。

　　問題 5：透過 BPR 和 TRIZ 方法，分析出顧客的共同價值，應記錄在此軟體平台內，讓業務人員、公司都可掌握顧客的真正需求，進而和客戶因應，以達到顧客滿意。

四、管理意涵

　　流程創新會讓雲端商務產生價值，也就是說，雲端商務不在於類似 ASP

（Application Service Provider）技術和模式，而是在於流程創新，而流程創新非常注重徹底根本方法，也就是重新表現作業流程的結構化分析，其中包含主體角色的認知和「利害關係人角度」之重新審視，茲以下述故事和圖解來加強說明其真義和意涵。

寓意一

　　一位非常注重目前就讀小學三年級孩子功課的媽媽，每天都不斷的督促及教導其小孩的學習進度，例如背九九乘法表。有一天，媽媽問小孩：「8×7 等於多少？」小孩想了約三分鐘，才勉強答出正確答案，媽媽覺得很疑惑，因為平常都能從 1×1 開始順暢背完整個九九乘法表，於是又問「6×9 等於多少？」結果小孩想了約一分鐘後，說出的答案卻是錯的。

管理啟思一：

> 　　因為小孩以前對九九乘法表的認知，都是從 1×1 開始背，也就是在他腦海裡的專業知識是呆板的，亦即一定要依照順序，他才有辦法背出下一個，若跳脫此呆板的框框，則就背不出來，因此他的認知，被呆板專業所影響。當然，這樣的訓練也造成他的學習背景，久而久之，該背景也影響到他對九九乘法表的認知。
>
> 　　（該寓意是在闡述：認知受到專業和背景影響）

讀者啟發：讀完此寓意後請寫下你的想法。

寓意二

　　一位就業不得志的年輕人，有一天被主管責罵工作不力，和主管吵了一

架後就直接下班，在途中搭上乘客稀少的公車，望著窗外往返疾駛的車輛，當該公車駛上快速公路時，這位年輕人無意中瞥見一輛跑車從旁快速奔馳而過，這時他發覺到該跑車的輪胎轉動很快，時速恐怕有一百二十公里吧？！但此時此輪胎看起來就像似乎沒有轉動。

管理啟思二：

　　　汽車在行駛中，會看到其輪胎在轉動，但若行駛非常快時，從某種角度會錯覺輪胎似乎沒在轉動，就好像汽車沒有在行駛一般。因此，一件事情從不同角度來看，就會有不同情況。因此，對於此年輕人受到責罵而感到生氣絕望，那是從被指責角度來看。但若從發現缺點進而改進成長的角度來看，則此年輕人應慶幸有人免費告訴自己的缺點所在。因此，不同角度就會產生不同的認知，當然認知就影響你事後的成就。

　　（該寓意是在闡述：認知受到不同角度影響）

讀者啟發：讀完此寓意後請寫下你的想法。

作者的圖解一：

讀者啟發：看完此圖解後請寫下你的想法。

提示：站的位置不同，所看的角度就不同。

作者的圖解二：

讀者啟發：看完此圖解後請寫下你的想法。

提示：床上的現代人和窗外的古代騎馬者，會有不同的專業和背景，所以會造成不同的認知。

習 題

一、問題討論

1. 企業經營如何發展智慧數位化五個階段步驟？

2. 智慧資本意義和種類？

二、選擇題

( ) 1. 智慧資本可分為那些項目？ (1) 人力資本 (2) 結構資本 (3) 顧客資本 (4) 以上皆是

( ) 2. 什麼是一種智慧資本，它是可成為企業資產，是指？ (1) 知識 (2) 資訊 (3) 資料 (4) 以上皆是

( ) 3. 相關角色所共同擁有的它不是某一企業在人力資本和顧客資本的使有，是指？ (1) 智慧資本著作權 (2) 智慧資本擁有權 (3) 智慧資本使有權 (4) 以上皆是

( ) 4. 顧客知識，是指？ (1) 是一項重要的無形智慧資本 (2) 創造出新價值 (3) 增加新顧客或舊顧客的銷售量擴大 (4) 以上皆是

( ) 5. 顧客資本的內容會有下列幾個重點？ (1) 顧客滿意度 (2) 顧客再購率 (3) 和顧客一起開發新產品創新的能力 (4) 以上皆是

( ) 6. 下列何要素構成了企業組織文化？ (1) 企業環境 (2) 文化網路 (3) 價值觀 (4) 以上皆是

( ) 7. 組織文化效益的正面效益，是指？ (1) 會對員工和作業產生衝擊 (2) 定位企業的價值 (3) 企業運作不穩定性 (4) 以上皆是

( ) 8. 推動知識管理之公司，須有以下幾點條件？ (1) 創造一個能分享知識的文化 (2) 知識管理與組織原先存在之核心價值不結合 (3) 不建立在員工日常之工作流程中 (4) 以上皆是

( ) 9. 不主動開創新局，是一種什麼風險程度的文化？ (1) 風險極低 (2) 風險高 (3) 風險不低 (4) 以上皆是

( )10. 組織允許成員公開表達衝突及公開批評的程度是高或低，是指？ (1) Conflict Tolerance (2) Communication Patterns (3) Reward System (4) 以上皆是

Chapter 16

智慧資訊系統的整合趨勢

學習目標

1. 說明整合性管理資訊系統的定義和範圍。
2. 探討整合性管理資訊系統對企業的影響。
3. 說明企業資源整合的意義。
4. 說明商業智慧的定義和種類。
5. 探討商業智慧對管理資訊系統的影響。
6. 說明協同商務的定義和功能。
7. 探討協同商務對企業的影響。
8. 探討雲端運算對企業的衝擊。
9. 探討物聯網的定義和種類。
10. 說明智慧化生態資訊系統。

企業到底要有多少個應用資訊系統？

　　一家從事運動器材的製造設計中小企業，已創業三年多，在第 1 年創業時，營業規模不大，因此那時資訊系統主要運用在會計和人事薪資功能，而經過二年後，營業量和銷售據點也增加很多，因此增加了進銷存系統來應付銷售作業的功能。而再經過三年多後，公司已成為中型規模，因此也增加了數個資訊系統，例如：電子表單系統、進出口系統等。

　　這時，公司面臨一個困擾：「原先各個資訊系統無法快速連接，仍須依賴人工作業半自動化處理，所以整合所有資訊系統的整合式管理資訊系統，就變得非常重要。」

　　由於運動器材產品本身牽涉到消費者個別喜好和條件的需求，因此在設計、製造、銷售過程中，必須考量到消費者個別化需求，也就是大量客製化的運作必須能落實於設計、製造、銷售的作業中，這使得公司內部資訊系統增添了專屬化功能，所以，市面上套裝軟體的功能，往往在購入後，仍須做很多的程式客製，這使得公司資訊系統除了上述因規模漸進發展，導致陸續產生不同階段需求的個別資訊系統因素外，還增加了個別資訊系統客製部分，如此造成資訊系統的整合不易。

　　該運動器材公司的黃老闆覺得非常困擾，因為要把這些不同各自個別的資訊系統接合，在技術和成本上，已經花費了近一年的時間，但成效一直不彰。就舉上個月在銷售客戶的外銷產品規格資料傳輸到研發設計系統為例，就發生了因作業系統不同，導致傳輸延誤和錯誤，後來也是用半自動化方式做資料傳輸，才解決這個問題。

　　資訊部門王經理說：「用 API（Application Program Interface）程式來接合這些不同資訊系統，由於程式客製和不同資訊系統規格不同，導致費時並且成效不彰，若可能的話，全面淘汰所有資訊系統，更換成為一個完全整合的資訊系統，不失為一個辦法。」聽完王經理建議，對於黃老闆經營投資角度，這是一個很大的投資案，簡易講，這也是重新回到原點。外聘的經營資訊人員陳顧問說：「這不是一種可行的解決方案，因為就算成為一個新的完

全整合資訊系統，由於經過經營規模再度發展時，很難擔保不會有另一個資訊系統的作業需求，難道那時再換成一個新的系統嗎？況且市面上是否有適用的資訊系統，也是一項問題。」坦白說，整合型的管理資訊系統時代已經來臨，所以重點不在於各自系統的接合，也不在於期待將所有功能需求全放在同一資訊系統內，而是在於以整合服務功能導向方式來產生整合型 MIS 系統。

問題 Issue 思考

（讀者請依據此情境個案，思考出 MIS 問題重點，來引發本章的內容研讀方向）

1. 企業如何發展出具完整性、擴充性的整合式 MIS 系統呢？→可參考 16-1。

2. 企業在整合式 MIS 系統實施運作下，如何呈現出商業智慧效用？→可參考 16-2。

3. 企業和其他企業如何以協同商務方式來達成彼此之間的整合？→可參考 16-3。

4. 企業在創新的雲端運算技術和環境下，如何因應雲端運算大數據呢？→可參考 16-4。

5. 企業如何了解物聯網，並運用它的技術來輔助或創造其營運績效呢？→可參考 16-5。

前言

　　整合式管理資訊系統，其定義如下：「將企業各個資訊系統，以企業應用整合（EAI, Enterprise Application Integration）技術，來整合彼此之間資訊系統功能運作，以達到企業跨部門整體最佳化的經營績效。」商業智慧是一種以提供決策分析性的營運資料為目的，而建置的資訊系統。商業智慧系統的組合，包含使用者介面互動設計、資料庫來源、ETL〔萃取（Extraction）、轉換（Transformation）與載入（Loading）〕設計、資料倉儲設計、資料挖掘方法設計、前端線上分析設計（OLAP, On Line Analytical

Processing）等軟體功能。協同研發商務（CPC），其實是產業資源規劃的價值鏈典型例子，它將企業內部研發，擴展延伸到外部客戶和供應商的共同研發。雲端運算包含 Iaas、Paas、Saas 三個層級子模式，在 Iaas 和 Paas 是屬於基礎骨幹的層級，透過這二個層級才有辦法讓 Saas 服務應用功能得以運作。「物聯網（Internet of Things）」是指以 Internet 技術為基礎，EPCglobal 標準係開發做為全球使用，它提出物聯網標準的架構，「嵌入式系統」（Embedded System）是一種結合電腦軟體和硬體的物聯網應用。

閱讀地圖（以地圖方式來引導學員系統性閱讀）

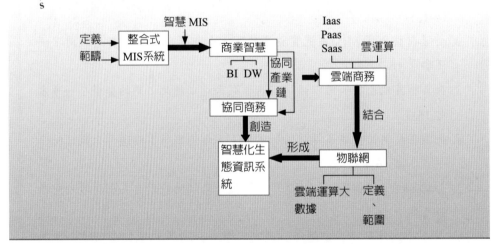

16-1　整合型的管理資訊系統概論

從上述各章節對管理資訊系統的定義和範圍，可知管理資訊系統的各個資訊系統有一定數量種類，這對於企業整體最佳化觀點而言，如何去整合這些資訊系統就變得非常重要。在此，所謂整合式管理資訊系統，其定義如下：「將企業各個資訊系統，以企業應用整合（EAI, Enterprise Application Integration）技術，來整合彼此之間資訊系統功能運作，以達到企業跨部門整體最佳化的經營績效。」

從上述對整合管理資訊系統定義來看，可知「整合」對於現在管理資訊系統應用於企業經營成效是非常重要的。尤其是因應網際網路的技術產生，更顯重

要。而要達到上述整合管理資訊系統的目的，則須考量下列三個因素：(1) 企業資源整合；(2) 前後端關聯；(3) 服務科技化。

茲分別說明如下。

(1) 企業資源整合

從以上說明，可知整合性資料是在企業營運下對於資訊系統呈現，它是很重要的，尤其是在目前網際網路盛行下，它更是影響到以下二個重點：企業主如何從現有的整合性資料來做決策，及企業和企業之間的溝通效率，因此其整合性資料的資訊系統，必須能支援跨企業的整合價值鏈所需的資訊需求，而這其中最重要關鍵是在於掌握有決策性的資訊，例如：如何快速研發新產品，並導入市場為此產業未來競爭勝負之關鍵因素，為了要達到此目的，即時且正確的掌握有關新產品和市場方面的決策性資訊，就變成是關鍵成功所在。但在網路經濟下，各企業資源是散落在異質資訊平台中的，而過去資訊系統由於技術上的瓶頸或因成本上的考量，有很多可簡化及強化企業、企業之間的資訊整合作業，並無法有效在資訊平台上實作出來。故現今企業面臨整合性資訊散落於各地，不同系統不但有不同的資料存取與作業方式，資訊的整合困難、資訊的搜尋與分析不易，皆是一大問題。這對於企業做決策，及企業和企業之間的溝通效率，將是一個很大的問題，其企業資源整合發展歷程如表 16-1。

表 16-1　企業資源整合發展歷程

	重點	觀念
交易主檔在企業作業特性和影響	若該作業流程沒有完成整個步驟，則該交易例子是無法結案的，這就是一種特性	該特性會影響到如何做好某交易資料的管理，進而顯示出該作業流程的不合理
資訊系統中整合性資料管理	必須有一個關鍵欄位，當作多個資料檔案中的外來鍵	其整合性資料必須切成一個可完整的作業流程，不可有些作業在舊系統做，有些作業在新系統做

從上述影響的說明層面來看，若以資訊技術而言，則企業的整合性資訊就須整合，亦即所謂的企業資訊整合，目前企業資訊整合的發展歷程可分成三大階段。從以往經由 EDI 網路來執行，轉換為在網際網路上的 EAI 和 B2Bi。

首先，是 VAN（Value Added Network）加值網路之 EDI（Electronic Data Interchange）系統，該系統在歐美大企業已運作十幾年了，但由於所使用之技術

及格式是用呆板標準化的方式，缺乏彈性，且每家軟體廠商有各自軟體規格，若要應用普及化或客戶化都較為困難，而且維護費高，傳送媒介只適用於特殊規格之加值網路系統，而網路使用費亦高，因此一直無法普遍，是一種封閉性系統，而且參與廠商必須遵循一套新的資料定義方式及轉換過程複雜，因此公司需整合由不同程式設計師、不同時間、不同技術及不同平台所開發出的應用程式。

接著就有企業應用系統整合（Enterprise Application Integration, EAI）的市場應運而生，EAI 的 Middleware Tools，正好可解決上述 VAN 的缺點，來幫助企業快速整合應用程式。但在 EAI 架構中，它是屬於中心發射狀的企業互動，通常是建構在供應商為了配合中心大廠商的需求下，而來進行訊息的交換，故它主要是以大型企業為運作的核心，因為一套 EAI 系統成本也不便宜。所以它的特性是除了與中心廠互動之外，和其他廠商的資訊並不會有任何的流通。另外，隨著時間增加，其資訊系統中，少說也有上千個程式及龐大資料庫，並且各個應用系統的設計及撰寫基礎不同，因此一般均使用各個應用系統所提供的 API（Application Programming Interface）做為整合的介面。然而，在建置系統整合過程中，由於須先就各系統的 API 進行分析，並做資料再處理後，方能撰寫整合程式，因此常會耗費企業大量的人力及資源，反而陷企業於困境中。

故最後就有 B2Bi 就是 B2B Integration 技術產生，也就是企業之間的資訊整合，它整合了各系統不同的 API。它不僅僅是企業內部的整合，更能夠達到企業之間的整合，以便達到企業延伸及協同作業的目的，不再只限於大型企業為運作的核心，更擴充到所有企業，這就是各企業之間的網狀模型，其互動的重心更傾向於上、中、下游的整合，並連結出更大、更多的網路。

以上簡介了企業資源整合系統的發展歷程：EDI、EAI、B2Bi 這三個階段，它們經過不同階段，其資訊技術也因應了各問題做其階段性改善解決，以下就 EDI、EAI、B2Bi 三個階段的重點差異整理出如表 16-2。

| 表 16-2 | 企業資源整合系統差異表 | | |

	EDI	EAI	B2Bi
系統開放性	封閉系統－非開放標準	開放系統－開放標準	
存取應用	遠端透過標準去存取資訊內容		
資料庫程式整體設計架構	「程式設計」為主體，資料只是程式的 Input 與 Output 而已，資料脫離了程式之後，常常就變得毫無意義。	「資料才是主體」	
企業應用	企業對企業的資料傳輸	企業內部在應用程式與資料上的整合	企業合作夥伴上、下游之間的流程整合
不同系統間傳遞訊息的機制	呆板標準化的方式	中介軟體（Middleware）	
介面整合（Integration Interfaces）技術	格式和傳輸	CORBA（Common Object Request Broker Architecture）及 COM（Component Object Model）連結服務到特定應用程式與作業系統之間的介面（APIs）程式之編譯與了解。	
資料定義及轉換	各自遵循一套新的資料定義方式及轉換過程複雜	發展遵循一套標準的資料定義方式及轉換	

(2) 前後端關聯

所謂前端作業是指使用者在介面呈現上功能運作，例如：下訂單作業。而所謂後端作業是指相對於前端作業的支援性作業，即是後端作業，例如：相對於下訂單作業的出貨運輸作業。

從上述對前後端作業的定義和例子，可知前後端作業應有關聯運作，才能完成並滿足客戶訂單服務需求。因此，當管理資訊系統被分成二種資訊系統時，就必須將它們做連接上的關聯。

(3) 服務科技化

因為科技技術發達和不斷創新，使得科技應用於企業經營，愈來愈普遍和重要，例如：RFID 科技應用於企業運送追蹤作業。而這樣的企業應用作業，也影響到管理資訊系統。承上例，RFID 科技必須和出貨資訊系統接合，才能發揮滿

足客戶服務的需求。從上述情況，進而產生了「服務科技化」。所謂「服務科技化」，是指在服務作業中融入科技技術應用，使得服務績效更便利、省成本及功能提升。也由於服務科技化興起，使得管理資訊系統必須透過科技技術應用，來整合其他管理資訊系統，進而提升整體管理資訊系統功能效益，最後達到服務科技化的商機。例如：運用行動科技，產生協同行動商務系統。

16-2　協同商務

一、協同研發商務（CPC）定義

這幾年來，繼企業資源規劃（ERP）、供應鏈管理（SCM）、產品資料管理（PDM）之後，產品生命週期管理（PLM）已經成為新一波製造業者提升競爭力、強化經營體質的資訊系統應用。在企業的營運中，產品工程設計作業是非常重要的，這個牽涉到企業在產品銷售的狀況，亦即新產品的設計和產品改善的變更，使得新舊產品的轉換週期，影響到產品的誕生或推出，直到退出市場，這就是產品生命週期。事實上，在目前的知識創新時代，對製造產業來說，面對生產成本日漸攀高、製造地點持續外移的外在壓力，透過 PLM 系統的導入與建置，正可藉此機會發展更高價值的創新（Innovation）與研發知識能力，並且轉為製造業產品服務的解決方案，擺脫過去單純代工製造的低價值角色。

產品研發及使用週期是定義在產品依據市場情報需求，去開發新產品設計，並將新產品經過原物料來源採購，量產導入在生產製造過程，最後，再經過多層行銷通路，銷售給消費者使用，這就是一個整體過程，而這個過程會因消費者使用需求回饋至市場情報；因此成為一個循環週期。從這種週期，可知它是一個企業整體價值鏈。若以資訊系統來看，就是包含 ERP／PDM 各子系統。然而從以往經驗記錄可知，在企業資訊系統中，其各子系統其實是各自開發的，且著重在各自所著重的企業功能上，這對於企業整體價值鏈而言，是無法整合的。

協同研發設計商務，該系統其實和產品生命週期管理系統是異曲同工的，只不過協同研發設計商務是注重在工程部門、客戶、供應商之間的協同合作。雖然這是協同的好處，但並不代表容易達成，因為各家公司有自己的目標、認知和作業流程，故協同研發的成功方法，並不在於強迫各家公司作業流程結合一致性和標準化，而是在於如何以良好互動溝通的介面流程，來達到各取所需的目標。企

業對產品生命週期管理整合面的重點是：期望以產品開發及使用週期問題角度去
建構在企業整體價值鏈的資訊系統整合，並以一個有引導定義收集、分類歸屬、
知識儲存、回饋驗證及再使用的知識回饋機制，來整合整個企業整體價值鏈。例
如：以產品生命週期管理爲基礎架構，可以建構產品開發、使用週期問題回報與
分類 Mapping 追蹤系統。它提供一個線上系統讓製造過程、運送過程或客戶使
用中有任何問題時，可以上 Web 回報，並且進而自動將問題分類、分析並回饋
至相關企業功能及組織部門進行處理。協同研發商務雖然是談研發管理，但卻是
整合公司的各功能，也就是說以研發爲中心，整合有關的功能，例如：供應商評
鑑、研發採購的 RFP（Request for Proposal）等，例如：Windchill 系統就是協同
研發商務系統，產品開發的協同商務主要範圍是：

1. 不再侷限於研發部門：隨著產品的發展，整合與連結分散於各處的資源，
建構共同的開發模式，讓成員在能不同環境中透過網際網路，將資料傳遞給相關
人員和有效溝通。

2. 不再侷限於產品設計資料：透過跨企業文件管理、工作流程管理、ECN／
BOM 管理等常用的功能，來擴展整個產品生命週期的資料。並且透過具彈性的
存取控制權限設定，來保障產品生命週期內各階段資訊存取的安全性和正確性。

3. 不只針對客戶的需求，而是企業相關角色的協同：整合來自價值鏈體系上
不同企業相關角色的資訊與資源，以便因應全球客戶要求，而進行生產所須具備
的資料與共享產品資訊，同時讓產品的設計變更減至最低，並可讓企業將組態和
客製化邏輯納入產品定義內，進而製造出富有彈性且具備多樣性的產品。

協同產品商務和產品生命週期（PLM）是異曲同工的，它也是強調產品整
個生命週期的作業，但它更強調協同的運作機制。在協同的運作機制，最重要的
是，如何讓各個企業不同角色做多對多的互動，如圖 16-1。

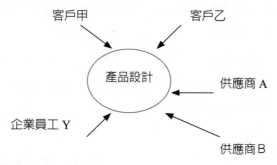

圖 16-1　協同運作機制示意圖

在這個協同多對多互動機制，最主要就是同時存取 ERP 資料庫的一致性問題，例如：在做產品設計時，企業員工 R 會依照客戶甲所提出的產品規格、客戶乙所客訴的產品問題，做料件圖檔的 ERP 資料更新，這時供應商 A 也會存取 ERP 的料件圖檔做材質屬性更新，而供應商 B 也會存取同樣的料件圖檔做材料審核，如此不同角色在同一時期會對料件圖檔做資料更新，故這時就會產生在不同角色存取 ERP 資料時，有時間差的資料更新內容，例如：企業員工 Y 做料件圖檔的模具尺寸變更時，須有一段時間，而在沒有更新之前，供應商 A 已於這段時間先行存取舊的模具尺寸資料做材質規格的審核，而等到企業員工 Y 更新資料完成後，就產生模具尺寸資料不一致的現象，這時，如何解決資料時間性不一致的方法，可用版本管理的觀念，也就是說，舊的模具尺寸資料是第一版，而更新後的是第二版，如此就不會產生資料錯亂而不知。協同產品商務雖然是以研發爲中心，但仍須和其他協同流程做整合，才能發揮產業資源規劃。組合式設計訂單（CTO, Configure to Order）是協同產品商務的功能之一，組合式設計訂單生產是指在接到消費者訂單後，依消費者指定規格，由工程師開始設計產品的生產環境。每一張訂單都會產生專屬的材料編號、材料表與途程表。客戶在競爭者出現更強、更有彈性的產品時，則會很容易選擇新產品。它可透過 Web 上的產品型號和零組件，依自己喜好和需求來做不同搭配組合，進而產生組合式訂單。

二、協同產品商務系統功能範圍

協同產品商務系統演變依照功能範圍和重要程度來分類，可分成工程管理模組、產品資料管理系統、產品生命週期管理等三種。

1. 工程管理模組

工程管理模組是指在 ERP 系統功能中，它是侷限於企業工程設計部門內，且只針對 E-BOM 和工程變更（ECN）的作業流程，主要是工程設變作業功能，它是指關於現有工程設變作業，和設變作業中所牽涉的各種供應商與顧客之間的關係，有關於工程設變流程是相當複雜，因爲公司不但有內部設變流程及客戶（供應商）要求設變流程，還要再加上供應廠商所提出的設變，故除了來源資料複雜且多元外，各種設變流程也相當繁複。

2. 產品資料管理系統（PDM）

所謂的產品資料管理，從技術觀念上，意指在企業內所有與產品研發設計

相關的資料，以及與產生這些產品資料相關的作業，經由資訊系統做有效的整合性控管與運作，這中間就牽涉到資料定義、分類、流程步驟、過程。從技術觀念上，意指在企業內所有與產品研發設計相關的資料，以及與產生這些產品資料相關的作業，經由資訊系統做有效的整合性控管與運作，這裡就牽涉到資料定義、分類、流程步驟、過程。若從企業作業角度來看資料的管理與流程的管理，PDM 就是一種工具或方法論，它是來協助企業管理資料與流程，這裡的資料，最主要是指研發設計的相關文件、圖面、說明書、記錄、試驗等，而流程就是來產生和管控這些資料，故企業內各單位的使用者可以在系統上，即時存取使用自己工作上所需的正確型態產品資料，以完成工作，從這些說明，吾人可知這裡的資料須是正確且安全的儲存，這裡的流程是須嚴謹且有權限的流通，因此企業就可藉由 PDM 系統整合所有產品資料，以確保資料能被有效控管。PDM 系統所提供的功能一般涵蓋如下：系統權限模組：使用者基本資料設定與維護、使用者群組式權限規則管理、E-mail 系統整合。文件資料管理：文件、圖檔新增與修改、文件與圖檔版次監管、文件與圖檔入出庫管理、文件與圖檔簽核流程管理、工程文件與圖檔全文檢索。工程變更管理：工程變更申請流程管理、工程變更執行流程管理、工程變更進度管制、設變權限管理、介面整合。

3. 產品生命週期管理（PLM）

產品生命週期管理是將產品生命週期中，從產品概念、設計開發、生產製造到售後維修，乃至於服務等過程加以自動化，為製造企業提供一個協同產品開發的環境與平台，讓包括供應商、產品開發、製造、採購、銷售、市場及客戶等不同企業內外部成員得以在整個產品生命週期當中，共同創造、開發及管理產品。因此可知，PLM 的應用範圍是指產品工程資料廣泛橫跨整個產品生命週期，從概念形成、產品定義、產品開發、製造量產、售後服務，到產品下市規劃的相關資訊。PLM 系統所提供的功能，一般涵蓋如下：(1) 產品定義 Services 功能：產品定義 Services 管理零件、文件、物料清單（BOM）和圖檔，在 WEB 的環境中，對所有供應鏈的成員提供快速、簡單的存取產品內容。(2) 供應廠商 Services 功能：促使企業整合供應鏈的夥伴在新產品上市的階段，建立合格的零件和製造商，以及追蹤製造。(3)PDM 本身所有功能。

三、協同產品商務系統應用觀點

　　科技發展在於產業鏈的結合，透過產業的各企業聯盟，可使整體經濟上升，進而才能發展出科技產業，故在產品研發上也須結合產業力量，也就是加入客戶、供應商及相關人員的參與意見，這是一種協同產品設計發展，協同和通訊（Communication）是不一樣的，通訊只是做訊息交談和溝通，而協同除了有通訊功能之外，還包含作業流程、計畫、追蹤等經營管理功能，因此協同的成效遠大於通訊，也因為如此，才可達到產品設計的複雜作業需求。

　　從協同作業來看，可就時間性和地點性來探討雙方因時空差異而有不同協同作業型態，第一種是相同時間、相同地點的情況，這個情況較難發生，因為協同作業就是 Web-based 平台，故在任何不同地點都可運作，第二種是在相同時間不同地點，這是最常運作的方式，其運作機制牽涉到多對多 Mapping 機制，這種機制須考量用何種演算法來達到自動撮合，例如：協同設計 3D 立體圖面，這時可能會出現繪圖在同一區塊的衝突，因此事先分配好責任區塊，就可避免衝突，這是一種分派式撮合。又例如：對產品設計所需要的零組件，向多個供應商提出出價條件，讓多個供應商競標，這時就會產生相同出價條件的多個供應商候選者，因此須有多對一自動化比對演算法，來篩選出唯一的供應商。

　　第三種是在不同時間、不同地點，這是考量雙方剛好不在同一時間協同作業，這會造成等候問題，若是緊急作業須即時合作，否則就會延誤作業時效，故解決方式就是在開始協同緊急作業之前，須將相關人員召集，或是某些工作可先分派給無法在當時做協同作業的人員，以事先完成。若不是緊急作業，則為了讓相關人員知曉，故可自動發 E-mail 或簡訊告知相關人員，以便協同作業可繼續進行下去。一般在不同時間、不同地點的情況，會利用群組軟體、作業分享等機制。

　　協同產品商務系統可從需求應用觀點分成不同的商務系統，茲以流程觀點、企業整體觀點、知識觀點、跨企業觀點來分析。

　　1. 以流程觀點來看，認為在產品工程與研發流程上，文件簽核與文件版本的控制，是提高 PDM 效能的重要方法。從產業應用面分析，探討產品相容之工程資料管理，如產品結構與工程變更之資料模型等，及認為協同產品商務所管理的是產品資料，和產生或取用這些產品資料的工程作業流程（Process and Workflow）。

2. 以企業整體觀點來看，該系統強調產品資料管理的企業主體架構性，藉此整合分布於企業內不同單位、部門、組織、子公司、生產區域的資料。針對企業 PDM 模組功能，應以成功關鍵因素（Critical Success Factor, CSF）來驅動功能的應用，也就是在建置此系統時，應結合企業目標，才能使此系統在企業整體運作上，發揮協同產品商務真正的效益。

3. 以知識觀點來看，該系統以知識管理為產品資料管理的核心資料模型，透過知識管理生命週期，亦即知識形成與創造、知識儲存與蓄積、知識加值與流通的三個生命週期階段，來建構產品資料管理的功能，其中最重要的是，產品資料以知識管理型態來呈現。

4. 以跨企業觀點來看，因為傳統的主從架構（Client / Server）已經無法處理分散於各據點資料和不同的產品資料格式，及在全球化不受時間、地點影響的成效，因此進而逐漸採用更具彈性、延展性的多層式（N-Tier）與網際網路式（Web-based）系統架構，它的目的是該系統架構的執行效率與穩定性能大幅提升，而採用網際網路式架構，則可讓使用者電腦不須特別安裝其他軟體，利用一般瀏覽器，即可透過 Internet 來操作協同產品商務系統。由於其運用網際網路應用程式，因此使用者可利用瀏覽器（Browser），透過 Internet 登入至 Web-based 系統，進行遠端管理與公司員工、客戶、供應廠商等互動溝通的工作。所以，Web-based 協同產品商務系統是針對在跨據點、跨企業運作模式下，提出一個在網際網路上，無時無刻不受地點時間影響，來運作整個產品開發的流程，但必須考量使用者之權限和安全防護。總而言之，Web-based 協同產品商務系統強調在網際網路平台的應用，讓企業內、供應商廠、客戶、企業夥伴成員皆能快速、正確、關聯地得到彼此溝通一致的資訊。

16-3　雲端運算大數據

可從技術面和商業模式面探討之。從技術面，雲端運算是一個以 IT 技術延伸擴展到另一個全新的技術，而且未來會不斷的再蛻變改造。舊的 IT 技術是指叢集（Cluster）運算、平行運算、效用（Utility）運算、格子（Grid）運算，一直到雲端運算（Computing）新的 IT 技術演變。雲端 IT 技術會影響到雲端商業模式。

以學校系所創新教學計畫來說明雲端運算大數據運作的例子。

計畫名稱：運算思維的創新教學：物聯網大數據分析。

在現今物聯網開始普遍之際，其所形成之物聯網應用於企業商業活動的資訊系統模式，也愈來愈走向消費者日常生活場域內，例如：以 NFC 為基礎的手機虛擬信用卡消費模式，而這種模式也因應創建產生很多從實體物品擷取數據資料，例如：手機感應消費資料，因此，物聯網大數據應用分析對於企業營運流程的需求就應運而生。故如何讓學生學習到以數據運算思維的商業活動分析，應用於企業經營之知識，就成為創新教學的顯學之一。

故本計畫目標有以下三項：

(1) 物聯網整合大數據分析之商業模式。

(2) 大數據應用分析程序。

(3) 上述兩者結合的商業案例。

茲分別說明如下。

(1) 物聯網整合大數據分析之商業模式

在物聯網資訊系統所自動擷取之實體物品資料數據，如何連接整合至大數據軟體系統，例如：微軟 Power BI 系統，並從此系統做後續應用分析，以便貫穿物聯網環境商業活動，進而實踐完成企業的商業模式，此目標將以講授上課製作簡報數位教材來實踐之。

(2) 大數據應用分析程序

有了上述目標實踐後，接著將以一套數位系統設計和執行來達到實作的務實教學，目前是利用微軟 Power BI 大數據分析系統，故其應用程式將以此系統來實作，並產生商業應用分析作品成果。此部分會要學生設計和演練大數據應用分析程序，並撰寫報告。

(3) 上述兩者結合的商業案例

在上述兩者進行後，會尋找相關商業案例，並以此案例的問題探索，來設計分析其物聯網大數據的個案探討，並讓學生做課堂演練和個案簡要撰寫、討論。

獨創性

本計畫將物聯網擷取實體物理性資料轉化在數位化數據資訊，進而利用大數據軟體執行企業營運的商業活動分析，如此做法，重點在於虛實整合的企業經營管理，這對於傳統企管相對性而言，目前是較無普遍性的做法，因此本計畫的獨創性是以此虛實整合企管議題為其來源而發展的，故創新教學上具體有二項獨創性內容如下。

　　(1) 闡述以運算思維的創新教學之趨勢知識：如此知識講授予學生學習課程內容，相對於傳統做法，在企管知識講授都是以管理思維角度，而非運算思維，這對於新知識趨勢獲得學習是不利的，故運算思維為其教學觀念，是本計畫的獨創做法。

　　(2) 以問題導向商業案例融入數位化教學程序：學生可從此教學程序中，學習吸收到知識數位化的學習方式，而不再是傳統上的管理結合操作軟體系統之呆板學習過程，在目前數位智慧浪潮下，其知識數位化的教學學習是本計畫的獨創做法。

適用性

　　上述的計畫主軸「運算思維的創新教學：物聯網大數據分析」，其應用於企管系學生的創新教學，是可得到跨領域知識學習，也就是將管理知識整合數位科技的雙領域，故本計畫創新教學方式，剛好適合於企管系學生學習模式。因為他們在科系本位上就是以管理知識為大宗，故從管理商業案例切入來學習數位科技應用，正是最容易吸收知識的管道，畢竟他們不是資訊相關科系，故在教學上應以企業應用為主，而非數位科技技術為重，但又能學到目前數位化趨勢所必須跟得上的數位科技技能。

　　另外不僅如此，本計畫的創新教學方式是以數據經營概念來取代傳統管理經營，也就是利用大數據分析來學習探討企業上所遇到的經營管理問題，此點對於企管系學生學習管理知識更駕輕就熟，因為他們本來就有受過數字計算能力的養成，例如：統計學、微積分等。

使用方法說明

　　根據上述目標，本計畫使用方法分成五大項目：

　　1. 錄製在「物聯網整合大數據分析之商業模式」知識的講授，並製作其數位教材簡報，其中包括商業模式簡介和種類、產業應用實務案例、大數據應用分析方式等知識內容。

　　2. 發展大數據應用分析程序，並製作其程序流程圖和相對應表單，並讓學生尋找廠商，透過該企業廠商訪談（製作訪談表），進而以此廠商營運作業模擬初始資料，再套入此大數據應用分析程序，來進行程序運作和執行。

　　3. 以微軟 Power BI 為其軟體工具：將上述大數據應用分析程序，以訪談廠商模擬資料，來實踐實作其物聯網大數據分析的案例，並讓學生撰寫其專題報告書。

4. 製作微軟 Power BI 數位教材：它是一種雲端運算大數據分析，Power BI 應用模式有下列三種：Microsoft Windows Desktop 的免費應用程式、線上 SaaS 服務（軟體即服務）、行動裝置 APP，其中 Power BI Desktop 發布至 Power BI 服務。Power BI 的基本組塊，包括：視覺效果（Visualization）、資料集（許多不同來源結合）、報表（彙總相關的資料集合，報表檢視於整合式多維度和交叉式彙總統計資訊）、儀表板（同汽車的儀表板，Power BI 儀表板會提供業務流程的決策角度快照集）、圖格（報表或儀表板上的單一視覺呈現）等。例如：銷售與行銷儀表板和報表。

此教材會說明如何將物聯網擷取資料轉換為直覺圖表和圖形，如此可以有意義和決策角度方式的資料視覺化，來協助營運作業更容易且更有效率的判斷分析。

因為作業流程資料內容是動態而非靜態的，因此，它可尋找趨勢、見解與洞察的商業智慧能力。它包括：視覺效果、醒目提示、訂閱報表和儀表板、資料警示、交叉篩選報、瀏覽資料與其互動 Power Query 編輯器、使用書籤註記類別和藉此分享資料匯出至 EXCEL 等功能。另外，Power BI 篩選分析資料程序：將資料匯入或輸入 Power BI Desktop，或連線到資料來源（類型：本機資料庫、工作表和雲端資料）。資料格式連線方式有 XML、CSV、文字和 ODBC 連線。

另外，Power BI 內建人工智慧自然語言功能探索資料，包括在文本中的辨識單字和詞彙。故在智慧型功能有回答問題、判斷決策、追蹤進度、洞悉預測等。在資料處理程序上，包括：轉換資料、合併附加多個來源的資料、清理資料、轉置資料列交換成不同格式化資料等步驟。另外，在交叉分析篩選器部分，篩選類型有四種：報表—頁面—視覺效果—鑽研。鑽研在決策角度彙總資訊內，了解探索更詳細細節的一層一層往下檢視。

5. 問題導向的個案教學法：設計此法的表單，讓學生依上述做法學習結果後，來演練撰寫此表單內的個案探討分析，如此可使學生更能深刻再次了解課堂講授知識。此法是以企業問題為起始點，進而做問題診斷來了解問題原因和重點所在，接著思考如何提出解決方案，而此時須學習新知識才能構思出解決方案，最後以腦力激盪方式，思考出此個案的管理意涵，以達到未來預防和避免問題再發生的成效。

16-4　智慧化生態資訊系統

一、物聯網定義

「物聯網」（Internet of Things）是指以 Internet 網絡與技術為基礎，將感測器或無線射頻標籤（RFID）晶片、紅外感應器、全球定位系統、雷射掃描器、遠端管理、控制與定位等裝在物體上，透過無線感測器網路（Wireless Sensor Networking, WSN）等裝置，與網路結合起來而形成的一個巨大網路，如此可將在任何時間、地點的物體連結起來，提供資訊服務給任何人，進而讓物體具備智慧化自動控制與反應等功能。它和網際網路是不同的，後者用 TCP／IP 技術網與網相連的概念，前者用無線感測網路

網相連的概念。上述物體泛指機器與機器（Machine-to-Machine, M2M），以及動物任何物件都能相互溝通的物聯網。在物聯網上，每個人都可以應用電子標籤，將真實物體上網聯結成為無所不在（Ubiquitous）環境。〔引用參考《網路行銷與創新商務服務（第四版）：雲端商務和物聯網個案集》，陳瑞陽〕

二、智慧化生態資訊科技

智慧化生態資訊科技以學校智慧教育計畫為例，說明如下。

(一) 創新教學設備的需求規劃

請說明需求：

就企業管理於產業實務教學學習而言，其個案教材融入課堂課程的應用教學，對於學生深刻了解企業經營實務運作，是非常關鍵性的教學活動，這可從哈佛大學商學院提倡個案教學和愈來愈多各大學企管系增設個案教材／教室上做法窺知一二，故系所欲發展產業實務個案教學，其中有增設個案情境模擬專業教室，而此教室空間將規劃成具個案教學討論良好且專業的環境設施，並在此時數位智慧浪潮衝擊下，也將發展出智慧個案場域，以利進而強化系所特色競爭力。

請說明規劃：

根據上述需求，本計畫案就「實地個案教學環境設施」、「個案趣味知識競賽」等二個規劃項目，加入數位智慧化元素於此項目運作中，來提出以下規劃內容：

1. 實地個案教學環境設施

就企業管理領域的五管功能，包括生產作業財務、行銷、人資資訊管理等方面的相關產業實務個案，並透過學生分成小組和老師互動討論，以訓練培養同學解決企業實務問題的能力，並藉由協同互動討論，凝聚促發學習個案的創新教學成效，故有鑑於此，參考哈佛大學個案教室做法以及數位智慧教育發展脈絡，本計畫的個案情境模擬專業教室，將朝環繞式三面角度教學看板的個案學習空間來設計，故增設：

(1) 智慧互動式黑板，數量 1 個，此智慧黑板可產生互動教學上的創新方式，它具有智慧電子觸控螢幕高解析的電腦畫面播放功能，例如：教育型 4K UHD 65" 大型互動觸控顯示器，它將置於專業教室面對學生的前面空間。

(2) 82 吋互動式數位電子白板（含搭配短焦投影機），數量 1 個，它具有連結學生平板電腦，老師便可以輕鬆的在白板上講解個案，並透過操控電腦，來和學生即時操控圖片、影音檔等相關個案資料。例如：EWB-02 Redleaf ZEPO 互動式電子白板，它將置於專業教室面對學生的右側空間。

2. 個案趣味知識競賽

個案教學分組討論，可加入寓教於樂的現場個案知識搶答競賽，以豐富個案教學多元化學習氣氛，此項創新教學方式是其他學校在個案教學上所沒有的，這是一種差異化競爭力。1 台主機老師可對應至 5-6 組學生的個案知識搶答。它具有無線搶答方式，在個案互動過程中，學生不受位置及線材牽絆，可豐富討論情境。例如：ABZ-24 YesPower 無線搶答鈴。

(二) 預期推廣應用的規劃

在現今競爭白熱化下，學校系所經營必須朝向智慧教育生態來發展，故本計畫在產業實務個案教學特色的推廣應用上，將朝向教師面、學生面、課程面等跨域整合智慧教育，在教師面，可使老師就企業問題引導診斷出個案的解決方案知識；在學生面，就個案問題以引導互動式，分組討論學習解決方案知識；而在課程面，結合老師和學生在個案情境模擬互動討論，進行創新教學活動。故要達到上述跨域整合智慧教育，則其教學重要設備就是要建立人工智慧型個案教學環境設施，例如：倫敦大學學院（UCL）使用人工智慧軟體來分析課程學習的數據，以了解教學方法對學生學習成效。

故個案創新教學須塑造「以學習者為中心」的教育學習環境，並透過多元化

產業實務個案的互動討論學習，且結合應用搶答器知識競賽、環繞式三面互動白板格局、智慧互動式黑板、數位互動式白板桌牌等，有利於個案教學活動的環境設施。這就是一種教學朝向數位化、智慧化互動式、多元化的教學環境之智慧教室。

1. 實地個案教學環境設施

(1) 智慧互動式黑板

BenQ EZWrite 5.0 電子白板書寫是一種量身打造的書寫軟體，它有浮動工具欄，可做註解工具、橡皮擦、顏色選擇、畫面錄影、列印等功能。

老師與學生利用便利貼功能，如此可以彼此分類、分享、編輯便利貼的內容，以使個案討論更加方便和有效率！

它可用在 Android 模式、外部筆記型電腦、USB 隨身碟等各種模式，其所附碰觸筆具有 NFC 感應器的自動偵測功能，這是物聯網功能，還有內建空氣品質感測器，可監測教室二氧化碳濃度。（資料來源：參考 BenQ 網站）

(2) 82 吋互動式數位電子白板

內建電子白板軟體，可用手指或手寫筆書寫個案討論內容，並和學生透過畫線／剪貼／移動／大小縮放／板擦數位剪貼、記錄等數位功能，達到引導互動的參與式學習效果。

2. 個案趣味知識競賽

將個案的解決方案知識整理分析成一個知識庫，並以隨機抽樣方式或由老師指定個案內容，以抽籤或選定題目方式，來讓分組學生以搶答方式，回答此題目答案，而在這種趣味競賽學習過程中，老師、學生結合環繞式三面互動白板教室環境，促進個案情境模擬的創新教學活動之氣氛。甚至更進一步，可擴大競賽為淘汰制，提高比賽難度，提高獎助獎金或獎勵的誘因，進而達成從產業實務個案互動教學活動中，學習到企管經營的專業知識。

(三) 預期使用效益

塑造這樣的個案情境模擬教室環境，更能使企管個案教學真正符合並迎向全球對個案學習的品質保證水準，這有利於系上特色競爭力。科技環境教學的創新改變，促使達到創新教學，如此它可達成翻轉教學的效益。

本計畫創新教學可使平時不愛表達或學習態度不佳的學生，也能因團隊同儕

影響，以及寓教於樂的學習氣氛下，強化學生主動表達想法和提出學習見解的意願。

另外，數位智慧環境下的個案教學活動，可加速吸收學習流程，如此使老師更能專注在個案講授，並即時掌握學生學習狀況，和學生做一對一互動討論，而學生也可在分組活動下，彼此透過數位白板來快速交流，這樣有利於個案在腦力激盪思維運作下，達到以學習者為中心的參與式學習成效。

另外，透過數位智慧觸控式直覺互動，可擷取更多個案相關數位檔案，包括圖片影視和大數據分析，以促進個案討論精實化成果。

 案例研讀
問題解決創新方案→以上述案例為基礎

一、問題診斷

依據 PSIS（Problem-Solving Innovation Solution）方法論中的問題形成診斷手法（過程省略），可得出以下問題項目。

問題 1. 資訊系統和企業需求階段性摩擦

MIS 系統是為了企業經營所需而發展出的資訊應用系統，但因企業本身營運發展是具有階段性的演變，其所影響的就是 MIS 系統功能隨之因應改變，然而這就發生了之前舊系統如何發展出因企業新需求所需的資訊系統功能問題，這就是一種摩擦性問題，它會影響到舊系統的存廢，或者是新增加的系統功能如何和舊系統連接轉換的適用性。

問題 2. 各自 MIS 系統的整合性問題

隨著企業規模和營運的發展，其企業功能會不斷的增加，進而導致資訊系統的功能也需要更新或增加，而且若功能增加太多，就會變成另一子系統，如此發展下來，就會有因不同需求導向而產生的的各子系統，而這種發展，就是需將這些子系統做整合，然而可能因為廠商、技術、需求、政策、現況等不同因素條件，而使其整合不易。

二、創新解決方案

根據上述問題診斷，接下來探討其如何解決的創新方案。它包含方法論論述和依此方法論（指內文）規劃出的實務解決方案二大部分。

　　協同研發商務（CPC），其實是產業資源規劃的價值鏈典型例子，它將企業內部研發，擴展延伸到外部客戶和供應商的共同研發，它最主要的精神是在於將客戶的需求，和對供應商配合需求，在做研發程序中就一併考慮到這些，不要企業內部研發快完成時，才發現研發產品不符合客戶需求，或沒有相對的材料可供應。

實務解決方案

　　從上述的應用說明，針對本案例問題形成診斷後的問題項目，提出如何解決之方法，茲說明如下。

解決 1. 以擴充性、完整性的整合觀點 MIS 系統為其規劃目的

　　要解決因為企業階段性需求改變的資訊系統功能要求，則須慎選具有擴充性和完整性的 MIS 系統，而這種資訊系統就是整合性 MIS 系統，它在規劃設計時，就已考量到企業往後可能因發展所需而改變的功能需求，因此，如何以不牽涉到整體 MIS 系統主架構方向下，來擴充且完整地增加新的系統功能，就是整合性 MIS 系統精髓所在。

解決 2. 以服務導向架構來設計整合式 MIS 系統

　　在一個企業內，不論是淘汰舊系統也好，或是連接新系統也好，這對於在廠商資訊系統、產品、企業本身條件、技術、成本等因素考量下，都不是一個最佳解決方法，其最佳解決方法就是在當初設計整合式 MIS 系統時，在具有完整擴充特性的主架構不變之下，以服務導向（Service Oriented）觀點，來建構整合式 MIS 系統。

三、管理意涵

　　就企業在商業智慧的整體解決方案而言，應將商業智慧系統和其他系統結合，例如：ERP 系統，因為應用的結合，才能夠創造應用價值和競爭優勢。產業資源規劃最主要在於將產業內的跨企業所有資源整合，並追求資源規劃最佳化。產業資源規劃最佳化和企業資源規劃最佳化的最大差異，在於企業資源是可由個別企業本身管理來控制。

四、個案問題探討

　　您認為此個案的整合式管理資訊系統可行嗎？

MIS 實務專欄（讓學員了解業界實務現況）

　　本章 MIS 實務，可從二個構面探討之。

構面一：雲服務實務

　　利用 Appstore 的平台軟體，來開發建立「雲服務」（SaaS），也就是跨企業的維修服務網站，它是不分任何維修公司，都可以利用此網站，來滿足消費者維修管理的服務，其廠商只要以租用方式來加入此網站，不需自行建立，這就是一種「雲服務」。

構面二：在國內協同產品商務資訊系統廠商

廠商	協同產品商務系統
agile	agile
PTC 參數科技	Windchill
MatrixOne	eMatrix
SDRC	Metaphase
Unigraphics	iMAN

 課堂主題演練（案例問題探討）

企業個案診斷——產品創新的經營突破

　　在紡織服飾傳統行業已打拚了 20 幾年，由於知識經濟時代來臨，及高科技技術大幅創新突破，使得紡織服飾行業商機及前景不如從前，這對於已半百古稀之齡郭老闆而言，可說是創業維艱，守成不易，但不服輸的郭老闆決定重新再來，浴火重生。他認為：「既然高科技當道，那麼就使紡織服飾業也變成高科技。」關鍵之道，就是以奈米科技應用於紡織服飾產品上，這須依賴不斷進行產品研發，往常，在公司內很少做產品研發，這對於郭老闆在經營管理上可說是一大挑戰，但這也是不得不走的路。

　　首先，設立了產品研發部門組織，及招募、培養專精奈米科技及紡織工程的研發工程師，經過數月運籌帷幄後，終於可運作成行，而且成效似乎不

錯。接下來，建立產品研發制度和研發成果資料庫，有賴於資訊系統的應用。

　　紡織服飾產品設計功能是和消費者對衣服的需求、喜好有關，因此，如何收集客戶回饋的訊息，是有助於產品研發後的市場推廣成效，然而在經過產品研發納入客戶聲音後，發覺其成效並不彰，主要是在於產品研發考量客戶需求的運作有其困難，究其因，原來是客戶回饋時，其產品研發已到試產階段，故要再依客戶需求來改變，則其改變成本和作業是很高和複雜的，故這是時間性問題，因此，應在做產品研發之際，就須同時考量客戶需求，甚至讓客戶參與，以使產品設計功能更能符合客戶需求，這就是協同設計的概念和重點。

企業個案診斷──協同研發商務系統導入案例

1. 故事場景引導

　　紡織服飾業曾經在國內風光一時，但曾幾何時，知識經濟時代來臨，紡織服飾業就變得難以經營，但目前此情況已有大大改善，已有一些紡織服飾公司增強本身產品研發，朝向科技發展新興紡織服飾業，而其中關鍵在於知識經濟時代講究不斷創新，以往紡織業是著重在生產和銷售，對於產品研發並不是很重視，這裡所指的產品研發，主要在於產品創新，而非產品改善，以往產品研發只是在於產品改善，產品改善重點在於原有產品結構做功能性改善，但仍屬於原有產品，這對於市場競爭的創新性產品，是無法競爭的，而產品創新在於結合科技性突破，也就是技術上的突破，因此紡織產品須結合技術上的突破，例如：奈米科技，也就是說，以奈米科技應用於紡織業，故產品研發應強調商業應用，而商業應用的關鍵成效來自於產品設計，因此紡織服飾業應從傳統行業朝向科技發展。

2. 企業背景說明

　　紡織加上奈米技術可發展出很多突破性服務產品，例如：隨天氣溫度變化而自行調整保暖度的衣服，這種衣服可為消費者帶來輕便的打扮，不須因天冷而帶那麼多繁重的衣物。突破性服飾產品帶來的，不僅是消費者觀感和需求，也可能使紡織業公司的經營模式改變，例如：協同產品設計就是一例，CPC 不僅協同相關企業內外部角色，也考量到產品生命週期，產品生

命週期是指新產品從研發一直到用棄失效後，又再開始另一產品生命週期，一般包含萌芽期、成長期、成熟期、衰退期等，透過產品生命週期的管理和追蹤，可了解其產品生產和使用的狀況，以便回饋給產品研發設計的考量和策略。

3. 問題描述

    (1) 產品研發。

    (2) 協同作業。

    (3) 科技發展。

4. 問題診斷

    紡織服飾公司必須和產業上、中、下游的企業聯盟，才能發揮協同商業智慧的價值，因此協同研發設計是一個共同平台，它是以軟體系統操作方式，故該平台是否能推導有成效，其使用者的資訊素養就很重要，因為在非高科技公司，原則上使用者對電腦操作和觀念並不是很熟稔，這需要學習訓練，需要經過一段磨合期，尤其是在中小企業規模的公司，不僅專業素養尚待訓練，其人力也不夠，故在推動協同研發商務過程中，可發覺到資訊技術反而不是推動關鍵，而是上、中、下游企業的配合投入和資訊素養，才是關鍵之處，從上述說明可知，資訊環境成熟化是對於資訊系統推導是否有成效的關鍵。在資訊環境中，除了軟體素養外，就是推動制度的擬定，透過制度的推動，可讓推動作業標準化，進而使相關人員在作業執行上有所依循，尤其是牽涉到不同企業之間的文化差異和利害衝突下，更要用標準化制度來規範。

5. 管理方法論的應用

    產品生命週期對於協同產品商務的重點，在於把產品設計發展過程和客戶、供應商做最佳化的緊密作業，在概念設計中，和客戶探討從現有產品缺失到新產品的改善需求，在雛形設計中，和供應廠商探討從現有產品零組件到新產品零組件需求的品質適用性，在試產中，和客戶、供應商一起探討新產品上市和功能的狀況，以上作業表示了企業、客戶、供應商三者之間做生意的方式，從之前單純買賣驅動到研發設計驅動的商務，這兩者商務的成效完全不同，前者買賣商務不知對方為何買賣及產品的品質規格在哪裡，而後

者研發設計商務則了解到整個買賣交易的來龍去脈，進而使得產品零組件符合規格品質，產品功能也真正符合客戶需求。

　　協同產品商務雖然是以產品研發為主的商務，但最後仍須牽涉到買賣作業，因此協同研發商務系統必須和其他企業內部系統整合，例如：買賣作業的出貨（Ship）功能，這是在 ERP 系統功能內，故在考慮協同商務系統時，必須再加上考慮 API（Application Program Interface）系統，透過 API 系統，可將協同商務系統和 ERP 系統做自動化連接，這對於推導協同研發商務系統也是關鍵之處。要建立跨企業的協同商務平台，必須先成立一個跨企業的組織，來制定上述的推動制度及教育訓練、系統維護等共同運作事項，其資金來源當然由使用者付費，也就是參與各企業，不過這其中牽涉到客戶角色是否也應付費？因為客戶已付費購買產品，若再付費是否造成不公平？這個問題必須從經營模式的建立來探討，從經營模式的營業項目做不同服務等級的分割，進而訂出不同價格策略，重要的是，協同商務平台提供服務價值大於付費額價值，這才是能使各企業和客戶參與的最大誘因。

6. 問題討論

　　讓第一次協同研發商務平台導入上線成功是不容易的，但如何讓它隨著時間使用中，不斷因應環境變化，而修改或增強其應用功能，更是不容易的事，這影響到各企業和客戶使用該協同研發商務平台的忠誠度，要使忠誠度提高，首先要讓各企業覺得有自身利害關係，再者，將協同研發商務平台的功能融入企業本身的作業功能，之後，讓各企業覺得透過該商務平台運作使用可相對提高增加營業額，總而言之，要推導一個跨企業的平台，是屬於產業資源規劃最佳化的議題，它比先前其他系統更難導入，但這是趨勢的到來。

關鍵詞

1. 商業智慧：是一種以提供決策分析性的營運資料為目的，而建置的資訊系統。

2. B2Bi：B2B Integration 技術，也就是企業之間的資訊整合。

3. 產品資料管理：從技術觀念上，意指在企業內所有與產品研發設計相關的資料，以及與產生這些產品資料相關的作業。

4. OLAP：前端線上分析設計（On Line Analytical Processing）。

5. 資料倉儲（Data Warehouse）：是一群儲存歷史性和現狀的資料，它是以有主體性為導向（Subject-Oriented），具有整合性的資料庫。

6. OLTP：線上交易處理（On-Line Transaction Processing）。

7. CPC：協同研發設計商務（Collaboration Product Commerce）。

8. PLM：產品生命週期管理（Product Lifecycle Management）。

9. IDBMS：Internet 資料庫（Internet Data Base Management System）。

10.「嵌入式系統」（Embedded System）：是一種結合電腦軟體和硬體的應用，成為韌體驅動的產品。

習 題

一、問題討論

1. 何謂整合性管理資訊系統？

2. 何謂 Product Lifecycle Management？

3. 何謂協同產品商務？

二、選擇題

（　）1. 企業要運作整合性管理資訊系統須考慮因素？　(1) 企業資源整合　(2) 前後端作業關聯　(3) 服務科技化　(4) 以上皆是

（　）2. 何謂服務科技化？　(1) 將服務流程輔助科技技術的運用　(2) 科技產品的服務過程　(3) 是一種科技產品　(4) 以上皆是

（　）3. 商業智慧是一種以提供什麼的營運資料？　(1) 決策分析性　(2) 交易性　(3) 資料性　(4) 以上皆是

（　）4. ETL： (1)Extraction 萃取　(2) 轉換 Transformation　(3) 載入 Loading　(4) 以上皆是

（　）5. 資料倉儲是以什麼為導向？　(1) 主體性　(2) 沒有導向　(3) 完整性　(4) 以上皆非

（　）6. 整合性的管理資訊系統重點為何？　(1) 結合企業內不同資訊系統　(2) 整合企業夥伴的資訊系統　(3) 服務導向架構　(4) 以上皆是

（　）7. 協同商務在整合性管理資訊系統的重點為何？　(1) 共同平台　(2) 整合所有利害關係人　(3) 即時參與　(4) 以上皆是

（　）8. 群組軟體功能是屬於何種資訊系統？　(1) ERP　(2) CRM　(3) 協同商務　(4) SCM

（　）9. 電子白板功能是屬於何種資訊系統？　(1) ERP　(2) CRM　(3) 協同商務　(4) SCM

（　）10. 網路視訊會議功能是屬於何種資訊系統？　(1) ERP　(2) CRM　(3) 協同商務　(4) SCM

（　）11. 協同研發商務的重點：　(1) 是產業資源規劃的典型例子　(2) 將企業內部研發擴展延伸到外部客戶和供應商的共同研發　(3) 在做研發程序中就考慮到共同需求　(4) 以上皆是

（　）12. Web-Based 協同研發商務系統強調：　(1) 主從平台的應用　(2) 企業內、供應商廠、客戶、企業夥伴成員等角色各自發展　(3) 能快速地、正確地、關聯地得到彼此溝通一致性的資訊　(4) 以上皆非

（　）13. 物聯網的目的？　(1) 是讓所有的物品都與網路連接在一起　(2) 實現智慧化識別、定位、追蹤、監控和管理的一種網　(3) 方便識別和管理，進行資訊交換及通訊　(4) 以上皆是

（　）14. 下列何者不是雲端運算？　(1) On Premise　(2) Paas　(3) IaaS　(4) 以上皆是

（　）15. 物聯網是什麼？　(1) Network of Things　(2) Internet of Things　(3) Wireless Sensor Networking　(4) 以上皆是

（　）16. 一種結合電腦軟體和硬體的應用，成為韌體驅動的產品是什麼？　(1) IP　(2)「嵌入式系統」　(3) Wireless Sensor Networking　(4) 以上皆是

五南文化事業機構
WU-NAN CULTURE ENTERPRISE

1HAK　財金時間序列分析：使用R語言（附光碟）

作　　者：林進益

定　　價：590元

I S B N：978-957-763-760-4

為實作派的你而寫——翻開本書，即刻上手！
◆ 情境式學習，提供完整程式語言，對照參考不出錯。
◆ 多種程式碼撰寫範例，臨陣套用、現學現賣。
◆ 除了適合大學部或研究所的「時間序列分析」、「計量經濟學」
　或「應用統計」等課程；搭配貼心解說的「附錄」使用，也適合
　從零開始的讀者自修。

1H1N　衍生性金融商品：使用R語言（附光碟）

作　　者：林進益

定　　價：850元

I S B N：978-957-763-110-7

不認識衍生性金融商品，就不了解當代財務管理與金融市場的運作！
◆ 本書內容包含基礎導論、選擇權交易策略、遠期與期貨交易、二
　項式定價模型、BSM模型、蒙地卡羅方法、美式選擇權、新奇選
　擇權、利率與利率交換和利率模型。
◆ 以R語言介紹，由初學者角度編撰，避開繁雜數學式，是一本能
　看懂能操作的實用工具書。

1H2B　Python程式設計入門與應用：運算思維的提昇與修練

作　　者：陳新豐

定　　價：450元

I S B N：978-957-763-298-2

◆ 以初學者學習面撰寫，內容淺顯易懂，從「運算思維」說明程式
　設計的策略。
◆ 「Python程式設計」說明搭配實地操作，增進運算思維的能力，
　並引領讀者運用Python開發專題。
◆ 內容包括視覺化、人機互動、YouTube影片下載器、音樂MP3
　播放器與試題分析等，具備基礎的程式設計者，可獲得許多啟發

1H2C　EXCEL和基礎統計分析

作　　者：王春和、唐麗英

定　　價：450元

I S B N：978-957-763-355-2

◆ 人人都有的EXCEL＋超詳細步驟教學＝高CP值學會統計分析。
◆ 專業理論深入淺出，搭配實例整合說明，從報表製作到讀懂，
　一次到位。
◆ 完整的步驟操作圖，解析報表眉角，讓你盯著螢幕不再霧煞煞。
◆ 本書專攻基礎統計技巧，讓你掌握資料分析力，在大數據時代
　脫穎而出。

五南文化事業機構
WU-NAN CULTURE ENTERPRISE

1H47 量化研究與統計分析：SPSS與R資料分析範例解析

作　　者：邱皓政

定　　價：690元

I S B N：978-957-763-340-8

◆ 以 SPSS 最新版本 SPSS 23~25 進行全面編修，增補新功能介紹，充分發揮 SPSS 優勢長項。
◆ 納入免費軟體R的操作介紹與實例分析，搭配統計原理與 SPSS 的操作對應，擴展學習視野與分析能力。
◆ 強化研究上的實務解決方案，充實變異數分析與多元迴歸範例，納入 PROCESS 模組，擴充調節與中介效果實作技術，符合博碩士生與研究人員需求。

1H61 論文統計分析實務：SPSS與AMOS的運用

作　　者：陳寬裕、王正華

定　　價：920元

I S B N：978-957-11-9401-1

鑒於 SPSS 與 AMOS 突出的優越性，作者本著讓更多的讀者熟悉和掌握該軟體的初衷，進而強化分析數據能力而編寫此書。
◆ 「進階統計學」、「應用統計學」、「統計分析」等課程之教材
◆ 每章節皆附範例、習題，方便授課教師驗收學生學習成果

1H1K 存活分析及ROC：應用SPSS（附光碟）

作　　者：張紹勳、林秀娟

定　　價：690元

I S B N：978-957-11-9932-0

存活分析的實驗目標是探討生存機率，不只要研究事件是否發生，更要求出是何時發生。在臨床醫學研究中，是不可或缺的分析工具之一。
◆ 透過統計軟體 SPSS，結合理論、方法與統計引導，從使用者角度編排，讓學習過程更得心應手。
◆ 電子設備的壽命、投資決策的時間、企業存活時間、顧客忠誠度都是研究範圍。

1H0S SPSS問卷統計分析快速上手祕笈

作　　者：吳明隆、張毓仁

定　　價：680元

I S B N：978-957-11-9616-9

◆ 本書統計分析程序融入大量新版 SPSS 視窗圖示，有助於研究者快速理解及方便操作，節省許多自我探索而摸不著頭緒的時間。
◆ 內容深入淺出、層次分明，對於從事問卷分析或相關志趣的研究者，能迅速掌握統計分析使用的時機與方法，是最適合初學者的一本研究工具書。

五南文化事業機構
WU-NAN CULTURE ENTERPRISE

國家圖書館出版品預行編目資料

資訊管理：知識和智慧數位化／陳瑞陽
著.－－初版.－－臺北市：五南圖書出版股
份有限公司, 2021.01
　面；　公分
ISBN 978-986-522-417-2（平裝）

1.資訊管理　2.資訊管理系統

494.8　　　　　　　　　　109021406

1FSK

資訊管理：知識和智慧數位化

作　　者 ― 陳瑞陽

發 行 人 ― 楊榮川

總 經 理 ― 楊士清

總 編 輯 ― 楊秀麗

主　　編 ― 侯家嵐

責任編輯 ― 鄭乃甄

文字校對 ― 石曉蓉、黃志誠

封面設計 ― 姚孝慈

出 版 者 ― 五南圖書出版股份有限公司

地　　址：106台北市大安區和平東路二段339號4樓

電　　話：(02)2705-5066　　傳　　真：(02)2706-6100

網　　址：https://www.wunan.com.tw

電子郵件：wunan@wunan.com.tw

劃撥帳號：01068953

戶　　名：五南圖書出版股份有限公司

法律顧問　林勝安律師事務所　林勝安律師

出版日期　2021年1月初版一刷

定　　價　新臺幣680元

經典永恆・名著常在

五十週年的獻禮 — 經典名著文庫

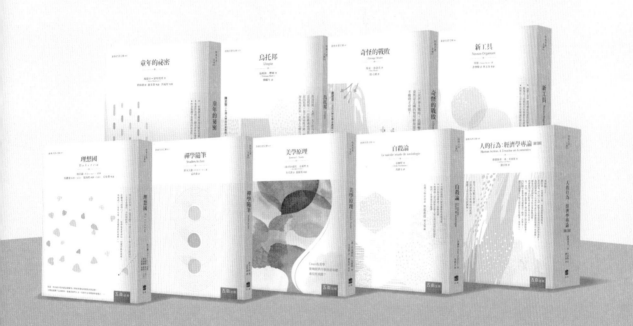

五南，五十年了，半個世紀，人生旅程的一大半，走過來了。

思索著，邁向百年的未來歷程，能為知識界、文化學術界作些什麼？

在速食文化的生態下，有什麼值得讓人雋永品味的？

歷代經典・當今名著，經過時間的洗禮，千錘百鍊，流傳至今，光芒耀人；

不僅使我們能領悟前人的智慧，同時也增深加廣我們思考的深度與視野。

我們決心投入巨資，有計畫的系統梳選，成立「經典名著文庫」，

希望收入古今中外思想性的、充滿睿智與獨見的經典、名著。

這是一項理想性的、永續性的巨大出版工程。

不在意讀者的眾寡，只考慮它的學術價值，力求完整展現先哲思想的軌跡；

為知識界開啟一片智慧之窗，營造一座百花綻放的世界文明公園，

任君遨遊、取菁吸蜜、嘉惠學子！